Horand Störmer

Mathematische Theorie der Zuverlässigkeit

Mathematische Theorie der Zuverlässigkeit

Einführung und Anwendungen

von

Dr. rer. nat. Horand Störmer

Privatdozent an der Technischen Hochschule München

Mit 15 Abbildungen

AKADEMIE-VERLAG · BERLIN

1970

Erschienen im Akademie-Verlag GmbH, 108 Berlin, Leipziger Straße 3–4
Von R. Oldenbourg, München, genehmigte Lizenzausgabe.

Lizenznummer: 202 · 100/529/69
Gesamtherstellung: VEB Druckerei „Thomas Müntzer", 582 Bad Langensalza
Bestellnummer: 5720 · ES 19 B 5

INHALT

Meiner Frau Gretel

VORWORT

Wer ein Auto kaufen will, wird den Wunsch haben, für das verfügbare Geld ein möglichst gutes Auto zu bekommen. Das Gleiche gilt für jedes technische Erzeugnis. Die Kriterien, die der Käufer bei der Beurteilung der Güte anwendet, hängen dabei einerseits von seiner Vernunft und seinem Temperament, andererseits vom Verwendungszweck des Erzeugnisses ab.

Als Gütemerkmale für ein Auto gelten z. B. Geräumigkeit, Bequemlichkeit, Sicherheit, Beschleunigungsvermögen, Höchstgeschwindigkeit und Schönheit. Einige dieser Eigenschaften, wie Geräumigkeit und Bequemlichkeit, lassen sich zum Zeitpunkt des Kaufes endgültig beurteilen. Von anderen, das gilt vor allem für die Sicherheit, muß der Käufer zusätzlich fordern, daß sie für die gesamte Nutzungsdauer erhalten bleiben. Er verlangt also von seinem Auto Zuverlässigkeit.

Bei der Beurteilung der Zuverlässigkeit eines Erzeugnisses werden die Meinungen wieder auseinander gehen, weil die Forderungen von der Verwendungsart abhängen. Soll z. B. ein Sender in einem Nachrichtensatelliten verwendet werden, dann muß er mit großer Wahrscheinlichkeit die vorgesehene Betriebszeit ohne Ausfall überstehen. Eine Bodensendestation dagegen mit Wartungsdienst und Ersatzteilelager wird auch bei gelegentlichem Ausfall noch als zuverlässig gelten.

Der Versuch, eine allgemeingültige exakte Definition für den Begriff Zuverlässigkeit zu finden, muß also scheitern, und wir beschränken uns vorläufig auf die triviale Feststellung, daß wir einen Gegenstand zuverlässig nennen wollen, wenn er mit hinreichend großer Wahrscheinlichkeit die Anforderungen seines Verwendungszweckes erfüllt.

Die Erläuterung des hier verwendeten Wahrscheinlichkeitsbegriffes wird im ersten Kapitel gebracht. Es wird sich zeigen, daß man die Zuverlässigkeit von technischen Anlagen mit den Begriffen der Wahrscheinlichkeitstheorie und nur mit ihnen befriedigend beschreiben kann.

Dieses Buch soll in die wahrscheinlichkeitstheoretische Beschreibung der Zuverlässigkeit von technischen Anlagen einführen. Dem Praktiker soll es die nötigen Mittel zur Auswertung der Zuverlässigkeitsdaten vorhandener und zur Schätzung der Zuverlässigkeitsmaße geplanter Anlagen in die Hand geben. Dazu gehört auch die Auswertung von Versuchen und Messungen an Bauelementen, deren Zuverlässigkeit ja zusammen mit der Struktur und dem Umfang der Anlagen die Anlagenzuverlässigkeit bestimmt. Ein Teil des Buches wird sich daher mit der mathematischen Statistik und ihrer Anwendung befassen.

Die Beispiele dienen nur zur Veranschaulichung der Möglichkeiten und sollen den Leser zu selbständiger Handhabung des theoretischen Rüstzeugs anregen.

Zum Verständnis werden etwa die Kenntnisse der mathematischen Anfangsvorlesungen an einer Hochschule vorausgesetzt.

Wenn das Buch zu der Erkenntnis beiträgt, daß die Mathematik nicht allein ein beglückendes Spielzeug, sondern gleichzeitig ein nützliches Werkzeug bei der Lösung technischer Probleme ist, dann erfüllt es seinen Zweck.

Herrn Dipl.-Math. Alfred Deixler und Herrn Dipl.-Math. Hans Suchlandt möchte ich für die sorgfältige Durchsicht des Manuskriptes und zahlreiche Verbesserungsvorschläge, die ich gern berücksichtigt habe, herzlich danken, ebenso Frl. Christine Röll für die Programmierung des Sachverzeichnisses.

1. ELEMENTE DER WAHRSCHEINLICHKEITSTHEORIE UND MATHEMATISCHEN STATISTIK

1.1. Wahrscheinlichkeitsfelder

1.1.1. Anschauliche Erklärungen

Wer schon weiß, was Wahrscheinlichkeit ist, tut gut daran, diesen Abschnitt zu überschlagen.

Am Anfang eines Buches über angewandte Wahrscheinlichkeitstheorie darf man eine Erklärung darüber erwarten, was der Begriff der Wahrscheinlichkeit in der Wirklichkeit bedeutet. Leider sind alle Definitionen dieser Art logisch unbefriedigend, weil sie bei der Erklärung der Wahrscheinlichkeit bereits den Wahrscheinlichkeitsbegriff unausgesprochen voraussetzen. Trotzdem bringen wir hier einige Erklärungen, weil sie dem Anwender der Theorie ein Gefühl dafür geben, um was es sich handelt.

Wir denken uns eine unbegrenzt fortsetzbare Reihe von Versuchen (Experimenten). Jeder Versuch besteht in der Realisierung bestimmter, immer gleich bleibender Bedingungen. Zu jedem Versuch gehört ein *Ergebnis*. Dieses Ergebnis besteht darin, daß ein bestimmtes *Ereignis* A eintritt oder nicht eintritt. Der Versuch bestehe zum Beispiel darin, daß man aus einer laufenden Fertigung von Bauelementen wahllos eines herausgreift und feststellt, ob es fehlerhaft ist. Das Ereignis A heißt „Bauelement ist fehlerhaft".

Jetzt ordnen wir dem Ereignis A die Wahrscheinlichkeit $P(A)$ ($0 \leqq P(A) \leqq 1$) zu und geben folgende „Definitionen", von denen sich der Leser die ihm plausibelste heraussuchen möge:

1. Die Aussage „A tritt mit der Wahrscheinlichkeit $P(A)$ ein" ist gleichbedeutend damit, daß bei Versuchsreihen, die aus einer n-maligen Wiederholung des Versuchs bestehen, im Mittel $n\,P(A)$-mal das Ereignis A eintritt.

2. Die Aussage „A tritt mit der Wahrscheinlichkeit $P(A)$ ein" bedeutet:
   a) Ist die Anzahl n der Wiederholungen sehr groß und tritt m-mal das Ereignis A ein, so kann man praktisch sicher sein, daß sich die relative Häufigkeit m/n nur sehr wenig von $P(A)$ unterscheidet.
   b) Ist $P(A)$ sehr klein, so kann man praktisch sicher sein, daß A bei einem einmaligen Versuch nicht eintritt.
3. Es sei $P(A) = M/N$ ($M \leqq N$, N natürliche Zahl, M natürliche Zahl oder $M = 0$). Wir denken uns eine Urne mit N Kugeln, von denen genau M rot gefärbt sind.

   Die Aussage „A tritt mit der Wahrscheinlichkeit $P(A)$ ein" bedeutet dann, daß die Chance, daß A bei einem Versuch eintritt, genauso groß ist wie die Chance, daß man bei wahllosem Herausnehmen einer Kugel aus der Urne eine rote Kugel greift.

Die Formulierung „man kann praktisch sicher sein" in der zweiten Definition ist tatsächlich nur eine verschwommene Fassung der Aussage „man kann mit großer Wahrscheinlichkeit damit rechnen", und der Ausdruck „Chance" in der dritten Definition könnte ebensogut mit „Wahrscheinlichkeit" wiedergegeben werden. Außerdem wird beim Urnenmodell der Begriff der „Gleichwahrscheinlichkeit" bereits stillschweigend vorausgesetzt. Am wenigsten deutlich wird die Tautologie in der ersten Definition. Wir werden aber später sehen, daß der Ausdruck „im Mittel" wieder nur mit den Begriffen der Wahrscheinlichkeitstheorie erklärt werden kann.

Wer tiefer in die Problematik des Wahrscheinlichkeitsbegriffes eindringen will, lese das Kapitel „Der Wahrscheinlichkeitsbegriff" in dem Buch „Wahrscheinlichkeitstheorie" von H. Richter [Richter].

Glücklicherweise können wir den mathematischen Begriff der Wahrscheinlichkeit widerspruchsfrei definieren und auf einem einfachen Axiomensystem die ganze Wahrscheinlichkeitstheorie fest fundieren. Schwierigkeit macht lediglich die Interpretation der Wahrscheinlichkeit bei den praktischen Anwendungen. Trotzdem leuchten jedem vernünftigen Menschen Wahrscheinlichkeitsaussagen wie: „Die Wahrscheinlichkeit, mit einem Würfel eine Eins zu werfen, ist ein Sechstel“ oder „Die Wahrscheinlichkeit, im Lotto zu gewinnen, ist sehr klein“ unmittelbar ein.

Bevor wir zur axiomatischen Behandlung der Wahrscheinlichkeit übergehen, wollen wir noch einige Eigenschaften der „relativen Häufigkeiten“ feststellen, die mit den Wahrscheinlichkeiten offenbar so zusammenhängen, daß man sie als Schätzwerte für die Wahrscheinlichkeiten betrachten kann. Wir nehmen jetzt an, daß bei einem Versuch immer genau eines von k möglichen Ereignissen $A_1, \ldots, A_k$ eintritt. Tritt das Ereignis A_i bei n Versuchen genau n_i mal auf, so bezeichnen wir den Quotienten $h_n(A_i) = n_i/n$ als die relative Häufigkeit des Ereignisses A_i bei n Versuchen. Dann gilt natürlich

$$0 \leqq h_n(A_i) \leqq 1 \,, \qquad i = 1, \ldots, k \,. \tag{1.1}$$

Wegen $n_1 + \cdots + n_k = n$ gilt außerdem

$$\sum_{i=1}^{k} h_n(A_i) = 1 \,. \tag{1.2}$$

Wir wollen neben den ursprünglichen Ereignissen A_i $(i = 1, \ldots, k)$ noch weitere Ereignisse betrachten. Dazu definieren wir zu zwei Ereignissen A_i und A_j ein Ereignis $A_i \cup A_j$. Das Ereignis $A_i \cup A_j$ gilt bei einem Versuch genau dann als eingetreten, wenn entweder das Ereignis A_i oder das Ereignis A_j eingetreten ist. Das Ereignis $A_i \cup A_j$ tritt $(n_i + n_j)$-mal auf. Die relative Häufigkeit des Ereignisses $A_i \cup A_j$ ist also

$$h_n(A_i \cup A_j) = h_n(A_i) + h_n(A_j) \,. \tag{1.3}$$

Die durch das Ereignis $A_i \cup A_j$ gebildete Menge nennen wir die Vereinigungsmenge von A_i und A_j. Sie ist ein „zusammengesetztes“ Ereignis, während wir $A_1, \ldots, A_k$ „Elementarereignisse“ nennen.

Von den Ereignissen $A_1, \ldots, A_k$ hatten wir vorausgesetzt, daß niemals zwei gleichzeitig (d. h. bei einem Versuch) eintreten können. Für die zusammengesetzten Ereignisse braucht das nicht mehr zu gelten. So können die Ereignisse $A_1 \cup A_2$ und $A_2 \cup A_3$ gleichzeitig eintreten; nämlich immer genau dann, wenn das Ereignis A_2 eintritt. Sind aber A und B irgend zwei Ereignisse, die nicht gleichzeitig eintreten können, so ist, wie man sich leicht überlegt,

$$h_n(A \cup B) = h_n(A) + h_n(B) \,. \tag{1.4}$$

Zum besseren Verständnis betrachten wir ein einfaches Beispiel. Aus einer Lieferung von Widerständen wird 10mal nacheinander je ein Widerstand herausgenommen und gemessen. Dabei wird 5mal das Ereignis A_1: „Widerstand R kleiner als 12 Ohm", 3mal das Ereignis A_2: „Widerstand R mindestens 12 Ohm, aber höchstens 15 Ohm" und 2mal das Ereignis A_2: „Widerstand R größer als 15 Ohm" registriert. Mit allen möglichen Vereinigungsmengen erhalten wir insgesamt 7 verschiedene Ereignisse, die wir in der folgenden Tabelle zusammenfassen.

Ereignis	Beschreibung	relative Häufigkeit
A_1	$R < 12$ Ohm	0,5
A_2	12 Ohm $\leqq R \leqq$ 15 Ohm	0,3
A_3	$R >$ 15 Ohm	0,2
$A_1 \cup A_2$	$R \leqq$ 15 Ohm	$0{,}5 + 0{,}3 = 0{,}8$
$A_1 \cup A_3$	$R <$ 12 Ohm oder $R >$ 15 Ohm	$0{,}5 + 0{,}2 = 0{,}7$
$A_2 \cup A_3$	$R \geqq$ 12 Ohm	$0{,}3 + 0{,}2 = 0{,}5$
$A_1 \cup A_2 \cup A_3$	R beliebig	$0{,}5 + 0{,}3 + 0{,}2 = 1$

Das (letzte) Ereignis $A_1 \cup A_2 \cup A_3$ ist das triviale Ereignis, das immer eintritt (R hat irgendeinen Wert) und daher auch die relative Häufigkeit 1 hat. Wir nennen es Ω.

Der Vollständigkeit halber betrachten wir noch eine zweite Art von zusammengesetzten Ereignissen. Zu zwei Ereignissen A und B definieren wir den Durchschnitt $A \cap B$. Das Ereignis $A \cap B$ gilt dann als eingetreten, wenn sowohl A als auch B eintritt. So ist in unserem Beispiel

$$(A_1 \cup A_2) \cap (A_2 \cup A_3) = A_2$$

(das Ereignis „sowohl $R \leqq$ 15 Ohm als auch $R \geqq$ 12 Ohm" tritt genau dann ein, wenn „12 Ohm $\leqq R \leqq$ 15 Ohm" eintritt). Können zwei Ereignisse A und B nicht gleichzeitig auftreten, so hat der Durchschnitt $A \cap B$ die relative Häufigkeit 0. Wir führen deshalb noch das Ereignis $\emptyset$ ein, das niemals eintritt und die relative Häufigkeit 0 hat.

Weiter lassen wir auch Vereinigungsmengen $A \cup B$ von Ereignissen A und B zu, die gleichzeitig eintreten können. Das Ereignis

$A \cup B$ gilt als eingetreten, wenn A oder B oder sowohl A als auch B eingetreten ist. Offenbar gilt stets

$$h_n(A \cup B) \leqq h_n(A) + h_n(B)\,, \tag{1.5}$$

denn auf der rechten Seite werden, falls A und B gleichzeitig eintreten können, die Fälle, wo sie gleichzeitig eintreten, doppelt gezählt. So ist in unserem Beispiel

$$(A_1 \cup A_2) \cup (A_2 \cup A_3) = A_1 \cup A_2 \cup A_3 = \Omega$$

und

$$h_n[(A_1 \cup A_2) \cup (A_2 \cup A_3)] = 1 \leqq 0{,}8 + 0{,}5 = 1{,}3$$

(das Ereignis „$R \leqq 15$ Ohm oder $R \geqq 12$ Ohm" tritt immer ein).

Wir bemerken noch, daß zu jedem Ereignis A auch das **komplementäre** Ereignis oder **Komplement** „Nicht A", das wir mit $\bar{A}$ bezeichnen, zu unserem „Mengensystem" gehört. So ist zu dem Ereignis A_1 unseres Beispiels das Ereignis $A_2 \cup A_3$ das Komplement. Weiter schließen A und $\bar{A}$ einander aus, und es gilt immer $A \cup \bar{A} = \Omega$. Man kann leicht zeigen, daß die in der Tabelle zusammengefaßten Ereignisse zusammen mit dem Ereignis $\emptyset$ alle Ereignisse sind, die man durch die Bildung von Vereinigungsmengen und Durchschnitten aus 3 Elementarereignissen überhaupt bilden kann. Ganz entsprechend erhält man bei insgesamt k Elementarereignissen 2^k verschiedene mögliche Ereignisse, nämlich je $\binom{k}{r}$ Vereinigungsmengen aus r Elementarereignissen für $r = 1, \ldots, k$ und dazu das Ereignis $\emptyset$.

Mit der Einführung der Verknüpfungen Vereinigungsmenge und Durchschnitt haben wir schon eine „Mengenalgebra" bekommen. Das gesamte Objekt unserer Betrachtung — Elementarereignisse, zusammengesetzte Ereignisse, relative Häufigkeiten — können wir zusammenfassend so beschreiben: Alle Ereignisse unseres Systems können wir auffassen als „Untermengen" der Menge $\Omega = A_1 \cup \cdots \cup A_k$ (des „immer eintretenden Ereignisses"). Das System all dieser Untermengen (einschließlich Ω und $\emptyset$), die sich wieder durch die eingeführten Mengenoperationen untereinander verknüpfen lassen, nennen wir $\mathfrak{A}$. Jeder Menge dieses Systems kommt schließlich eine relative Häufigkeit $h_n(A)$ zu. Mit diesen drei Größen

$$\{\Omega, \mathfrak{A}, h_n(A)\}$$

haben wir ein System, das wir *Häufigkeitsfeld* nennen können. Wir werden nun gleich das entsprechende Wahrscheinlichkeitsfeld definieren, wollen vorher nur noch die algebraischen Regeln zusammenstellen, die für die schon eingeführten Verknüpfungen von Ereignissen (Mengen) gelten (und die der Leser sich leicht durch Beispiele veranschaulichen kann):

$$\left.\begin{array}{l} A \cup B = B \cup A \\ A \cap B = B \cap A \end{array}\right\} \text{Kommutativgesetz}$$

$$\left.\begin{array}{l} (A \cup B) \cup C = A \cup (B \cup C) \\ (A \cap B) \cap C = A \cap (B \cap C) \end{array}\right\} \text{Assoziativgesetz}$$

$$\left.\begin{array}{l} A \cup (B \cap C) = (A \cup B) \cap (A \cup C) \\ A \cap (B \cup C) = (A \cap B) \cup (A \cap C) \end{array}\right\} \text{Distributivgesetz.}$$

1.1.2. DAS WAHRSCHEINLICHKEITSFELD

1.1.2.1. *Das Kolmogoroffsche Axiomensystem*

Mit den Wahrscheinlichkeiten, denen wir uns jetzt zuwenden, verfahren wir ganz ähnlich wie mit den relativen Häufigkeiten. Dabei verzichten wir bewußt auf eine Erklärung, was Wahrscheinlichkeit sei, und begnügen uns in dieser Hinsicht mit den Veranschaulichungen des ersten Abschnittes. Für die mathematische Behandlung werden die Wahrscheinlichkeiten einfach axiomatisch als Mengenfunktionen eingeführt. Nach KOLMOGOROFF kann man die Wahrscheinlichkeitstheorie auf dem folgenden Axiomensystem für die Ereignisse $A_1, A_2, \ldots$ eines Wahrscheinlichkeitsfeldes und ihre Wahrscheinlichkeiten $P(A_1), P(A_2), \ldots$ aufbauen [KOLMOGOROFF].

Axiom 1. Sind $A_1, A_2, \ldots$ Ereignisse, so sind auch die Komplemente $\bar{A}_1, \bar{A}_2, \ldots$ sowie die Durchschnitte $\bigcap_i A_i = A_1 \cap A_2 \cap \ldots$ und Vereinigungsmengen $\bigcup_i A_i = A_1 \cup A_2 \cup \ldots$ Ereignisse. (Dabei lassen wir jetzt auch unendlich viele, aber abzählbar viele Ereignisse zu. Abzählbar viele Ereignisse liegen vor, wenn man die Ereignisse mit den Zahlen 1, 2, ... durchnumerieren (abzählen) kann. Es gibt z. B. abzählbar viele rationale Zahlen, dagegen ist die Menge aller reellen Zahlen nicht mehr abzählbar.)

Axiom 2. Jedem Ereignis A wird eine reelle Zahl $P(A) \geqq 0$ als Wahrscheinlichkeit zugeordnet.

Axiom 3. Das Ereignis Ω (das immer eintritt) hat die Wahrscheinlichkeit eins: $P(\Omega) = 1$.

Axiom 4. Sind $A_1, A_2, \ldots$ Ereignisse, die nicht gleichzeitig eintreten können, so gilt

$$P\left(\bigcup_i A_i\right) = \sum_i P(A_i) .$$

Aus den Axiomen 3 und 4 folgt

$$P(A) + P(\bar{A}) = P(A \cup \bar{A}) = P(\Omega) = 1 ,$$

also

$$P(\bar{A}) = 1 - P(A) .$$

Mit Axiom 1 und 3 folgt hieraus, daß auch das Ereignis $\emptyset = \bar{\Omega}$ (das unmögliche Ereignis) mit $P(\emptyset) = 0$ zu unserem System gehört.

(Anmerkung: Die durch Aximon 4 für *abzählbar unendlich viele* Ereignisse geforderte Eigenschaft der Wahrscheinlichkeit P nennt man *σ-Additivität.*)

1.1.2.2. *Bedingte Wahrscheinlichkeiten*

Ist B ein Ereignis mit $P(B) \neq 0$ und A irgend ein Ereignis, dann definieren wir als „bedingte Wahrscheinlichkeit von A unter der Voraussetzung, daß B eingetroffen ist", den Ausdruck

$$P_B(A) = \frac{P(A \cap B)}{P(B)} . \tag{1.6}$$

Zur Veranschaulichung der Bedeutung von $P_B(A)$ denke man wieder an die Versuchsreihe mit ihren relativen Häufigkeiten. Betrachtet man die Versuche, bei denen B eingetreten ist, als neue Versuchsreihe, dann entspricht die relative Häufigkeit von A in dieser Versuchsreihe, also die relative Häufigkeit der Versuche, bei denen außerdem A eingetreten ist, der bedingten Wahrscheinlichkeit $P_B(A)$.

Beispiel. Die Wahrscheinlichkeit, daß ein Bauelement eine Lebensdauer $> t_1$ hat, sei $R(t_1)$. Die Wahrscheinlichkeit für eine

Lebensdauer $> t_1 + t_2$ sei $R(t_1 + t_2)$. Dann ist die Wahrscheinlichkeit, daß ein Bauelement, das bereits die Lebensdauer t_1 erreicht hat, auch die weitere Zeit t_2 noch überlebt,

$$R_{t_1}(t_2) = \frac{R(t_1 + t_2)}{R(t_1)} . \qquad (1.7)$$

Statt (1.6) können wir auch

$$P(A \cap B) = P(B)\, P_B(A) \qquad (1.8)$$

schreiben.

1.1.2.3. Die Regel von der totalen Wahrscheinlichkeit

Soll die Wahrscheinlichkeit $P(A)$ eines Ereignisses A berechnet werden, so ist es oft nützlich, die Menge $B_1, \ldots, B_k$ aller Ereignise zu betrachten, die am Zustandekommen von A beteiligt sind. Wir können voraussetzen, daß die $B_1, \ldots, B_k$ nicht gleichzeitig eintreten. Weiter sei $\Omega = B_1 \cup \cdots \cup B_k \cup C$, wobei C die Vereinigung aller Ereignisse ist, die am Zustandekommen von A nicht beteiligt sind, d. h. $C \cap A = \emptyset$: wenn C eintritt, tritt A nicht ein. Dann ist wegen $A = \Omega \cap A$ nach dem Distributivgesetz

$$A = (B_1 \cap A) \cup (B_2 \cap A) \cup \cdots \cup (B_k \cap A) . \qquad (1.9)$$

Weiter können zwei Ereignisse $(B_i \cap A)$ und $(B_j \cap A)$ mit $i \neq j$ nicht gleichzeitig eintreten, weil nach dem Assoziativgesetz und dem Kommutativgesetz gilt

$$(B_i \cap A) \cap (B_j \cap A) = B_i \cap B_j \cap A = \emptyset \cap A = \emptyset .$$

Also bekommen wir aus (1.9) und (1.8)

$$P(A) = P(B_1)\, P_{B1}(A) + \cdots + P(B_k)\, P_{B_k}(A) . \qquad (1.10)$$

Dies nennt man die Regel von der totalen Wahrscheinlichkeit. (Formal kann man das Ereignis C mit hinzunehmen; der Term $P_C(A)$ verschwindet aber wegen $C \cap A = \emptyset$.) Diese Regel gilt auch für abzählbar viele Ereignisse $B_1, B_2, \ldots$.

Beispiel. In einem Kasten liegen 100 Glühbirnen, und zwar 30 von der Sorte A, 70 von der Sorte B. Beide Sorten sind äußerlich nicht zu unterscheiden. Bei der Sorte A sei $R_A(t)$ die Wahrscheinlichkeit einer Lebensdauer $> t$, bei der Sorte B sei sie $R_B(t)$. Die Wahrscheinlichkeit, daß eine willkürlich herausgegriffene Birne eine Lebensdauer $>t$ hat, beträgt

$$R(t) = 0{,}3 \cdot R_A(t) + 0{,}7 \cdot R_B(t) .$$

1.1.2.4. Unabhängigkeit

Die Ereignisse $B_1, \ldots, B_k$ heißen voneinander **unabhängig**, wenn die Gleichung

$$P\,(B_1 \cap \cdots \cap B_k) = P(B_1) \ldots P(B_k) \qquad (1.11)$$

gilt, sowie jede Gleichung, die man aus (1.11) erhält, wenn man beliebige der B_i durch ihre Komplemente $\overline{B}_i$ ersetzt (das sind insgesamt 2^n Gleichungen). Für *zwei* Ereignisse A, B ist dies äquivalent mit der Bedingung

$$P(A \cap B) = P(A)\, P(B) ,$$

woraus (bei $P(B) \neq 0$) nach (1.8)

$$P_B(A) = P(A)$$

folgt: Bei unabhängigen Ereignissen A und B ist die bedingte Wahrscheinlichkeit $P_B(A)$ gleich der ursprünglichen Wahrscheinlichkeit $P(A)$.

Beispiel. Beim Würfel seien $A_1, \ldots, A_6$ die Ereignisse „1", … …, „6". Die Wahrscheinlichkeiten seien $P(A_1) = \cdots = P(A_6) = 1/6$. Das Ereignis „gerade Augenzahl" ist

$$A_g = A_2 \cup A_4 \cup A_6$$

mit

$$P(A_g) = \frac{1}{6} + \frac{1}{6} + \frac{1}{6} = \frac{1}{2} .$$

Das Ereignis „1 oder 2" ist

$$A_{1,2} = A_1 \cup A_2$$

mit

$$P(A_{1,2}) = \frac{1}{6} + \frac{1}{6} = \frac{1}{3} .$$

Das Ereignis sowohl „gerade Augenzahl" als auch „1 oder 2" ist

$$A_g \cap A_{1,2} = A_2$$

mit

$$P(A_g \cap A_{1,2}) = P(A_2) = \frac{1}{6} .$$

Also ist

$$P(A_g \cap A_{1,2}) = P(A_g)\, P(A_{1,2}) ,$$

d. h., die Ereignisse „gerade Augenzahl" und „1 oder 2" sind voneinander unabhängig.

1.2. Zufällige Größen und Verteilungsfunktionen

Die Ereignisse wurden bisher durch irgend welche Eigenschaften charakterisiert. In der technischen Praxis haben wir es meistens mit meßbaren Größen zu tun, die zufällig schwanken: mit Lebensdauern, Widerstandswerten usw. Wir betrachten daher jetzt den Fall, daß jedem Elementarereignis eine feste reelle endliche Zahl entspricht. Damit haben wir für das endliche Wahrscheinlichkeitsfeld eine zufällige Größe X definiert. Ereignisse mit gleichem Zahlenwert werden bei der Betrachtung der zufälligen Größe jetzt nicht mehr unterschieden. Die Ereignisse werden jetzt durch Aussagen der Form „$X \leqq t$", „$X > t$", „$t_1 \leqq X \leqq t_2$" usw. beschrieben.

Zu jedem t kann man nun die Wahrscheinlichkeit $F(t)$ für das Ereignis „$X \leqq t$" angeben:

$$F(t) = P(X \leqq t) . \tag{1.12}$$

Die Größe $F(t)$ nennen wir die Verteilungsfunktion der zufälligen Größe X.

Nimmt X nur endlich viele Werte an, so ist $F(t)$ eine Treppenfunktion. Sind nämlich $t_1, \ldots, t_k$ diese Werte, die mit den Wahrscheinlichkeiten $P(t_1), \ldots, P(t_k)$ angenommen werden, so ist für beliebiges reelles t

$$F(t) = P\{X \leqq t\} = \sum_{t_i \leqq t} P(t_i) \tag{1.13}$$

oder ($k \geqq 2$)

$$F(t) = \begin{cases} 0 \quad \text{für } t < t_1 \\ \sum\limits_{i \leqq j} P(t_i) \quad \text{für } t_j \leqq t < t_{j+1}, \quad j = 1, \ldots, k-1 \\ 1 \quad \text{für } t \geqq t_k . \end{cases}$$

Das durch die Verteilungsfunktion $F(t)$ bestimmte Wahrscheinlichkeitsfeld enthält zunächst laut Definition alle Ereignisse „$X \leqq t$". Nach Axiom 1 gehören dann z. B. auch alle Ereignisse „$X > t$",

„$t_1 < X \leqq t_2$“ und alle Vereinigungsmengen und Durchschnitte von endlich vielen oder abzählbar vielen Ereignissen dieser Form dazu. Aus der σ-Additivität folgt, daß $F(t)$ überall rechtsseitig stetig ist und daß $\lim_{t\to\infty} F(t) = 1$ und $\lim_{t\to-\infty} F(t) = 0$ ist [SCHMETTERER] Gibt es Ereignisse „$X = t_i$“ mit $P(t_i) = P(X = t_i) \neq 0$, so hat $F(t)$ an den Stellen t_i Sprungstellen mit den Sprunghöhen $P(t_i)$. Andernfalls ist $F(t)$ überall (auch linksseitig) stetig. Bei den Anwendungen kann man oft voraussetzen, daß $F(t)$ eine stetig differenzierbare Funktion ist. Die Ableitung von $F(t)$

$$F'(t) = f(t) \tag{1.14}$$

nennen wir die Wahrscheinlichkeitsdichte oder Dichte der zufälligen Größe X. Aus (1.14) folgt für $a < b$

$$F(b) - F(a) = \int_a^b f(t)\,\mathrm{d}t = P(a < X \leqq b)\,. \tag{1.15}$$

Mit $a \to -\infty$ folgt hieraus

$$F(b) = \int_{-\infty}^{b} f(t)\,\mathrm{d}t \tag{1.16}$$

und hieraus mit $b \to \infty$

$$\int_{-\infty}^{\infty} f(t)\,\mathrm{d}t = 1\,. \tag{1.17}$$

Wenn die zufällige Größe X eine Wahrscheinlichkeitsdichte mit höchstens endlich vielen Unstetigkeitsstellen hat, so sprechen wir von einer stetigen Verteilung. Wird dagegen die Verteilungsfunktion durch eine Treppenfunktion (1.13) dargestellt, so sprechen wir von einer diskreten Verteilung.

Eine Verteilungsfunktion hat höchstens abzählbar unendlich viele Sprungstellen. Aus $0 \leqq F(t) \leqq 1$ und der Monotonie von $F(t)$ folgt nämlich, daß bei beliebigem $\alpha > 0$ die Anzahl der Sprungstellen mit einer Sprunghöhe $\geqq \alpha$ höchstens gleich $1/\alpha$ ist. Das heißt aber, daß man die Sprungstellen numerieren (abzählen) kann.

1.2.1. ERWARTUNGSWERTE

Ist X eine zufällige Größe mit der Wahrscheinlichkeitsdichte $f(x)$ und $g(x)$ eine weitere Funktion, so definieren wir als den Erwartungswert von $g(X)$ die Größe

$$E[g(X)] = \int_{-\infty}^{\infty} g(x)\, f(x)\, dx \tag{1.18}$$

(wobei wir voraussetzen, daß das Integral

$$\int_{-\infty}^{\infty} |g(x)|\, f(x)\, dx$$

existiert).

Bei einer diskreten Verteilung von X definieren wir entsprechend als Erwartungswert

$$E[g(X) = \sum_{i=1}^{\infty} g(t_i)\, P(t_i)\,. \tag{1.19}$$

Beispiele.

1. Es sei

$$f(x) = \begin{cases} 0 & \text{für } x < 0 \\ \lambda\, e^{-\lambda x} & \text{für } x \geqq 0 \end{cases}$$

die Wahrscheinlichkeitsdichte für die Lebensdauer X eines Bauelementes. Der Erwartungswert von X ist dann

$$E(X) = \int_0^{\infty} x\, \lambda\, e^{-\lambda x}\, dx = \frac{1}{\lambda}\,.$$

2. Es sei X die Augenanzahl beim Würfeln. Dann ist

$$E(X^2) = \sum_{i=1}^{6} i^2 \cdot \frac{1}{6} = \frac{91}{6}\,.$$

1.2.2. MOMENTE, MITTELWERT, VARIANZ

Unter den Erwartungswerten spielen die sogenannten Momente einer zufälligen Größe eine besondere Rolle. Wir bezeichnen als k-tes Moment μ_k der zufälligen Größe X den Erwartungswert von X^k:

$$\mu_k = E(X^k) = \int_{-\infty}^{\infty} x^k\, f(x)\, dx \tag{1.20}$$

bzw.

$$\mu_k = E(X^k) = \sum_{i=1}^{\infty} t_i^k\, P(t_i)\,. \tag{1.21}$$

Das erste Moment $\mu_1 = E(X)$, also den Erwartungswert von X, bezeichnet man oft als Mittelwert. Das zweite Moment von $X - \mu_1$, also der Abweichung von X vom Mittelwert μ_1, heißt die Varianz von X und wird mit dem Symbol $\mathrm{Var}(X)$ bezeichnet:

$$\mathrm{Var}(X) = E([X - \mu_1)^2] = \int_{-\infty}^{\infty} (x - \mu_1)^2 f(x)\,dx \tag{1.22}$$

bzw.

$$\mathrm{Var}(X) = \sum_{i=1}^{\infty} (t_i - \mu_1)^2 P(t_i)\,. \tag{1.23}$$

Für die Varianz gilt die Beziehung

$$\mathrm{Var}(X) = \mu_2 - \mu_1^2\,. \tag{1.24}$$

Beweis.

$$\mathrm{Var}(X) = \int_{-\infty}^{\infty} (x - \mu_1)^2 f(x)\,dx = \int_{-\infty}^{\infty} x^2 f(x)\,dx - 2\,\mu_1 \int_{-\infty}^{\infty} x\,f(x)\,dx$$

$$+ \mu_1^2 \int_{-\infty}^{\infty} f(x)\,dx = \mu_2 - 2\,\mu_1\,\mu_1 + \mu_1^2 = \mu_2 - \mu_1^2$$

(bei diskreter Verteilung entsprechend).

Die Momente einer zufälligen Größe lassen sich in einer für manche Anwendungen nützlichen Form mit Hilfe der Verteilungsfunktion darstellen. Es gilt nämlich die Formel

$$E(X^k) = k\left[\int_0^{\infty} x^{k-1}\,[1 - F(x)]\,dx - \int_{-\infty}^{0} x^{k-1}\,F(x)\,dx\right]. \tag{1.25}$$

(Für $k = 1$ ist sie bei [Morgenstern] angegeben. Der folgende Beweis entspricht dem dort geführten.)

Beweis. Die zufällige Größe X habe die Wahrscheinlichkeitsdichte $f(x)$. Laut Definition (1.20) ist

$$\begin{aligned} E(X^k) &= \int_{-\infty}^{\infty} x^k f(x)\,dx \\ &= \lim_{a\to\infty} \int_{-a}^{0} x^k f(x)\,dx + \lim_{b\to\infty} \int_0^b x^k f(x)\,dx\,, \end{aligned}$$

wobei wir die Existenz der Grenzwerte voraussetzen wollen. Partielle Integration liefert

$$\int_{-a}^{0} x^k f(x)\,dx = \Big[x^k F(x)\Big]_{-a}^{0} - k \int_{-a}^{0} x^{k-1} F(x)\,dx$$
$$= (-a)^k F(-a) - k \int_{-a}^{0} x^{k-1} F(x)\,dx\,.$$

Aus der Existenz des Grenzwertes für $a \to \infty$ folgt bei vorgegebenem $\varepsilon > 0$ für hinreichend großes a und $c > a$

$$\varepsilon > \int_{-c}^{-a} |x|^k f(x)\,dx \geqq a^k \int_{-c}^{-a} f(x)\,dx = a^k\,[F(-a) - F(-c)]$$

und hieraus mit $c \to \infty$

$$a^k F(-a) < \varepsilon\,,$$

also

$$\lim_{a\to\infty}\,(-a)^k F(-a) = 0\,.$$

Damit haben wir

$$\int_{-\infty}^{0} x^k f(x)\,dx = -k \int_{-\infty}^{0} x^{k-1} F(x)\,dx$$

gezeigt. Ganz entsprechend beweist man

$$\int_{0}^{\infty} x^k f(x)\,dx = k \int_{0}^{\infty} x^{k-1}\,[1 - F(x)]\,dx\,,$$

woraus dann die Behauptung folgt. Die Formel (1.25) gilt übrigens, wie man beweisen kann, unabhängig von der Existenz einer Wahrscheinlichkeitsdichte.

1.2.3. Die Tschebyscheffsche Ungleichung

Ist von einer zufälligen Größe X die Varianz bekannt, so kann man bereits eine (im allgemeinen grobe) Wahrscheinlichkeitsaussage über die Abweichung der Größe X von ihrem Erwartungswert machen. Es gilt nämlich die Tschebyscheff*sche Ungleichung*:

$$P\Big\{|X - E(X)| \geqq \varepsilon\Big\} \leqq \frac{\mathrm{Var}(X)}{\varepsilon^2} \qquad (1.26)$$

für beliebiges $\varepsilon > 0$.

Die Tschebyscheffsche Ungleichung gilt allgemein. Wir beweisen sie nur für eine stetige zufällige Größe X.

Beweis.

$$\begin{aligned}\operatorname{Var}(X) &= \int_{-\infty}^{\infty} [x - E(X)]^2 f(x)\,dx \\ &\geqq \int_{-\infty}^{E(X)-\varepsilon} [x - E(X)]^2 f(x)\,dx + \int_{E(X)+\varepsilon}^{\infty} [x - E(X)]^2 f(x)\,dx \\ &\geqq \varepsilon^2 \int_{-\infty}^{E(X)-\varepsilon} f(x)\,dx + \varepsilon^2 \int_{E(X)+\varepsilon}^{\infty} f(x)\,dx \\ &= \varepsilon^2 [P\{X \leqq E(X) - \varepsilon\} + P\{X \geqq E(X) + \varepsilon\}] \\ &= \varepsilon^2 P\{|X - E(X)| \geqq \varepsilon\}\,.\end{aligned}$$

Wir haben es häufig mit nichtnegativen oder positiven zufälligen Größen zu tun. Für diese gilt nach (1.25)

$$\mu_k = k \int_0^{\infty} x^{k-1} [1 - F(x)]\,dx\,. \tag{1.27}$$

Aus (1.27) folgt für beliebiges $t > 0$

$$\begin{aligned}\mu_2 &= 2 \int_0^{\infty} x [1 - F(x)]\,dx \geqq 2 \int_0^{t} x [1 - F(x)]\,dx \\ &\geqq 2 [1 - F(t)] \int_0^{t} x\,dx = t^2 [1 - F(t)]\,,\end{aligned}$$

woraus wir die Ungleichung

$$1 - F(t) \leqq \frac{\mu_2}{t^2} \tag{1.28}$$

gewinnen, die als Abschätzung für Überschreitungswahrscheinlichkeiten (Überlebenswahrscheinlichkeiten) nützlich sein kann.

1.2.4. Gemeinsame Verteilungsfunktion zufälliger Grössen, Unabhängigkeit

Unter der gemeinsamen Verteilungsfunktion $F(x_1, \ldots, x_n)$ der zufälligen Größen $X_1, \ldots, X_n$ verstehen wir die Wahrscheinlichkeit

$$F(x_1, \ldots, x_n) = P\{(X_1 \leqq x_1) \cap \cdots \cap (X_n \leqq x_n)\}\,. \tag{1.29}$$

Falls die partiellen Ableitungen von $F(x_1, \ldots, x_n)$ existieren, heißt

$$f(x_1, \ldots, x_n) = \frac{\partial^n}{\partial x_1 \ldots \partial x_n} F(x_1, \ldots, x_n) \tag{1.30}$$

die gemeinsame Wahrscheinlichkeitsdichte von $X_1, \ldots, X_n$, und es gilt (Integrierbarkeit von $f(y_1, \ldots y_n)$ vorausgesetzt)

$$F(x_1, \ldots, x_n) = \int_{-\infty}^{x_1} \cdots \int_{-\infty}^{x_n} f(y_1, \ldots, y_n)\, dy_1, \ldots, dy_n\,. \quad (1.31)$$

Bezeichnen wir im Fall $n = 2$ mit $F_1(x)$ die Verteilungsfunktion von X_1 und mit $F_2(x)$ die Verteilungsfunktion von X_2, sowie mit $f_1(x)$ und $f_2(x)$ die zugehörigen Wahrscheinlichkeitsdichten, so gelten die Beziehungen

$$F_1(x) = \int_{-\infty}^{x} \left[\int_{-\infty}^{\infty} f(y_1, y_2)\, dy_2 \right] dy_1\,, \quad (1.32)$$

$$f_1(x) = \int_{-\infty}^{\infty} f(x, y)\, dy\,, \quad (1.33)$$

$$F_2(x) = \int_{-\infty}^{x} \left[\int_{-\infty}^{\infty} f(y_1, y_2)\, dy_1 \right] dy_2\,, \quad (1.34)$$

$$f_2(x) = \int_{-\infty}^{\infty} f(x, y)\, dy\,. \quad (1.35)$$

Wir bezeichnen $X_1, \ldots, X_n$ als voneinander unabhängige zufällige Größen, wenn für beliebige reelle $x_1, \ldots, x_n$ gilt

$$F(x_1, \ldots, x_n) = P\{X_1 \leqq x_1\} \ldots P\{X_n \leqq x_n\}$$
$$= F_1(x_1) \ldots F_n(x_n)\,. \quad (1.36)$$

Dabei sind $F_1(x), \ldots, F_n(x)$ die Verteilungsfunktionen der $X_1, \ldots, X_n$. Aus (1.36) und (1.30) folgt, falls die $F_1(x), \ldots, F_n(x)$ differenzierbar sind, für die gemeinsame Dichte der zufälligen Größen $X_1, \ldots, X_n$

$$f(x_1, \ldots, x_n) = f_1(x_1) \ldots f_n(x_n) \quad (1.37)$$

mit

$$f_i(x) = \frac{dF_i(x)}{dx}\,, \qquad i = 1, \ldots, n\,.$$

Sind $X_1, \ldots, X_n$ unabhängige diskrete zufällige Größen mit

$$P\{X_i = x_j^{(i)}\} = P_j^{(i)}\,, \quad i = 1, \ldots, n;\ j = 1, 2, \ldots,$$

so folgt aus (1.36), wie man zeigen kann,

$$P\{(X_1 = x_{j_1}^{(1)}) \cap \cdots \cap (X_n = x_{j_n}^{(n)})\} = P_{j_1}^{(1)} \ldots P_{j_n}^{(n)} \quad (1.38)$$
$$j_1 = 1, 2, \ldots; \ldots;\ j_n = 1, 2, \ldots\,.$$

1.2.5. SUMMEN VON ZUFÄLLIGEN GRÖSSEN

1.2.5.1. *Erwartungswert und Varianz*

Sind X und Y zufällige Größen mit der gemeinsamen Wahrscheinlichkeitsdichte $f(x, y)$, so ist auch $Z = X + Y$ eine zufällige Größe. Ihre Verteilungsfunktion ist

$$P\{Z \leqq z\} = \int_{x+y \leqq z} f(x, y)\, dx\, dy\,. \tag{1.39}$$

Wegen

$$\int_{-\infty}^{\infty} \int_{-\infty}^{\infty} f(x, y)\, dx\, dy = 1$$

gilt weiter

$$1 - P\{Z \leqq z\} = \int\int_{x+y>z} f(x, y)\, dx\, dy\,.$$

Daraus gewinnen wir mit (1.25) für das k-te Moment von Z

$$E(Z^k) = k \int_0^{\infty} z^{k-1} \int\int_{x+y>z} f(x, y)\, dx\, dy\, dz - \int_{-\infty}^{0} z^{k-1} \int\int_{x+y\leqq z} f(x, y)\, dx\, dy\, dz.$$

Durch Vertauschung der Integrationen folgt hieraus

$$E(Z^k) = \int\int_{x+y>0} (x + y)^k f(x, y)\, dx\, dy + \int\int_{x+y\leqq 0} (x + y)^k f(x, y)\, dx\, dy\,,$$

also

$$E[(X + Y)^k] = \int_{-\infty}^{\infty} \int_{-\infty}^{\infty} (x + y)^k f(x, y)\, dx\, dy\,. \tag{1.40}$$

Aus (1.40) folgt zunächst mit $k = 1$

$$E(X + Y) = \int_{-\infty}^{\infty} \int_{-\infty}^{\infty} x f(x, y)\, dx\, dy + \int_{-\infty}^{\infty} \int_{-\infty}^{\infty} y f(x, y)\, dx\, dy =$$

$$= \int_{-\infty}^{\infty} x \int_{-\infty}^{\infty} f(x, y)\, dy\, dx + \int_{-\infty}^{\infty} y \int_{-\infty}^{\infty} f(x, y)\, dx\, dy$$

und hieraus mit (1.33) und (1.35)

$$E(X + Y) = \int_{-\infty}^{\infty} x f_1(x)\, dx + \int_{-\infty}^{\infty} y f_2(y)\, dy\,,$$

wenn $f_1(x)$ und $f_2(x)$ die Wahrscheinlichkeitsdichten von X und Y bezeichnen. Also haben wir

$$E(X + Y) = E(X) + E(Y)\,. \tag{1.41}$$

Diese wichtige Beziehung gilt auch für abhängige X, Y, da wir bei der Herleitung keine Unabhängigkeit vorausgesetzt haben. Sie gilt auch, wie man beweisen kann, unabhängig von der Existenz von Dichten. Wir fragen nun nach der Varianz von $X + Y$. Hier gilt der

Satz. Für unabhängige zufällige Größen X, Y ist

$$\mathrm{Var}\,(X + Y) = \mathrm{Var}(X) + \mathrm{Var}(Y)\,. \tag{1.42}$$

Beweis. Nach (1.24) ist

$$\mathrm{Var}\,(X + Y) = E\,[(X + Y)^2] - [E\,(X + Y)]^2\,. \tag{1.43}$$

Aus (1.40) folgt mit $f(x, y) = f_1(x)\,f_2(y)$

$$\begin{aligned} E\,[(X + Y)^2] &= \int_{-\infty}^{\infty} \int_{-\infty}^{\infty} x^2 f_1(x)\,f_2(y)\,\mathrm{d}x\,\mathrm{d}y \\ &\quad + 2 \int_{-\infty}^{\infty} \int_{-\infty}^{\infty} x\,y\,f_1(x)\,f_2(y)\,\mathrm{d}x\,\mathrm{d}y \\ &\quad + \int_{-\infty}^{\infty} \int_{-\infty}^{\infty} y^2 f_1(x)\,f_2(y)\,\mathrm{d}x\,\mathrm{d}y \\ &= E(X^2) + 2\,E(X)\,E(Y) + E(Y^2) \\ &= \mathrm{Var}(X) + [E(X)]^2 + 2\,E(X)\,E(Y) \\ &\quad + \mathrm{Var}(Y) + [E(Y)]^2\,. \end{aligned} \tag{1.44}$$

Nach (1.41) ist

$$\begin{aligned} [E\,(X + Y)]^2 &= [E(X) + E(Y)]^2 \\ &= [E(X)]^2 + 2\,E(X)\,E(Y) + [E(Y)]^2\,. \end{aligned} \tag{1.45}$$

Aus (1.43), (1.44) und (1.45) folgt die Behauptung (1.42).

Ganz leicht zeigt man, daß für Summen beliebig vieler zufälliger Größen die gleichen Regeln über Erwartungswert und Varianz gelten:

Sind $X_1, \ldots, X_k$ zufällige Größen, so gilt

$$E\,(X_1 + \cdots + X_k) = E(X_1) + \cdots + E(X_k)\,. \tag{1.46}$$

Sind $X_1, \ldots, X_k$ unabhängige zufällige Größen, so gilt

$$\mathrm{Var}\,(X_1 + \cdots + X_k) = \mathrm{Var}(X_1) + \cdots + \mathrm{Var}(X_k)\,. \tag{1.47}$$

1.2.5.2. *Das arithmetische Mittel identisch verteilter unabhängiger zufäliger Größen*

Ist X eine zufällige Größe und sind a, b reelle Zahlen, so gilt

$$E\,(a\,X + b) = a\,E(X) + b \tag{1.48}$$

und

$$\operatorname{Var}\,(a\,X + b) = a^2 \operatorname{Var}(X)\,. \tag{1.49}$$

Dies folgt für $a \neq 0$ aus (1.24) und (1.25) wegen

$$P\,\{a\,X + b \leqq x\}$$
$$= \begin{cases} P\left\{X \leqq \frac{x-b}{a}\right\} = F\left(\frac{x-b}{a}\right), \text{ falls } a > a\,, \\ P\left\{X \geqq \frac{x-b}{a}\right\} = 1 - F\left(\frac{x-b}{a}\right) + P\left\{X = \frac{x-b}{a}\right\}, \text{ falls } a < 0, \end{cases}$$

während für $a = 0$ einfach $a\,X + b = b$, $E\,(a\,X + b) = E(b) = b$, $\operatorname{Var}\,(a\,X + b) = \operatorname{Var}(b) = 0$ gilt.

Jetzt betrachten wir n unabhängige zufällige Größen $X_1, \ldots, X_n$, die identisch verteilt sind, d. h. alle der gleichen Verteilungsfunktion mit Erwartungswert μ und Varianz σ^2 genügen. Wir bilden

$$\overline{X}_n = \frac{1}{n}\,(X_1 + \cdots + X_n)\,.$$

Nach (1.46) und (1.48) hat dann $\overline{X}_n$ den Erwartungswert

$$E(\overline{X}_n) = \frac{1}{n}\,E\,(X_1 + \cdots + X_n) = \frac{1}{n}\,[E(X_1) + \cdots + E(X_n)]$$
$$= \frac{1}{n}\,(\mu + \cdots + \mu) = \mu \tag{1.50}$$

und nach (1.47) und (1.49) die Varianz

$$\operatorname{Var}(\overline{X}_n) = \frac{1}{n^2} \operatorname{Var}\,(X_1 + \cdots + X_n) = \frac{1}{n^2}\,[\operatorname{Var}(X_1) + \cdots + \operatorname{Var}(X_n)]$$
$$= \frac{1}{n^2}\,(\sigma^2 + \cdots + \sigma^2) = \frac{\sigma^2}{n}\,. \tag{1.51}$$

Nach der Tschebyscheffschen Ungleichung (1.26) von 1.2.2.1. gilt dann

$$P\,\{|\overline{X}_n - \mu| \geqq \varepsilon\} \leqq \frac{\sigma^2}{\varepsilon^2 n}\,. \tag{1.52}$$

Hieraus folgt sofort: Zu vorgegebenen $\varepsilon > 0$ und $\varepsilon_1 > 0$ gibt es ein $n_0(\varepsilon, \varepsilon_1)$ der Art, daß für $n \geqq n_0$ stets

$$P\{|\overline{X}_n - \mu| \geqq \varepsilon\} \leqq \varepsilon_1 \tag{1.53}$$

gilt. (Dazu braucht $n_0(\varepsilon, \varepsilon_1)$ nur die Bedingung $n_0 \geqq \sigma^2/(\varepsilon^2 \cdot \varepsilon_1)$ zu erfüllen.) Diese Eigenschaft von $\overline{X}_n$ nennt man „Konvergenz gegen μ nach Wahrscheinlichkeit". Das arithmetische Mittel von n identisch verteilten unabhängigen zufälligen Größen konvergiert also nach Wahrscheinlichkeit mit $n \to \infty$ gegen den Erwartungswert μ. In Worten besagt (1.53): Wenn man n hinreichend groß wählt, ist die Wahrscheinlichkeit, daß $\overline{X}_n$ um mehr als die beliebig kleine Größe ε von μ abweicht, nicht größer als die beliebig kleine Größe ε_1.

Aus diesem Grunde benutzt man die Größe $\overline{X}_n$ bei Stichproben als Schätzfunktion für den Erwartungswert einer unbekannten Verteilung. Eine solche Schätzfunktion ist wieder eine zufällige Größe. Wenn sie die Eigenschaft (1.53) besitzt, nennen wir sie „konsistent" (die Schätzfunktion $\overline{X}_n$ „konvergiert nach Wahrscheinlichkeit" gegen den Parameter μ). Wegen (1.50) bezeichnet man $\overline{X}_n$ als „erwartungstreue" Schätzfunktion für den Parameter μ. Bei der Realisierung von zufälligen Größen durch Stichproben nimmt auch die Schätzfunktion (als Funktion der Stichprobenwerte) einen bestimmten Wert an, den man als „Schätzwert" bezeichnet. Den zu einer konsistenten (erwartungstreuen) Schätzfunktion gehörenden Schätzwert nennen wir ebenfalls konsistent (erwartungstreu).

1.2.5.3. *Die mittlere quadratische Abweichung identisch verteilter unabhängiger zufälliger Größen*

Auch für die Varianz σ^2 kann man eine Schätzfunktion bilden, der nach Wahrscheinlichkeit gegen die Varianz konvergiert.

Sind nämlich $X_1, \ldots, X_n$ unabhängige identisch verteilte zufällige Größen mit Erwartungswert μ und Varianz σ^2, so gilt (Beweis bei [SCHMETTERER]):

Die zufällige Größe

$$s_n^2 = \frac{1}{n-1} \sum_{i=1}^{n} (X_i - \overline{X}_n)^2 \tag{1.54}$$

hat den Erwartungswert

$$E(s_n^2) = \sigma^2 \tag{1.55}$$

und die Varianz

$$\mathrm{Var}(s_n^2) = \frac{m_4}{n} - \frac{n-3}{n(n-1)}\sigma^4 \tag{1.56}$$

mit

$$m_4 = E\left[(X_i - \mu)^4\right].$$

Falls das vierte, auf den Erwartungswert μ bezogene Moment m_4 existiert, konvergiert also s_n^2 mit $n \to \infty$ nach Wahrscheinlichkeit gegen die Varianz σ^2. Daher ist s_n^2 im allgemeinen eine brauchbare Schätzfunktion für die Varianz einer Verteilung.

1.2.5.4. *Die Verteilungsfunktion der Summe unabhängiger zufälliger Größen mit stetiger Verteilung*

Sind X und Y unabhängige zufällige Größen mit den Wahrscheinlichkeitsdichten $f_1(x)$ und $f_2(x)$ und den Verteilungsfunktionen $F_1(x)$ und $F_2(x)$, so gilt für die Verteilungsfunktion ihrer Summe $X+Y$ nach (1.39)

$$P\{X + Y \leqq z\} = \iint\limits_{x+y\leqq z} f_1(x)\, f_2(y)\, \mathrm{d}x\, \mathrm{d}y$$

$$= \int_{-\infty}^{\infty} f_2(y)\left[\int_{-\infty}^{z-y} f_1(x)\, \mathrm{d}x\right]\mathrm{d}y = \int_{-\infty}^{\infty} f_2(y)\, F_1(z-y)\, \mathrm{d}y\,. \tag{1.57}$$

Analog gilt

$$P\{X + Y \leqq z\} = \int_{-\infty}^{\infty} f_1(y)\, F_2(z-y)\, \mathrm{d}y\,. \tag{1.58}$$

Für die Wahrscheinlichkeitsdichte der Summe gilt entsprechend

$$\frac{dP\{X + Y \leqq z\}}{dz} = \int_{-\infty}^{\infty} f_1(y)\, f_2(z-y)\, \mathrm{d}y$$

$$= \int_{-\infty}^{\infty} f_2(y)\, f_1(z-y)\, \mathrm{d}y\,. \tag{1.59}$$

Man nennt die Integrale (1.59) Faltungsintegrale der beiden Dichten $f_1(z)$ und $f_2(z)$. Entsprechend gilt für die Summe beliebig vieler unabhängiger zufälliger Größen der

Satz 1. *Sind $X_1, X_2, \ldots$ unabhängige zufällige Größen mit den Wahrscheinlichkeitsdichten $f_1(x), f_2(x), \ldots$, so gilt für die Wahrscheinlichkeitsdichten $\varphi_n(x)$ der Summen $S_n = X_1 + X_2 + \cdots + X_n$ $(n = 2, 3, \ldots)$ die Rekursionsformel*

$$\varphi_n(x) = \int_{-\infty}^{\infty} \varphi_{n-1}(y)\, f_n(x-y)\, dy \tag{1.60}$$

mit

$$\varphi_1(x) = f_1(x).$$

1.2.5.5. *Die Verteilungsfunktion der Summe unabhängiger zufälliger Größen mit diskreter Verteilung*

Wir betrachten noch den Fall, daß die unabhängigen zufälligen Größen $X_1, X_2, \ldots$ nur nicht negative ganze Zahlenwerte annehmen können. Setzen wir dann

$$P\{X_i = m\} = p_m^{(i)}; \qquad m = 0, 1, \ldots; \; i = 1, 2, \ldots \tag{1.61}$$

und

$$P\{X_1 + \cdots + X_n = m\} = P\{S_n = m\} = p_{n,m}, \tag{1.62}$$

so gilt offenbar analog zu (1.60)

$$p_{n,m} = \sum_{j=0}^{m} p_{n-1,j}\, p_{m-j}^{(n)} = \sum_{j=0}^{m} p_{n-1,m-j}\, p_j^{(n)} \tag{1.63}$$

mit

$$p_{1,m} = p_m^{(1)}.$$

Für $p_{n,m}$ gilt weiter die explizite Darstellung

$$p_{n,m} = \sum_{\sum_{j=1}^{n} i_j = m} p_{i_1}^{(1)} \cdots p_{i_n}^{(n)}. \tag{1.64}$$

Wir zeigen, daß sich auch die Verteilungsfunktion von $S_n = X_1 + \cdots + X_2$ explizit durch die Verteilungsfunktionen der $X_1, X_2, \ldots$ darstellen läßt. Es gilt nämlich der folgende

Satz 2. *Es seien $X_1, X_2, \ldots$ unabhängige diskrete zufällige Größen, die nur die Werte 0, 1, 2, ... annehmen können, mit*

$$P\{X_i \leqq m\} = P_m^{(i)}; \qquad i = 1, 2, \ldots; \qquad m = 0, 1, \ldots.$$

Dann gilt für die Verteilungsfunktion der Summe $S_n = X_1 + \cdots + X_n$

$$P_{n,m} = P\{S_n \leqq m\} = \sum_{r=0}^{\min(m,n-1)} \binom{n-1}{r} (-1)^r \sum_{\sum_{j=1}^{n} i_j = m-r} P_{i_1}^{(1)} \cdots P_{i_n}^{(n)}. \tag{1.65}$$

Beweis. Wir beweisen durch vollständige Induktion. Aus (1.63) (mit $n+1$ statt n) folgt durch Summation die Rekursionsformel

$$P_{n+1,m} = \sum_{j=0}^{m} (P_j^{(n+1)} - P_{j-1}^{(n+1)}) P_{n,m-j}; \quad P_{-1}^{(j)} = 0 . \tag{1.66}$$

Für $n = 1$ gilt

$$P_{1,m} = P\{X_1 \leqq m\} = P_m^{(1)},$$

also (1.65).

Für $n = 2$ bekommt man aus (1.66) mit $m = 0$

$$P_{2,0} = P_0^{(1)} P_0^{(2)}$$

und mit $m \geqq 1$

$$\begin{aligned} P_{2,m} &= \sum_{j=0}^{m} (P_j^{(2)} - P_{j-1}^{(2)}) P_{m-j}^{(1)} \\ &= \sum_{j=0}^{m} P_j^{(2)} P_{m-j}^{(1)} - \sum_{j=0}^{m} P_{j-1}^{(2)} P_{m-j}^{(1)} \\ &= \sum_{i_1+i_2=m} P_{i_1}^{(1)} P_{i_2}^{(2)} - \sum_{i_1+i_2=m-1} P_{i_1}^{(1)} P_{i_2}^{(2)} \\ &= \sum_{r=0}^{1} \binom{1}{r} (-1)^r \sum_{\sum_{j=1}^{2} i_j = m-r} P_{i_1}^{(1)} P_{i_2}^{(2)}, \end{aligned}$$

also (1.65) für $n = 2$.

Jetzt sei $n \geqq 2$. Wir nehmen an, (1.65) sei für n richtig. Nach (1.66) bekommen wir dann

$$\begin{aligned} P_{n+1,m} &= \sum_{i=0}^{m} (P_i^{(n+1)} - P_{i-1}^{(n+1)}) \sum_{r=0}^{\min(m-i,n-1)} \binom{n-1}{r} (-1)^r \sum_{\sum_{j=1}^{n} i_j = m-i-r} P_{i_1}^{(1)} \dots P_{i_n}^{(n)} \\ &= R_{1,n+1} - R_{2,n+1} \end{aligned}$$

mit

$$R_{1,n+1} = \sum_{i=0}^{m} P_i^{(n+1)} \sum_{r=0}^{\min(m-i,n-1)} \binom{n-1}{r} (-1)^r \sum_{\sum_{j=1}^{n} i_j = m-i-r} P_{i_1}^{(1)} \dots P_{i_n}^{(n)},$$

$$R_{2,n+1} = \sum_{i=1}^{m} P_{i-1}^{(n+1)} \sum_{r=0}^{\min(m-i,n-1)} \binom{n-1}{r} (-1)^r \sum_{\sum_{j=1}^{n} i_j = m-i-r} P_{i_1}^{(1)} \dots P_{i_n}^{(n)}.$$

Fallunterscheidung:

1. $m \leqq n-1$: $\min(m-i, n-1) = m-i$.

$$R_{1,n+1} = \sum_{r=0}^{m} \binom{n-1}{r} (-1)^r \sum_{i=0}^{m-r} P_i^{(n+1)} \sum_{\sum_{j=1}^{n} i_j = m-i-r} P_{i_1}^{(1)} \ldots P_{i_n}^{(n)}$$

$$= \sum_{r=0}^{m} \binom{n-1}{r} (-1)^r \sum_{\sum_{j=1}^{n+1} i_j = m-r} P_{i_1}^{(1)} \ldots P_{i_n}^{(n)}.$$

$$R_{2,n+1} = \sum_{i=0}^{m-1} P_i^{(n+1)} \sum_{r=0}^{m-1-i} \binom{n-1}{r} (-1)^r \sum_{\sum_{j=1}^{n} i_j = m-1-i-r} P_{i_1}^{(1)} \ldots P_{i_n}^{(n)}$$

$$= \sum_{r=0}^{m-1} \binom{n-1}{r} (-1)^r \sum_{i=0}^{m-1-r} P_i^{(n+1)} \sum_{\sum_{j=i}^{n} i_j = m-1-i-r} P_{i_1}^{(1)} \ldots P_{i_n}^{(n)}$$

$$= \sum_{r=0}^{m-1} \binom{n-1}{r} (-1)^r \sum_{\sum_{j=1}^{n+1} i_j = m-1-r} P_{i_1}^{(1)} \ldots P_{i_{n+1}}^{(n+1)}$$

$$= -\sum_{r=1}^{m} \binom{n-1}{r-1} (-1)^r \sum_{\sum_{j=1}^{n+1} i_j = m-r} P_{i_1}^{(1)} \ldots P_{i_n}^{(n)}.$$

$$R_{1,n+1} - R_{2,n+1} = \sum_{\sum_{j=1}^{n+1} i_j = m} P_{i_1}^{(1)} \ldots P_{i_n}^{(n)}$$

$$+ \sum_{r=1}^{m} \left[\binom{n-1}{r} + \binom{n-1}{r-1} \right] (-1)^r \sum_{\sum_{j=1}^{n+1} i_j = m-r} P_{i_1}^{(1)} \ldots P_{i_{n+1}}^{(n+1)}$$

$$= \sum_{r=0}^{m} \binom{n}{r} (-1)^r \sum_{\sum_{j=1}^{n+1} i_j = m-r} P_{i_1}^{(1)} \ldots P_{i_{n+1}}^{(n+1)}.$$

Wegen $m = \min(m, n)$ ist das die Behauptung des Satzes.

2. $m \geqq n$: Allgemein gilt $\sum_{i=0}^{m} \sum_{r=0}^{\min(m-i,n-1)} a_{ir} = \sum_{r=0}^{\min(m,n-1)} \sum_{i=0}^{m-r} a_{ir}$,

d. h. für $m \geqq n$

$$\sum_{i=0}^{m} \sum_{r=0}^{\min(m-i,n-1)} a_{ir} = \sum_{r=0}^{n-1} \sum_{i=0}^{m-r} a_{ir}.$$

Also ist

$$R_{1,n+1} = \sum_{r=0}^{n-1} \binom{n-1}{r} (-1)^r \sum_{i=0}^{m-r} P_i^{(n+1)} \sum_{\sum_{j=1}^{n} i_j = m-i-r} P_{i_1}^{(1)} \ldots P_{i_n}^{(n)}$$

$$= \sum_{r=0}^{n-1} \binom{n-1}{r} (-1)^r \sum_{\sum_{j=1}^{n+1} i_j = m-i} P_{i_1}^{(1)} \ldots P_{i_{n+1}}^{(n+1)}.$$

$$R_{2,n+1} = \sum_{r=0}^{n-1} \binom{n-1}{r} (-1)^r \sum_{i=1}^{m-r} P_{i-1}^{(n+1)} \sum_{\sum_{j=1}^{n} i_j = m-i-r} P_{i_1}^{(1)} \ldots P_{i_n}^{(n)}$$

$$= \sum_{r=0}^{n-1} \binom{n-1}{r} (-1)^r \sum_{i=0}^{m-r-1} P_i^{(n+1)} \sum_{\sum_{j=1}^{n} i_j = m-i-r-1} P_{i_1}^{(1)} \ldots P_{i_n}^{(n)}$$

$$= \sum_{r=0}^{n-1} \binom{n-1}{r} (-1)^r \sum_{\sum_{j=1}^{n+1} i_j = m-r-1} P_{i_1}^{(1)} \ldots P_{i_{n+1}}^{(n+1)}$$

$$= -\sum_{r=1}^{n} \binom{n-1}{r-1} (-1)^r \sum_{\sum_{j=1}^{n+1} i_j = m-r} P_{i_1}^{(1)} \ldots P_{i_{n+1}}^{(n+1)}.$$

Daraus folgt

$$R_{1,n+1} - R_{2,n+1} = \sum_{\sum_{j=1}^{n+1} i_j = m} P_{i_1}^{(1)} \ldots P_{i_{n+1}}^{(n+1)}$$

$$+ \sum_{r=1}^{n-1} \left[\binom{n-1}{r} + \binom{n-1}{r-1}\right] (-1)^r \sum_{\sum_{j=1}^{n+1} i_j = m-r} P_{i_1}^{(1)} \ldots P_{i_{n+1}}^{(n+1)}$$

$$+ (-1)^n \sum_{\sum_{j=1}^{n+1} i_j = m-n} P_{i_1}^{(1)} \ldots P_{i_{n+1}}^{(n+1)}$$

$$= \sum_{r=0}^{n} \binom{n}{r} (-1)^r \sum_{\sum_{j=1}^{n+1} i_j = m-r} P_{i_1}^{(1)} \ldots P_{i_{n+1}}^{(n+1)},$$

also wegen $\min(m, n) = n$ die Behauptung des Satzes.

1.2.6. Transformation von Wahrscheinlichkeitsdichten

In den Anwendungen der Wahrscheinlichkeitstheorie steht man sehr oft vor der Aufgabe, aus Verteilungsfunktionen zufälliger Größen die Verteilungsfunktionen anderer, abgeleiteter zufälliger Größen zu bestimmen. Die Verteilung der Summe zweier zufälliger Größen in 1.2.5.4. war ein Beispiel dafür. Ein wichtiges Hilfsmittel für den Fall, daß die gegebenen zufälligen Größen Wahrscheinlichkeitsdichten besitzen und die abgeleiteten zufälligen Größen aus ihnen durch Transformationen hervorgehen, die gewissen Differenzierbarkeitsforderungen genügen, bietet der folgende Transformationssatz, der ein Analogon zu den Transformationsregeln mehrfacher Integrale darstellt. Wir zitieren im wesentlichen nach [Heinhold-Gaede]:

Satz 3. *Die zufälligen Größen $X_1, \ldots, X_n$ mögen die gemeinsame Wahrscheinlichkeitsdichte $f(x_1, \ldots, x_n)$ haben. Abgesehen von endlich vielen glatten Hyperflächen mögen die Funktionen $y_i = h_i(x_1, \ldots, x_n)$; $i = 1, \ldots, n$ in dem Bereich B des $(x_1, \ldots, x_n)$-Raumes, für den $f(x_1, \ldots, x_n) > 0$ ist, stetig differenzierbar sein und B umkehrbar eindeutig auf das Gebiet B' des $(y_1, \ldots, y_n)$-Raumes abbilden. Die Umkehrung von $y_i = h_i(x_1, \ldots, x_n)$ sei $x_i = h^{-1}(y_1, \ldots, y_n)$, und*

$$\frac{\partial(y_1, \ldots, y_n)}{\partial(x_1, \ldots, x_n)} = \begin{vmatrix} \frac{\partial y_1}{\partial x_1} & \cdots & \frac{\partial y_1}{\partial x_n} \\ \vdots & & \vdots \\ \frac{\partial y_n}{\partial x_1} & \cdots & \frac{\partial y_n}{\partial x_n} \end{vmatrix}$$

sei die Funktionaldeterminante der Transformation.

Die zufälligen Größen $Y_1, \ldots, Y_n$ seien definiert durch

$$Y_i = h_i(X_1, \ldots, X_n); \quad i = 1, \ldots, n.$$

Dann ist die gemeinsame Wahrscheinlichkeitsdichte $g(y_1, \ldots, y_n)$ der $Y_1, \ldots, Y_n$ gegeben durch

$$g(y_1, \ldots, y_n) = f(x_1, \ldots, x_n) \left| \frac{\partial(y_1, \ldots, y_n)}{\partial(x_1, \ldots, x_n)} \right|^{-1} \tag{1.67}$$

für $(y_1, \ldots, y_n) \in B'$ und $g(y_1, \ldots, y_n) = 0$ sonst.

In (1.67) sind die $x_1, \ldots, x_n$ gemäß den Umkehrfunktionen $h_i^{-1}(y_1, \ldots, y_n)$ durch die $y_1, \ldots, y_n$ auszudrücken.

1.2.6.1. *Orthogonaltransformation*

Eine Anwendung auf Orthogonaltransformationen führt zu dem folgenden wichtigen Satz, den wir später mehrfach benutzen werden.

Satz 4. *Sind $X_1, \ldots, X_n$ unabhängige, standard-normalverteilte zufällige Größen* (vgl. 1.3.2.1), *d. h. zufällige Größen mit der Wahrscheinlichkeitsdichte*

$$f(x) = \frac{1}{\sqrt{2\pi}} e^{-x^2/2},$$

und ist

$$y_i = a_{i1} x_1 + \cdots + a_{in} x_n, \quad i = 1, \ldots, n \tag{1.68}$$

eine orthogonale Transformation, d. h. eine Transformation mit den Eigenschaften

$$\sum_{i=1}^{n} a_{ji} a_{ki} \begin{cases} = 1 & \text{für } j = k \\ = 0 & \text{für } j \neq k, \end{cases}$$

dann sind die zufälligen Größen

$$Y_i = a_{i1} X_1 + \cdots + a_{in} X_n; \quad i = 1, \ldots, n$$

ebenfalls unabhängig und standardnormalverteilt.

Beweis. Die $X_1, \ldots, X_n$ haben die gemeinsame Wahrscheinlichkeitsdichte

$$f(x_1, \ldots, x_n) = \frac{1}{(\sqrt{2\pi})^n} e^{-\frac{1}{2}(x_1^2 + \cdots + x_n^2)}.$$

Nach 1.2.6., Satz 3 gilt für die gemeinsame Wahrscheinlichkeitsdichte $g(y_1, \ldots, y_n)$ von $Y_1, \ldots, Y_n$ dann

$$g(y_1, \ldots, y_n) = \frac{1}{(\sqrt{2\pi})^n} e^{-\frac{1}{2}(x_1^2 + \cdots + x_n^2)} \left| \frac{\partial(y_1, \ldots, y_n)}{\partial(x_1, \ldots, x_n)} \right|^{-1}.$$

Für die Funktionaldeterminante gilt

$$\frac{\partial(y_1, \ldots, y_n)}{\partial(x_1, \ldots, x_n)} = ||a_{ik}|| = 1,$$

und die $x_1, \ldots, x_n$ sind vermöge der Beziehung (1.68) durch die $y_1, \ldots, y_n$ auszudrücken. Wegen der Orthogonalität gilt aber

$$x_1^2 + \cdots + x_n^2 = y_1^2 + \cdots + y_n^2 .$$

Damit haben wir

$$g(y_1, \ldots, y_n) = \frac{1}{\sqrt{2\pi}} e^{-y_1^2/2} \cdots \frac{1}{\sqrt{2\pi}} e^{-y_n^2/2} ,$$

womit alles bewiesen ist.

1.2.7. Stieltjes-Integrale

Ist $g(x)$ eine in einem Intervall $a \leqq x \leqq b$ stetige Funktion und $F(x)$ eine Verteilungsfunktion, so definiert man das Riemann-Stieltjes-Integral

$$\int_a^b g(x)\, dF(x)$$

durch den Grenzwert der Summen

$$\sum_{i=1}^{n} g(x_i^*) [F(x_i) - F(x_{i-1})] \quad \text{mit} \quad x_{i-1} \leqq x_i^* \leqq x_i \tag{1.69}$$

für

$$\max_i (x_i - x_{i-1}) \to 0 .$$

Dabei ist $a = x_0 < x_1 < \cdots < x_n = b$ eine Einteilung des Intervalles $a \leqq x \leqq b$.

Falls $F(x)$ differenzierbar ist mit $F'(x) = f(x)$ ($f(x)$ eigentlich Riemann-integrierbar), gilt

$$\int_a^b g(x)\, \mathrm{d}F(x) = \int_a^b g(x)\, f(x)\, \mathrm{d}x . \tag{1.70}$$

Ist $F(x)$ eine reine Treppenfunktion (vgl. (1.13)), so hat das Stieltjes-Integral die Gestalt

$$\int_a^b g(x)\, \mathrm{d}F(x) = \sum_{a < t_i \leqq b} g(t_i)\, P(t_i) . \tag{1.71}$$

Dabei bezeichnen die t_i die Sprungstellen von $F(x)$ und die $P(t_i)$ die Sprunghöhen.

Das Stieltjes-Integral gibt einem die Möglichkeit, Verteilungen vom stetigen, diskreten oder gemischten Typ formal einheitlich zu behandeln. In 7 wird von dieser Möglichkeit Gebrauch gemacht.

1.3. Einige wichtige Verteilungsfunktionen

1.3.1. Diskrete Verteilungen

1.3.1.1. *Die Binomialverteilung*

Wir denken uns eine beliebig wiederholbare Folge von n Versuchen. Zu jedem Versuch definieren wir eine zufällige Größe X_i $(i = 1, \ldots, n)$, die mit der Wahrscheinlichkeit p den Wert 1 und mit der Wahrscheinlichkeit $1 - p$ den Wert 0 annimmt. Das Ereignis $X_i = 1$ können wir auch mit der Aussage „das Ereignis A ist beim i-ten Versuch eingetroffen" umschreiben. Die Summe $H(n) = X_1 + \cdots + X_n$ gibt dann an, wie oft bei n Versuchen das Ereignis A eingetreten ist.

Jetzt setzen wir voraus, daß die X_i alle voneinander unabhängig sind. Fügen wir eine weitere unabhängige zufällige Größe X_{n+1} mit der gleichen Verteilung hinzu, so erhalten wir

$$H(n+1) = X_1 + \cdots + X_{n+1} = H(n) + X_{n+1},$$

wobei $H(n)$ und X_{n+1} ebenfalls unabhängig sind. Für die Verteilung von $H(n+1)$ bekommen wir nach (1.63), da X_{n+1} nur die Werte 0 (mit der Wahrscheinlichkeit $1 - p$) und 1 (mit der Wahrscheinlichkeit p) annehmen kann:

$$\begin{aligned} p_{n+1}(k) = P\{H(n+1) = k\} &= P\{H(n) = k\}(1-p) \\ &+ P\{H(n) = k-1\}p = p_n(k)(1-p) + p_n(k-1)\,p \end{aligned}$$

Hieraus folgt sofort durch vollständige Induktion die allgemeine Formel

$$p_n(k) = \binom{n}{k} p^k (1-p)^{n-k} \qquad (k = 0, \ldots, n) \tag{1.72}$$

mit

$$\binom{n}{k} = \frac{n!}{k!\,(n-k)!} = \frac{n(n-1)\ldots(n-k+1)}{1 \cdot 2 \ldots k}, \quad \binom{n}{0} = 1.$$

Die Verteilung (1.72) heißt die *Binomialverteilung* oder (nach Jakob Bernoulli) Bernoulliverteilung.

Beweis von (1.72).

a) $n = 1$:

$$p_1(0) = 1 - p = \binom{1}{0} p^0 (1-p)^{1-0}$$

$$p_1(1) = p \quad = \binom{1}{1} p^1 (1-p)^0$$

(nach Voraussetzung).

b) Induktionsschritt:

$k = 0$: $\qquad p_{n+1}(0) = p_n(0)(1-p) = \binom{n}{0}(1-p)^n(1-p)$

$$= \binom{n+1}{0}(1-p)^{n+1}$$

$k = n+1$: $\qquad p_{n+1}(n+1) = p_n(n)\,p = \binom{n}{n}p^n\,p = \binom{n+1}{n+1}p^{n+1},$

$1 \leqq k \leqq n$: $\qquad p_n(k) = \binom{n}{k}p^k(1-p)^{n-k}(1-p)$

$$+\binom{n}{k-1}p^{k-1}(1-p)^{n-k+1}p = \left[\binom{n}{k}+\binom{n}{k-1}\right]p^k(1-p)^{n-k+1}$$

$$= \binom{n+1}{k}p^k(1-p)^{n+1-k},$$

was zu zeigen war. Für die Verteilungsfunktion von $H(n)$ folgt aus (1.72) sofort

$$P\{H(n) \leqq x\} = \sum_{k \leqq x}\binom{n}{k}p^k(1-p)^{n-k}\,. \tag{1.73}$$

Aus der Additivität der Erwartungswerte und Varianzen der X_i und

$$\begin{aligned} E(X_i) &= 0\cdot(1-p) + 1\cdot p = p \\ \mathrm{Var}(X_i) &= E(X_i^2) - p^2 = \\ &= 0\,(1-p) + 1\cdot p - p^2 = p\,(1-p) \end{aligned}$$

folgt sofort

$$E\,[H(n)] = n\,p\,, \tag{1.74}$$

$$\mathrm{Var}\,[H(n)] = n\,p\,(1-p)\,. \tag{1.75}$$

Mit der TSCHEBYSCHEFFschen Ungleichung (1.26) von 1.2.2.1. erhalten wir daraus eine wichtige Formel. Dazu führen wir die relative Häufigkeit $h(n) = H(n)/n$ des Auftretens von A bei n Versuchen ein und erhalten nach (1.26) mit (1.74) und (1.75)

$$\begin{aligned} P\{|h(n)-p| \geqq \varepsilon\} &= P\{|H(n)-n\,p| \geqq n\,\varepsilon\} \\ &\leqq \frac{n\,p\,(1-p)}{n^2\,\varepsilon^2} = \frac{p\,(1-p)}{n\,\varepsilon^2}\,. \end{aligned}$$

Wegen $p\,(1-p) \leqq \frac{1}{4}$ gilt also stets

$$P\{|h(n)-p| \geqq \varepsilon\} \leqq \frac{1}{4\,n\,\varepsilon^2}\,. \tag{1.76}$$

Anschaulich bedeutet das: Wenn wir eine noch so kleine Größe $\varepsilon > 0$ vorgeben, dann wird die Wahrscheinlichkeit, daß die relative Häufigkeit des Ereignisses A um mehr als ε von der Wahrscheinlichkeit p abweicht, beliebig klein, wenn wir nur das Experiment genügend oft wiederholen. Die Ungleichung (1.76) ist die wahrscheinlichkeitstheoretische Formulierung der „Definition" 2 der Wahrscheinlichkeit in 1.1.1. Man nennt sie das (schwache) Gesetz der großen Zahlen.

1.3.1.2. *Die* POISSON-*Verteilung*

Hält man in (1.72) den Erwartungswert np fest und bildet den Grenzwert für $n \to \infty$, so erhält man die nach SIMEON DE POISSON benannte POISSON-*Verteilung*

$$\lim_{\substack{n \to \infty \\ np = a}} P_n(k) = \frac{a^k}{k!} e^{-a} \tag{1.77}$$

mit dem Erwartungswert a und der Varianz a. Die POISSON-Verteilung wird (bei großem n und kleinem p) oft als Näherung für die Binomialverteilung verwandt. Besondere Bedeutung gewinnt sie im Zusammenhang mit den speziellen ERLANG-Verteilungen (3.2.2) und dem POISSON-Prozeß (2.1.6), sowie beim Prüfen von Ausfallraten (9.1).

1.3.2. STETIGE VERTEILUNGEN

1.3.2.1. *Die Normalverteilung*

Eine zufällige Größe X nennen wir normalverteilt mit dem Erwartungswert μ und der Varianz σ^2, wenn sie eine Wahrscheinlichkeitsdichte

$$f(x) = \frac{1}{\sqrt{2\pi}\,\sigma} e^{-\frac{(x-\mu)^2}{2\sigma^2}} \tag{1.78}$$

hat. Die zugehörige Verteilungsfunktion ist

$$F(x) = \int_{-\infty}^{x} f(y)\,dy = \frac{1}{\sqrt{2\pi}\,\sigma} \int_{-\infty}^{x} e^{-\frac{(y-\mu)^2}{2\sigma^2}}\,dy\,. \tag{1.79}$$

Von einer Standard-Normalverteilung sprechen wir bei $\mu = 0$, $\sigma^2 = 1$. Ist X normalverteilt mit Erwartungswert μ und Varianz σ^2, so ist

$$\frac{X - \mu}{\sigma}$$

standard-normalverteilt.

Dies folgt sofort aus

$$P\left\{\frac{X - \mu}{\sigma} \leqq x\right\} = P\left\{X \leqq \sigma X + \mu\right\} = \frac{1}{\sqrt{2\pi}\,\sigma} \int_{-\infty}^{\sigma x + \mu} e^{-\frac{(y-\mu)^2}{2\sigma^2}} dy$$

durch die Substitution $(y - \mu)/\sigma = z$.

Die Normalverteilung hat u. a. die folgende interessante Eigenschaft:

Sind $X_1, \ldots, X_n$ unabhängige normalverteilte zufällige Größen, so ist auch ihre Summe $S_n = X_1 + \cdots + X_n$ normalverteilt

$$\left(\text{mit} \quad E(S_n) = \sum_{i=1}^{n} E(X_i) \quad \text{und} \quad \operatorname{Var}(S_n) = \sum_{i=1}^{n} \operatorname{Var}(X_i)\right).$$

Besondere Bedeutung bekommt die Normalverteilung aber durch den

Zentralen Grenzwertsatz. Es sei $X_1, X_2, \ldots$ eine unendliche Folge unabhängiger zufälliger Größen mit $E(X_i) = \mu_i$, $\operatorname{Var}(X_i) = \sigma_i^2$. Dann folgt aus

$$0 < A \leqq \sigma_i^2 \leqq B\,; \qquad E\left(|X_i - \mu_i|^3\right) < C$$

die Beziehung

$$\lim_{n\to\infty} P\left\{\frac{\sum_{i=1}^{n} X_i - \sum_{i=1}^{n} \mu_i}{\sqrt{\sum_{i=1}^{n} \sigma_i^2}} \leqq x\right\} = \frac{1}{\sqrt{2\pi}} \int_{-\infty}^{x} e^{-\frac{y^2}{2}} dy\,. \tag{1.80}$$

Für die Praxis bedeutet das: Eine Summe von vielen unabhängigen zufälligen Größen ist unter sehr allgemeinen Voraussetzungen annähernd normalverteilt.

1.3.2.2. *Die χ^2-Verteilung*

Eine Verteilung, die bei der Schätzung der Varianz in 1.4. eine Rolle spielen wird, ist die sogenannte χ^2-Verteilung. Auf ihren Zusammenhang mit der Normalverteilung kommen wir in 1.4. zurück. Wir sagen, eine zufällige Größe genüge einer χ^2-Verteilung mit n Freiheitsgraden, wenn ihre Wahrscheinlichkeitsdichte gegeben ist durch

$$f_n(x) = \begin{cases} \dfrac{1}{2^{n/2}\,\Gamma(n/2)}\,x^{\frac{n}{2}-1} e^{-\frac{x}{2}} & \text{für} \quad x > 0 \\ 0 & \text{für} \quad x \leqq 0 \end{cases} \tag{1.81}$$

mit

$$\Gamma(n/2) = \begin{cases} ((n-2)/2)! & \text{für} \quad n = 2, 4, \ldots \\ \sqrt{\pi} & \text{für} \quad n = 1 \\ 1 \cdot 3 \cdot \ldots \cdot (n-2)\sqrt{\pi}/2^{n-1} & \text{für}\ n = 3, 5, \ldots . \end{cases}$$

Die zugehörige Verteilungsfunktion ist

$$F_n(x) = \begin{cases} \dfrac{1}{2^{n/2}\,\Gamma(n/2)} \displaystyle\int_0^x y^{\frac{n}{2}-1}\, e^{-\frac{y}{2}}\, dy & \text{für} \quad x > 0 \\ 0 & \text{für} \quad x \leqq 0 . \end{cases} \tag{1.82}$$

Eine χ^2-verteilte zufällige Größe hat den Erwartungswert n und die Varianz $2\,n$.

1.3.2.3. *Die t-Verteilung* (STUDENT-*Verteilung*)

Bei der Schätzung des Erwartungswertes in 1.4.4. spielt die t-Verteilung, die nach dem Pseudonym „Student" von W. S. GOSSET oft auch STUDENT-*Verteilung* genannt wird, eine Rolle.

Von einer zufälligen Größe sagen wir, sie genüge einer t-Verteilung mit n Freiheitsgraden, wenn ihre Wahrscheinlichkeitsdichte gegeben ist durch

$$f_n(x) = C_n\left(1 + \frac{x^2}{n}\right)^{-(n+1)/2}, \qquad -\infty < x < \infty\,, \tag{1.83}$$

mit

$$C_n = \frac{\Gamma\left(\dfrac{n+1}{2}\right)}{\sqrt{n\,\pi}\,\Gamma\left(\dfrac{n}{2}\right)}.$$

Die zugehörige Verteilungsfunktion ist

$$F_n(x) = C_n \int_{-\infty}^{x} \left(1 + \frac{y^2}{n}\right)^{-(n+1)/2} \mathrm{d}y\,. \tag{1.84}$$

Eine t-verteilte zufällige Größe hat für $n \geqq 2$ den Erwartungswert 0 und für $n \geqq 3$ die Varianz $n/(n-2)$.

1.3.2.4. *Die nichtzentrale t-Verteilung*

Will man nicht den Erwartungswert einer normalverteilten zufälligen Größe, sondern ein bestimmtes Quantil dieser Normalverteilung schätzen, d. h. eine Stelle, an der die Verteilungsfunktion einen bestimmten Wert annimmt, so benutzt man dazu, wie wir in 1.4.4.5. zeigen, die sogenannte nichtzentrale t-Verteilung. Von einer zufälligen Größe sagen wir, sie genüge einer nichtzentralen t-Verteilung mit n Freiheitsgraden und dem Parameter c, wenn ihre Wahrscheinlichkeitsdichte gegeben ist durch

$$f_n(x, c) = \begin{cases} d_n \left(1 + \frac{x^2}{n}\right)^{-(n+1)/2} \mathrm{e}^{-\frac{1}{2}\frac{nc^2}{x^2+n}} \int\limits_0^{\infty} \mathrm{e}^{-\frac{1}{2}\left(w - \frac{cx}{\sqrt{x^2+n}}\right)^2} w^n \,\mathrm{d}w & \text{für } x > 0 \\ 0 & \text{für } x \leqq 0 \end{cases} \tag{1.85}$$

mit

$$d_n = \frac{1}{\sqrt{n\pi}\,\Gamma\left(\frac{n}{2}\right) 2^{(n-1)/2}}$$

Die zugehörige Verteilungsfunktion ist

$$F_n(x, c) = \begin{cases} \int\limits_0^x f_n(y, c)\,\mathrm{d}y & \text{für } x > 0 \\ 0 & \text{für } x \leqq 0. \end{cases} \tag{1.86}$$

Für $c = 0$ geht die nichtzentrale t-Verteilung in die gewöhnliche t-Verteilung über; aus (1.85) folgt mit $c = 0$ die Gleichung (1.83).

1.3.2.5. *Die F-Verteilung*

Die nach R. A. Fisher benannte F-Verteilung spielt in der Statistik bei der Schätzung des Quotienten von zwei Varianzen eine

Rolle. Von einer zufälligen Größe sagen wir, sie genüge einer F-Verteilung, wenn ihre Wahrscheinlichkeitsdichte gegeben ist durch

$$f_{m,n}(x) = \begin{cases} C(m, n) \dfrac{x^{(m-2)/2}}{(m x + n)^{(m+n)/2}} & \text{für } x > 0 \\ 0 & \text{für } x \leqq 0 \,. \end{cases} \tag{1.87}$$

mit

$$C(m, n) = \frac{\Gamma\,[(m + n)/2]}{\Gamma(m/2)\,\Gamma(n/2)}\, m^{m/2}\, n^{n/2} \,.$$

Die zugehörige Verteilungsfunktion ist

$$P_{m,n}(x) = \begin{cases} C(m, n) \displaystyle\int_0^x \frac{y^{(m-2)/2}}{(m y + n)^{(m+n)/2}}\, dy & \text{für } x > 0 \\ 0 & \text{für } x \leqq 0 \,. \end{cases} \tag{1.88}$$

(Die Bezeichnung $P_{m,n}(x)$ wurde gewählt, um Verwechslungen mit den später benutzten Quantilen der F-Verteilung (vgl. 1.4.1.) zu vermeiden).

Aus (1.88) folgt mit der Substitution $z = 1/y$ die Beziehung

$$P_{m,n}(x) = 1 - P_{n,m}(1/x) \,. \tag{1.89}$$

Wir benötigen die F-Verteilung nur wegen ihres Zusammenhanges mit der Binomialverteilung (1.3.2.6.) bei der Konstruktion eines Vertrauensintervalles für eine Binomialwahrscheinlichkeit in 1.4.1.

1.3.2.6. *Zusammenhang zwischen F-Verteilung und Binomialverteilung*

Für die F-Verteilung besteht der folgende Zusammenhang mit einer Summe von Binomialwahrscheinlichkeiten: Es gilt für $m \geqq 1$

$$\sum_{i=m}^{n} \binom{n}{i} p^i (1 - p)^{n-i} = P_{2m,\,2(n-m+1)} \left(\frac{n - m + 1}{m}\, \frac{p}{1 - p}\right)$$

$$= C\,(2m, 2\,(n-m+1)) \int_0^{\frac{n-m+1}{m}\frac{p}{1-p}} \frac{y^{(2m-2)/2}}{(2my + 2\,(n-m+1))^{(2m+2(n-m+1))/2}}\, dy. \tag{1.90}$$

Dabei steht auf der rechten Seite die Verteilungsfunktion der F-Verteilung mit $2\,m$ und $2\,(n - m + 1)$ Freiheitsgraden an der

Stelle $[(n-m+1)/m]\,p/(1-p)$. Wegen der Beziehung (1.90) kann man also eine Summe von Binomialwahrscheinlichkeiten mit Hilfe einer Tabelle der F-Verteilung ermitteln. Besondere Bedeutung bekommt diese Möglichkeit bei der Bestimmung eines Vertrauensintervalls für die Wahrscheinlichkeit p einer Binomialverteilung in 1.4.1.

Beweis von (1.90). Es ist für $m \geqq 1$

$$\begin{aligned}
\frac{\mathrm{d}}{\mathrm{d}x}\left[\sum_{i=m}^{n}\binom{n}{i}x^i(1-x)^{n-i}\right]
&= \sum_{i=m}^{n}\left[\binom{n}{i}i\,x^{i-1}(1-x)^{n-i}-\binom{n}{i}(n-i)\,x^i(1-x)^{n-i-1}\right]\\
&= n\sum_{i=m-1}^{n-1}\binom{n-1}{i}x^i(1-x)^{n-1-i}-n\sum_{i=m}^{n}\binom{n-1}{i}x^i(1-x)^{n-1-i}\\
&= n\binom{n-1}{m-1}x^{m-1}(1-x)^{n-m}.
\end{aligned}$$

Wegen

$$\sum_{i=m}^{n}\binom{n}{i}x^i(1-x)^{n-i}\Big|_{x=0}=0$$

folgt daraus

$$\sum_{i=m}^{n}\binom{n}{i}p^i(1-p)^{n-i}=\int_0^p n\binom{n-1}{m-1}x^{m-1}(1-x)^{n-m}\,\mathrm{d}x$$

und hieraus mit der Substitution $y=[(n-m+1)/m]\,x/(1-x)$ die Gleichung (1.90).

Aus (1.89) und (1.90) folgt die weitere Beziehung

$$\sum_{i=m}^{n}\binom{n}{i}p^i(1-p)^{n-i}=1-P_{2(n-m+1),2m}\left(\frac{m}{n-m+1}\,\frac{1-p}{p}\right). \quad (1.91)$$

1.3.2.7. *Zusammenhang zwischen χ^2-Verteilung und* Poisson-*Verteilung*

Für die χ^2-Verteilung besteht der folgende Zusammenhang mit einer Summe von Poisson-Wahrscheinlichkeiten: Es gilt für $m \geqq 1$

$$\sum_{i=m}^{\infty}\frac{a^i}{i!}\,\mathrm{e}^{-a}=\frac{1}{2^{2m/2}\,\Gamma(2m/2)}\int_0^{2a}y^{(2m-2)/2}\,\mathrm{e}^{-y/2}\,\mathrm{d}y\,. \quad (1.92)$$

Dabei steht auf der rechten Seite die Verteilungsfunktion der χ^2-Verteilung mit $2m$ Freiheitsgraden an der Stelle $2a$. Wegen der Beziehung (1.92) kann man also eine Summe von Poissonwahrscheinlichkeiten mit Hilfe einer Tabelle der χ^2-Verteilung ermitteln. Besondere Bedeutung bekommt diese Möglichkeit bei der Bestimmung eines Vertrauensintervalls für den Parameter einer Poissonverteilung in 1.4.4.

Beweis von (1.92). Es ist für $m \geqq 2$

$$\frac{\mathrm{d}}{\mathrm{d}x}\left[\sum_{i=m}^{\infty}\frac{x^i}{i!}\mathrm{e}^{-x}\right] = \frac{\mathrm{d}}{\mathrm{d}x}\left[1 - \sum_{i=0}^{m-1}\frac{x^i}{i!}\mathrm{e}^{-x}\right]$$

$$= -\sum_{i=0}^{m-2}\frac{x^i}{i!}\mathrm{e}^{-x} + \sum_{i=0}^{m-1}\frac{x^i}{i!}\mathrm{e}^{-x} = \frac{x^{m-1}}{(m-1)!}\mathrm{e}^{-x},$$

und für $m = 1$ ist diese Beziehung offensichtlich auch richtig. Wegen

$$\sum_{i=m}^{\infty}\frac{x^i}{i!}\mathrm{e}^{-x}\bigg|_{x=0} = 0$$

folgt daraus

$$\sum_{i=m}^{\infty}\frac{a^i}{i!}\mathrm{e}^{-a} = \int_0^a \frac{x^{m-1}}{(m-1)!}\mathrm{e}^{-x}\,\mathrm{d}x$$

und hieraus mit der Substitution $y = 2x$ die Gleichung (1.92).

1.4. Stichproben, Schätzen von Parametern, Vertrauensintervalle

Für die Beurteilung der Zuverlässigkeit von Bauelementen und Systemen (in den Kapiteln 9, 10, 11) brauchen wir einige Ergebnisse der mathematischen Statistik, die wir jetzt kurz zusammenstellen wollen.

1.4.1. Schätzen einer Wahrscheinlichkeit

Man denke sich eine endliche Folge von n Versuchen. Bei jedem Versuch soll das Ergebnis A mit einer bestimmten, aber unbekannten Grundwahrscheinlichkeit p eintreten. Die Versuchsergebnisse bei den n Versuchen seien voneinander unabhängig. Im konkreten

Fall kann es sich z. B. darum handeln, daß n Bauelemente geprüft werden. Das Ergebnis A ist „Bauteil fehlerhaft". Gesucht ist eine quantitative Aussage über die Wahrscheinlichkeit p, wenn bei n Versuchen k-mal das Ereignis A eingetreten ist. Eine solche Aussage erhalten wir durch den folgenden

Satz 5. *Bei n unabhängigen Versuchen trete k-mal das Ereignis A (mit der unbekannten Wahrscheinlichkeit p) ein. Falls $0 < k < n$, bestimme man die Größen g_1 und g_2 durch die Beziehungen*

$$\beta = \sum_{i=k}^{n} \binom{n}{i} g_1^i (1 - g_1)^{n-i}, \tag{1.93}$$

$$\alpha = \sum_{i=0}^{k} \binom{n}{i} g_2^i (1 - g_2)^{n-i} \tag{1.94}$$

mit $\alpha \geqq 0$, $\beta \geqq 0$, $\alpha + \beta = 1 - S < 1$.

Im Falle $k = 0$ setze man $g_1 = 0$, $g_2 = 1 - \sqrt[n]{1 - S}$, und im Falle $k = n$ sei $g_1 = \sqrt[n]{1 - S}$, $g_2 = 1$.
Dann gilt

$$P\{g_1 \leqq p \leqq g_2\} > 1 - \alpha - \beta = S\,. \tag{1.95}$$

Auf den Beweis wollen wir hier verzichten [V. D. WAERDEN].

Das Intervall $[g_1, g_2]$ nennen wir Vertrauensintervall für die Grundwahrscheinlichkeit p zur beobachteten relativen Häufigkeit $\frac{k}{n}$ bei der statistischen Sicherheit $S = 1 - \alpha - \beta$. Die Grenzen g_1 und g_2 heißen Vertrauensgrenzen. Die Vertrauensgrenzen sind zufällige Größen, die bei der Realisierung durch Stichproben (Versuchsergebnisse) bestimmte Werte annehmen, die man ebenfalls als Vertrauensgrenzen bezeichnet. Auch das zugehörige Intervall nennt man wieder Vertrauensintervall. Die Ungleichung (1.86) sagt aus, daß p mit einer Wahrscheinlichkeit $> S$ vom Vertrauensintervall überdeckt wird.

Für die praktische Bestimmung der Vertrauensgrenzen g_1 und g_2 benutzen wir für $0 < k < n$ den in 1.3.2.6. dargestellten Zusammenhang zwischen F-Verteilung und Binomialverteilung. Aus (1.93) und (1.91) (mit $m = k$, $p = g_1$) folgt zunächst

$$1 - \beta = P_{2(n-k+1),2k}\left(\frac{k}{n - k + 1}\,\frac{1 - g_1}{g_1}\right)$$

und hieraus, wenn wir das Quantil der F-Verteilung mit m und n Freiheitsgraden zur Wahrscheinlichkeit p, d. h. die Stelle, an der die Verteilungsfunktion den Wert p annimmt, mit $F_{m,n}(p)$ bezeichnen,

$$\frac{k}{n-k+1}\,\frac{1-g_1}{g_1} = F_{2(n-k+1),2k}(1-\beta)$$

oder

$$g_1 = \frac{k}{k+(n-k+1)\,F_{2(n-k+1),2k}\,(1-\beta)}\,, \tag{1.96}$$

Aus (1.94) und (1.90) (mit $m = k+1$, $p = g_2$) folgt weiter

$$1-\alpha = P_{2(k+1),2(n-k)}\left(\frac{n-k}{k+1}\,\frac{g_2}{1-g_2}\right)$$

und hieraus

$$\frac{n-k}{k+1}\,\frac{g_2}{1-g_2} = F_{2(k+1),2(n-k)}\,(1-\alpha)$$

oder

$$g_2 = \frac{(k+1)\,F_{2(k+1),2(n-k)}\,(1-\alpha)}{n-k+(k+1)\,F_{2(k+1),2(n-k)}\,(1-\alpha)}\,. \tag{1.97}$$

Aus (1.96) und (1.97) kann man jetzt mit Hilfe einer Tabelle der Quantile (kritischen Werte) der F-Verteilung [OWEN] die Vertrauensgrenzen g_1 und g_2 leicht berechnen.

1.4.2. PRÜFPLÄNE

Will man über die Wahrscheinlichkeit p eine Entscheidung aufgrund einer Versuchsreihe (Stichprobe) fällen — und zwar die Entscheidung

Annahme (p hinreichend klein)

oder

Ablehnung (p zu groß) ,

so kann man nach folgender Vorschrift verfahren: Der Versuch wird n mal durchgeführt. Tritt k-mal das Ereignis A auf, so entscheide man

für Annahme, falls $k \leqq c$,
für Ablehnung, falls $k > c$.

Eine solche Vorschrift heißt ein (einfacher) Prüfplan. Die Wahrscheinlichkeit für Annahme ist dann

$$P\text{ (Annahme)} = P\{k \leqq c\} = \sum_{i=0}^{c} \binom{n}{i} p^i (1-p)^{n-i}\,.$$

Die Größe n (Stichprobenumfang) und c (Annahmezahl) sind geeignet zu bestimmen. Und zwar verlangt man, daß für $p \leqq p_0$ (kleines p) die Annahmewahrscheinlichkeit $\geqq 1 - \alpha$ (α nennt man Erzeugerrisiko) und für $p \geqq p_1 > p_0$ (großes p) die Annahmewahrscheinlichkeit $\leqq \beta$ (β nennt man Abnehmerrisiko) sein soll. Dabei soll n möglichst klein bleiben.

Trägt man P (Annahme) über p auf, so erhält man die Annahmekennlinie: die bei $p = 0$ den Wert 1, bei $p = p_0$ etwa den Wert $1 - \alpha$, bei $p = p_1$ etwa den Wert β und bei $p = 1$ den Wert 0 hat. P (Annahme) ist eine monoton fallende Funktion von p.

1.4.3. Mehrfachprüpläne, Folgetestverfahren

Statt der in 1.4.2. beschriebenen einfachen Prüfpläne kann man mehrfache Prüfpläne entwerfen, bei denen mindestens eine und höchstens m Stichproben (bei einem m-fachen Prüfplan) entnommen werden. Bei jeder Stichprobe außer der m-ten wird in Abhängigkeit von der Häufigkeit des Ereignisses die Entscheidung

Annehmen,
Ablehnen
oder Weitere Stichprobe nehmen

gefällt. Nur bei der letzten wird endgültig über Annahme oder Ablehnung entschieden. Wir bringen nur ein Beispiel (vgl. 10):

Prüfplan:

Man mache 150 Versuche. Tritt A höchstens 9mal auf, so nehme man an. Tritt A mehr als 23mal auf, so lehne man ab. Tritt A mehr als 9, aber höchstens 23mal auf, mache man weitere 300 Versuche. Tritt jetzt A im ganzen höchstens 23mal auf, so nehme man an. Im anderen Fall lehne man ab.

Solche Prüfpläne haben den Vorteil, daß in vielen Fällen (nämlich bei großem oder kleinem p) die Entscheidung im Mittel schon früher als bei einfachen Prüfplänen gefällt werden kann. Man spart dabei also Prüfaufwand.

Schließlich kann man noch weiter gehen und Prüfpläne entwerfen, bei denen die Entscheidung Annehmen, Ablehnen oder Weiterprüfen bei jedem Versuch zu fällen ist [WALD]. Solche Prüfpläne nennt man Folgetestpläne.

Ein Folgetestplan hat diese Gestalt:

Es sei $y(n)$ die Anzahl derjenigen von n Versuchen, bei denen A eingetreten ist. Bei jedem n ($n = 1, 2, \ldots$) wird nun folgende Entscheidung getroffen:

Ist $y(n) \leqq u\,n - h_1$, so wird angenommen:
ist $u\,n - h_1 < y(n) < u\,n + h_2$, so wird ein weiterer Versuch gemacht:
ist $y(n) \geqq u\,n + h_2$, so wird abgelehnt.

A. WALD hat gezeigt, daß die Annahmewahrscheinlichkeit für $p = p_0$ ungefähr den Wert $1 - \alpha$ und für $p = p_1 > p_0$ ungefähr den Wert β annimmt, wenn man die Parameter u, h_1, h_2 nach den Formeln

$$u = \frac{\ln \frac{1 - p_0}{1 - p_1}}{\ln \frac{p_1}{p_0} + \ln \frac{1 - p_0}{1 - p_1}}, \tag{1.98}$$

$$h_1 = \frac{\ln \frac{1 - \alpha}{\beta}}{\ln \frac{p_1}{p_0} + \ln \frac{1 - p_0}{1 - p_1}}, \tag{1.99}$$

$$h_2 = \frac{\ln \frac{1 - \beta}{\alpha}}{\ln \frac{p_1}{p_0} + \ln \frac{1 - p_0}{1 - p_1}} \tag{1.100}$$

bestimmt. Die Größe $y(n)$ kann man graphisch als Streckenzug darstellen. Die Gerade

$$y_1 = u\,n - h_1$$

heißt die Annahmegerade. Die Gerade

$$y_2 = u\,n + h_2$$

heißt die Ablehnungsgerade. Solange $y(n)$ zwischen Annahme- und Ablehnungsgerade bleibt, wird weiter geprüft (ein weiterer Versuch gemacht). Sobald $y(n)$ die Annahmegerade (Ablehnungsgerade) berührt, wird angenommen (abgelehnt).

Für die Annahmekennlinie erhält man nach A. WALD die Parameterdarstellung

$$p = \frac{1 - \left(\frac{1-p_1}{1-p_0}\right)^h}{\left(\frac{p_1}{p_0}\right)^h - \left(\frac{1-p_1}{1-p_0}\right)^h} \tag{1.101}$$

$$p\ (\text{Annahme}) = \frac{\left(\frac{1-\beta}{\alpha}\right)^h - 1}{\left(\frac{1-\beta}{\alpha}\right)^h - \left(\frac{\beta}{1-\alpha}\right)^h}, \tag{1.102}$$

wobei der Parameter h den Bereich $-\infty < h < \infty$ durchläuft.

Der Stichprobenumfang, d. h. die Anzahl N der Schritte bis zur Entscheidung, ist jetzt eine zufällige Größe, deren Verteilung von der Wahrscheinlichkeit p abhängt. Nach A. WALD gilt für den Erwartungswert die Formel

$$E(N) = \frac{P\ (\text{Annahme}) \ln \frac{\beta}{1-\alpha} + P\ (\text{Ablehnung}) \ln \frac{1-\beta}{\alpha}}{p \ln \frac{p_1}{p_0} - (1-p) \ln \frac{1-p_0}{1-p_1}}. \tag{1.103}$$

Die Funktion $E(N)$ in Abhängigkeit von p bezeichnet man auch als Schrittzahlkennlinie.

1.4.4. Vertrauensintervall für den Parameter einer Poisson-Verteilung

Der Satz 5 in 1.4.1. über die Konstruktion eines Vertrauensintervalles für eine Binomialwahrscheinlichkeit läßt sich auf die POISSON-Verteilung (vgl. 1.3.1.2.) übertragen: Ist X eine zufällige Größe, die einer POISSON-Verteilung mit dem unbekannten Parameter a genügt, und nimmt X den Wert k an, so bestimme man, falls $k > 0$, die Größen g_1 und g_2 durch

$$\beta = \sum_{i=k}^{\infty} \frac{g_1^i}{i!} e^{-g_1}, \tag{1.104}$$

$$\alpha = \sum_{i=0}^{k} \frac{g_2^i}{i!} e^{-g_2} \tag{1.105}$$

mit $\alpha \geqq 0$, $\beta \geqq 0$, $\alpha + \beta = 1 - S < 1$.

Im Falle $k = 0$ setze man $g_1 = 0$, $g_2 = \ln [1/(1 - S)]$. Dann gilt

$$P\{g_1 \leqq a \leqq g_2\} > 1 - \alpha - \beta = S .$$

Für die praktische Berechnung von g_1 und g_2 benutzen wir (für $k > 0$) den in 1.3.2.7. dargestellten Zusammenhang zwischen χ^2-Verteilung und POISSON-Verteilung. Aus (1.104) und (1.92) (mit $m = k$, $a = g_1$) folgt

$$\beta = \frac{1}{2^{2k/2}\Gamma(2k/2)} \int_0^{2g_1} y^{(2k-2)/2} e^{-y/2} dy$$

und hieraus

$$g_1 = \frac{1}{2} \chi^2_{2k} (\beta) , \tag{1.106}$$

wobei wir mit $\chi^2_n(p)$ das Quantil der χ^2-Verteilung mit n Freiheitsgraden zur Wahrscheinlichkeit p bezeichnen, d. h. die Stelle, an der die Verteilungsfunktion den Wert p annimmt. Analog erhalten wir aus (1.105) und (1.92)

$$g_2 = \frac{1}{2} \chi^2_{2(k+1)} (1 - \alpha) . \tag{1.107}$$

Aus (1.106) und (1.107) kann man nun g_1 und g_2 leicht mit Hilfe einer Tabelle der Quantile (kritischen Werte) der χ^2-Verteilung [OWEN] berechnen.

1.4.5. VERTRAUENSINTERVALLE FÜR DIE PARAMETER EINER NORMALVERTEILUNG

In 1.4.1. und 1.4.4 haben wir Vertrauensintervalle für die Parameter der Binomialverteilung und Poissonverteilung konstruiert. Wir wollen nun zeigen, daß man auch für die Parameter der Normalverteilung, nämlich für den Erwartungswert μ und die Varianz σ^2 mit Hilfe von Stichprobenwerten Vertrauensintervalle konstruieren kann.

Wir beginnen mit einem ganz einfachen Fall, nämlich der Konstruktion eines Vertrauensintervalles für den unbekannten Erwartungswert μ bei bekannter Varianz σ_0^2 (der Index 0 soll andeuten, daß die Varianz bekannt ist).

1.4.5.1. *Vertrauensintervall für den Erwartungswert bei bekannter Varianz*

Es seien $X_1, \ldots, X_n$ unabhängige zufällige Größen mit der gemeinsamen Verteilungsfunktion (Normalverteilung)

$$F(x) = \frac{1}{\sqrt{2\pi}\,\sigma_0} \int_{-\infty}^{x} e^{-\frac{(y-\mu)^2}{2\sigma_0^2}} \, dy .$$

Nach 1.3.2.1. ist dann die Summe $X_1 + \cdots + X_n$ ebenfalls normalverteilt mit dem Erwartungswert $n\,\mu$ und der Varianz $n\,\sigma_0^2$. Dann ist aber — wieder nach 1.3.2.1. — die Größe

$$\frac{\sum_{i=1}^{n} X_i - n\,\mu}{\sqrt{n\,\sigma_0^2}} = \frac{\overline{X}_n - \mu}{\sigma_0/\sqrt{n}} \tag{1.108}$$

mit

$$\overline{X}_n = \frac{1}{n} \sum_{i=1}^{n} X_n$$

standard-normalverteilt (Erwartungswert 0, Varianz 1).

Da die Verteilungsfunktion der Standard-Normalverteilung eine monoton steigende Funktion ist, ist bei vorgegebener Wahrscheinlichkeit p mit $0 < p < 1$ die Größe $u(p)$ durch

$$\frac{1}{\sqrt{2\pi}} \int_{-\infty}^{u(p)} e^{-x^2/2} \, dx = p \tag{1.109}$$

eindeutig bestimmt. Wir nennen $u(p)$ das zur Wahrscheinlichkeit p gehörende Quantil der Standard-Normalverteilung. Für $p = 0$ setzen wir $u(0) = -\infty$, für $p = 1$ setzen wir $u(1) = \infty$. Offenbar gilt für eine standard-normalverteilte zufällige Größe X

$$P\{X \leqq u(p)\} = p . \tag{1.110}$$

Insbesondere gilt für die standard-normalverteilte Größe (1.108);

wenn wir $\alpha \geqq 0$ und $\beta \geqq 0$ mit $\alpha + \beta = 1 - S < 1$ vorgeben,

$$P\left\{u(\alpha) \leqq \frac{\overline{X}_n - \mu}{\sigma_0/\sqrt{n}} \leqq u\,(1-\beta)\right\}$$

$$= P\left\{\frac{\overline{X}_n - \mu}{\sigma_0/\sqrt{n}} \leqq u\,(1-\beta)\right\} - P\left\{\frac{\overline{X}_n - \mu}{\sigma_0/\sqrt{n}} < u(\alpha)\right\}$$

$$= 1 - \beta - \alpha = S\,. \tag{1.111}$$

Nun ist aber die Beziehung

$$u(\alpha) \leqq \frac{\overline{X}_n - \mu}{\sigma_0/\sqrt{n}} \leqq u\,(1-\beta)$$

äquivalent mit

$$\overline{X}_n - \frac{\sigma_0}{\sqrt{n}}\,u\,(1-\beta) \leqq \mu \leqq \overline{X}_n - \frac{\sigma_0}{\sqrt{n}}\,u(\alpha)\,,$$

und aus der Symmetrie der Normalverteilung folgt $u(\alpha) = - u\,(1-\alpha)$. Also bekommen wir

$$P\left\{\overline{X}_n - \frac{\sigma_0}{\sqrt{n}}\,u\,(1-\beta) \leqq \mu \leqq \overline{X} + \frac{\sigma_0}{\sqrt{n}}\,u(1-\alpha)\right\}$$

$$= 1 - \alpha - \beta = S\,. \tag{1.112}$$

Das heißt: Das durch die zufällige Größe $\overline{X}_n$ (den arithmetischen Mittelwert von n unabhängigen normalverteilten zufälligen Größen mit Erwartungswert μ und Varianz σ_0^2) bestimmte Intervall

$$\left[\overline{X}_n - \frac{\sigma_0}{\sqrt{n}}\,u\,(1-\beta)\,, \quad \overline{X}_n + \frac{\sigma_0}{\sqrt{n}}\,u\,(1-\alpha)\right] \tag{1.113}$$

überdeckt mit der Wahrscheinlichkeit $S = 1 - \alpha - \beta$ den unbekannten Erwartungswert μ. Wir nennen das Intervall ein Vertrauensintervall für μ bei vorgegebener statistischer Sicherheit S, seine Grenzen die untere und obere Vertrauensgrenze für μ. Die Werte von $u\,(1-\alpha)$ und $u\,(1-\beta)$ kann man einer Tabelle (z. B. [OWEN]) entnehmen. Offenbar liegt bei hinreichend großem n ($\sqrt{n}$ im Nenner) der Erwartungswert μ mit der Wahrscheinlichkeit S dicht bei dem arithmetischen Mittelwert $\overline{X}_n$. Wir nennen $\overline{X}_n$ daher eine Schätzfunktion für μ (vgl. (1.2.5.2)).

1.4.5.2. *Vertrauensintervall für die Varianz bei bekanntem Erwartungswert*

Sind $X_1, \ldots, X_n$ wieder unabhängige normalverteilte zufällige Größen mit dem gemeinsamen Erwartungswert μ_0 und der gemeinsamen Varianz σ^2, so sind die normierten zufälligen Größen

$$Y_i = \frac{X_i - \mu_0}{\sigma}, \quad i = 1, \ldots, n$$

unabhängig voneinander standard-normalverteilt.

Nun gilt, wie man durch vollständige Induktion beweisen kann [SCHMETTERER], der folgende

Satz 6. *Sind $Y_1, \ldots, Y_n$ voneinander unabhängige standard-normalverteilte zufällige Größen, so genügt die Größe $Y_1^2 + \cdots + Y_n^2$ einer χ^2-Verteilung mit n Freiheitsgraden:*

$$P\{Y_1^2 + \cdots + Y_n^2 \leqq x\} = \begin{cases} \frac{1}{2^{n/2}\,\Gamma(n/2)} \int\limits_0^x y^{\frac{n}{2}-1} \mathrm{e}^{-\frac{y}{2}} \mathrm{d}y & \text{für } x > 0 \\ 0 & \text{für } x \leqq 0\,. \end{cases} \tag{1.114}$$

Mit

$$Y_1^2 + \cdots + Y_n^2 = \frac{1}{\sigma^2} \sum_{i=1}^{n} (X_i - \mu_0)^2$$

folgt daraus (vgl. 1.4.5.1.)

$$P\{\chi_n^2(\alpha) \leqq \frac{1}{\sigma^2} \sum_{i=1}^{n} (X_i - \mu_0)^2 \leqq \chi_n^2(1-\beta)\} = 1 - \alpha - \beta = S\,, \tag{1.115}$$

wenn die Quantile der χ^2-Verteilung mit n Freiheitsgraden durch

$$p = \frac{1}{2^{n/2}\,\Gamma(n/2)} \int\limits_0^{\chi_n^2(p)} x^{\frac{n}{2}-1} \mathrm{e}^{-\frac{x}{2}} \mathrm{d}x \tag{1.116}$$

definiert werden.

Die Beziehung (1.115) ist offenbar äquivalent mit

$$P\left\{\frac{\sum_{i=1}^{n} (X_i - \mu_0)^2}{\chi_n^2(1-\beta)} \leqq \sigma^2 \leqq \frac{\sum_{i=1}^{n} (X_i - \mu_0)^2}{\chi_n^2(\alpha)}\right\} = 1 - \alpha - \beta = S\,. \tag{1.117}$$

Damit haben wir für die Varianz σ^2 bei bekanntem Erwartungswert μ_0 ein Vertrauensintervall zur statistischen Sicherheit S gewonnen.

1.4.5.3. *Vertrauensintervall für die Varianz bei unbekanntem Erwartungswert*

Für diesen und den nächsten Abschnitt benötigen wir den folgenden

Satz 7. *Sind $Y_1, \ldots, Y_n$ unabhängige standard-normalverteilte zufällige Größen, so sind die zufälligen Größen*

$$\sqrt{n}\,\overline{Y}_n = \frac{1}{\sqrt{n}} \sum_{i=1}^{n} Y_i$$

und

$$(n-1)\, s_n^2 = \sum_{i=1}^{n} (Y_i - \overline{Y}_n)^2$$

voneinander unabhängig. Weiter ist $\sqrt{n}\,\overline{Y}_n$ standard-normalverteilt, und $(n-1)\, s_n^2$ genügt einer χ^2-Verteilung mit $n-1$ Freiheitsgraden.

Beweis. Es sei

$$(a_{ik})\ ;\quad i, k = 1, \ldots, n$$

eine Orthogonalmatrix mit $a_{11} = a_{12} = \cdots = a_{1n} = \frac{1}{\sqrt{n}}$. (Man kann leicht zeigen, daß es solche Matrizen gibt.)

Nach 1.2.6.1, Satz 4 sind dann die zufälligen Größen

$$Z_1 = \sqrt{n}\,\overline{Y}_n = \frac{1}{\sqrt{n}} \sum_{i=1}^{n} Y_i\,,$$

$$Z_j = \sum_{i=1}^{n} a_{ji}\, Y_i\,,\qquad j = 2, \ldots, n$$

voneinander unabhängige standard-normalverteilte zufällige Größen mit

$$\sum_{i=1}^{n} Z_i^2 = \sum_{i=1}^{n} Y_i^2\,.$$

Nun ist aber

$$(n-1)\, s_n^2 = \sum_{i=1}^{n} (Y_i - \overline{Y}_n)^2 = \sum_{i=1}^{n} Y_i^2 - 2\,n\,\overline{Y}_n^2 + n\,\overline{Y}_n^2 = \sum_{i=2}^{n} Z_i^2\,.$$

Daraus folgt, daß $(n-1)\, s_n^2$ von $Z_1 = \sqrt{n}\,\overline{Y}_n$ unabhängig ist und einer χ^2-Verteilung mit $n-1$ Freiheitsgraden genügt. Was zu zeigen war.

Sind jetzt $X_1, \ldots, X_n$ unabhängige normalverteilte zufällige Größen mit dem gemeinsamen Erwartungswert μ und der gemeinsamen Varianz σ^2, so sind die Größen

$$Y_i = \frac{X_i - \mu}{\sigma}$$

unabhängig voneinander standard-normalverteilt. Weiter ist

$$\overline{Y}_n = \frac{\overline{X}_n - \mu}{\sigma} \quad \text{mit} \quad \overline{X}_n = \frac{1}{n} \sum_{i=1}^{n} X_i$$

und

$$Y_i - \overline{Y}_n = \frac{X_i - \overline{X}_n}{\sigma}.$$

Nach Satz 7 genügt

$$\sum_{i=1}^{n} (Y_1 - \overline{Y}_n)^2 = \frac{1}{\sigma^2} \sum_{i=1}^{n} (X_i - \overline{X}_n)^2$$

einer χ^2-Verteilung mit $n-1$ Freiheitsgraden. Daraus erhalten wir analog wie in 1.4.4.2. für σ^2 die Beziehung

$$P\left\{\frac{\sum_{i=1}^{n} (X_i - \overline{X}_n)^2}{\chi^2_{n-1}(1-\beta)} \leqq \sigma^2 \leqq \frac{\sum_{i=1}^{n} (X_i - \overline{X}_n)^2}{\chi^2_{n-1}(\alpha)}\right\} = 1 - \alpha - \beta = S\,. \quad (1.118)$$

Damit haben wir wieder — diesmal bei unbekanntem Erwartungswert μ — ein Vertrauensintervall für die Varianz σ^2 zur statistischen Sicherheit S gewonnen.

1.4.5.4. *Vertrauensintervall für den Erwartungswert μ bei unbekannter Varianz σ^2*

Sind $X_1, \ldots, X_2$ wieder unabhängige normalverteilte zufällige Größen mit Erwartungswert μ und Varianz σ^2 und

$$Y_i = \frac{X_i - \mu}{\sigma},$$

so ist nach Satz 7

$$\sqrt{n}\,\overline{Y}_n = \sqrt{n}\,\frac{\overline{X}_n - \mu}{\sigma}$$

standard-normalverteilt und

$$\sum_{i=1}^{n} (Y_i - \overline{Y}_n)^2 = \frac{1}{\sigma^2} \sum_{i=1}^{n} (X_i - \overline{X}_n)^2$$

genügt unabhängig davon einer χ^2-Verteilung mit $n - 1$ Freiheitsgraden.

Dann genügt die zufällige Größe

$$\frac{\sqrt{n}\,\dfrac{\overline{X}_n - \mu}{\sigma}}{\sqrt{\dfrac{1}{n-1}\dfrac{1}{\sigma^2}\sum\limits_{i=1}^{n}(X_i - \overline{X}_n)^2}} = \sqrt{n}\,\frac{\overline{X}_n - \mu}{s_n}$$

mit

$$s_n^2 = \frac{1}{n-1} \sum_{i=1}^{n} (X_i - \overline{X}_n)^2$$

einer t-Verteilung mit $n - 1$ Freiheitsgraden. Dies folgt aus einem Satz, den wir hier ohne Beweis zitieren [SCHMETTERER]:

Satz 8. *Ist die zufällige Größe X standard-normalverteilt, und genügt die zufällige Größe Y unabhängig davon einer χ^2-Verteilung mit m Freiheitsgraden, so genügt die zufällige Größe*

$$\frac{X}{\sqrt{\dfrac{1}{m} Y}}$$

einer t-Verteilung mit m Freiheitsgraden.

Damit bekommen wir die Beziehung

$$P\left\{t_{n-1}(\alpha) \leqq \sqrt{n}\,\frac{\overline{X}_n - \mu}{s_n} \leqq t_{n-1}(1 - \beta)\right\} = 1 - \alpha - \beta = S$$

mit den zu den Wahrscheinlichkeiten α und $1 - \beta$ gehörenden Quantilen $t_n(\alpha)$ und $t_n(1 - \beta)$ der t-Verteilung mit n Freiheitsgraden.

Hieraus folgt leicht (mit $t_{n-1}(\alpha) = -t_{n-1}(1 - \alpha)$)

$$P\left\{\overline{X}_n - t_{n-1}(1 - \beta)\frac{s_n}{\sqrt{n}} \leqq \mu \leqq \overline{X}_n + t_{n-1}(1 - \alpha)\frac{s_n}{\sqrt{n}}\right\} = 1 - \alpha - \beta = S\,, \qquad (1.119)$$

so daß wir — mit Hilfe der t-Verteilung — ein Vertrauensintervall für den Erwartungswert μ bei unbekannter Varianz σ^2 gewonnen haben.

1.4.5.5. *Vertrauensintervall für ein Quantil der Normalverteilung bei unbekanntem Erwartungswert μ und unbekannter Varianz σ^2*

Manchmal sucht man nicht für den Erwartungswert einer Normalverteilung, sondern für irgendein Quantil, also eine Stelle, an der die Verteilungsfunktion einen bestimmten Wert p annimmt, einen Schätzwert und ein Vertrauensintervall. Diese Aufgabe läßt sich mit Hilfe der nichtzentralen t-Verteilung (1.3.2.2.) lösen.

Bei einer Normalverteilung mit dem Erwartungswert μ und der Varianz σ^2 ist das Quantil $u(p, \mu, \sigma)$ gegeben durch

$$\frac{1}{\sqrt{2\pi}\,\sigma} \int_{-\infty}^{u(p,\mu,\sigma)} e^{-(x-\mu)^2/2\sigma^2}\,dx = p\,. \tag{1.120}$$

Durch die Substitution $(x - \mu)/\sigma = y$ wird daraus

$$\frac{1}{\sqrt{2\pi}} \int_{-\infty}^{(u(p,\mu,\sigma)-\mu)/\sigma} e^{-y^2/2}\,dy = p\,. \tag{1.121}$$

Vergleichen wir dies mit der Definitionsgleichung (1.109) für das Quantil $u(p) = u(p, 0, 1)$ der Standardnormalverteilung, so finden wir

$$u(p, \mu, \sigma) = \mu + \sigma\, u(p)\,. \tag{1.122}$$

Als Schätzwert für $u(p, \mu, \sigma)$ benutzt man

$$u'(p, \overline{X}_n, s_n) = \overline{X}_n + s_n\, u(p)\,. \tag{1.123}$$

Ein Vertrauensintervall für $u(p, \mu, \sigma)$ bekommt man mit Hilfe des folgenden Satzes, den wir ohne Beweis zitieren [SCHMETTERER]:

Satz 9. *Ist X eine standard-normalverteilte zufällige Größe und Y eine von X unabhängige zufällige Größe, die einer χ^2-Verteilung mit n Freiheitsgraden genügt, so genügt die zufällige Größe*

$$\frac{X + c}{\sqrt{Y/n}}$$

mit einer beliebigen reellen Konstanten c der nichtzentralen t-Verteilung mit n Freiheitsgraden und dem Parameter c (vgl. 1.3.2.4.).

Da nun die zufällige Größe

$$\frac{\mu - \overline{X}_n}{\sigma/\sqrt{n}}$$

standard-normalverteilt und nach 1.4.5.4 die zufällige Größe

$$(n-1)\, s_n^2/\sigma^2$$

unabhängig davon einer χ^2-Verteilung mit $n-1$ Freiheitsgraden genügt, so genügt nach diesem Satz die zufällige Größe

$$\frac{\dfrac{\mu-\overline{X}_n}{\sigma/\sqrt{n}}+u(p)\sqrt{n}}{s_n/\sigma}=\frac{\mu+\sigma\, u(p)-\overline{X}_n}{s_n/\sqrt{n}}=\frac{u(p,\mu,\sigma)-\overline{X}_n}{s_n/\sqrt{n}}$$

einer nichtzentralen t-Verteilung mit $n-1$ Freiheitsgraden und dem Parameter $u(p)\sqrt{n}$. Bezeichnen wir das zur nichtzentralen t-Verteilung mit n Freiheitsgraden und dem Parameter c gehörende Quantil zur Wahrscheinlichkeit q mit $t_{n,c}(q)$, so erhalten wir also

$$P\left\{t_{n-1,u(p)\sqrt{n}}(\beta)\leqq\frac{u(p,\mu,\sigma)-\overline{X}_n}{s_n/\sqrt{n}}\leqq t_{n-1,u(p)\sqrt{n}}(1-\alpha)\right\}$$
$$=1-\alpha-\beta=S$$

oder

$$P\left\{\overline{X}_n+t_{n-1,u(p)\sqrt{n}}(\beta)\frac{s_n}{\sqrt{n}}\leqq u(p,\mu,\sigma)\leqq\overline{X}_n+t_{n-1,u(p)\sqrt{n}}(1-\alpha)\frac{s_n}{\sqrt{n}}\right\}$$
$$=1-\alpha-\beta=S\,, \tag{1.124}$$

d. h., wir haben ein Vertrauensintervall für das Quantil $u(p,\mu,\sigma)$ der Normalverteilung gefunden. Für $p=1/2$ ist $u(p)=0$ und $u(p,\mu,\sigma)=\mu$; wir bekommen wieder das Vertrauensintervall (1.119).

1.5. Spezielle Markoffprozesse

Zur Beschreibung des Lebensdauerverhaltens von technischen Systemen benutzt man zuweilen eine bestimmte Art von sogenannten MARKOFF-Prozessen, die hier kurz beschrieben werden soll. (Eine ausführliche Einführung in Theorie und Anwendung der MARKOFF-Prozesse bietet [BHARUCHA-REID].)

Wenn ein System im Laufe der Zeit endlich viele verschiedene Zustände annehmen kann, dann können wir seine Zustände durch eine zeitabhängige zufällige Größe $X(t)$ darstellen, die zur Zeit t mit der Wahrscheinlichkeit $P_i(t)$ den Wert i annimmt. Die Größe (Xt) beschreibt dann einen stochastischen Prozeß. Das Ereignis

$X(t) = i$ bedeutet, daß das System sich zur Zeit t im Zustand i befindet ($i = 1, \ldots, n$):

$$P_i(t) = P\{X(t) = i\}, \qquad i = 1, \ldots, n; \tag{1.125}$$

$$\sum_{i=1}^{n} P_i(t) = 1. \tag{1.126}$$

Zur Bestimmung der Wahrscheinlichkeiten $P_i(t)$ benötigen wir Aussagen über die Wahrscheinlichkeiten für die Übergänge von einem Zustand in den andern. Ein besonders einfaches Modell bekommen wir, wenn wir folgende Annahmen machen:

Wenn sich das System zur Zeit t im Zustand j befindet, dann ist die Wahrscheinlichkeit, daß es im Intervall $(t, t + \Delta t)$ in den Zustand $k \neq j$ übergeht, gleich $a_{jk}\,\Delta t + o(\Delta t)$.

Es wird also angenommen, daß die Übergangswahrscheinlichkeiten nur von den Zuständen, dagegen nicht von der Zeit abhängen.

Einen solchen Prozeß nennen wir einen homogenen MARKOFF-Prozeß mit endlich vielen Zuständen und stetigem Parameterbereich (Zeitbereich). Für die Wahrscheinlichkeiten $P_i(t)$ erhält man aufgrund der Festlegung der Übergangswahrscheinlichkeiten zunächst die Beziehung

$$P_i(t + \Delta t) = \sum_{j \neq i} P_j(t)\, a_{ji}\,\Delta t + P_i(t)\,\Big(1 - \sum_{j \neq i} a_{ij}\,\Delta t\Big) + o(\Delta t),$$

aus der leicht das System

$$\frac{\mathrm{d}P_i(t)}{\mathrm{d}t} = -\sum_{j \neq i} a_{ij}\, P_i(t) + \sum_{j \neq i} a_{ji}\, P_j(t), \tag{1.127}$$

$$i = 1, \ldots, n$$

homogener linearer Differentialgleichungen erster Ordnung mit konstanten Koeffizienten folgt.

Bei den Anwendungen ergeben sich die Anfangsbedingungen aus dem Zustand des Systems zur Zeit $t = 0$.

Die Bestimmung der Zustandswahrscheinlichkeiten $P_i(t)$ läuft unter den angegebenen Voraussetzungen also auf die bekannte Lösung eines Differentialgleichungssystems hinaus.

2. EINIGE ERGEBNISSE DER ERNEUERUNGSTHEORIE

In der Erneuerungstheorie werden Erneuerungsprozesse behandelt. Das sind spezielle Punktprozesse, die man anschaulich deuten kann als eine Folge von Zeitpunkten, in denen ein Bauelement nach seinem Ausfall durch ein neues ersetzt wird. Solche Prozesse haben naturgemäß große Bedeutung für die Beschreibung von Ausfallvorgängen bei technischen Systemen. In diesem Kapitel sollen einige wichtige Ergebnisse der Erneuerungstheorie ohne Beweis dargestellt und teilweise durch Anwendungen erläutert werden.

2.1. Erneuerungsprozesse

2.1.1. Definition eines Erneuerungsprozesses

Es seien $X_1, X_2, X_3, \ldots$ unabhängige zufällige Größen. Die Verteilungsfunktion von X_1 sei $F_1(x)$, während $X_2, X_3, \ldots$ die gemeinsame Verteilungsfunktion $F(x)$ haben. Es sei

$$F_1(x) = F(x) = 0 \qquad \text{für } x \leqq 0 \tag{2.1}$$

(die Größen $X_1, X_2, X_3, \ldots$ sind also mit Wahrscheinlichkeit 1 positiv).

Dann bilden die zufälligen Größen

$$\begin{aligned} S_1 &= X_1 \\ S_2 &= X_1 + X_2 \\ &\vdots \\ S_n &= X_1 + \cdots + X_n \\ &\vdots \end{aligned}$$

einen Erneuerungsprozeß.

Anschaulich kann man die S_i ($i = 1, 2, \ldots$) als Punkte (Erneuerungen) auf der Zeitachse deuten. Die X_i sind die Abstände dieser Punkte.

Wir unterscheiden drei Fälle von Erneuerungsprozessen.

2.1.1.1. *Gewöhnlicher Erneuerungsprozeß*

Ein Erneuerungsprozeß heißt gewöhnlich, wenn

$$F_1(x) \equiv F(x) \tag{2.2}$$

ist.

2.1.1.2. *Stationärer Erneuerungsprozeß*

Ein Erneuerungsprozeß heißt stationär, wenn

$$F_1(x) = \frac{1}{\mu} \int_0^x [1 - F(y)]\, dy \tag{2.3}$$

mit

$$\mu = \int_0^\infty [1 - F(y)]\, dy = E(X_2) = E(X_3) = \cdots \tag{2.4}$$

gilt.

Auf die Bedeutung des stationären Erneuerungsprozesses kommen wir später zurück.

2.1.1.3. *Modifizierter Erneuerungsprozeß*

Ein Erneuerungsprozeß heißt modifiziert, wenn er weder gewöhnlich noch stationär ist.

2.1.2. Die Anzahl der Erneuerungen

Mit $N(t)$ bezeichnen wir die Anzahl der Erneuerungen im Intervall $0 < x \leqq t$. Es gilt also

$$N(t) = \max(i : S_i \leqq t), \quad S_0 = 0. \tag{2.5}$$

Bei festem $t > 0$ ist $N(t)$ eine diskrete zufällige Größe, die die Werte 0, 1, 2, ... annehmen kann. Ihre Verteilung hängt von der Verteilung der S_i ($i = 1, 2, \ldots$) ab. Offenbar ist $N(t)$ dann und nur dann höchstens gleich n, wenn S_{n+1} größer als t ist:

$$P\{N(t) \leqq n\} = P\{S_{n+1} > t\} = 1 - P\{S_{n+1} \leqq t\}. \quad (2.6)$$

Wir bezeichnen mit $F_n(x)$ jetzt die Verteilungsfunktion von S_n:

$$F_n(x) = P\{S_n \leqq x\} = P\{X_1 + \cdots + X_n \leqq x\}, \quad n = 2, 3, \ldots \quad (2.7)$$

$$F_1(x) = P\{X_1 \leqq x\}.$$

Offenbar entsteht $F_n(x)$ für $n > 1$ durch Faltung der Verteilungsfunktion $F_{n-1}(x)$ und $F(x)$. Wir wollen annehmen, daß die zufälligen Größen $X_1, X_2, \ldots$ Wahrscheinlichkeitsdichten besitzen:

$$f_1(x) = \frac{dF_1(x)}{dx}, \quad (2.8)$$

$$f(x) = \frac{dF(x)}{dx}. \quad (2.9)$$

Dann gilt

$$F_n(x) = \int_0^x F_{n-1}(x - y)\, f(y)\, dy \quad (2.10)$$

und

$$f_n(x) = \int_0^x f_{n-1}(x - y)\, f(y)\, dy, \quad n = 2, 3, \ldots. \quad (2.11)$$

Statt (2.6) können wir nun auch

$$P\{N(t) \leqq n\} = 1 - F_{n+1}(t) \quad (2.12)$$

schreiben. Und aus

$$P\{N(t) = n\} = P\{N(t) \leqq n\} - P\{N(t) \leqq n - 1\}$$

folgt sofort

$$P\{N(t) = n\} = F_n(t) - F_{n+1}(t), \quad n = 1, 2, \ldots. \quad (2.13)$$

Für $n = 0$ gilt

$$P\{N(t) = 0\} = 1 - F_1(t). \quad (2.14)$$

Also ist (2.13) allgemein richtig, wenn wir noch

$$F_0(t) \equiv 1 \quad (2.15)$$

setzen.

2.1.3. Die Errneuerungsfunktion

Den Erwartungswert von $N(t)$ nennen wir die Erneuerungsfunktion und bezeichnen sie mit $H(t)$:

$$H(t) = E\,[N(t)]\,. \tag{2.16}$$

Aus (2.13) folgt sofort

$$H(t) = \sum_{n=0}^{\infty} n\,[F_n(t) - F_{n+1}(t)] = \sum_{n=1}^{\infty} F_n(t)\,. \tag{2.17}$$

2.1.4. Die Erneuerungsdichte

Die Ableitung von $H(t)$ nennen wir die Erneuerungsdichte und bezeichnen sie mit $h(t)$:

$$h(t) = \frac{\mathrm{d}H(t)}{\mathrm{d}t}\,. \tag{2.18}$$

Für $h(t)$ gilt entsprechend (2.17)

$$h(t) = \sum_{n=1}^{\infty} f_n(t)\,. \tag{2.19}$$

Wegen $H(0) = 0$ gilt

$$H(t) = \int_0^t h(x)\,\mathrm{d}x\,. \tag{2.20}$$

2.1.5. Charakterisierung der stationären Erneuerungsprozesse

Für einen stationären Erneuerungsprozeß gilt

$$H(t) = \frac{t}{\mu} \tag{2.21}$$

und daher

$$h(t) = \frac{1}{\mu} \tag{2.22}$$

mit

$$\mu = \int_0^{\infty} [1 - F(x)]\,\mathrm{d}x = E(X_2) = E(X_3) = \cdots.$$

Umgekehrt kann man zeigen, daß aus (2.21) bzw. (2.22) wieder (2.3) folgt.

Die Beziehungen (2.3) und (2.21) sind also äquivalente Charakterisierungen eines stationären Erneuerungsprozesses.

2.1.6. Der Poissonprozess als Beispiel eines Erneuerungsprozesses

Der durch $F_1(x) = F(x) = 1 - e^{-\lambda x}$ $(\lambda > 0)$ definierte gewöhnliche Erneuerungsprozeß heißt Poisson-Prozeß. Für den Poisson-Prozeß gilt

$$f_n(x) = \lambda \frac{(\lambda x)^{n-1}}{(n-1)!} e^{-\lambda x}, \tag{2.23}$$

$$F_n(x) = 1 - \left(1 + \lambda x + \cdots + \frac{(\lambda x)^{n-1}}{(n-1)!}\right) e^{-\lambda x} \tag{2.24}$$

(die S_n genügen also speziellen Erlang-Verteilungen, vgl. 3.2.2.).

Aus (2.19) und (2.23) folgt sofort

$$h(t) = \sum_{n=1}^{\infty} \lambda \frac{(\lambda t)^{n-1}}{(n-1)!} e^{-\lambda t} = \lambda \tag{2.25}$$

und hieraus wegen (2.20)

$$H(t) = \lambda t \tag{2.26}$$

mit

$$\frac{1}{\lambda} = E(X_1) = E(X_2) = \cdots.$$

Man kann leicht zeigen, daß ein Erneuerungsprozeß, der gewöhnlich und stationär ist, ein Poisson-Prozeß ist.

Aus (2.13) und (2.24) folgt

$$P\{N(t) = n\} = \frac{(\lambda t)^n}{n!} e^{-\lambda t}. \tag{2.27}$$

Die Anzahl der Erneuerungen bis zur Zeit t genügen beim Poisson-Prozeß also einer Poisson-Verteilung mit dem Erwartungswert λt. Dagegen ist der Poisson-Prozeß durch die Eigenschaft (2.27) allein nicht charakterisiert. Man kann nämlich Punktprozesse konstruieren, die keine Erneuerungsprozesse sind und die Eigenschaft (2.27) haben. Dagegen gilt [Doob] folgender

Satz 1. *Ein Punktprozeß mit der Anzahl $N(t)$ von Erneuerungen ist dann und nur dann ein* Poisson-*Prozeß (mit $F_1(x) = F(x) = 1 - e^{-\lambda x}$), wenn für eine beliebige Intervalleinteilung $0 \leqq u_1 < t_1 \leqq u_2 < t_2 \leqq \cdots \leqq u_k < t_k$ gilt*

$$P\left\{\bigcap_{i=1}^{k} [N(t_i) - N(u_i) = n_i]\right\} = \prod_{i=1}^{k} \frac{[\lambda (t_i - u_i)]^{n_i}}{n_i!} e^{-\lambda(t_i - u_i)}, \tag{2.28}$$

d. h. wenn die Anzahlen $N(t_i - u_i)$ der Erneuerungen in den Intervallen $(u_1, t_i]$ unabhängig voneinander POISSON*verteilt sind mit den Parametern $\lambda(t_i - u_i)$.*

2.1.7. Die Verteilung der Anzahl der Erneuerungen in einem Intervall

Für die Anzahl $N(t) - N(u)$ der Erneuerungen im Intervall $(u, t]$ gilt der folgende

Satz 2 ([Franken] 1962). *Es ist*

$$P\{N(t) - N(u) \geqq k\} = \int_u^t [F_{k-1}(t-x) - F_k(t-x)]\, h(x)\, dx\,, \quad (2.29)$$

für $k \geqq 1,\ F_0(x) \equiv 1$.

Der Erwartungswert von $N(t) - N(u)$ ist natürlich

$$E[N(t) - N(u)] = E[N(t)] - E[N(u)] = H(t) - H(u)\,. \quad (2.30)$$

Aus (2.29) folgt für stationäre Prozesse

$$P\{N(t) - N(u) \geqq k\} = \frac{1}{\mu} \int_0^{t-u} [F_{k-1}(x) - F_k(x)]\, dx\,. \quad (2.31)$$

Hier hängt also die Verteilung der Anzahl der Erneuerungen nur noch von der Länge $t - u$ des Intervalles, nicht aber von u ab. Mit (2.6) folgt daraus

$$P\{N(t) - N(u) \geqq k\} = P\{N(t-u) \geqq k\} = F_k(t-u)\,. \quad (2.32)$$

2.1.8. Die Zeit bis zur nächsten Erneuerung

Mit $V(t)$ bezeichnen wir die Zeit vom (beliebigen) Zeitpunkt $t \geqq 0$ bis zur nächsten Erneuerung:

$$V(t) = \min_i (S_i : S_i > t) - t\,. \quad (2.33)$$

Für die Verteilung von $V(t)$ gilt

$$P\{V(t) \leqq x\} = \int_t^{t+x} [1 - F(t + x - y)]\, h(y)\, dy\,. \quad (2.34)$$

(Diese Formel folgt unmittelbar aus (2.29)).

Für den stationären Prozeß ergibt sich

$$P\{V(t) \leqq x\} = \frac{1}{\mu} \int_0^x [1 - F(y)]\, dy = F_1(x)\,. \qquad (2.35)$$

Wir haben also das Ergebnis, daß die Verteilung der Zeit bis zur nächsten Erneuerung unabhängig von t gleich der Verteilung von X_1 (der Zeit bis zur ersten Erneuerung) ist. Speziell für den POISSON-Prozeß gilt also

$$P\{V(t) \leqq x\} = 1 - e^{-\lambda x} = F_1(x) = F(x)\,. \qquad (2.36)$$

Für den Erwartungswert von $V(t)$ gilt die folgende einfache Beziehung zur Erneuerungsfunktion $H(t)$:

$$E[V(t)] = \mu_1 + \mu\, H(t) - t \qquad (2.37)$$

mit

$$\mu_1 = E(X_1) = \int_0^\infty [1 - F_1(x)]\, dx\,. \qquad (2.38)$$

Für den gewöhnlichen Prozeß gilt wegen $\mu_1 = \mu$ also [JOHNSON]

$$E[V(t)] = \mu\,[H(t) + 1] - t\,. \qquad (2.39)$$

Für den stationären Prozeß ist nach (2.37) und (2.21)

$$E[V(t)] = \mu_1\,. \qquad (2.40)$$

Außerdem ist nach (2.3)

$$f_1(x) = \frac{1}{\mu}[1 - F(x)]$$

und daher

$$\begin{aligned}\mu_1 &= \int_0^\infty x\, f_1(x)\, dx = \frac{1}{\mu}\int_0^\infty x\,[1 - F(x)]\, dx \\ &= \frac{1}{2\mu} E(X_2^2) = \frac{1}{2\mu} E(X_3^2) = \cdots \\ &= \frac{\sigma^2 + \mu^2}{2\mu} \qquad (2.41)\end{aligned}$$

mit $\sigma^2 = \mathrm{Var}(X_2) = \mathrm{Var}(X_3) = \cdots$.
Aus (2.40) und (2.41) folgt für den stationären Prozeß

$$E[V(t)] = \frac{\sigma^2 + \mu^2}{2\mu}\,. \qquad (2.42)$$

Beim stationären Prozeß hängt die mittlere Zeit $E[V(t)]$ bis zur nächsten Erneuerung also nur vom mittleren Abstand μ der Erneuerungen und von der Varianz σ^2 dieser Abstände ab. Das führt zu dem zunächst überraschenden Ergebnis, daß $E[V(t)]$ für $\sigma^2 > \mu^2$ größer als der mittlere Erneuerungsabstand μ wird. Im einzelnen gilt

$$E[V(t)] > \mu \qquad \text{für } \sigma^2 > \mu^2 \,, \tag{2.43}$$

$$E[V(t)] = \mu \qquad \text{für } \sigma^2 = \mu^2 \,, \tag{2.44}$$

$$E[V(t)] < \mu \qquad \text{für } \sigma^2 < \mu^2 \,. \tag{2.45}$$

Schließlich gilt wegen $\sigma^2 > 0$ (den Fall $\sigma = 0$, d. h. konstante Erneuerungsabstände schließen wir aus) stets

$$E[V(t)] > \frac{\mu}{2} \,. \tag{2.46}$$

2.1.9. Integralgleichungen für $H(t)$ und $h(t)$

Für die Erneuerungsfunktion $H(t)$ gelten die Integralgleichungen

$$H(t) = F_1(t) + \int_0^t H\,(t-x)\, f(x)\, \mathrm{d}x \tag{2.47}$$

und

$$H(t) = F_1(t) + \int_0^t H_0\,(t-x)\, f_1(x)\, \mathrm{d}x \,, \tag{2.48}$$

wenn wir mit $H_0(t)$ die Erneuerungsfunktion des zugehörigen gewöhnlichen Erneuerungsprozesses ($F_1(x) = F(x)$) bezeichnen. Aus beiden Gleichungen folgt noch

$$\int_0^t H\,(t-x)\, f(x)\, \mathrm{d}x = \int_0^t H_0\,(t-x)\, f_1(x)\, \mathrm{d}x \,. \tag{2.49}$$

Für die Erneuerungsdichte $h(t)$ erhält man entsprechend

$$h(t) = f_1(t) + \int_0^t h\,(t-x)\, f(x)\, \mathrm{d}x \tag{2.50}$$

und

$$h(t) = f_1(t) + \int_0^t h_0\,(t-x)\, f_1(x)\, \mathrm{d}x \tag{2.51}$$

sowie

$$\int_0^t h\,(t-x)\, f(x)\, \mathrm{d}x = \int_0^t h_0\,(t-x)\, f_1(x)\, \mathrm{d}x \tag{2.52}$$

mit

$$h_0(t) = \frac{\mathrm{d}H_0(t)}{\mathrm{d}t}. \tag{2.53}$$

2.2. Grenzwertsätze

Von besonderer Bedeutung sind die folgenden Grenzwertsätze, die Aussagen über das asymptotische Verhalten von Erneuerungsprozessen für große t machen. Diese Aussagen bedeuten anschaulich, daß sich das Verhalten beliebiger Erneuerungsprozesse mit $t \to \infty$ dem Verhalten der zugehörigen stationären Prozesse nähert.

2.2.1. Grenzwertsatz für $P\{V(t) \leqq x\}$

Für die Verteilung der Zeit bis zur nächsten Erneuerung gilt der folgende

Satz 3. *Es ist*

$$\lim_{t\to\infty} P\{V(t) \leqq x\} = \frac{1}{\mu}\int_0^x [1 - F(y)]\,\mathrm{d}y. \tag{2.54}$$

Vergleichen wir dies mit der Gleichung (2.35) für den zugehörigen stationären Prozeß, so sehen wir, daß die Verteilungsfunktion von $V(t)$ mit $t \to \infty$ gegen die Verteilungsfunktion von $V(t)$ bei stationärem Verhalten strebt.

2.2.2. Der verallgemeinerte Satz von Blackwell

Für die Erneuerungsfunktion $H(t)$ eines beliebigen modifizierten Erneuerungsprozesses gilt

Satz 4. *Es ist*

$$\lim_{t\to\infty} [H(t + x) - H(t)] = \frac{x}{\mu}. \tag{2.55}$$

Dieser Satz, der besagt, daß die mittlere Anzahl der Erneuerungen im Intervall $(t, t + x]$ mit $t \to \infty$ gegen x/μ strebt, wurde 1948 für gewöhnliche Erneuerungsprozesse von [Blackwell] bewiesen und 1962 von [Takács] auf beliebige modifizierte Prozesse verallgemeinert.

2.2.3. Der Fundamentalsatz der Erneuerungstheorie

Aus dem Satz 4 folgt, wie man zeigen kann [Feller], ein wichtiger Satz, der oft als Fundamentalsatz der Erneuerungstheorie bezeichnet wird:

Satz 5 (Fundamentalsatz der Erneuerungstheorie). *Es sei* $g(x) \geqq 0$ *eine Funktion mit* $g(x) = 0$ *für* $x < 0$, *und es existiere das* Riemann*sche Integral*

$$\int_0^\infty g(x)\,dx\,.$$

Dann gilt, wenn $h(x)$ *eine Erneuerungsdichte ist,*

$$\lim_{t\to\infty} \int_0^t g\,(t-x)\,h(x)\,dx = \frac{1}{\mu} \int_0^\infty g(x)\,dx\,. \tag{2.56}$$

Aus dem Fundamentalsatz folgt umgekehrt leicht (mit $g(x) = 1$ für $0 \leqq x < y$ und $g(x) = 0$ sonst) der Satz 4 (mit y statt x). Auch die weiteren Grenzwertsätze folgen aus Satz 5.

2.2.4. Grenzwertsatz für $h(t)$

Für die Erneuerungsdichte $h(t)$ gilt der

Satz 6. *Es ist*

$$\lim_{t\to\infty} h(t) = \frac{1}{\mu}\,. \tag{2.57}$$

Unabhängig von $F_1(x) = P\{X_1 \leqq x\}$ strebt also die Erneuerungsdichte eines beliebigen modifizierten Erneuerungsprozesses mit $t \to \infty$ gegen $1/\mu$.

2.2.5. Grenzwertsatz für $H(t) - \frac{t}{\mu}$

Satz 7. *Es ist*

$$\lim_{t\to\infty} \left[H(t) - \frac{t}{\mu}\right] = \frac{\sigma^2 + \mu^2}{2\,\mu^2} - \frac{\mu_1}{\mu}\,. \tag{2.58}$$

Aus diesem sehr scharfen Grenzwertsatz, der aussagt, daß die Differenz zwischen $H(t)$ und t/μ mit $t \to \infty$ gegen eine Konstante strebt, folgt sofort die schwächere Aussage

$$\lim_{t\to\infty} \frac{H(t)}{t} = \mu\,. \tag{2.59}$$

2.2.6. Grenzwertsatz für $E[V(t)]$

Satz 8. *Es ist*

$$\lim_{t\to\infty} E[V(t)] = \frac{\sigma^2 + \mu^2}{2\mu}\,. \tag{2.60}$$

Der Erwartungswert der Zeit bis zur nächsten Erneuerung strebt also mit $t \to \infty$ gegen den zeitunabhängigen Erwartungswert beim stationären Prozeß [vgl. (2.42)].

2.3. Berechnung der Erneuerungsfunktion

Führen wir die Größen

$$H_n(t) = \sum_{i=1}^{n} F_i(t) \tag{2.61}$$

ein, so bilden $H_1(t)$, $H_2(t)$, ... für jedes t eine monoton zunehmende Folge mit

$$\lim_{n\to\infty} H_n(t) = H(t)\,.$$

Man kann also $H(t)$ beliebig genau approximieren, indem man sukzessiv die Funktionen $H_n(t)$ berechnet. Nun folgt aber aus (2.10) sofort die Beziehung

$$H_n(t) = \int_0^t H_{n-1}\,(t - x)\,f(x)\,\mathrm{d}x + F_1(t)\,, \qquad n = 2, 3, \ldots \tag{2.62}$$

mit

$$H_1(t) = F_1(t)\,. \tag{2.63}$$

Mit (2.62) und (2.63) kann man nun rekursiv die $H_n(t)$ ermitteln. Sind die dabei auftretenden Ausdrücke geschlossen integrierbar, so wird man die Integrationen ausführen. Andernfalls kann man die Integrationen mit numerischen Methoden durchführen.

Schließlich besteht noch die Möglichkeit, über die LAPLACE-Transformation und ihre Umkehrung die Erneuerungsfunktion bzw. die Erneuerungsdichte zu bestimmen [Cox]. Hierauf wollen wir aber hier nicht näher eingehen. Für eine spezielle Klasse von Erneuerungsprozessen wollen wir aber die Erneuerungsfunktion und die Erneuerungsdichte angeben, nämlich für die gewöhnlichen Erneuerungsprozesse mit der Verteilungsfunktion

$$F_1(x) = F(x) = 1 - e^{-kt/\mu}\left(1 + (kt/\mu) + \cdots + \frac{(kt/\mu)^{k-1}}{(k-1)!}\right) \quad (2.64)$$

(spezielle ERLANG-Verteilung mit Parameter k, Erwartungswert μ).

Für diesen Fall gilt nämlich

$$F_n(t) = 1 - e^{-kt/\mu}\left(1 + (kt/\mu) + \cdots + \frac{(kt/\mu)^{nk-1}}{(nk-1)!}\right) \quad (2.65)$$

und

$$f_n(t) = \frac{k}{\mu}\,\frac{(kt/\mu)^{nk-1}}{(nk-1)!}\,e^{-kt/\mu}, \quad (2.66)$$

woraus sofort

$$H(t) = \sum_{n=1}^{\infty}\left[1 - \sum_{i=0}^{nk-1}\frac{(kt/\mu)^i}{i!}\,e^{-kt/\mu}\right] = \sum_{n=1}^{\infty}\sum_{i=nk}^{\infty}\frac{(kt/\mu)^i}{i!}\,e^{-kt/\mu} \quad (2.67)$$

und

$$h(t) = \frac{k}{\mu}\sum_{n=1}^{\infty}\frac{(kt/\mu)^{nk-1}}{(nk-1)!}\,e^{-kt/\mu} \quad (2.68)$$

folgt. Mit Hilfe einer Tabelle der POISSON-Wahrscheinlichkeiten [MOLINA] sind diese Ausdrücke leicht für beliebiges k zu berechnen.

Man kann (unter Verwendung der LAPLACE-Transformierten) für $H(t)$ und $h(t)$ auch andere geschlossene Ausdrücke finden, die für kleine k übersichtlicher als (2.67) und (2.68) sind und allgemein erkennen lassen, daß für $k \geqq 3$ exponentiell abklingende periodische Terme auftreten.

Es gilt mit den Abkürzungen

$$\alpha = \pi/k \qquad \text{und} \qquad \tau = kt/\mu$$

für gerades k:

$$H(t) = \frac{t}{\mu} - \frac{k-1}{2k} + \frac{1}{2k}\,e^{-2\tau} + \frac{1}{k}\,e^{-\tau}\sum_{j=1}^{(k-2)/2}\frac{e^{\tau\cos(2j\alpha)}}{\sin(j\alpha)}\sin[\tau\sin(2j\alpha) + j\alpha], \quad (2.69)$$

$$h(t) = \frac{1}{\mu} - \frac{1}{\mu} e^{-2\tau} + \frac{2}{\mu} e^{-\tau} \sum_{j=1}^{(k-2)/2} e^{\tau \cos(2j\alpha)} \cos[\tau \sin(2j\alpha) + 2j\alpha], \quad (2.70)$$

für ungerades k:

$$H(t) = \frac{t}{\mu} - \frac{k-1}{2k} + \frac{1}{k} e^{-\tau} \sum_{j=1}^{(k-1)/2} \frac{e^{\tau \cos(2j\alpha)}}{\sin(j\alpha)} \sin[\tau \sin(2j\alpha) + j\alpha], \quad (2.71)$$

$$h(t) = \frac{1}{\mu} + \frac{2}{\mu} e^{-\tau} \sum_{j=1}^{(k-1)/2} e^{\tau \cos(2j\alpha)} \cos[\tau \sin(2j\alpha) + 2j\alpha] \quad (2.72)$$

(für $k = 1$ und $k = 2$ sind die Summenausdrücke gleich Null zu setzen). Beispielsweise erhalten wir für $k = 1, 2, 3, 4$:

$k = 1$: $\quad H(t) = \frac{t}{\mu}, \quad h(t) = \frac{1}{\mu}.$ (POISSON-Prozeß)

$k = 2$: $$H(t) = \frac{t}{\mu} - \frac{1}{4} + \frac{1}{4} e^{-4t/\mu}, \qquad h(t) = \frac{1}{\mu} - \frac{1}{\mu} e^{-4t/\mu}.$$

$k = 3$: $$H(t) = \frac{t}{\mu} - \frac{1}{3} + \frac{2\sqrt{3}}{9} e^{-9t/2\mu} \sin\left(\frac{3\sqrt{3}}{2}\frac{t}{\mu} + \frac{\pi}{3}\right), \qquad h(t) = \frac{1}{\mu} + \frac{2}{\mu} e^{-3t/2\mu} \cos\left(\frac{3\sqrt{3}}{2}\frac{t}{\mu} + \frac{2\pi}{3}\right).$$

$k = 4$: $$H(t) = \frac{t}{\mu} - \frac{3}{8} + \frac{1}{8} e^{-8t/\mu} + \frac{\sqrt{2}}{4} e^{-4t/\mu} \sin\left(\frac{4t}{\mu} + \frac{\pi}{4}\right), \qquad h(t) = \frac{1}{\mu} - \frac{1}{\mu} e^{-8t/\mu} + \frac{2}{\mu} e^{-4t/\mu} \cos\left(\frac{4t}{\mu} + \frac{\pi}{2}\right).$$

2.4. Überlagerung von Erneuerungsprozessen

Sind n voneinander unabhängige Erneuerungsprozesse gegeben so kann man die Gesamtheit aller Erneuerungen dieser Prozesse wieder als einen Punktprozeß betrachten. Dieser „Überlagerungsprozeß" ist im allgemeinen kein Erneuerungsprozeß mehr. Dagegen gilt für die POISSON-Prozesse, daß sie bei der Überlagerung wieder einen POISSON-Prozeß ergeben:

Satz 9. *Sind n* POISSON-*Prozesse mit den Parametern $\lambda_1, \ldots, \lambda_n$ gegeben, so bildet die Gesamtheit aller Erneuerungen dieser Prozesse wieder einen* POISSON-*Prozeß mit dem Parameter $\lambda = \lambda_1 + \cdots + \lambda_n$.*

Für jeden Überlagerungsprozeß kann man (auch wenn er kein Erneuerungsprozeß ist) die Erneuerungsfunktion $H(t)$ als Erwartungswert der Anzahl aller Erneuerungen bis zur Zeit t definieren. Aus der Additivität der Erwartungswerte folgt dann sofort

$$H(t) = H_1(t) + \cdots + H_n(t)\,, \tag{2.73}$$

wenn $H_1(t), \ldots, H_n(t)$ die Erneuerungsfunktionen der einzelnen Erneuerungsprozesse sind. Entsprechend gilt für die Erneuerungsdichte

$$h(t) = h_1(t) + \cdots + h_n(t)\,. \tag{2.74}$$

Unmittelbar praktische Bedeutung gewinnen diese Formeln für die Beurteilung der Ausfallhäufigkeit von Anlagen, bei denen jedes ausgefallene Bauelement sofort durch ein gleichartiges neues Bauelement ersetzt wird. Jeder Ausfall eines Bauelementes und alle Ausfälle der „Nachfolger" dieses Bauelementes bilden dann einen Erneuerungsprozeß, der dem Bauelement zugeordnet wird. Die Gesamtheit aller Ausfälle der Anlage bilden dann den entsprechenden Überlagerungsprozeß, dessen Erneuerungsfunktion und Erneuerungsdichte sich nach (2.73) und (2.74) aus den Summen der Erneuerungsfunktionen bzw. Erneuerungsdichten der n Einzelprozesse (n: Anzahl der Bauelemente) berechnen lassen.

Sind die einzelnen Erneuerungsprozesse alle stationär mit den Erneuerungsdichten $1/\mu_i$ ($i = 1, \ldots, n$) und den Verteilungsfunktionen $F^{(i)}(x)$, so ist die Verteilungsfunktion $F(x)$ des Erneuerungsabstandes des Überlagerungsprozesses unabhängig vom Zeitpunkt der Erneuerung, mit der dieser Abstand beginnt. Es gilt

$$\begin{aligned} 1 - F(x) &= \frac{1}{\dfrac{1}{\mu_1} + \cdots + \dfrac{1}{\mu_n}} \sum_{i=1}^{n} \frac{1 - F^{(i)}(x)}{\mu_i} \prod_{\substack{k=1\\k\neq i}}^{n} \frac{1}{\mu_k} \int_x^\infty [1 - F^{(k)}(y)]\,\mathrm{d}y \\ &= \frac{1}{\dfrac{1}{\mu_1} + \cdots + \dfrac{1}{\mu_n}} \frac{\mathrm{d}}{\mathrm{d}x} \prod_{i=1}^{n} \int_x^\infty \frac{1 - F^{(i)}(y)}{\mu_i}\,\mathrm{d}y\,. \end{aligned} \tag{2.75}$$

Hieraus erhält man sofort den mittleren Erneuerungsabstand des Überlagerungsprozesses:

$$\mu = \int_0^\infty [1 - F(x)]\, dx = \frac{1}{\frac{1}{\mu_1} + \cdots + \frac{1}{\mu_n}} \prod_{i=1}^{n} \int_0^\infty \frac{1 - F_i(y)}{\mu_i}\, dy$$

$$= \frac{1}{\frac{1}{\mu_1} + \cdots + \frac{1}{\mu_n}}$$

oder

$$\frac{1}{\mu} = \frac{1}{\mu_1} + \cdots + \frac{1}{\mu_n}. \tag{2.76}$$

2.5. Alternierende Erneuerungsprozesse

2.5.1. Allgemeine alternierende Erneuerungsprozesse

Alternierende Erneuerungsprozesse beschreiben Abläufe, bei denen abwechselnd zwei Zustände (Zustände 1 und 0) aufeinanderfolgen. Dabei nehmen wir an, daß alle Zustandsdauern voneinander unabhängig sind und die Dauern der Zustände 1 alle derselben Verteilungsfunktion $F(x)$ genügen, während die Dauern der Zustände 0 alle derselben Verteilungsfunktion $G(x)$ genügen. Nur die Dauer des Anfangszustandes darf einer anderen Verteilungsfunktion genügen. Der Prozeß soll mit einer bestimmten Wahrscheinlichkeit p mit dem Zustand 1 (und mit der Wahrscheinlichkeit $1 - p$ mit dem Zustand 0) beginnen.

Wir beschreiben einen allgemeinen alternierenden Erneuerungsprozeß also auf folgende Weise:

Mit der Wahrscheinlichkeit p beginnt der Prozeß mit dem Zustand 1 der Dauer X_0. Dann folgen alternierend ein Zustand 0 der Dauer Y_1, ein Zustand 1 der Dauer X_1, ein Zustand 0 der Dauer Y_2, usw.

Entsprechend beginnt der Prozeß mit der Wahrscheinlichkeit $1 - p$ mit dem Zustand 0 der Dauer Y_0. Dann folgen alternierend ein Zustand 1 der Dauer X_1, ein Zustand 0 der Dauer Y_1, usw.

Die zufälligen Größen $X_0, X_1, \ldots, Y_0, Y_1, \ldots$ sind voneinander unabhängig, und es gilt

$$P\{X_0 \leqq x\} = F_0(x),\ P\{X_i \leqq x\} = F(x),\ i = 1, 2, \ldots, \tag{2.77}$$

$$P\{Y_0 \leqq x\} = G_0(x),\ P\{Y_i \leqq x\} = G(x),\ i = 1, 2, \ldots. \tag{2.78}$$

Zur Vereinfachung der Schreibweise führen wir noch folgende Bezeichnungen ein: Für $p = 1$ sagen wir, der Prozeß sei vom Typ $[1, F_0(x), G(x), F(x)]$; für $p = 0$ sagen wir, der Prozeß sei vom Typ $[0, G_0(x), F(x), G(x)]$. Man sieht sofort, daß die Übergänge vom Zustand 0 in den Zustand 1 (1-Erneuerungen) und die Übergänge vom Zustand 1 in den Zustand 0 (0-Erneuerungen) modifizierte Erneuerungsprozesse darstellen. Bezeichnen wir mit $P_0(t, x)$ die Wahrscheinlichkeit, daß im Intervall $[t, t + x]$ dauernd der Zustand 0 herrscht, und mit $P_1(t, x)$ die Wahrscheinlichkeit, daß im Intervall $[t, t + x]$ dauernd der Zustand 1 herrscht, so folgt aus dem Fundamentalsatz der Erneuerungstheorie

$$\lim_{t \to \infty} P_0(t, x) = \frac{1}{\mu_0 + \mu_1} \int_x^\infty [1 - G(y)] \, dy \tag{2.79}$$

und

$$\lim_{t \to \infty} P_1(t, x) = \frac{1}{\mu_0 + \mu_1} \int_x^\infty [1 - F(y)] \, dy \tag{2.80}$$

mit

$$\mu_0 = E(Y_1) = E(Y_2) = \cdots, \quad \mu_1 = E(X_1) = E(X_2) = \cdots.$$

Insbesondere ist $P_0(t, 0)$ die Wahrscheinlichkeit, daß zur Zeit t der Zustand 0 herrscht, und $P_1(t, 0)$ die Wahrscheinlichkeit, daß zur Zeit t der Zustand 1 herrscht. Aus (2.79) und (2.80) folgt sofort

$$\lim_{t \to \infty} P_0(t, 0) = \frac{\mu_0}{\mu_0 + \mu_1} \tag{2.81}$$

und

$$\lim_{t \to \infty} P_1(t, 0) = \frac{\mu_1}{\mu_0 + \mu_1}. \tag{2.82}$$

Von besonderem Interesse sind die stationären alternierenden Erneuerungsprozesse, die wir im folgenden beschreiben.

2.5.2. Stationäre alternierende Erneuerungsprozesse

Die stationären alternierenden Erneuerungsprozesse haben die Eigenschaft, daß $P_0(t, x)$ und $P_1(t, x)$ von t unabhängig sind. Dies tritt durch folgende Festsetzung ein, durch die wir die stationären alternierenden Erneuerungsprozesse definieren:

Definition. Wir nennen einen alternierenden Erneuerungsprozeß *stationär*, wenn

$$p = \frac{\mu_1}{\mu_0 + \mu_1},$$

$$F_0(x) = \frac{1}{\mu_1} \int_0^x [1-F(y)]\,\mathrm{d}y\,, \quad G_0(x) = \frac{1}{\mu_0} \int_0^x [1-G(y)]\,\mathrm{d}y \tag{2.83}$$

gilt.

Dann ist

$$\begin{aligned} P_0(t, x) &= \frac{1}{\mu_0 + \mu_1} \int_x^\infty [1 - G(y)]\,\mathrm{d}y \\ &= (1 - p)\,[1 - G_0(x)] \end{aligned} \tag{2.84}$$

und

$$\begin{aligned} P_1(t, x) &= \frac{1}{\mu_0 + \mu_1} \int_x^\infty [1 - F(y)]\,\mathrm{d}y \\ &= p\,[1 - F_0(x)]\,. \end{aligned} \tag{2.85}$$

Hieraus folgt sofort

$$P_0(t, 0) = 1 - p \tag{2.86}$$

und

$$P_1(t, 0) = p\,. \tag{2.87}$$

Für die Wahrscheinlichkeit $P_{01}(t, \delta)$, daß im Intervall $[t, t + 1]$ (mindestens) ein Wechsel vom Zustand 0 in den Zustand 1 stattfindet, gilt

$$P_{10}(t, \delta) = \frac{\delta}{\mu_0 + \mu_1} + \mathrm{o}(\delta) = \frac{p\,\delta}{\mu_1} + \mathrm{o}(\delta)\,. \tag{2.88}$$

Dies folgt aus (2.84) und aus der leicht zu beweisenden Tatsache, daß die Wahrscheinlichkeit für mehr als einen Zustandswechsel in $[t, t + \delta]$ von der Ordnung $\mathrm{o}(\delta)$ ist. Für die Wahrscheinlichkeit $P_{10}(t, \delta)$ für einen Wechsel von 1 nach 0 in $[t, t + \delta]$ gilt die gleiche Formel.

3. ZUVERLÄSSIGKEIT VON BAUELEMENTEN

3.1. Definitionen

Wir denken uns eine große Menge gleichartiger Bauelemente. Wenn wir diese Bauelemente gleichzeitig in Betrieb nehmen und über sehr lange Zeit beobachten, so können wir die Häufigkeitsverteilung der Lebensdauern dieser Bauelemente aufzeichnen. Dabei definieren wir als Lebensdauer eines Elementes z. B. die Zeit von der Inbetriebnahme bis zu einem Ausfall.

Das adäquate wahrscheinlichkeitstheoretische Modell einer Lebensdauerverteilung erhalten wir, indem wir eine zufällige Größe T einführen, die wir ebenfalls Lebensdauer nennen wollen. Zu dieser zufälligen Größe T gehört eine Verteilungsfunktion $F(t)$:

$$F(t) = P\{T \leqq t\}. \tag{3.1}$$

Das Komplement $\bar{F}(t)$ der Wahrscheinlichkeit $F(t)$ bezeichnen wir als Überlebenswahrscheinlichkeit:

$$\bar{F}(t) = 1 - F(t) = P\{T > t\}. \tag{3.2}$$

Die Verteilungsfunktion $F(t)$ nehmen wir als differenzierbare Funktion an. Dann ist die Wahrscheinlichkeitsdichte $f(t)$ der Lebensdauer T definiert durch

$$f(t) = \frac{\mathrm{d}F(t)}{\mathrm{d}t} = F'(t). \tag{3.3}$$

Die mittlere Lebensdauer $\bar{T}$ ist der Erwartungswert von T:

$$\bar{T} = E(T) = \int_0^\infty t\, f(t)\, \mathrm{d}t = \int_0^\infty [1 - F(t)]\, \mathrm{d}t. \tag{3.4}$$

Oft ist es zweckmäßig, die Verteilung der Lebensdauer T durch eine weitere Funktion, die Ausfallrate $q(t)$, zu kennzeichnen.

Sie ist definiert durch

$$q(t) = \frac{f(t)}{1 - F(t)} = \frac{f(t)}{\overline{F}(t)}. \tag{3.5}$$

Sie hat folgende Bedeutung:

Die Wahrscheinlichkeit, daß ein Element mit einer Lebensdauer $> t$ auch noch eine Lebensdauer $> t + x$ hat (also nach Erreichen des Alters t noch länger als x weiterlebt), ist die bedingte Überlebenswahrscheinlichkeit

$$\frac{\overline{F}(t + x)}{\overline{F}(t)}.$$

Die Wahrscheinlichkeit, daß ein Element nach Erreichen des Alters t innerhalb x ausfällt, ist also

$$1 - \frac{\overline{F}(t + x)}{\overline{F}(t)} = \frac{F(t + x) - F(t)}{1 - F(t)}.$$

Wegen

$$\lim_{x \to +0} \frac{1}{x} \frac{F(t + x) - F(t)}{1 - F(t)} = q(t)$$

können wir also sagen, daß die Wahrscheinlichkeit dafür, daß ein Element mit dem Alter t innerhalb der Zeit x ausfällt, für *kleines* x ungefähr gleich $x\,q(t)$ ist. Die Ausfallsrate $q(t)$ ist also ein Maß für die Anfälligkeit von Bauelementen, die ein Alter t erreicht haben.

Aus (3.5) folgt, daß man die Überlebenswahrscheinlichkeit $\overline{F}(t)$ (und damit die Verteilungsfunktion $F(t)$) durch $q(t)$ ausdrücken kann: Es ist ja

$$q(t) = \frac{f(t)}{\overline{F}(t)} = -\frac{\overline{F}'(t)}{\overline{F}(t)} = -[\ln \overline{F}(t)]',$$

woraus durch Integration mit der Randbedingung $\ln \overline{F}(t) = 0$ für $t = 0$

$$-\ln \overline{F}(t) = \int_0^t q(x)\, dx$$

folgt, und dies ist gleichbedeutend mit

$$1 - F(t) = \overline{F}(t) = e^{-\int_0^t q(x)\, dx}. \tag{3.6}$$

Auch die bedingte Überlebenswahrscheinlichkeit läßt sich durch die Ausfallrate darstellen:

$$\frac{\overline{F}(t + x)}{\overline{F}(t)} = e^{-\int_t^{t+x} q(\tau) d\tau}. \tag{3.7}$$

Aus der Darstellung (3.7) folgt sofort:

Wenn $q(t)$ eine *monoton steigende* Funktion ist, so ist die Überlebenswahrscheinlichkeit eine (bezüglich t bei festem x) *monoton fallende* Funktion. Umgekehrt gilt: Ist $q(t)$ *monoton fallend*, so ist die Überlebenswahrscheinlichkeit *monoton steigend.*

Die mittlere Lebenserwartung definieren wir durch

$$\overline{T}(t) = E\,(\overline{T} - t \mid \overline{T} > t) = \int_0^\infty \frac{\overline{F}\,(t + x)}{\overline{F}(t)}\,\mathrm{d}x = \frac{\int_t^\infty \overline{F}(x)\,dx}{\overline{F}(t)} \tag{3.8}$$

[Offenbar ist $\overline{T} = \overline{T}(0)$].

Zwischen $q(t)$ und $\overline{T}(t)$ gilt dann wegen der Folgerung aus (3.7) folgender Zusammenhang:

Ist $q(t)$ monoton steigend (fallend), so ist $\overline{T}(t)$ monoton fallend (steigend).

Aus (3.8) folgt, daß man die Verteilungsfunktion auch durch $\overline{T}(t)$ ausdrücken kann. Nach (3.8) ist nämlich

$$\frac{\overline{F}(t)}{\int_t^\infty \overline{F}(x)\,dx} = -\left[\ln \int_t^\infty \overline{F}(x)\,\mathrm{d}x\right]' = \frac{1}{\overline{T}(t)},$$

woraus mit der Randbedingung

$$\int_0^\infty \overline{F}(x)\,\mathrm{d}x = \overline{T}$$

folgt:

$$\int_t^\infty \overline{F}(x)\,\mathrm{d}x = \overline{T}\,\mathrm{e}^{-\int_0^t \frac{dx}{\overline{T}(x)}}. \tag{3.9}$$

Statt (3.9) können wir auch schreiben:

$$1 - F(t) = \overline{F}(t) = \frac{\overline{T}}{\overline{T}(t)}\,\mathrm{e}^{-\int_0^t \frac{dx}{\overline{T}(x)}}. \tag{3.10}$$

Für die Ausfallrate $q(t)$ und die mittlere Lebenserwartung folgt aus (3.6) und (3.10) noch die Beziehung

$$q(t) = \frac{\overline{T}'(t) + 1}{\overline{T}(t)}. \tag{3.11}$$

3.2. Typen von Lebensdauer-Verteilungsfunktionen

Zur Veranschaulichung der in 3.1. definierten Größen und zur Bereitstellung eines gewissen Modellmaterials wollen wir einige bei Zuverlässigkeitsfragen oft benutzte typische Verteilungsfunktionen beschreiben.

3.2.1. Die Exponentialverteilung

Die Exponentialverteilung verdankt ihre häufige Verwendung zum Teil der Wunschvorstellung, Bauelemente zu erhalten, die keine Alterserscheinungen kennen und nur durch „Zufall", d. h. durch unvorhersehbare Einwirkung ausfallen.

Verteilungsfunktion:	$F(t) = 1 - e^{-t/\overline{T}} = 1 - e^{-\lambda t}, \lambda > 0$
Wahrscheinlichkeitsdichte:	$f(t) = \frac{1}{\overline{T}} e^{-t/\overline{T}} = \lambda e^{-\lambda t}$
Momente:	$\mu_k = k!\,\overline{T}^k = k!/\lambda^k,\ \mu_1 = \overline{T} = 1/\lambda$
Varianz:	$\sigma^2 = \overline{T}^2 = 1/\lambda^2$
Ausfallrate:	$q(t) = \lambda = 1/\overline{T}$
Bedingte Überlebenswahrscheinlichkeit:	$\frac{\overline{F}(t+x)}{\overline{F}(t)} = e^{-\lambda x} = \overline{F}(x)$
Mittlere Lebenserwartung	$\overline{T}(t) = \overline{T} = 1/\lambda$

Bei der Exponentialverteilung sind also Ausfallrate und mittlere Lebenserwartung von t unabhängige Konstanten, und die bedingte Überlebenswahrscheinlichkeit ist ebenfalls unabhängig vom erreichten Alter.

3.2.2. Die spezielle Erlang-Verteilung

Wenn r zufällige Größen $X_1, \ldots, X_r$ unabhängig identisch exponentiell verteilt sind, also der Verteilungsfunktion

$$1 - e^{-\alpha t}$$

genügen, dann genügt ihre Summe $X_1 + \cdots + X_r$ der speziellen Erlangverteilung mit der Verteilungsfunktion

$$F_r(t) = F(t) = 1 - e^{-\alpha t}\left(1 + \alpha t + \cdots + \frac{(\alpha t)^{r-1}}{(r-1)!}\right)$$

mit der Wahrscheinlichkeitsdichte

$$f_r(t) = f(t) = \alpha \frac{(\alpha t)^{r-1}}{(r-1)!} e^{-\alpha t}.$$

Dies beweist man leicht durch vollständige Induktion nach r mit Hilfe der Faltungsformel (1.60).

Die Eigenschaften der speziellen ERLANG-Verteilung sind der folgenden Tafel zu entnehmen.

Verteilungsfunktion	$F(t) = 1 - e^{-\alpha t}\left(1 + \alpha t + \cdots + \frac{(\alpha t)^{r-1}}{(r-1)!}\right)$ $\alpha > 0,\ r = 1, 2, \ldots$
Wahrscheinlichkeits-dichte	$f(t) = \alpha \frac{(\alpha t)^{r-1}}{(r-1)!} e^{-\alpha t}$
Momente	$\mu_k = \binom{r-1+k}{r-1} k!/\alpha^k,\ \mu_1 = r/\alpha$
Varianz	$\sigma^2 = r/\alpha^2 = \mu_1^2/r$
Ausfallrate	$q(t) = \alpha \frac{(\alpha t)^{r-1}}{(r-1)!} \Big/ \left(1 + \alpha t + \cdots + \frac{(\alpha t)^{r-1}}{(r-1)!}\right)$ $\lim\limits_{t\to\infty} q(t) = \alpha$
Bedingte Überlebens-wahrscheinlichkeit	$\frac{\overline{F}(t+x)}{\overline{F}(t)} = \frac{1 + \alpha(t+x) + \cdots + \frac{[\alpha(t+x)]^{r-1}}{(r-1)!}}{1 + \alpha t + \cdots + \frac{(\alpha t)^{r-1}}{(r-1)!}} e^{-\alpha x}$ $\lim\limits_{t\to\infty} \frac{\overline{F}(t+x)}{\overline{F}(t)} = e^{-\alpha x}$
Mittlere Lebens-erwartung	$\overline{T}(t) = \frac{1}{\alpha}\left[r - \alpha t \frac{1 + \alpha t + \cdots + \frac{(\alpha t)^{r-2}}{(r-2)!}}{1 + \alpha t + \cdots + \frac{(\alpha t)^{r-1}}{(r-1)!}}\right]$ $\lim\limits_{t\to\infty} \overline{T}(t) = \frac{1}{\alpha} \left(\overline{T}(t) = \frac{1}{\alpha} \text{ für } r = 1\right)$

Die spezielle ERLANG-Verteilung mit $r > 1$ hat eine monoton steigende Ausfallrate $q(t)$ und daher eine monotone fallende mittlere Lebenserwartung $\overline{T}(t)$. Dabei gilt stets $q(t) < \alpha$ und $\overline{T}(t) > \frac{1}{\alpha}$.

3.2.3. Die Gammaverteilung

Eine allgemeinere Klasse von Verteilungen, welche die speziellen ERLANG-Verteilungen umfaßt, erhält man, wenn man für den Parameter r alle positiven Zahlen zuläßt und die Wahrscheinlichkeitsdichte durch

$$f(t) = \alpha \frac{(\alpha t)^{r-1}}{\Gamma(r)} e^{-\alpha t},$$

$$\Gamma(r) = \int_0^\infty x^{r-1} e^{-x} dx = (r-1)!, \qquad r > 0$$

definiert. Die Gammafunktion $\Gamma(r)$ ist eine Verallgemeinerung der zunächst nur für die natürlichen Zahlen $r = 1, 2, \ldots$ erklärten Funktion $(r-1)!$ auf den Bereich der positiven Zahlen. Wir schreiben gelegentlich statt $\Gamma(x+1)$ auch $x!$ für $x > -1$. Für die Gammafunktion gilt allgemein die Beziehung

$$\Gamma(r+1) = r\,\Gamma(r).$$

Zur Darstellung der Verteilungsfunktion führen wir die „unvollständige Gammafunktion" $\gamma(x, y)$ ein, die durch

$$\gamma(x, y) = \frac{1}{\Gamma(y)} \int_0^x z^{y-1} e^{-z} dz, \qquad x > 0, \quad y > 0$$

definiert ist.

Für $r > 1$ ist die Ausfallrate $q(t)$ monoton steigend (und die mittlere Lebenserwartung $\overline{T}(t)$ monoton fallend). Dabei gilt stets $q(t) < \alpha$ und $\overline{T}(t) > \frac{1}{\alpha}$. Für $r = 1$ erhalten wir die Exponentialverteilung mit konstanter Ausfallrate. Für $r < 1$ ist die Ausfallrate monoton fallend (und die mittlere Lebenserwartung monoton steigend). Dabei gilt stets $q(t) > \alpha$ und $\overline{T}(t) < \frac{1}{\alpha}$.

Verteilungsfunktion	$F(t) = \gamma(\alpha\, t, r) = \frac{1}{\Gamma(r)} \int\limits_0^{\alpha t} x^{r-1}\, e^{-x}\, dx$
Wahrscheinlichkeits-dichte	$f(t) = \alpha\, \frac{(\alpha\, t)^{r-1}}{\Gamma(r)}\, e^{-\alpha t}$
Momente	$\mu_k = \frac{\Gamma(k+r)}{\Gamma(r)} \frac{1}{\alpha^k}, \quad \mu_1 = r/\alpha$
Varianz	$\sigma^2 = r/\alpha^2 = \mu_1^2/r$
Ausfallrate	$q(t) = \alpha\, \frac{(\alpha\, t)^{r-1}}{(r-1)!}\, e^{-\alpha t}/(1 - \gamma(\alpha\, t, r))$ $= \alpha(\alpha\, t)^{r-1}\, e^{-\alpha t}/\int\limits_{\alpha t}^{\infty} x^{r-1}\, e^{-x}\, dx$ $\lim\limits_{t\to\infty} q(t) = \alpha$
Bedingte Überlebens-wahrscheinlichkeit	$\frac{\bar{F}(t+x)}{\bar{F}(t)} = \frac{1 - \gamma(\alpha(t+x), r)}{1 - \gamma(\alpha\, t, r)}$ $= \frac{\int\limits_{\alpha(t+x)}^{\infty} y^{r-1}\, e^{-y}\, dy}{\int\limits_{\alpha t}^{\infty} y^{r-1}\, e^{-y}\, dy}$ $\lim\limits_{t\to\infty} \frac{\bar{F}(t+x)}{\bar{F}(t)} = e^{-\alpha x}$
Mittlere Lebens-erwartung	$\bar{T}(t) = \frac{1}{\alpha} \frac{1 - \gamma(\alpha, t, r+1)}{1 - \gamma(\alpha\, t, r)} - t$ $\lim\limits_{t\to\infty} \bar{T}(t) = \frac{1}{\alpha}$

3.2.4. Die Weibull-Verteilung

Nimmt man an, daß die Ausfallrate $q(t)$ proportional ist zu einer Potenz von t, daß also

$$q(t) = \text{const}\; t^{\alpha-1}$$

gilt (wobei wir $\alpha > 0$ voraussagen wollen), so bekommt man eine Verteilungsfunktion der Gestalt

$$F(t) = 1 - e^{-(t/\tau)^{\alpha}}.$$

Für $\alpha = 1$ erhalten wir wieder die Exponentialverteilung, also konstante Ausfallrate. Für $\alpha > 1$ ist $q(t)$ monoton steigend, für $\alpha < 1$ monoton fallend.

Verteilungsfunktion	$F(t) = 1 - e^{-(t/\tau)^\alpha}, \quad \tau > 0$
Wahrscheinlichkeitsdichte	$f(t) = \frac{\alpha}{\tau}\left(\frac{t}{\tau}\right)^{\alpha-1} e^{-(t/\tau)^\alpha}$
Momente	$\mu_k = \Gamma\left(\frac{k}{\alpha}+1\right)\tau^k = \left(\frac{k}{\alpha}\right)!\,\tau^k$ $\mu_1 = \left(\frac{1}{\alpha}\right)!\,\tau$
Varianz	$\sigma^2 = \left[\Gamma\left(\frac{2}{\alpha}+1\right) - \left[\Gamma\left(\frac{1}{\alpha}+1\right)\right]^2\right]\tau^2$ $= \left[\left(\frac{2}{\alpha}\right)! - \left[\left(\frac{1}{\alpha}\right)!\right]^2\right]\tau^2$
Ausfallrate	$q(t) = \frac{\alpha}{\tau}\left(\frac{t}{\tau}\right)^{\alpha-1}$
Bedingte Überlebenswahrscheinlichkeit	$\frac{\bar{F}(t+x)}{\bar{F}(t)} = e^{-[(t+x)^\alpha - t^\alpha]/\tau^\alpha}$
Mittlere Lebenserwartung	$\bar{T}(t) = \tau\left(\frac{1}{\alpha}\right)!\, e^{(t/\tau)^\alpha}\left[1 - \gamma\left[\left(\frac{t}{\tau}\right)^\alpha, \frac{1}{\alpha}\right]\right]$ mit $\gamma(x, y) = \frac{1}{(y-1)!}\int_0^x z^{y-1} e^{-z}\,dz$ (unvollständige Gammafunktion)

3.2.5. Die lognormale Verteilung

Die lognormale Verteilung (oder logarithmische Normalverteilung) ist dadurch definiert, daß der Logarithmus der (auf die Zeiteinheit bezogenen) Lebensdauer einer Gaussschen Normalverteilung genügt. Es gilt also

$$P\left\{\ln\frac{T}{\varrho} \leqq x\right\} = \frac{1}{\sqrt{2\pi}\,\sigma}\int_{-\infty}^{x} e^{-\frac{(y-\mu)^2}{2\sigma^2}}\,dy$$

oder nach einfacher Umformung des Integrals durch Substitution

$$P\left\{\ln\frac{T}{\varrho} \leqq x\right\} = \frac{1}{\sqrt{2\pi}} \int\limits_{-\infty}^{\frac{x-\mu}{\sigma}} e^{-y^2/2}\, dy = \Phi\left(\frac{x-\mu}{\sigma}\right) \qquad (3.12)$$

mit der Bezeichnung

$$\Phi(z) = \frac{1}{\sqrt{2\pi}} \int\limits_{-\infty}^{z} e^{-y^2/2}\, dy$$

für die Verteilungsfunktion der GAUSSschen Normalverteilung mit dem Erwartungswert 0 und der Varianz 1 (Standard-Normalverteilung).

Für die Verteilungsfunktion $F(t)$ der Lebensdauer T bekommen wir aus (3.12)

$$F(t) = P\{T \leqq t\} = P\left\{\ln\frac{T}{\varrho} \leqq \ln\frac{t}{\varrho}\right\} = \Phi\left\{\frac{\ln\frac{t}{\varrho} - \mu}{\sigma}\right\}$$

und für die Dichte $f(t)$

$$f(t) = \frac{1}{\sqrt{2\pi}\, t\, \sigma}\, e^{-\left(\ln\frac{t}{\varrho} - \mu\right)^2 / 2\sigma^2}.$$

Wir verzichten hier auf die weitere Diskussion der lognormalen Verteilung, weil sie als theoretisches Modell für Lebensdauerverteilungen nicht besonders geeignet erscheint. Sie besitzt nämlich für sehr große t-Werte eine abnehmende Fehlerrate, während die Fehlerrate für kleine t zunächst zunimmt [BARLOW/PROSCHAN].

3.3. Verallgemeinerung der Verteilungsfunktion durch Einführung eines Lage-Parameters

Alle in 3.2. dargestellten Verteilungsfunktionen erhalten eine etwas allgemeinere Gestalt, wenn man annimmt, daß bis zu einer gewissen Zeit („Garantiezeit") a ein Bauelement nicht ausfallen kann. In den Formeln für $F(t)$ ist dann t durch $t - a$ zu ersetzen, und für $t \leqq a$ gilt $F(t) = 0$. Den Parameter a nennen wir den „Lage-Parameter" (englisch location-parameter). In gewissen Fällen kann man durch Einführung eines solchen Lage-Parameters eine bessere Anpassung der gebräuchlichen Verteilungsfunktionen an durch Messung gewonnene empirische Verteilungsfunktionen erreichen.

Die Frage, wie man mit Hilfe von Lebensdauermessungen oder Ausfallstatistiken Aussagen über die Lebensdauerverteilungen gewinnen kann, wird in den Kapiteln 9, 10 und 11 behandelt.

4. ZUVERLÄSSIGKEIT VON BAUEINHEITEN UND EINFACHEN REDUNDANTEN BAUGRUPPEN

4.1. Zuverlässigkeit von Baueinheiten

Die einfachste aus Bauelementen bestehende Einheit wollen wir als Baueinheit bezeichnen und damit ausdrücken, daß sie als nicht mehr zerlegbarer Bestandteil einer Anlage angesehen wird. Eine Baueinheit besteht z. B. aus einem einzelnen Bauelement (Transistor, Röhre) oder aus einer Anzahl von Bauelementen (5 Transistoren, 3 Relais), die alle funktionsfähig sein müssen, wenn die Baueinheit funktionsfähig sein soll. Eine Baueinheit fällt also mit dem ersten ihrer Bauelemente aus. Wir nehmen an, daß die Lebensdauern der Bauelemente einer Baueinheit voneinander unabhängige zufällige Größen sind. Bezeichnen wir sie mit T_j, $j = 1, \ldots, i$ (i Anzahl der Bauelemente der Baueinheit), und ist T die Lebensdauer der Baueinheit, so gilt also

$$T = \min(T_1, \ldots, T_i) .$$

Die Lebensdauer T ist dann und nur dann größer als die vorgegebene Zeit t, wenn alle T_j es sind:

$$\{T > t\} = \{(T_1 > t) \cap (T_2 > t) \cap \cdots \cap (T_i > t)\} .$$

Wegen der Unabhängigkeit der $T_1, \ldots, T_i$ gilt dann (vgl. 1.2.4., Formel (1.29))

$$P(T > t) = P(T_1 > t)\, P(T_2 > t) \ldots P(T_i > t) \tag{4.1}$$

oder

$$\overline{F}(t) = \overline{F}_1(t)\, \overline{F}_2(t) \ldots \overline{F}_i(t) , \tag{4.2}$$

wenn $1 - \overline{F}(t) = F(t)$ die Verteilungsfunktion der Baueinheitenlebensdauer und $1 - \overline{F}_1(t) = F_1(t), \ldots, 1 - \overline{F}_i(t) = F_i(t)$ die Verteilungsfunktionen der Bauelementelebensdauern sind.

Kann man die Verteilungsfunktionen der Bauelementelebensdauern als bekannt voraussetzen, so gilt also nach der einfachen Multiplikationsregel dasselbe für die Verteilungsfunktion der Baueinheitenlebensdauer.

Als einfachstes Beispiel betrachten wir den Fall exponentiell verteilter Bauelementelebensdauern:

$$F_j(t) = 1 - e^{-t/\mu_j}$$

(μ_j: mittlere Lebensdauer).

Wir erhalten

$$\overline{F}(t) = \overline{F}_1(t)\,\overline{F}_2(t)\cdots\overline{F}_i(t) = e^{-t/\mu_1}\,e^{-t/\mu_2}\ldots e^{-t/\mu_i} = e^{-t\sum_{j=1}^{i}\frac{1}{\mu_j}}. \quad (4.3)$$

Eine Baueinheit aus i Bauelementen mit exponentiell verteilten Lebensdauern und mittleren Lebensdauern μ_j hat also selbst eine exponentiell verteilte Lebensdauer. Die mittlere Lebensdauer beträgt

$$\mu = \frac{1}{\frac{1}{\mu_1} + \frac{1}{\mu_2} + \cdots + \frac{1}{\mu_i}}.$$

Sind speziell alle μ_j gleich, so ist die mittlere Baueinheitenlebensdauer gleich dem i-ten Teil der mittleren Bauelementelebensdauer.

Bei allen weiteren Untersuchungen betrachten wir die Baueinheiten als kleinste Bestandteile der Anlagen.

Wir wenden uns den nächstgrößeren Einheiten zu, die wir Baugruppen nennen wollen. Dabei führen wir gleich die wichtigen Begriffe der Redundanz und der Reserve ein.

4.2. Redundante Baugruppen

4.2.1. Definition von Redundanz und Reserve

Wir bezeichnen ein System als redundant, wenn nicht jeder Ausfall einer Baueinheit unmittelbar einen Ausfall des Systems bewirkt. Von einem redundanten System sagen wir auch, es besitze Redundanz. Die Redundanz eines Systems bezeichnet also den

Tatbestand, daß ein oder mehrere Elemente des Systems ausfallen können, ohne daß das System ausfällt.

Zur Realisierung redundanter Systeme verwendet man meistens Reserveeinheiten. Wir sagen, eine Baugruppe besitze k-fache Reserve, wenn es neben der in Betrieb befindlichen Baueinheit k weitere Baueinheiten (Reserveeinheiten) gibt, die die gleiche Funktion haben. Diese $k + 1$ Baueinheiten bilden die redundante Baugruppe, die nur bei Ausfall aller $k + 1$ Baueinheiten ausfällt.

Einen allgemeineren Fall redundanter Baugruppen bilden solche, die genau dann funktionieren, wenn mindestens m ihrer insgesamt n Baueinheiten funktionieren. Wir sprechen dann von „m aus n"-Redundanz. Der vorher beschriebene Fall ist als Spezialfall mit $m = 1$, $n = k + 1$ darin enthalten.

Beispiele für redundante Systeme: Ein Auto besitzt Redundanz bezüglich seiner Räder ($m = 4$, $n = 5$), wenn man die Zeit für den Radwechsel vernachlässigt. Ein Vermittlungsamt ist redundant, wenn nach Ausfall der Stromversorgung ein Notstromaggregat eingeschaltet werden kann. Ein Parlament ist beschlußfähig, wenn mehr als die Hälfte der Abgeordneten anwesend ist.

Wir unterscheiden zwei Arten von Reserveeinheiten, die wir im folgenden beschreiben.

4.2.1.1. *Heiße Reserveeinheiten*

Definition. Unter einer *heißen* Reserveeinheit verstehen wir eine Baueinheit, die gleichzeitig mit dem System, zu dem sie gehört, eingeschaltet (belastet) wird. Ihre Lebensdauer beginnt also zum Zeitpunkt $t = 0$.

Bei heißer Reserve wird zuweilen nicht zwischen ursprünglichen Einheiten und Reserveeinheiten unterschieden. Man denke an ein System aus zwei Prozeßrechnern, die beide dieselbe Funktion haben und sich gegenseitig überwachen. Bei Ausfall eines der beiden Rechner führt der andere (unüberwacht) die Funktion weiter aus. Kennzeichnend für Systeme mit heißer Reserve, bei denen ausgefallene Einheiten weder repariert noch ersetzt werden, ist die Eigenschaft, daß die Wahrscheinlichkeit für die Funktionsfähigkeit einer Einheit gleich ihrer Überlebenswahrscheinlichkeit ist.

4.2.1.2. *Kalte Reserveeinheiten*

Definition. Unter einer *kalten* Reserveeinheit verstehen wir eine Baueinheit, die erst eingeschaltet (belastet) wird, wenn eine andere Einheit ausgefallen ist. Ihre Lebensdauer beginnt mit dem Ende der Lebensdauer der ausgefallenen Einheit.

Das Reserverad beim Auto ist eine kalte Reserveeinheit. Das Einschalten von kalten Reserveeinheiten erfordert im allgemeinen zusätzliche Einrichtungen (Wagenheber beim Radwechsel). Die Berücksichtigung der Zuverlässigkeit der Zusatzeinrichtungen erschwert dann die Berechnung der Zuverlässigkeit des Systems (Kapitel 7).

4.3. ZUVERLÄSSIGKEIT REDUNDANTER BAUGRUPPEN

4.3.1. Heisse Reserve

4.3.1.1. *Beispiele*

Wir beginnen mit einigen Beispielen.

1. Beispiel

Die einfachste redundante Baugruppe besteht offenbar aus zwei Baueinheiten, die beide die gleiche Funktion ausüben. Solange mindestens eine der beiden Baueinheiten funktioniert, funktioniert auch die Baugruppe. Symbolisch stellen wir eine solche Baugruppe als Parallelschaltung der beiden Baueinheiten A_1 und A_2 dar:

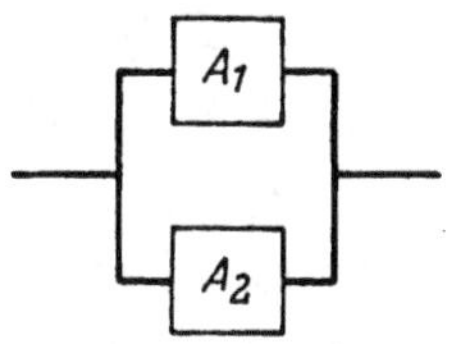

Man denke bei dieser Darstellung etwa an zwei Schalter, von denen mindestens einer geschlossen sein muß, wenn Strom fließen soll.

Da wir bei all unseren Zuverlässigkeitsbetrachtungen die Bauelemente und die aus ihnen zusammengesetzten Einheiten und Systeme nur danach beurteilen, ob sie funktionieren oder nicht funktionieren, liegt es nahe, sie durch Variable zu kennzeichnen, die nur zwei Werte annehmen, nämlich die Werte 1 (funktioniert) und 0 (funktioniert nicht). Diese Variablen sind für jeden Zeitpunkt t zu definieren und hängen vom Zufall ab, d. h., sie genügen einer von t abhängigen Wahrscheinlichkeitsverteilung.

Wir definieren also

$$X_1(t) = \begin{cases} 0, & \text{wenn } A_1 \text{ zur Zeit } t \text{ nicht funktioniert,} \\ 1, & \text{wenn } A_1 \text{ zur Zeit } t \text{ funktioniert,} \end{cases}$$

$$X_2(t) = \begin{cases} 0, & \text{wenn } A_2 \text{ zur Zeit } t \text{ nicht funktioniert,} \\ 1, & \text{wenn } A_2 \text{ zur Zeit } t \text{ funktioniert.} \end{cases}$$

Weiter führen wir die Wahrscheinlichkeitsverteilungen für $X_1(t)$ und $X_2(t)$ ein:

$$P\{X_1(t) = 1\} = p_1(t)\,,$$
$$P\{X_1(t) = 0\} = 1 - p_1(t) = q_1(t)$$

und

$$P\{X_2(t) = 1\} = p_2(t)\,,$$
$$P\{X_2(t) = 0\} = 1 - p_2(t) = q_2(t)\,.$$

In Worten: „Mit der Wahrscheinlichkeit $p_1(t)$ funktioniert A_1 zur Zeit t (hat $X_1(t)$ den Wert 1). Mit der Gegenwahrscheinlichkeit $1 - p_1(t) = q_1(t)$ funktioniert A_1 zur Zeit t nicht (hat $X_1(t)$ den Wert 0). Usw."

Den Zustand der (aus A_1 und A_2 bestehenden) Baugruppen beschreiben wir entsprechend mit einer Variablen $X(t)$ mit der (gesuchten) Verteilung

$$P\{X(t) = 1\} = P(t)\,,$$
$$P\{X(t) = 0\} = 1 - P(t) = Q(t)\,.$$

In unserem Beispiel ist die Baugruppe genau dann nicht funktionsfähig, wenn beide Einheiten nicht funktionsfähig sind:

$$\{X(t) = 0\} = \{(X_1(t) = 0) \cap (X_2(t) = 0)\}\,.$$

Die zufälligen Größen $X_1(t)$ und $X_2(t)$ betrachten wir als unabhängig. Dann gilt nach 1.2.4., Formel (1.38)

$$P\{X(t) = 0\} = P\{X_1(t) = 0\}\, P\{X_2(t) = 0\} \tag{4.4}$$

oder

$$1 - P(t) = [1 - p_1(t)]\,[1 - p_2(t)] \tag{4.5}$$

oder

$$P(t) = p_1(t) + p_2(t) - p_1(t)\, p_2(t)\,. \tag{4.6}$$

Der Vollständigkeit halber beschreiben wir die Abhängigkeit der Größe $X(t)$ von $X_1(t)$ und $X_2(t)$ noch in einer kleinen Tabelle:

$X_1(t)$	$X_2(t)$	$X(t)$
0	0	0
0	1	1
1	0	1
1	1	1

Anhand dieser Tabelle verifiziert man leicht, daß sich $X(t)$ in der folgenden Weise als Funktion von $X_1(t)$ und $X_2(t)$ darstellen läßt:

$$X(t) = X_1(t) + X_2(t) - X_1(t) \cdot X_2(t) . \tag{4.7}$$

Diese Beziehung erhalten wir offenbar aus der Gleichung für $P(t)$, wenn wir $P(t)$ durch $X(t)$, $p_1(t)$ durch $X_1(t)$ und $p_2(t)$ durch $X_2(t)$ ersetzen.

2. Beispiel

Die redundante Baugruppe möge aus drei Baueinheiten bestehen. Solange mindestens zwei davon funktionieren, funktioniert auch die Baugruppe. Die entsprechende symbolische Darstellung ist eine Serienschaltung von drei Paaren parallelgeschalteter Einheiten:

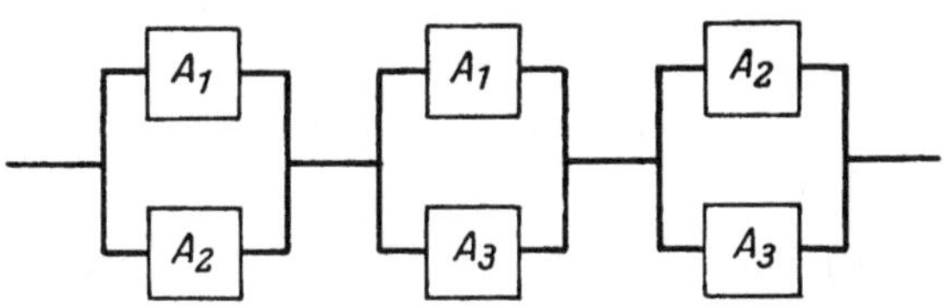

Die Baugruppe funktioniert also genau dann, wenn

entweder A_1 und A_2 funktionieren, aber A_3 nicht,

oder A_1 und A_3 funktionieren, aber A_2 nicht,

oder A_2 und A_3 funktionieren, aber A_1 nicht,

oder A_1 und A_2 und A_3 funktionieren:

$$\left.\begin{aligned}\{X(t) = 1\} = \quad & \{(X_1(t) = 1) \cap (X_2(t) = 1) \cap (X_3(t) = 0)\} \\ & \cup \{(X_1(t) = 1) \cap (X_3(t) = 1) \cap (X_2(t) = 0)\} \\ & \cup \{(X_2(t) = 1) \cap (X_3(t) = 1) \cap (X_1(t) = 0)\} \\ & \cup \{(X_1(t) = 1) \cap (X_2(t) = 1) \cap (X_3(t) = 1)\}\,.\end{aligned}\right\} \quad (4.8)$$

Dabei haben wir stillschweigend die verständliche Bezeichnung $X_3(t)$ eingeführt.

Alle rechts stehenden Ereignisse schließen sich aus. Wir bekommen also, wenn wir $X_1(t)$, $X_2(t)$ und $X_3(t)$ als unabhängig voraussetzen, nach den Regeln der Wahrscheinlichkeitstheorie (mit $P\{X_3(t) = 1\} = p_3(t) = 1 - q_3(t)$)

$$\begin{aligned}P(t) = p_1(t)\,p_2(t)\,q_3(t) &+ p_1(t)\,p_3(t)\,q_2(t) \\ &+ p_2(t)\,p_3(t)\,q_1(t) + p_1(t)\,p_2(t)\,p_3(t)\,. \qquad (4.9)\end{aligned}$$

Die Tabelle für die Abhängigkeit der Größe $X(t)$ von $X_1(t)$, $X_2(t)$ und $X_3(t)$ ist schon etwas umfangreicher:

$X_1(t)$	$X_2(t)$	$X_3(t)$	$X(t)$
0	0	0	0
0	0	1	0
0	1	0	0
1	0	0	0
0	1	1	1
1	0	1	1
1	1	0	1
1	1	1	1

Wir können $X(t)$ in folgender Weise als Funktion von $X_1(t)$, $X_2(t)$ und $X_3(t)$ darstellen:

$$\begin{aligned}X(t) = X_1(t)\,X_2(t)\,[1 - X_3(t)] &+ X_1(t)\,X_3(t)\,[1 - X_2(t)] \\ + X_2(t)\,X_3(t)\,[1 - X_1(t)] &+ X_1(t)\,X_2(t)\,X_3(t)\,. \qquad (4.10)\end{aligned}$$

Wir erhalten sie offenbar wieder aus der Darstellung von $P(t)$, wenn wir $P(t)$ durch $X(t)$, $p_1(t)$ durch $X_1(t)$ usf. ersetzen.

4.3.1.2. *Der allgemeine Fall der „m aus n"-Redundanz*

Die redundante Baugruppe besteht im allgemeineren Fall aus n Baueinheiten, von denen mindestens m funktionieren müssen, wenn die Baugruppe funktionieren soll. Die symbolische Darstellung hat folgende Gestalt:

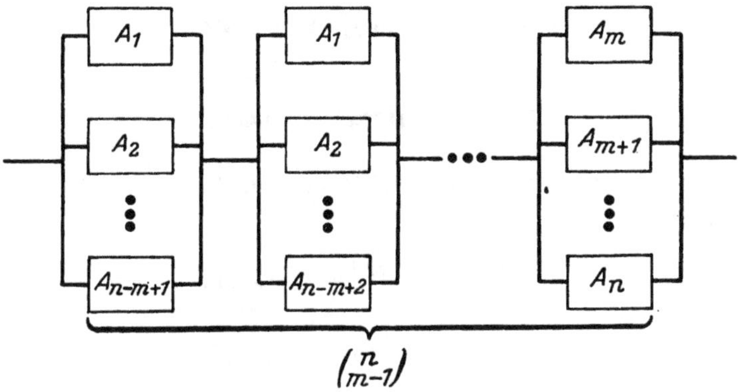

Dabei ergibt sich eine Serienschaltung, deren Glieder die Parallelschaltungen der $\binom{n}{m-1}$ möglichen verschiedenen $n-m+1$-Tupel von Einheiten sind.

Hier gilt (bei entsprechender Bedeutung der Größen $X_1(t), \ldots, X_n(t)$)

$$\{X(t) = 1\} = \bigcup_{\substack{\varepsilon_1 + \cdots + \varepsilon_n \geqq m \\ \varepsilon_\nu = 0,1}} \bigcap_{\nu=1}^{n} [X_\nu(t) = \varepsilon_\nu] . \tag{4.11}$$

Die Vereinigung ist über alle ε_ν mit $\varepsilon_\nu = 0$ oder $\varepsilon_\nu = 1$ und der Bedingung $\varepsilon_1 + \cdots + \varepsilon_n \geqq m$ zu bilden.

Als Funktion $X(t)$ erhalten wir

$$X(t) = \sum_{\substack{\varepsilon_\nu = 0 \\ \sum_{\nu=1}^{n} \varepsilon_\nu \geqq m}}^{1} \prod_{\nu=1}^{n} [X_\nu(t)]^{\varepsilon_\nu} [1 - X_\nu(t)]^{1-\varepsilon_\nu} , \tag{4.12}$$

und für die Wahrscheinlichkeit

$$P\{X(t) = 1\} = P(t)$$

ergibt sich bei Unabhängigkeit der Variablen $X_1(t), \ldots, X_n(t)$:

$$P(t) = \sum_{\substack{\varepsilon_\nu = 0 \\ \sum_{\nu=1}^{n} \varepsilon_\nu \geqq m}}^{1} \prod_{\nu=1}^{n} [p_\nu(t)]^{\varepsilon_\nu} [1 - p_\nu(t)]^{1-\varepsilon_\nu} . \tag{4.13}$$

Eine einfache Gestalt bekommt diese Formel, wenn $p_1(t) = p_2(t) = \cdots = p_n(t) = p(t)$ gilt. Dann ergibt sich nämlich

$$P(t) = \sum_{i=m}^{n} \binom{n}{i} [p(t)]^i [1 - p(t)]^{n-i}. \tag{4.14}$$

4.3.1.3. *Parallelredundanz*

Für $m = 1$ sind die Formeln (4.12) bis (4.14) äquivalent mit mit (vgl. (4.5))

$$X(t) = 1 - \prod_{\nu=1}^{n} [1 - X_\nu(t)], \tag{4.12'}$$

$$P(t) = 1 - \prod_{\nu=1}^{n} [1 - p_\nu(t)], \tag{4.13'}$$

$$P(t) = 1 - [1 - p(t)]^n. \tag{4.14'}$$

Ein solches System, das funktioniert, wenn mindestens eine von insgesamt n Baueinheiten funktioniert, nennt man ein System mit Parallelredundanz, entsprechend einem System von n parallelgeschalteten Schaltern mit der symbolischen Darstellung

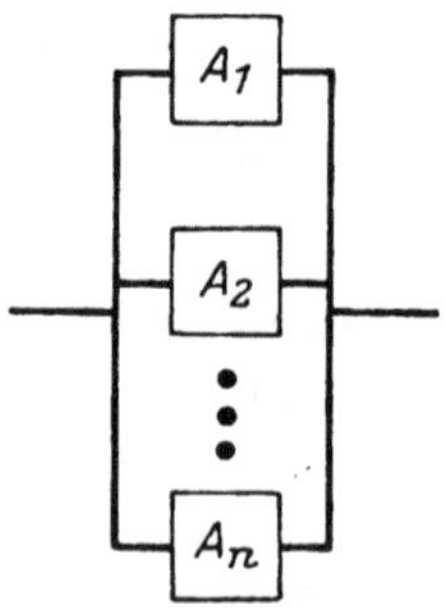

4.3.1.4. *Überlebenswahrscheinlichkeit, Intaktwahrscheinlichkeit*

Bisher haben wir nur vorausgesetzt, daß die den Zustand der Baueinheiten zur Zeit t charakterisierenden zufälligen Größen $X_i(t)$ voneinander unabhängig seien. Diese Voraussetzung können wir als erfüllt betrachten, wenn wir annehmen, daß wir ein System mit heißer Reserve vor uns haben. Die Wahrscheinlichkeiten $p_i(t)$ sind dann die Überlebenswahrscheinlichkeiten der Baueinheiten (d. h. die Wahrscheinlichkeiten, daß die Baueinheiten zur Zeit t

noch funktionsfähig sind), und die Wahrscheinlichkeit $P(t)$ ist die Überlebenswahrscheinlichkeit des Systems.

Wir können aber auch annehmen, daß beim Ausfall einer Baueinheit diese Baueinheit entweder repariert oder durch eine andere Baueinheit ersetzt wird, so daß zeitweilig der Zustand „Einheit nicht funktionsfähig" eintreten kann. Auch in solchen Fällen sind die zufälligen Größen $X(t)$ und $X_i(t)$ zur Beschreibung geeignet, nur sind die Wahrscheinlichkeiten $P(t)$ und $p_i(t)$ jetzt nicht die (mit wachsendem t monoton abnehmenden) Überlebenswahrscheinlichkeiten, sondern Zustandswahrscheinlichkeiten (Intaktwahrscheinlichkeiten), die im allgemeinen schwieriger zu berechnen sind. In den Kapiteln 5 und 6 wird die Theorie der Zuverlässigkeitsberechnung redundanter Systeme ganz allgemein entwickelt. Dabei wird auch gezeigt, wie man die Intaktwahrscheinlichkeit von Baueinheiten bzw. Teilsystemen berechnen kann, aus denen sich dann einfach die Intaktwahrscheinlichkeit $P(t)$ des Systems ergibt, wenn man die Systemfunktion $X(t)$ kennt.

4.3.2. Kalte Reserve

Unter einer Baugruppe mit m Baueinheiten und k kalten Reserveeinheiten verstehen wir eine Gruppe, bei deren Inbetriebnahme die m Baueinheiten in Betrieb genommen werden. Beim ersten Ausfall einer Baueinheit wird diese durch die erste Reserveeinheit ersetzt, deren Lebensdauer also zu diesem Zeitpunkt beginnt. Fällt eine der nun wieder funktionierenden m Einheiten aus, wird die nächste Reserveeinheit eingesetzt, usw. Sind alle k Reserveeinheiten verbraucht, so führt der nächste Ausfall einer Einheit zum Ausfall der Baugruppe. (Als Beispiel denke man sich einen Kraftwagen mit Reserverad ($m = 4$, $k = 1$) oder eine Fußballmannschaft mit 2 Reserveleuten ($m = 11$, $k = 2$)).

4.3.2.1. *Lebensdauerverteilung einer Baugruppe mit kalter Reserve*

Die m Baueinheiten und die k Reserveeinheiten mögen voneinander unabhängige, identisch verteilte Lebensdauern mit der Verteilungsfunktion $F(t)$ haben. Wir bezeichnen mit $F_i(t)$ die Verteilungsfunktion der Summe von i unabhängigen nach $F(t)$ verteilten zufälligen Größen. Mit $F_{m,k}$ bezeichnen wir die Verteilungsfunktion der Lebensdauer der Baugruppe.

Wir benutzen die Bezeichnungen

$$\bar{F}_i(t) = 1 - F_i(t)\,, \quad \bar{F}_1(t) = 1 - F(t)\,,$$
$$\bar{F}_{m,k}(t) = 1 - F_{m,k}(t)\,.$$

Für die Überlebenswahrscheinlichkeit $\bar{F}_{m,k}(t)$ gilt dann folgende Formel:

$$\bar{F}_{m,k}(t) = \sum_{r=0}^{\min(k,m-1)} \binom{m-1}{r} (-1)^r \sum_{\sum_{j=1}^{m} k_j = k+m-r,\, k_j \geqq 1} \bar{F}_{k_1}(t) \cdots \bar{F}_{k_m}(t)$$
$$= \sum_{r=0}^{\min(k,m-1)} \binom{m-1}{r} (-1)^r \sum_{\substack{\sum \alpha_j = m,\\ \sum j\alpha_j = k+m-r,\, \alpha_j \geqq 0}} \frac{m!}{\alpha_1! \ldots \alpha_{k+1-r}!} \prod_{j=1}^{k+1-r} [\bar{F}_j(t)]^{\alpha_j}. \quad (4.15)$$

Beweis. Bei unendlich großer Menge von Reserveeinheiten bilden die Ausfälle der Einheiten und ihrer Nachfolger (Reserveeinheiten) m voneinander unabhängige gewöhnliche Erneuerungsprozesse mit der Verteilungsfunktion $F(t)$. Betrachtet man den zugehörigen Überlagerungsprozeß (Gesamtheit der Erneuerungen aller m Einzelprozesse), so ist die Lebensdauer der Baugruppe genauso verteilt wie der Zeitpunkt der $(k+1)$-ten Erneuerung des Überlagerungsprozesses. Jetzt bezeichnen wir mit $N^{(m)}(t)$ die Anzahl der Erneuerungen des Überlagerungsprozesses bis zur Zeit t. Dann gilt für die Lebensdauer $T_{m,k}$ der Baugruppe

$$P\{T_{m,k} \leqq t\} = F_{m,k}(t) = P\{N^{(m)}(t) \geqq k+1\} = 1 - P\{N^{(m)}(t) \leqq k\}\,. \quad (4.16)$$

Nun ist aber $N^{(m)}(t) = \sum_{i=1}^{m} N_i(t)$, wenn $N_i(t)$ die Anzahl der Erneuerungen des i-ten Prozesses bis zur Zeit t ist $(i = 1, \ldots, m)$. Die $N_i(t)$ sind unabhängige, identisch verteilte zufällige Größen, und es gilt daher nach 1.2.5.5., Satz 2 über die Summe unabhängiger, diskreter, nichtnegativer zufälliger Größen, wenn wir

$$P\{N_i(t) \leqq j\} = P_j^{(i)}(t) = P_j(t)$$

setzen,

$$P\{N^{(m)}(t) \leqq k\} = \sum_{r=0}^{\min(k,m-1)} \binom{m-1}{r} (-1)^r \sum_{\sum_{j=1}^{m} k_j = k-r,\, k_j \geqq 0} P_{k_1}(t) \cdots P_{k_m}(t)$$
$$= \sum_{r=0}^{\min(k,m-1)} \binom{m-1}{r} (-1)^r \sum_{\substack{\sum \alpha_j = m,\\ \sum j\alpha_j = k-r,\, \alpha_j \geqq 0}} \frac{m!}{\alpha_0! \ldots \alpha_{k-r}!} \prod_{j=0}^{k-r} [P_j(t)]^{\alpha_j}. \quad (4.17)$$

Nun ist aber (vgl. Kapitel 2)

$$P_j(t) = 1 - F_{j+1}(t) = \bar{F}_{j+1}(t)$$

und nach (4.16) $P\{N^{(m)}(t) \leqq k\} = 1 - F_{m,k}(t) = \bar{F}_{m,k}(t)$. Wenn wir dies in (4.17) einsetzen, bekommen wir die behauptete Formel (4.15).

Für $\bar{F}_{m,k}(t)$ gilt die Rekursionsformel

$$\left.\begin{aligned} \bar{F}_{m,k}(t) &= \sum_{i=0}^{k} [\bar{F}_{i+1}(t) - \bar{F}_i(t)]\, \bar{F}_{m-1,k-1}(t)\,, \qquad \bar{F}_0(t) \equiv 0\,, \\ \text{mit} \qquad \bar{F}_{1,k}(t) &= \bar{F}_{k+1}(t)\,, \end{aligned}\right\} \qquad (4.18)$$

die zur praktischen Berechnung von $\bar{F}_{m,k}(t)$ nützlich sein kann. Sie folgt sofort aus der Beziehung

$$\begin{aligned} P\{N^{(m)}(t) \leqq k\} &= \sum_{i=0}^{k} P\{N_m(t) = i\}\, P\{N^{(m-1)}(t) \leqq k - i\} \\ &= \sum_{i=0}^{k} [\bar{F}_{i+1}(t) - \bar{F}_i(t)]\, P\{N^{(m-1)}(t) \leqq k - i\}\,. \end{aligned}$$

In Tabelle 4.1. ist die Überlebenswahrscheinlichkeit $\bar{F}_{m,k}(t)$ für verschiedene Fälle explizit dargestellt.

Wir betrachten nun den besonders einfachen Spezialfall exponentiell verteilter Lebensdauern.

4.3.2.2. *Spezialfall: Exponentialverteilung der Lebensdauern*

In diesem Fall sind die einzelnen Erneuerungsprozesse Poissonprozesse mit dem Parameter $1/\bar{T}$ (Kapitel 2), und der Überlagerungsprozeß ist wieder ein Poissonprozeß mit dem Parameter $m/\bar{T}$. Es gilt also

$$F_{m,k}(t) = 1 - \sum_{i=0}^{k} \frac{(m\,t/\bar{T})^i}{i!}\, e^{-m t/\bar{T}} = \sum_{i=k+1}^{\infty} \frac{(m\,t/\bar{T})^i}{i!}\, e^{-m t/\bar{T}}\,, \qquad (4.19)$$

d. h., die Lebensdauer der Baugruppe genügt einer speziellen ERLANG-Verteilung mit dem Parameter $k + 1$ und dem Erwartungswert

$$\bar{T}_{m,k} = \frac{k+1}{m}\, \bar{T} = (k+1)\, \bar{T}_{m,0}\,. \qquad (4.20)$$

Tabelle 4.1. Überlebenswahrscheinlichkeit $\bar{F}_{m,k}(t)$ einer Baugruppe mit m Einheiten und k kalten Reserveeinheiten nach (4.15). Das Argument t wurde der Kürze halber fortgelassen

k	m			
	1	2	3	beliebig
0	$\bar{F}_1$	$\bar{F}_1^2$	$\bar{F}_1^3$	$\bar{F}_1^m$
1	$\bar{F}_2$	$\bar{F}_1(2\bar{F}_2 - \bar{F}_1)$	$\bar{F}_1^2(3\bar{F}_2 - 2\bar{F}_1)$	$\bar{F}_1^{m-1}[m\bar{F}_2 - (m-1)\bar{F}_1]$
2	$\bar{F}_3$	$2\bar{F}_1(\bar{F}_3 - \bar{F}_2) + \bar{F}_2^2$	$3(\bar{F}_1^2\bar{F}_3 + \bar{F}_1\bar{F}_2^2)$ $- 6\bar{F}_1^2\bar{F}_2 + \bar{F}_1^3$	$\bar{F}_1^{m-2}\Big[m\bar{F}_1\bar{F}_3 + \frac{m(m-1)}{2}\bar{F}_2^2$ $- m(m-1)\bar{F}_1\bar{F}_2 + \frac{(m-1)(m-2)}{2}\bar{F}_1^2\Big]$
3	$\bar{F}_4$	$2\bar{F}_1(\bar{F}_4 - \bar{F}_3) + \bar{F}_2(2\bar{F}_3 - \bar{F}_2)$	$3\bar{F}_1^2(\bar{F}_2 + \bar{F}_4)$ $+ 6\bar{F}_1(\bar{F}_2\bar{F}_3 - \bar{F}_2^2$ $- \bar{F}_1\bar{F}_3) + \bar{F}_2^2$	$\bar{F}_1^{m-3}\Big[m\bar{F}_1^2\bar{F}_4$ $+ m(m-1)\bar{F}_1\bar{F}_3(\bar{F}_2 - \bar{F}_1)$ $+ \binom{m}{3}\bar{F}_2(3\bar{F}_1^2 + \bar{F}_2^2)$ $- \frac{m(m-1)^2}{2}\bar{F}_1\bar{F}_2^2 - \binom{m-1}{3}\bar{F}_1^3\Big]$
beliebig	$\bar{F}_{k+1}$	k *gerade:* $2\sum_{i=1}^{k/2}\bar{F}_i(\bar{F}_{k+2-i} - \bar{F}_{k+1-i})$ $+ (\bar{F}_{(k+2)/2})^2$ k *ungerade*, $k > 1$: $2\sum_{i=1}^{(k-1)/2}\bar{F}_i(\bar{F}_{k+2-i} - \bar{F}_{k+1-i})$ $+ \bar{F}_{(k+1)/2}(2\bar{F}_{(k+3)/2} - \bar{F}_{(k+1)/2})$	$k \geqq 2$: $\sum_{i_1+i_2+i_3=k+3}\bar{F}_{i_1}\bar{F}_{i_2}\bar{F}_{i_3}$ $- 2\sum_{i_1+i_2+i_3=k+2}\bar{F}_{i_1}\bar{F}_{i_2}\bar{F}_{i_3}$ $+ \sum_{i_1+i_2+i_3=k+1}\bar{F}_{i_1}\bar{F}_{i_2}\bar{F}_{i_3}$	$\sum_{r=0}^{\min(k,m-1)}\binom{m-1}{r}(-1)^r\sum_{i_1+\dots+i_m=k+m-r}\bar{F}_{i_1}\dots\bar{F}_{i_m}$

Die mittlere Lebensdauer beträgt also das $(k + 1)$-fache der mittleren Lebensdauer bei $k = 0$ (keine Reserve).

Wir wollen an Beispielen noch veranschaulichen, wie sich die verschiedenen Arten des Einsatzes kalter Reserveeinheiten auf die Lebensdauer einer Anlage auswirken können.

4.3.2.3. *Beispiele für Lebensdauerverteilungen bei kalter Reserve*

Eine Anlage möge m funktionswichtige Einheiten enthalten. Zur Erhöhung der Zuverlässigkeit mögen weitere $k = m$ Reserveeinheiten zur Verfügung stehen. Alle Einheiten-Lebensdauern seien unabhängig voneinander exponentiell verteilt mit dem Erwartungswert $\bar{T}$. Zur Zuverlässigkeitserhöhung durch kalte Reserve sind z. B. die folgenden drei Verfahren geeignet:

1. *Doppelanlage*

Es werden zwei vollständige Anlagen mit je m Baueinheiten gebaut. Nach Ausfall der ersten Anlage wird automatisch die zweite Anlage eingeschaltet.

Die Einzelanlage hat die Lebensdauerverteilungsfunktion

$$1 - e^{-mt/\bar{T}}$$

mit dem Erwartungswert $\bar{T}/m$. Die Verteilungsfunktion der Lebensdauer der gedoppelten Anlage entsteht daraus durch Faltung:

$$F_A(t) = 1 - e^{-mt/T}\left(1 + \frac{m\,t}{T}\right), \tag{4.21}$$

$$\text{Erwartungswert: } \bar{T}_A = \frac{2\,\bar{T}}{m}\,. \tag{4.22}$$

2. *Doppeleinheiten*

Mit dem gleichen Aufwand an Reserveeinheiten kann jede Einheit der Einzelanlage durch eine kalte Reserveeinheit verstärkt werden. Die Anlage fällt aus, wenn die erste dieser verstärkten Einheiten ausfällt. Für die Verteilungsfunktion der Lebensdauer der verstärkten Einheiten ergibt sich

$$1 - e^{-t/\bar{T}}\left(1 + \frac{t}{\bar{T}}\right),$$

und für die Verteilungsfunktion der Lebensdauer der Gesamtanlage gilt nach (4.2)

$$1 - F_A(t) = \left[e^{-t/\overline{T}}\left(1 + \frac{t}{\overline{T}}\right)\right]^m \tag{4.23}$$

mit dem Erwartungswert

$$\overline{T}_A = \int_0^\infty \left[e^{-t/\overline{T}}\left(1 + \frac{t}{\overline{T}}\right)\right]^m dt = \sum_{i=0}^{m} \binom{m}{i} \int_0^\infty e^{-m t/\overline{T}} \left(\frac{t}{\overline{T}}\right)^i dt$$

$$= \frac{\overline{T}}{m} \sum_{i=0}^{m} \frac{m!}{(m-i)!\, m^i} = \frac{m!\, \overline{T}}{m\, m^m} \sum_{i=0}^{m} \frac{m^i}{i!}\,. \tag{4.24}$$

Für die Größe

$$\left(\frac{m!}{A^m} \sum_{i=0}^{m} \frac{A^i}{i!}\right)^{-1} = \frac{\dfrac{A^m}{m!}}{\sum\limits_{i=0}^{m} \dfrac{A^i}{i!}} = E_{1,m}(A)\,,$$

die in der Verkehrstheorie als Verlustwahrscheinlichkeit eine Rolle spielt, gibt es Tabellen, so daß

$$\frac{m!}{m^m} \sum_{i=0}^{m} \frac{m^i}{i!} = (E_{1,m}(m))^{-1}$$

leicht zu ermitteln ist.
Wegen

$$\frac{m!}{m^m} \sum_{i=0}^{m} \frac{m^i}{i!} \approx \frac{1}{2} \frac{m!\, e^m}{m^m} \approx \sqrt{\frac{\pi m}{2}}$$

(Stirlingsche Formel) gilt asymptotisch (für große m)

$$\overline{T}_A \approx \overline{T} \sqrt{\frac{\pi}{2m}}\,. \tag{4.25}$$

3. *Jede Reserveeinheit kann jedes ausfallende Element ersetzen*

Wir erhalten nach (4.19) mit $k = m$

$$F_A(t) = 1 - \sum_{i=0}^{m} \frac{(m t/\overline{T})^i}{i!} e^{-m t/\overline{T}} = \sum_{i=m+1}^{\infty} \frac{(m t/\overline{T})^i}{i!} e^{-m t/\overline{T}} \tag{4.26}$$

mit dem Erwartungswert

$$\overline{T}_A = \frac{m+1}{m} \overline{T}\,. \tag{4.27}$$

Vergleichen wir die Lebensdauerverteilungen der drei Anlagenvarianten mit der Lebensdauerverteilung der redundanzfreien Anlage, so ergibt sich folgendes Bild:

Die redundanzfreie Anlage hat die Lebensdauerverteilungsfunktion

$$F_A(t) = 1 - e^{-mt/\overline{T}}$$

und die mittlere Lebensdauer

$$\overline{T}_0 = \frac{\overline{T}}{m}.$$

Demgegenüber bringt die Anlagenverdopplung nach (4.22) eine Verlängerung der mittleren Lebensdauer um den Faktor 2.

Die Verdopplung der Baueinheiten bringt nach (4.25) eine Verlängerung der mittleren Lebensdauer etwa um den Faktor

$$\sqrt{\pi m/2} = 1{,}25 \sqrt{m},$$

d. h. z. B. für $m = 100$ den Faktor 12,5; für $m = 400$ den Faktor 25.

Schließlich bekommen wir für den dritten Fall der voll ausgenutzten Reserveeinheiten für die Verlängerung der mittleren Lebensdauer nach (4.27) den Faktor $m + 1$, d. h. die mittlere Lebensdauer ist mit $\overline{T}_A = \frac{m+1}{m} \overline{T}$ sogar größer als die mittlere Lebensdauer einer Baueinheit. Darüber hinaus hat die Verteilungsfunktion der Lebensdauer nur die Varianz

$$\frac{m+1}{m^2} \overline{T}^2,$$

die mit $m \to \infty$ gegen Null konvergiert.

Die mittlere Lebensdauer der Anlage wird also mit immer größerer Wahrscheinlichkeit auch annähernd erreicht. Für $m = 5$ zeigt Bild 4.1 die Überlebenswahrscheinlichkeit $\overline{F}_A(t)$ für die verschiedenen Fälle.

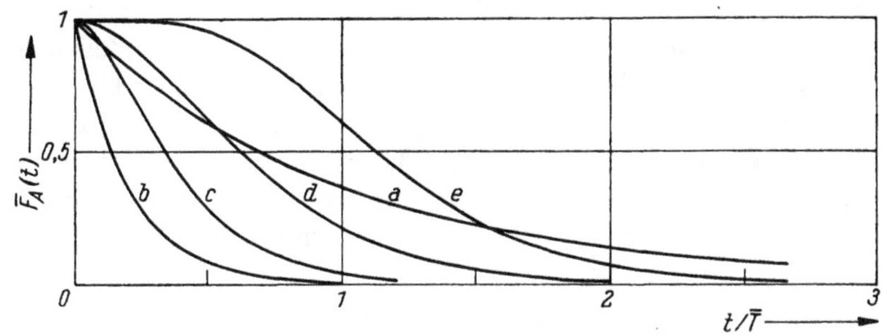

Bild 4.1. Überlebenswahrscheinlichkeit $\overline{F}_A(t)$ bei kalter Reserve; a: Überlebenswahrscheinlichkeit einer Baueinheit; b: Redundanzfreie Anlage mit 5 Einheiten; c: Anlagenverdopplung (10 Einheiten); d: Einheitenverdopplung (10 Einheiten); e: Voll ausgenutzte Reserve (10 Einheiten).

5. BESCHREIBUNG VON SYSTEMEN DURCH SYSTEMFUNKTIONEN

An den Beispielen in 4 hatten wir gesehen, wie sich in einzelnen Fällen die Abhängigkeit der Funktionsfähigkeit eines Systems (nämlich einer Baugruppe) von der Funktionsfähigkeit seiner Baueinheiten durch eine mathematische Funktion darstellen läßt.

Man kann nun leicht zeigen, daß dies ganz allgemein gilt und daß darüber hinaus diese Funktion wertvolle Dienste bei praktischen Zuverlässigkeitsberechnungen leisten kann.

Dazu betrachten wir ein System aus n Baueinheiten und ordnen jeder Baueinheit eine Variable x_i ($i = 1, \ldots, n$) zu, die entweder den Wert 0 (i-te Baueinheit nicht funktionsfähig) oder den Wert 1 (i-te Baueinheit funktionsfähig) hat. Für die Gesamtheit der n Baueinheiten gibt es offenbar 2^n verschiedene Gesamtzustände, und für jeden dieser Gesamtzustände soll die Größe X, die den Zustand des Systems beschreibt ($X = 0$: System nicht funktionsfähig, $X = 1$: System funktionsfähig) eindeutig festliegen. Gesucht ist eine Funktion in n Variablen $x_1, \ldots, x_n$ die — wie bei den Beispielen in 4 — den Zustand X in Abhängigkeit von den x_i darstellt.

Wir werden nun zeigen, daß die sogenannten BOOLEschen Funktionen und unter diesen speziell die monotonen BOOLEschen Funktionen, die wir als Systemfunktionen bezeichnen, zur Beschreibung der Anlagenzuverlässigkeit geeignet sind.

5.1. BOOLEsche Funktionen

Eine Variable, die nur die Werte 0 und 1 annimmt, nennen wir zur Abkürzung eine BOOLEsche Variable. Entsprechend nennen wir eine Funktion $B(x_1, \ldots, x_n)$ von n Booleschen Variablen eine

BOOLEsche Funktion, wenn sie nur die Werte 0 und 1 annimmt. Eine BOOLEsche Funktion von n Variablen ist durch ihre Werte auf den 2^n verschiedenen n-Tupeln $(\varepsilon_1, \ldots, \varepsilon_n)$ mit $\varepsilon_i = 0$ oder $\varepsilon_i = 1$ $(i = 1, \ldots, n)$ eindeutig bestimmt. Es gibt also, da auf jedem der 2^n n-Tupel der Funktionswert 0 oder 1 auftreten kann, 2^{2^n} verschiedene Boolesche Funktionen von n Variablen. Für unsere Zuverlässigkeitsuntersuchungen spielen einige Darstellungsformen von BOOLEschen Funktionen wichtige Rollen. Ihre Eigenschaften behandeln wir in den folgenden Abschnitten.

5.1.1. Die disjunktive Normalform

Der folgende Satz über die Darstellung einer BOOLEschen Funktion in der sogenannten disjunktiven Normalform zeigt, wie man eine BOOLEsche Funktion bei auf allen 2^n n-Tupeln gegebenen Funktionswerten eindeutig und in einer für viele Wahrscheinlichkeitsbetrachtungen günstigen Form darstellen kann.

Satz 1. *Es sei $B(x_1, \ldots, x_n)$ eine BOOLEsche Funktion der n BOOLEschen Variablen $x_1, \ldots, x_n$. Die Funktion $B(x_1, \ldots, x_n)$ sei durch die Funktionswerte*

$$B(\varepsilon_1, \ldots, \varepsilon_n) = B(x_1, \ldots, x_n)\big|_{x_1=\varepsilon_1, \ldots, x_n=\varepsilon_n} = \begin{cases} 0 \\ \text{oder} \\ 1 \end{cases}$$

auf allen n-Tupeln $\varepsilon_1, \ldots, \varepsilon_n$ (mit $\varepsilon_i = 0$ oder 1) eindeutig definiert. Dann gilt

$$B(x_1, \ldots, x_n) = \sum_{B(\varepsilon_1, \ldots, \varepsilon_n)=1} \prod_{i=1}^{n} x_i^{\varepsilon_i}(1 - x_i)^{1-\varepsilon_i}. \tag{5.1}$$

Dabei ist über alle BOOLEschen n-Tupel $\varepsilon_1, \ldots, \varepsilon_n$ mit $B(\varepsilon_1, \ldots, \varepsilon_n) = 1$ zu summieren.

Die Darstellung (5.1) einer BOOLEschen Funktion bezeichnen wir als ihre disjunktive Normalform.

Beweis. Wir haben zu zeigen, daß für ein beliebiges n-Tupel $\varepsilon_1', \ldots, \varepsilon_n'$

$$\sum_{B(\varepsilon_1, \ldots, \varepsilon_n)=1} \prod_{i=1}^{n} x_i^{\varepsilon_i}(1 - x^i)^{1-\varepsilon_i}\Big|_{x_1=\varepsilon_1', \ldots, x_n=\varepsilon_n'} = \begin{cases} 1 & \text{für } B(\varepsilon_1', \ldots, \varepsilon_n') = 1 \\ 0 & \text{für } B(\varepsilon_1', \ldots, \varepsilon_n') = 0 \end{cases} \tag{5.2}$$

gilt. Das ist aber leicht zu sehen, denn definitionsgemäß ist

$$x_i^{\varepsilon_i}(1 - x^i)^{1-\varepsilon_i} = \begin{cases} x_i & \text{für } \varepsilon_i = 1 \\ 1 - x_i & \text{für } \varepsilon_i = 0 \end{cases},$$

also

$$x_i^{\varepsilon_i}(1 - x_i)^{1-\varepsilon_i}\Big|_{x_i = \varepsilon_i'} = \begin{cases} \varepsilon_i' & \text{für } \varepsilon_i = 1 \\ 1 - \varepsilon_i' & \text{für } \varepsilon_i = 0 \end{cases}.$$

Eine Wertetabelle für diesen Ausdruck ergibt

ε_i'	ε_i	
	1	0
1	1	0
0	0	1

also

$$x_i^{\varepsilon_i}(1 - x_i)^{1-\varepsilon_i}\Big|_{x_i = \varepsilon_i'} = \begin{cases} 1 & \text{für } \varepsilon_i = \varepsilon_i \\ 0 & \text{für } \varepsilon_i \neq \varepsilon_i \end{cases}.$$

Hieraus folgt sofort

$$\prod_{i=1}^{n} x_i^{\varepsilon_i}(1 - x_i)^{1-\varepsilon_i}\Big|_{x_1 = \varepsilon_1', \ldots, x_n = \varepsilon_n'} = \begin{cases} 1 & \text{für } \varepsilon_1 = \varepsilon_1', \ldots, \varepsilon_n = \varepsilon_n' \\ 0 & \text{sonst.} \end{cases}.$$

Falls $B(\varepsilon_1', \ldots, \varepsilon_n') = 1$, hat in

$$\sum_{B(\varepsilon_1, \ldots, \varepsilon_n) = 1} \prod_{i=1}^{n} x_i^{\varepsilon_i}(1 - x_i)^{1-\varepsilon_i}\Big|_{x_1 = \varepsilon_1', \ldots, x_n = \varepsilon_n'}$$

der Summand

$$\prod_{i=1}^{n} x_1^{\varepsilon_i'}(1 - x_i)^{1-\varepsilon_i'}\Big|_{x_1 = \varepsilon_1', \ldots, x_n = \varepsilon_n'}$$

den Wert 1, während alle anderen Summanden verschwinden. Im Fall $B(\varepsilon_1', \ldots, \varepsilon_n') = 0$ verschwinden dagegen alle Summanden. Also gilt (5.2), was zu zeigen war.

Statt der Darstellung (5.1) können wir formal auch

$$B(x_1, \ldots, x_n) = \sum_{\varepsilon_1, \ldots, \varepsilon_n}^{n} B(\varepsilon_1, \ldots, \varepsilon_n) \prod_{i=1}^{n} x_i^{\varepsilon_i}(1 - x_i)^{1-\varepsilon_i} \qquad (5.1')$$

schreiben und die Summation über alle 2^n n-Tupel $\varepsilon_1, \ldots, \varepsilon_n$ erstrecken, wobei natürlich alle Summanden mit $B(\varepsilon_1, \ldots, \varepsilon_n) = 0$ verschwinden.

5.1.1.1. *Eindeutigkeit der disjunktiven Normalform*

Schreibt man $B(x_1, \ldots, x_n)$ in der Form

$$B(x_1, \ldots, x_n) = \sum_{\varepsilon_1, \ldots, \varepsilon_n} A_{\varepsilon_1, \ldots, \varepsilon_n} \prod_{i=1}^{n} x_i^{\varepsilon_i} (1 - x_i)^{1-\varepsilon_i},$$

so folgt aus (vgl. Beweis von Satz 1)

$$\prod_{i=1}^{i} x_i^{\varepsilon_i} (1 - x_i)^{1-\varepsilon_i} \Big|_{x_1 = \varepsilon_1', \ldots, x_n = \varepsilon_n'} = \begin{cases} 1 & \text{für} \quad \varepsilon_1 = \varepsilon_1', \ldots, \varepsilon_n = \varepsilon_n' \\ 0 & \text{sonst} \end{cases}$$

für jedes BOOLEsche n-Tupel $\varepsilon_1', \ldots, \varepsilon_n'$ die Gleichung

$$B(\varepsilon_1', \ldots, \varepsilon_n') = A_{\varepsilon_1', \ldots, \varepsilon_n'},$$

d. h., $B(x_1, \ldots, x_n)$ hat genau die Darstellung (5.1′) bzw. (5.1). Also gibt es nur eine Darstellung von $B(x_1, \ldots, x_n)$ in der angegebenen Form, und dies ist die disjunktive Normalform.

5.1.1.2. *Beispiele*

BOOLE*sche Funktionen mit einer Variablen:*

$$B(x_1) = \sum_{B(\varepsilon_1)=1} x_1^{\varepsilon_1} (1 - x_1)^{1-\varepsilon_1} = \sum_{\varepsilon_1=0}^{1} B(\varepsilon_1)\, x_1^{\varepsilon_1} (1 - x_1)^{1-\varepsilon_1}$$
$$= B(0)\,(1 - x_1) + B(1)\, x_1 .$$

Es gibt $2^{2^1} = 4$ verschiedene BOOLEsche Funktionen:

$B(0)$	$B(1)$	$B(x_1)$
0	0	0
0	1	x_1
1	0	$1 - x_1$
1	1	$(1 - x_1) + x_1 = 1$

BOOLEsche Funktionen mit zwei Variabeln

	$B(0,0)$	$B(0,1)$	$B(1,0)$	$B(1,1)$	$B(x_1, x_2)$
1	0	0	0	0	0
2	0	0	0	1	$x_1 x_2$
3	0	0	1	0	$x_1 (1 - x_2)$
4	0	1	0	0	$(1 - x_1) x_2$
5	1	0	0	0	$(1 - x_1)(1 - x_2)$
6	0	0	1	1	$x_1(1 - x_2) + x_1 x_2$
7	0	1	0	1	$(1 - x_1) x_2 + x_1 x_2$
8	1	0	0	1	$(1 - x_1)(1 - x_2) + x_1 x_2$
9	0	1	1	0	$(1 - x_1) x_2 + x_1 (1 - x_2)$
10	1	0	1	0	$(1 - x_1)(1 - x_2) + x_1 (1 - x_2)$
11	1	1	0	0	$(1 - x_1)(1 - x_2) + (1 - x_1) x_2$
12	0	1	1	1	$(1 - x_1) x_2 + x_1 (1 - x_2)$
13	1	0	1	1	$(1 - x_1)(1 - x_2) + x_1 (1 - x_2) + x_1 x_2$
14	1	1	0	1	$(1 - x_1)(1 - x_2) + (1 - x_1) x_2 + x_1 x_2$
15	1	1	1	0	$(1 - x_1)(1 - x_2) + (1 - x_1) x_2 + x_1 (1 - x_2)$
16	1	1	1	1	$(1 - x_1)(1 - x_2) + (1 - x_1) x_2 + x_1 (1 - x_2) + x_1 x_2 = 1$

BOOLEsche *Funktionen mit zwei Variablen:*

$$B(x_1, x_2) = \sum_{\substack{\varepsilon_1 = 0 \text{ oder } 1 \\ \varepsilon_2 = 0 \text{ oder } 1}} B(\varepsilon_1, \varepsilon_2)\, x_1^{\varepsilon_1} (1 - x_1)^{1-\varepsilon_1} x_2^{\varepsilon_2} (1 - x_2)^{1-\varepsilon_2}$$

$$= B(0, 0)\,(1 - x_1)\,(1 - x_2) + B(0, 1)\,(1 - x_1)\,x_2 + B(1, 0)\,x_1\,(1 - x_2) + B(1, 1)\,x_1\,x_2 .$$

Es gibt $2^{2^2} = 16$ verschiedenedie BOOLEsche Funktionen, die in der nebenstehenden Übersicht zusammengestellt sind.

5.1.2. DIE LINEARFORM

Durch Ausmultiplizieren erhält man aus der disjunktiven Normalform einer BOOLEschen Funktion eine andere Darstellung, nämlich einen linearen Ausdruck in Produkten der Form $x_1^{\mu_1} \dots x_n^{\mu_n}$ mit $\mu_i = 0$ oder 1 ($i = 1, \dots, n$). Für $n = 1$ stimmen diese Darstellungen bis auf die letzte Funktion $B(x_1) \equiv 1$ mit der disjunktiven Normalform überein. Für $n = 2$ bekommen wir, wenn wir wieder nach den Koeffizienten der disjunktiven Normalform ordnen, das folgende Schema:

	$B(0, 0)$	$B(0, 1)$	$B(1, 0)$	$B(1, 1)$	$B(x_1, x_2)$
1	0	0	0	0	0
2	0	0	0	1	$x_1 x_2$
3	0	0	1	0	$x_1 - x_1 x_2$
4	0	1	0	0	$x_2 - x_1 x_2$
5	1	0	0	0	$1 - x_1 - x_2 + x_1 x_2$
6	0	0	1	1	x_1
7	0	1	0	1	x_2
8	1	0	0	1	$1 - x_1 - x_2 + 2 x_1 x_2$
9	0	1	1	0	$x_1 + x_2 - 2 x_1 x_2$
10	1	0	1	0	$1 - x_2$
11	1	1	0	0	$1 - x_1$
12	0	1	1	1	$x_1 + x_2 - x_1 x_2$
13	1	0	1	1	$1 - x_2 + x_1 x_2$
14	1	1	0	1	$1 - x_1 + x_1 x_2$
15	1	1	1	0	$1 - x_1 x_2$
16	1	1	1	1	1

Wir können diese Form der Darstellung immer so schreiben, daß für jedes BOOLEsche n-Tupel $\mu_1, \ldots, \mu_n$ (also mit $\mu_i = 0$ oder 1) das Produkt $x_1^{\mu_1} \ldots x_n^{\mu_n}$ höchstens einmal mit einem ganzzahligen Koeffizienten erscheint. Dann nennen wir sie die Linearform.

Durch die Linearform erhält man in vielen Fällen eine einfachere Darstellung einer Booleschen Funktion als durch die disjunktive Normalform.

5.1.2.1. *Eindeutigkeit der Linearform*

Wir haben gesehen, daß man durch Ausmultiplizieren der disjunktiven Normalform eine Linearform gewinnen kann. Es gibt also zu jeder durch ihren Wertevorrat (Funktionswerte) definierten BOOLEschen Funktion eine Linearform, die die Boolesche Funktion darstellt. Wir zeigen nun noch, daß diese Darstellung eindeutig ist, daß es also auch nur eine solche Darstellung gibt. Wir beweisen den

Satz 2. *Ist $B(x_1, \ldots, x_n)$ eine durch ihren Wertevorrat eindeutig definierte* BOOLE*sche Funktion mit der Linearform*

$$B(x_1, \ldots, x_n) = \Sigma\, a_{\mu_1, \ldots, \mu_n} x_1^{\mu_1} \ldots x_n^{\mu_n}\,, \tag{5.3}$$

wobei über alle 2^n n-Tupel $(\mu_1, \ldots, \mu_n)$ mit $\mu_i = 0$ oder 1 zu summieren ist, so sind die (ganzzahligen) Koeffizienten $a_{\mu_1, \ldots, \mu_n}$ eindeutig bestimmt.

Beweis. 1. Wir beweisen zunächst durch vollständige Induktion, daß die Behauptung für die Funktion $B(x_1, \ldots, x_n) \equiv 0$ in der Weise erfüllt ist, daß alle Koeffizienten verschwinden. Für $n = 1$ ist das sicher richtig, denn aus $B(x_1) = a_0 + a_1 x_1 = 0$ für $x_1 = 0$ und $x_1 = 1$ folgt $a_0 = a_1 = 0$.

Wir nehmen nun an, die Behauptung sei für n richtig. Dann ist

$$\begin{aligned} B(x_1, \ldots, x_{n+1}) &= \Sigma\, a_{\mu_1, \ldots, \mu_{n+1}} x_1^{\mu_1} \ldots x_{n+1}^{\mu_{n+1}} \\ &= x_{n+1} \Sigma\, a_{\mu_1, \ldots, \mu_n, 1} x_1^{\mu_1} \ldots x_n^{\mu_n} + \Sigma\, a_{\mu_1, \ldots, \mu_n, 0} x_1^{\mu_1}, \ldots, x_n^{\mu_n} \\ &= x_{n+1} B_1(x_1, \ldots, x_n) + B_2(x_1, \ldots, x_n)\,. \end{aligned}$$

Soll $B(x_1, \ldots, x_{n+1})$ identisch verschwinden, so müssen $B_1(x_1, \ldots, x_n)$

und $B_2(x_1, \ldots, x_n)$ identisch verschwinden; denn aus

$$B(x_1, \ldots, x_n, 0) \equiv 0 \quad \text{folgt} \quad B_2(x_1, \ldots, x_2) \equiv 0$$

und hieraus mit $B(x_1, \ldots, x_n, 1) \equiv 0$ auch $B_1(x_1, \ldots, x_n) \equiv 0$. Nach Induktionsvoraussetzung verschwinden dann aber alle Koeffizienten $a_{\mu_1, \ldots, \mu_{n+1}}$, was zu zeigen war.

2. Die Behauptung des Satzes folgt jetzt sehr leicht. Hat $B(x_1, \ldots, x_n)$ die Linearformen

$$B(x_1, \ldots, x_n) = \Sigma\, a_{\mu_1, \ldots, \mu_n} x_1^{\mu_1} \ldots \mu_2^{\mu_n}$$

und

$$B(x_1, \ldots, x_n) = \Sigma\, b_{\mu_1, \ldots, \mu_n} x_1^{\mu_1} \ldots x_n^{\mu_n},$$

so verschwindet

$$\Sigma\, (a_{\mu_1, \ldots, \mu_n} - b_{\mu_1, \ldots, \mu_n})\, x_1^{\mu_1} \ldots x_n^{\mu_n}$$

identisch, woraus $a_{\mu_1, \ldots, \mu_n} = b_{\mu_1, \ldots, \mu_n}$ folgt.

5.1.3. Die konjunktive Normalform

In der disjunktiven Normalform (5.1) wird eine Boolesche Funktion als Summe von Produkten dargestellt, wobei über alle n-Tupel $\varepsilon_1, \ldots, \varepsilon_n$ mit $B(\varepsilon_1, \ldots, \varepsilon_n) = 1$ zu summieren ist. Es gibt nun eine weitere Normalform in Gestalt eines Produktes, das über alle μ-Tupel mit $B(\varepsilon_1, \ldots, \varepsilon_n) = 0$ zu erstrecken ist. Es gilt der folgende

Satz 3. *Unter den Voraussetzungen des Satzes 1 kann man $B(x_1, \ldots, x_n)$ in der Form*

$$B(x_1, \ldots., x_n) = \prod_{B(\varepsilon_1, \ldots, \varepsilon_n)=0} \left[1 - \prod_{i=1}^{n} x_i^{\varepsilon_i}(1 - x_i)^{1-\varepsilon_i}\right] \tag{5.4}$$

darstellen, wobei das Produkt über alle Booleschen *n-Tupel $\varepsilon_1, \ldots, \varepsilon_n$ mit $B(\varepsilon_1, \ldots, \varepsilon_n) = 0$ zu erstrecken ist.*

Die Darstellung (5.4) einer Booleschen Funktion bezeichnen wir als ihre konjunktive Normalform.

Offenbar können wir formal statt (5.4) auch

$$B(x_1, \ldots, x_n) = \prod_{\varepsilon_1, \ldots, \varepsilon_n} \left[1 - [1 - B(\varepsilon_1, \ldots, \varepsilon_n)] \prod_{i=1}^{n} x_i^{\varepsilon_i}\, (1 - x_i)^{1-\varepsilon_i}\right] \tag{5.4'}$$

schreiben, wobei das Produkt über alle 2^n n-Tupel $\varepsilon_1, \ldots, \varepsilon_n$ zu erstrecken ist, denn alle Faktoren in (5.4') mit $B(\varepsilon_1, \ldots, \varepsilon_n) = 1$ sind identisch gleich 1.

Beweis von Satz 3. Es sei $x_1 = \varepsilon_1', \ldots, x_n = \varepsilon_n'$. Beim Beweis von Satz 1 wurde gezeigt, daß

$$\prod_{i=1}^{n} x_i^{\varepsilon_i} (1 - x_i)^{1-\varepsilon_i} \Big|_{x_1=\varepsilon_1', \ldots, x_n=\varepsilon_n'} = \begin{cases} 1 & \text{für} \quad \varepsilon_1 = \varepsilon_1', \ldots, \varepsilon_n = \varepsilon_n' \\ 0 & \text{sonst} \end{cases}$$

gilt. Also gilt

$$\left[1 - [1 - B(\varepsilon_1, \ldots, \varepsilon_n)] \prod_{i=1}^{n} x_i^{\varepsilon_i} (1 - x_i)^{1-\varepsilon_i}\right]_{x_1=\varepsilon_1', \ldots, x_n=\varepsilon_n'}$$
$$= \begin{cases} B(\varepsilon_1', \ldots, \varepsilon_n') & \text{für} \quad \varepsilon_i = \varepsilon_i', \quad i = 1, \ldots, n; \\ 1 & \text{sonst}, \end{cases}$$

und hieraus folgt (5.4') und damit auch (5.4).

5.1.3.1. *Eindeutigkeit der konjunktiven Normalform*

Die Eindeutigkeit der Darstellung durch die konjunktive Normalform erkennt man genauso wie die der disjunktiven Normalform in 5.1.1.1.

5.1.4. Rechenregeln für Boolesche Funktionen

5.1.4.1. *Umformung der disjunktiven Normalform in die Linearform*

Für $B(x_1, \ldots, x_n)$ gilt

$$\begin{aligned}
B(x_1, \ldots, x_n) &= \sum B_{\varepsilon_1, \ldots, \varepsilon_n} \prod_{i=1}^{n} x_i^{\varepsilon_i} (1 - x_i)^{1-\varepsilon_i} \\
&= x_n \sum B_{\varepsilon_1, \ldots, \varepsilon_{n-1}, 1} \prod_{i=1}^{n-1} x_i^{\varepsilon_i} (1 - x_i)^{1-\varepsilon_i} \\
&\quad + (1 - x_n) \sum B_{\varepsilon_1, \ldots, \varepsilon_{n-1}, 0} \prod_{i=1}^{n-1} x_i^{\varepsilon_i} (1 - x_i)^{1-\varepsilon_i} \\
&= x_n B(x_1, \ldots, x_{n-1}, 1) + (1 - x_n) B(x_1, \ldots, x_{n-1}, 0) \\
&= B(x_1, \ldots, x_{n-1}, 0) \\
&\quad + x_n [B(x_1, \ldots, x_{n-1}, 1) - B(x_1, \ldots, x_{n-1}, 0)]\,. \qquad (5.5)
\end{aligned}$$

Hieraus und aus der Tatsache, daß die disjunktive Normalform für $n = 1$ mit der Linearform identisch ist (mit $1 = 1 - x_1 + x_1$), folgt, daß man die disjunktive Normalform schrittweise in die Linearform überführen kann. Diese Umformung ist offensichtlich identisch mit dem Ausmultiplizieren nach 5.1.2.

Ein Beispiel:

$$(1 - x_1)(1 - x_2) + (1 - x_1)\,x_2 + x_1(1 - x_2)$$
$$= [(1 - x_1) + x_1] + x_2\,[(1 - x_1) - (1 - x_1) - x_1] = 1 - x_1 x_2$$

5.1.4.2. *Umformung der Linearform in die disjunktive Normalform*

Aus

$$B(x_1, \ldots, x_n) = B(x_1, \ldots, x_{n-1}, 1)\,x_n + B(x_1, \ldots, x_{n-1}, 0)\,(1 - x_n)$$

folgt, daß man die Linearform schrittweise in die disjunktive Normalform überführen kann.

Beispiel:

$$\begin{aligned} 1 - x_1 x_2 &= (1 - x_1)\,x_2 + 1\,(1 - x_2) \\ &= (1 - x_1)\,x_2 + [1\,x_1 + 1\,(1 - x_1)]\,(1 - x_2) \\ &= (1 - x_1)(1 - x_2) + (1 - x_1)\,x_2 + x_1(1 - x_2)\,. \end{aligned}$$

5.1.5. Andere Darstellungsformen

Für die Anwendungen der Booleschen Funktionen in Abschnitt 5.2. sind die folgenden Sätze von Bedeutung:

Satz 4. *Es ist*

$$B(x_1, \ldots, x_n) = 1 - \prod_{B(\varepsilon_1, \ldots, \varepsilon_n) = 1} \left[1 - \prod_{i=1}^{n} x_i^{\varepsilon_i}\,(1 - x_i)^{1-\varepsilon_i}\right]. \quad (5.6)$$

Beweis. Für ein n-Tupel $x_1 = \varepsilon_1', \ldots, x_n = \varepsilon_n'$ mit $B(\varepsilon_1', \ldots, \varepsilon_n') = 1$ ist $\prod_{i=1}^{n} \varepsilon_i'^{\,\varepsilon_i'}(1 - \varepsilon_i')^{1-\varepsilon_i'} = 1$, also wird die rechte Seite 1. Für ein n-Tupel $x_1 = \varepsilon_1'', \ldots, x_n = \varepsilon_n''$ mit $B(\varepsilon_1'', \ldots, \varepsilon_n'') = 0$ wird

$$\prod_{i=1}^{n} \varepsilon_i''^{\,\varepsilon_i}\,(1 - \varepsilon_i'')^{1-\varepsilon_i} = 0$$

für alle von $\varepsilon_1'', \ldots, \varepsilon_n''$ verschiedenen n-Tupel $\varepsilon_1, \ldots, \varepsilon_n$, also insbesondere für alle $\varepsilon_1, \ldots, \varepsilon_n$ mit $B(\varepsilon_1, \ldots, \varepsilon_n) = 1$, daher verschwindet die rechte Seite.

Statt (5.6) kann man formal auch

$$B(x_1, \ldots, x_n) = 1 - \prod_{\varepsilon_1,\ldots,\varepsilon_n} \left[1 - B(\varepsilon_1, \ldots, \varepsilon_n) \prod_{i=1}^{n} x_i^{\varepsilon_i} (1 - x_i)^{1-\varepsilon_i}\right] \tag{5.6'}$$

schreiben, wobei das Produkt über alle 2^n BOOLEschen n-Tupel $\varepsilon_1, \ldots, \varepsilon_n$ zu erstrecken ist.

Satz 5. *Aus der Menge der Variablen $x_1, \ldots, x_n$ gebe es r Teilmengen $x_{m_{j1}}, \ldots, \ldots, x_{m_{jk_j}}$ $(j = 1, \ldots, r)$ der Art, daß $B(x_1, \ldots, x_n)$ genau dann den Wert 1 annimmt, wenn für mindestens ein j*

$$x_{m_{j1}} = \cdots = x_{m_{jk_j}} = 1$$

gilt. Dann ist

$$B(x_1, \ldots, x_n) = 1 - \prod_{j=1}^{r} \left(1 - \prod_{i=1}^{k_j} x_{m_{ji}}\right). \tag{5.7}$$

Beweis. Man sieht sofort, daß die rechte Seite von (5.7) genau dann nicht verschwindet, wenn für mindestens ein j die Beziehung $\prod_{i=1}^{k_j} x_{m_{ji}} = 1$ erfüllt ist.

Satz 6. *Aus der Menge der Variablen $x_1, \ldots, x_n$ gebe es r Teilmengen $x_{m_{j1}}, \ldots, x_{m_{jk_j}}$ $(j = 1, \ldots, r)$ der Art, daß $B(x_1, \ldots, x_n)$ genau dann den Wert 1 annimmt, wenn aus jeder Teilmenge mindestens ein Element gleich 1 ist. Dann ist*

$$B(x_1, \ldots, x_n) = \prod_{j=1}^{r} \left[1 - \prod_{i=1}^{k_j} (1 - x_{m_{ji}})\right]. \tag{5.8}$$

Beweis. Bei festem j hat der Ausdruck $1 - \prod_{i=1}^{k_j} (1 - x_{m_{ji}})$ genau dann den Wert 1, wenn mindestens ein $x_{m_{ji}}$ gleich 1 ist.

Die Darstellungsform (5.6) ist ein Analogon zur disjunktiven Normalform.

Die Darstellungsformen (5.6), (5.7) und (5.8) unterscheiden sich im allgemeinen sowohl von der disjunktiven und konjunktiven Normalform als auch von der Linearform. Andererseits kann man sie sehr leicht in die Linearform überführen, indem man die Produkte ausmultipliziert, anschließend jede höhere Plotenz einer Variablen x_i durch x_i selbst ersetzt und schließlich gleichartige Glieder zusammenfaßt. Dabei bleibt der Funktionswert (für BOOLEsche Variablen) unverändert. Wir haben folgende *Rechenregel*: Ist die BOOLEsche Funktion $B(x_1, \ldots, x_n)$ in der Form (5.6), (5.7) oder (5.8) gegeben, so erhält man die Linearform daraus durch Ausmultiplizieren. Im Ergebnis ist jede höhere Potenz von x_i $(i = 1, \ldots, n)$ durch x_i zu ersetzen. Gleichartige Glieder werden zusammengefaßt. Wir bringen einige Beispiele:

a) Beispiel zu Satz 4

Die Funktion $B(x_1, x_2)$ sei durch

$$B(0, 0) = B(1, 1) = 0\,, \qquad B(0, 1) = B(1, 0) = 1$$

gegeben. Nach (5.6) gilt

$$B(x_1, x_2) = 1 - [1 - (1 - x_1)\, x_2]\, [1 - x_1\, (1 - x_2)]\,.$$

Anwendung der Rechenregel (Ausmultiplizieren und Vereinfachen) ergibt

$$\begin{aligned} B(x_1, x_2) &= x_1 + x_2 - 3\, x_1 x_2 + x_1 x_2^2 + x_1^2 x_2 - x_1^2 x_2^2 \\ &= x_1 + x_2 - 2\, x_1 x_2 \end{aligned}$$

in Übereinstimmung mit Zeile 9 der Tabelle in 5.1.2.

b) Beispiel zu Satz 5

Die Funktion $B(x_1, x_2, x_3)$ sei genau dann gleich 1, wenn mindestens zwei der Variablen gleich 1 sind, d. h. wenn mindestens eine der Bedingungen

$$x_1 = x_2 = 1\,, \qquad x_2 = x_3 = 1\,, \qquad x_3 = x_1 = 1$$

erfüllt ist. Nach (5.7) erhalten wir

$$B(x_1, x_2, x_3) = 1 - (1 - x_1 x_2)\,(1 - x_2 x_3)\,(1 - x_3 x_1)\,.$$

Anwendung der Rechenregel ergibt

$$\begin{aligned} &B(x_1, x_2, x_3) \\ &= x_1 x_2 + x_2 x_3 + x_3 x_1 - x_1^2 x_2 x_3 - x_1 x_2^2 x_3 - x_1 x_2 x_3^2 + x_1^2 x_2^2 x_3^2 \\ &= x_1 x_2 + x_2 x_3 + x_3 x_1 - 2\, x_1 x_2 x_3\,. \end{aligned}$$

c) Beispiel zu Satz 6

Die Funktion $B(x_1, x_2, x_3, x_4)$ sei genau dann gleich 1, wenn sowohl aus der Teilmenge x_1, x_2 als auch aus der Teilmenge x_3, x_4 mindestens je eine Variable gleich 1 ist. Nach (5.8) erhalten wir

$$B(x_1, x_2, x_3, x_4) = [1 - (1 - x_1)(1 - x_2)][1 - (1 - x_3)(1 - x_4)] .$$

Anwendung der Rechenregel ergibt

$$\begin{aligned} B(x_1, x_2, x_3, x_4) = {} & x_1 x_3 + x_1 x_4 + x_2 x_3 + x_2 x_4 - x_1 x_2 x_3 \\ & - x_1 x_2 x_4 - x_1 x_3 x_4 - x_2 x_3 x_4 + x_1 x_2 x_3 x_4 . \end{aligned}$$

5.2. Systemfunktionen

Die Funktionsfähigkeit eines Systems in Abhängigkeit von der Funktionsfähigkeit seiner Teilsysteme können wir nun mit Hilfe der Booleschen Funktionen beschreiben.

Wir benötigen dazu jedoch nur einen Teil der Booleschen Funktionen, nämlich die monoton nicht abnehmenden. Dies gilt jedenfalls dann, wenn wir — und das scheint technisch vernünftig — nur solche Systeme betrachten, die vom Zustand „nicht funktionsfähig" nicht durch Ausfall weiterer Teilsysteme in den Zustand „funktionsfähig" übergehen können. Von einem System wollen wir immer annehmen, daß es folgende Eigenschaften hat:

1. Wenn das System nicht funktionsfähig ist, soll es auch nicht funktionsfähig sein, wenn eine weitere Baueinheit ausfällt.

   Die Systeme, die unabhängig vom Zustand der Baueinheiten entweder immer oder nie funktionsfähig sind, wollen wir als triviale Systeme betrachten. Die nichttrivialen Systeme haben dann die beiden weiteren Eigenschaften:

2. Das System ist nicht funktionsfähig, wenn keine Baueinheit funktionsfähig ist.

3. Das System ist funktionsfähig, wenn alle Baueinheiten funktionsfähig sind.

Die zugehörigen Booleschen Funktionen nennen wir „Systemfunktionen". Wir geben folgende

Definition. Eine BOOLEsche Funktion $B(x_1, \ldots, x_n)$ heißt *Systemfunktion*, wenn

$$B(x_1, \ldots, x_n)|_{x_i=0} \leqq B(x_1, \ldots, x_n)|_{x_i=1} \quad (i = 1, \ldots, n) \quad (5.9)$$

gilt (Monotonie).

Eine Systemfunktion heißt *nichttrivial*, wenn

$$B(0, \ldots, 0) = 0 \quad (5.10)$$

$$\text{und} \quad B(1, \ldots, 1) = 1 \quad (5.11)$$

gilt.

Systemfunktionen bezeichnen wir künftig mit $S(x_1, \ldots, x_n)$.

Die Monotonieeigenschaft schränkt die Anzahl der als Systemfunktionen zulässigen BOOLEschen Funktionen stark ein. Betrachten wir die Fälle $n = 1$ und $n = 2$.

Von den in 5.1.1.2. dargestellten Funktionen haben nur die folgenden die Eigenschaften von nichttrivialen Systemfunktionen:

$n = 1$: $\quad S(x_1) = x_1$.

$n = 2$: $\quad S(x_1, x_2) = x_1, x_2$,

$S(x_1, x_2) = x_1$,

$S(x_1, x_2) = x_2$,

$S(x_1, x_2) = x_1 + x_2 - x_1 x_2 = 1 - (1 - x_1)(1 - x_2)$.

Systemfunktionen $S(x_1, \ldots, x_n)$, die nicht von allen Variablen $x_1, \ldots, x_n$ wirklich abhängen, wollen wir nicht als eigentliche Systemfunktionen in n Variablen ansehen. Wir geben die

Definition. Eine Systemfunktion $S(x_1, \ldots, x_n)$ in n Variablen heißt *eigentlich*, wenn sie von allen Variablen $x_1, \ldots, x_n$ abhängt, sonst *uneigentlich*.

Im Fall $n = 2$ haben wir dann nur die beiden eigentlichen Systemfunktionen

$$S(x_1, x_2) = x_1 x_2 \quad \text{und} \quad S(x_1, x_2) = x_1 + x_2 - x_1 x_2 .$$

Die erste beschreibt ein System, das dann und nur dann funktionsfähig ist, wenn beide Baueinheiten funktionsfähig sind, also ein System, das man als „redundanzfrei" bezeichnet.

Die zweite Funktion beschreibt ein System, das genau dann funktionsfähig ist, wenn mindestens eine der beiden Baueinheiten funktionsfähig ist, also ein „redundantes" System. Eine Definition der Redundanz geben wir in 5.4. Zunächst wollen wir noch zeigen, wie man die Systemfunktionen, und zwar sämtliche Systemfunktionen, bei vorgegebenem n wirklich finden kann. Dies hat deshalb eine gewisse praktische Bedeutung, weil es schon bei kleinem n zwar sehr viele, nämlich 2^{2^n} (das sind 16 bei $n = 2$, $16^2 = 256$ bei $n = 3$, $256^2 = 65536$ bei $n = 4$, usw.) verschiedene BOOLEsche Funktionen, unter diesen aber nur verhältnismäßig wenige Systemfunktionen, d. h. monoton nicht abnehmende BOOLEsche Funktionen gibt.

5.2.1. Das Auffinden aller Systemfunktionen

Der folgende Satz zeigt, wie man systematisch alle Systemfunktionen von n Variablen aus den Systemfunktionen für $n - 1$ Variable entwickeln kann.

Satz 7. *Es seien $S_1(x_1, \ldots, x_{n-1})$ und $S_2(x_1, \ldots, x_{n-1})$ Systemfunktionen in $x_1, \ldots, x_{n-1}$ mit*

$$S_1(x_1, \ldots, x_{n-1}) \geqq S_2(x_1, \ldots, x_{n-1}) \tag{5.12}$$

für alle BOOLE*schen $(n - 1)$-Tupel $x_1, \ldots, x_{n-1}$.*
Dann ist

$$S(x_1, \ldots, x_n) = x_n S_1(x_1, \ldots, x_{n-1}) + (1 - x_n) S_2(x_1, \ldots, x_n) \tag{5.13}$$

eine Systemfunktion in $x_1, \ldots, x_n$. Man erhält alle Systemfunktionen in $x_1, \ldots, x_n$, wenn man $S_1(x_1, \ldots, x_{n-1})$ und $S_2(x_1, \ldots, x_{n-1})$ alle Systemfunktionen in $x_1, \ldots, x_{n-1}$ durchlaufen läßt, die der Bedingung (5.12) *genügen.*

Beweis. 1. Es sei (5.12) erfüllt. Die Funktion $S(x_1, \ldots, x_n)$ ist eine BOOLEsche Funktion, denn sie nimmt für $x_n = 1$ die Werte von $S_1(x_1, \ldots, x_{n-1})$ und für $x_n = 0$ die Werte von $S_2(x_1, \ldots, x_{n-1})$ an. Schließlich ist sie wegen

$$S(x_1, \ldots, x_{n-1}, 1) = S_1(x_1, \ldots, x_{n-1})$$

und

$$S(x_1, \ldots, x_{n-1}, 0) = S_2(x_1, \ldots, x_{n-1}) \tag{5.14}$$

monoton in $x_1, \ldots, x_{n-1}$. Und aus (5.12) und (5.14) folgt

$$S(x_1, \ldots, x_{n-1}, 1) \geqq S(x_1, \ldots, x_{n-1}, 0)\,,$$

also die Monotonie auch in x_n. Damit ist gezeigt, daß $S(x_1, \ldots, x_n)$ eine Systemfunktion ist, wenn (5.12) gilt.

2. Jetzt sei $S(x_1, \ldots, x_n)$ eine Systemfunktion. Nach 5.1.3.1., (5.5) gilt

$$S(x_1, \ldots, x_n) = x_n S(x_1, \ldots, x_{n-1}, 1) + (1 - x_n) S(x_1, \ldots, x_{n-1}, 0) .$$

Darin sind $S_1(x_1, \ldots, x_{n-1}) = S(x_1, \ldots, x_{n-1}, 1)$ und $S_2(x_1, \ldots, x_{n-1}) = S(x_1, \ldots, x_{n-1}, 0)$ Systemfunktionen. Wegen der Monotonie von $S(x_1, \ldots, x_n)$ muß weiter gelten

$$S(x_1, \ldots, x_{n-1}, 1) \geqq S(x_1, \ldots, x_{n-1}, 0) , \quad \text{also (5.12)} .$$

D. h., jede Systemfunktion in $x_1, \ldots, x_n$ läßt sich in der Form (5.13) mit (5.12) darstellen.

5.2.1.1. *Systemfunktionen in drei Variablen*

Wir wenden nun den Satz 7 an, um alle Systemfunktionen $S(x_1, x_2, x_3)$ in drei Variablen zu bestimmen. Dazu stehen uns die sechs Systemfunktionen

$$0,\ x_1 x_2,\ x_1,\ x_2,\ x_1 + x_2 - x_1 x_2,\ 1$$

zur Verfügung, aus denen wir nach dem Schema auf S. 122 Paare $S_1(x_1, x_2)$, $S_2(x_1, x_2)$ mit der Eigenschaft (5.12) bilden können, die dann jeweils eine Systemfunktion $S(x_1, x_2, x_3)$ nach (5.13) bestimmen.

Diese Tabelle zeigt, daß es für $n = 3$ nur fünf Typen von eigentlichen Systemfunktionen gibt, nämlich die Funktionen

$$x_1 x_2 x_3 ,$$

$$x_1 + x_2 + x_3 - x_1 x_2 - x_2 x_3 - x_3 x_1 + x_1 x_2 x_3 = 1 - (1 - x_1)(1 - x_2)(1 - x_3) ,$$

$$x_1 x_2 + x_2 x_3 + x_3 x_1 - 2 x_1 x_2 x_3 ,$$

$$x_1 + x_2 x_3 - x_1 x_2 x_3 = 1 - (1 - x_1)(1 - x_2 x_3) ,$$

$$x_1 x_2 + x_3 x_1 - x_1 x_2 x_3 = x_1 (x_2 + x_3 - x_2 x_3) = x_1 [1 - (1 - x_2)(1 - x_3)]$$

sowie die aus den beiden letzten Funktionen durch Vertauschen der Variablen hervorgehenden Funktionen. Der Fall $n = 3$ zeigt

$S_1(x_1\, x_2)$	$S_2(x_1, x_2)$	$S(x_1, x_2, x_3)$
1	1	1
1	$x_1 + x_2 - x_1 x_2$	$x_1 + x_2 + x_3 - x_1 x_2 - x_2 x_3 - x_3 x_1 + x_1 x_2 x_3 = 1 - (1 - x_1)(1 - x_2)(1 - x_3)$
1	x_2	$x_2 + x_3 - x_2 x_3 = 1 - (1 - x_2)(1 - x_3)$
1	x_1	$x_1 + x_3 - x_1 x_3 = 1 - (1 - x_1)(1 - x_3)$
1	$x_1 x_2$	$x_3 + x_1 x_2 - x_1 x_2 x_3 = 1 - (1 - x_3)(1 - x_1 x_2)$
1	0	x_3
$x_1 + x_2 - x_1 x_2$	$x_1 + x_2 - x_1 x_2$	$x_1 + x_2 - x_1 x_2 = 1 - (1 - x_1)(1 - x_2)$
$x_1 + x_2 - x_1 x_2$	x_2	$x_2 + x_1 x_3 - x_1 x_2 x_3 = 1 - (1 - x_2)(1 - x_3 x_1)$
$x_1 + x_2 - x_1 x_2$	x_1	$x_1 + x_2 x_3 - x_1 x_2 x_3 = 1 - (1 - x_1)(1 - x_2 x_3)$
$x_1 + x_2 - x_1 x_2$	$x_1 x_2$	$x_1 x_2 + x_2 x_3 + x_3 x_1 - 2 x_1 x_2 x_3$
$x_1 + x_2 - x_1 x_2$	0	$x_2 x_3 + x_3 x_1 - x_1 x_2 x_3 = x_3 (x_1 + x_2 - x_1 x_2)$
x_2	x_2	x_2
x_2	$x_1 x_2$	$x_1 x_2 + x_2 x_3 - x_1 x_2 x_3 = x_2 (x_1 + x_3 - x_1 x_3)$
x_2	0	$x_2 x_3$
x_1	x_1	x_1
x_1	$x_1 x_2$	$x_1 x_2 + x_3 x_1 - x_1 x_2 x_3 = x_1 (x_2 + x_3 - x_2 x_3)$
x_1	0	$x_3 x_1$
$x_1 x_2$	$x_1 x_2$	$x_1 x_2$
$x_1 x_2$	0	$x_1 x_2 x_3$
0	0	0

schon, wieviel einfacher es ist, zur Bestimmung der Systemfunktionen den Satz 7 heranzuziehen, als die Systemfunktionen aus allen möglichen BOOLEschen Funktionen (256 bei $n = 3$) herauszusuchen. Nach dem gleichen Verfahren kann man nun auch die Systemfunktionen für $n \geqq 4$ bestimmen, eine Aufgabe, die man am besten mit einem Rechnerprogramm durchführt.

5.2.2. DIE PARALLELFORM

Durch 5.1.5., Satz 5 wissen wir, daß man BOOLEsche Funktionen unter gewissen Voraussetzungen in einer bestimmten Form (5.7) schreiben kann. Wir zeigen nun, daß sich alle nichttrivialen Systemfunktionen in dieser Form darstellen lassen und geben gleichzeitig ein einfaches Rezept, wie man eine solche Darstellung finden kann. Wir geben zunächst folgende

Definition. Die Darstellung einer Systemfunktion in der Form

$$S(x_1, \ldots, x_2) = 1 - \prod_{j=1}^{r}\left(1 - \prod_{i=1}^{k_j} x_{m_{ji}}\right)$$

heißt Parallelform.

Der Name Parallelform wurde gewählt, weil diese Darstellung, wie in 5.3.3.1. gezeigt wird, der Parallelschaltung von Serienschaltungen entspricht.

Jetzt gilt der folgende

Satz 8. *Alle nichttrivialen Systemfunktionen und nur diese lassen sich in einer Parallelform*

$$S(x_1, \ldots, x_n) = 1 - \prod_{j=1}^{r}\left(1 - \prod_{i=1}^{k_j} x_{m_{ji}}\right) \tag{5.15}$$

schreiben.

Eine solche Parallelform ist z. B. gegeben durch

$$S(x_1, \ldots, x_n) = 1 - \prod_{S(\varepsilon_1, \ldots, \varepsilon_n)=1}\left(1 - \prod_{i=1}^{n} x_i^{\varepsilon_i}\right), \tag{5.16}$$

wobei das Produkt über alle BOOLEschen n-Tupel mit $S(\varepsilon_1, \ldots, \varepsilon_n) = 1$ zu erstrecken ist.

Beweis.

a) Es sei $S(x_1, \ldots, x_n)$ eine nichttriviale Systemfunktion. Nach 5.1.5., Satz 4 können wir sie in der Form

$$S(x_1, \ldots, x_n) = 1 - \prod_{S(\varepsilon_1,\ldots,\varepsilon_n)=1} \left[1 - \prod_{i=1}^{n} x_i^{\varepsilon_i} (1 - x_i)^{1-\varepsilon_i}\right]$$

schreiben. Analog dazu bilden wir die Funktion

$$S_1(x_1, \ldots, x_n) = 1 - \prod_{S(\varepsilon_1,\ldots,\varepsilon_n)=1} \left(1 - \prod_{i=1}^{n} x_i^{\varepsilon_i}\right), \tag{5.16'}$$

die offenbar die Form (5.16) hat, und zeigen, daß

$$S(x_1, \ldots, x_n) = S_1(x_1, \ldots, x_n)$$

gilt. Zunächst ist sicher stets

$$S(x_1, \ldots, x_n) \leqq S_1(x_1, \ldots, x_n)$$

wegen

$$\prod_{i=1}^{n} x_i^{\varepsilon_i} (1 - x_i)^{1-\varepsilon_i} \leqq \prod_{i=1}^{n} x_i^{\varepsilon_i}.$$

Nun zeigen wir $S(x_1, \ldots, x_n) \geqq S_1(x_1, \ldots, x_n)$ (für alle $x_1, \ldots, x_n$), indem wir nachweisen, daß für ein beliebiges n-Tupel $\mu_1, \ldots, \mu_n$ mit $S_1(\mu_1, \ldots, \mu_n) = 1$ auch $S(\mu_1, \ldots, \mu_n) = 1$ ist. Wegen $S_1(\mu_1, \ldots, \mu_n) = 1$ muß nämlich für mindestens ein n-Tupel $\varepsilon_1', \ldots, \varepsilon_n'$ mit $S(\varepsilon_1', \ldots, \varepsilon_n') = 1$

$$\prod_{i=1}^{n} \mu_i^{\varepsilon_i'} = 1 \tag{5.17}$$

sein. Falls $\varepsilon_1' = \cdots = \varepsilon_n' = 1$, folgt $\mu_1 = \cdots = \mu_2 = 1$ und $S(\mu_1, \ldots, \mu_n) = 1$, weil $S(x_1, \ldots, x_n)$ nicht triviale Systemfunktion ist. Im anderen Fall seien

$\varepsilon_{s_1}' = \cdots = \varepsilon_{s_v}' = 1$ die nichtverschwindenden und

$\varepsilon_{s_{v+1}}' = \cdots = \varepsilon_{s_n}' = 0$ die verschwindenden der $\varepsilon_1', \ldots, \varepsilon_n'$

($\varepsilon_1' = \cdots = \varepsilon_n' = 0$ kommt wegen $S(0, \ldots, 0) = 0$ nicht vor).

Aus (5.17) folgt dann $\mu_{s_1} = \cdots = \mu_{s_v} = 1$. In $S(x_1, \ldots, x_n)$ kommt der Faktor

$$1 - \prod_{i=1}^{n} x_i^{\varepsilon_i'} (1 - x_i)^{1-\varepsilon_i'} = 1 - \prod_{i=1}^{v} x_{s_i} \prod_{i=v+1}^{n} (1 - x_{s_i})$$

vor, woraus $S(x_1, \ldots, x_n) = 1$ für $x_{s_1} = \mu_{s_1} = 1, \ldots, x_{s_v} = \mu_{s_v} = 1$, $x_{s_{v-1}} = \cdots = x_{s_n} = 0$ folgt. Wegen der Monotonie von $S(x_1, \ldots, x_n)$ gilt dann auch $S(x_1, \ldots, x_n) = 1$ für $x_{s_1} = \mu_{s_1}, \ldots, x_{s_n} = \mu_{s_n}$, also $S(\mu_1, \ldots, \mu_n) = 1$. Damit ist gezeigt, daß jede nichttriviale Systemfunktion sich in der Form (5.15) darstellen läßt. Gleichzeitig zeigt (5.16′), wie man eine solche Darstellung sofort mit Hilfe der disjunktiven Normalform von $S(x_1, \ldots, x_n)$ findet.

b) Wir haben noch zu zeigen, daß aus der Darstellung (5.15) einer BOOLEschen Funktion folgt, daß $S(x_1, \ldots, x_n)$ nichttriviale Systemfunktion ist. Wegen $S(1, \ldots, 1) = 1$ ist sicher nicht $S(x_1, \ldots, x_n) \equiv 0$ und wegen $S(0, \ldots, 0) = 0$ nicht $S(x_1, \ldots, x_n) \equiv 1$. Außerdem ist für beliebiges festes s $(1 \leqq s \leqq n)$ stets

$$\left(1 - \prod_{i=1}^{k_j} x_{m_{ji}}\right)\Big|_{x_s=1} \leqq \left(1 - \prod_{i=1}^{k_j} x_{m_{ji}}\right)\Big|_{x_s=0},$$

woraus mit (5.15) sofort

$$S(x_1, \ldots, x_n)|_{x_s=1} \geqq S(x_1, \ldots, x_n)|_{x_s=0}$$

folgt. Damit ist Satz 8 bewiesen.

5.2.2.1. *Die reduzierte Parallelform*

Die Form (5.15) läßt sich unter Umständen noch vereinfachen. Wenn nämlich alle Elemente $x_{m_{j'i}}$ $(i = 1, \ldots, k_{j'})$ einer Teilmenge in einer anderen Teilmenge mit den Elementen $x_{m_{j''i}}$ $(i = 1, \ldots, k_{j''})$ enthalten sind, dann gilt

$$1 - \prod_{i=1}^{k_{j'}} x_{m_{j'i}} \leqq 1 - \prod_{i=1}^{k_{j''}} x_{m_{j''i}}$$

und daher

$$\left(1 - \prod_{i=1}^{k_{j'}} x_{m_{j'i}}\right)\left(1 - \prod_{i=1}^{k_{j''}} x_{m_{j''i}}\right) = 1 - \prod_{i=1}^{k_{j'}} x_{m_{j'i}},$$

d. h., man kann den Faktor

$$\left(1 - \prod_{i=1}^{k_{j''}} x_{m_{j''i}}\right)$$

weglassen.

Ein Beispiel:

Die Systemfunktion $S(x_1, \ldots, x_4)$ sei von Null verschieden für folgende Werte von $x_1, \ldots, x_4$:

x_1	x_2	x_3	x_4
1	1	0	0
1	1	1	0
1	1	0	1
1	0	1	1
0	1	1	1
1	1	1	1

Dann braucht man in jeder Zeile nur die mit einer 1 versehenen x_i zu einer Teilmenge zusammenzufassen, und man erhält

$$S(x_1, \ldots, x_4) = 1 - (1 - x_1 x_2)(1 - x_1 x_2 x_3)$$
$$\times (1 - x_1 x_2 x_4)(1 - x_1 x_3 x_4)(1 - x_2 x_3 x_4)(1 - x_1 x_2 x_3 x_4) .$$

Die Faktoren $(1 - x_1 x_2 x_3)$, $(1 - x_1 x_2 x_4)$ und $(1 - x_1 x_2 x_3 x_4)$ kann man fortlassen und erhält

$$S(x_1, \ldots, x_4) = 1 - (1 - x_1 x_2)(1 - x_1 x_3 x_4)(1 - x_2 x_3 x_4) .$$

Diese durch Fortlassen von Faktoren entstandene Form nennen wir die „reduzierte Parallelform", für die wir folgende Definition geben:

Definition. Die Parallelform

$$S(x_1, \ldots, x_n) = 1 - \prod_{j=1}^{r} \left(1 - \prod_{i=1}^{k_j} x_{m_{ji}}\right)$$

heißt reduzierte Parallelform, wenn in ihr kein Produkt

$\prod_{i=1}^{k_{j'}} x_{m_{j'i}}$ vorkommt, das in einem anderen Produkt

$\prod_{i=1}^{k_{j''}} x_{m_{j''i}}$ vollständig enthalten ist.

Die reduzierte Parallelform hat deshalb eine besondere Bedeutung, weil sie eindeutig ist. Dies formulieren wir in dem folgenden

Satz 9. *In der reduzierten Parallelform einer Systemfunktion ist jeder Faktor* $\left(1 - \prod_{i=1}^{k_j} x_{m_{ji}}\right)$ *genau dann enthalten, wenn bei festgehaltenem* $x_{m_{j1}}, \ldots, x_{m_{jk_j}}$

$$\text{aus } \prod_{i=1}^{k_j} x_{m_{ji}} = \begin{cases} 1 & \text{stets } S(x_1, \ldots, x_n) \equiv 1 \\ 0 & \text{stets } S(x_1, \ldots, x_n) \not\equiv 1 \end{cases} \tag{5.18}$$

folgt.

Die reduzierte Parallelform ist also eindeutig.

Beweis.

a) Es sei

$$S(x_1, \ldots, x_n) = 1 - \prod_{j=1}^{r}\left(1 - \prod_{i=1}^{k_j} x_{m_{ji}}\right)$$

reduzierte Parallelform. Dann ist für beliebiges j stets

$$S(x_1, \ldots, x_n) \equiv 1\,, \quad \text{falls } \prod_{i=1}^{k_j} x_{m_{ji}} = 1\,.$$

Ist nun $j = r = 1$, dann ist $S(x_1, \ldots, x_n) = 0$ für $\prod_{i=1}^{k_j} x_{m_{1i}} = 0$, also (5.18) erfüllt. Falls $r > 1$, so gibt es in jedem anderen Faktor mindestens eine Variable, die nicht in $x_{m_{j1}}, \ldots, x_{m_{jk_j}}$ enthalten ist. Setzt man diese gleich 0 und

$$\prod_{i=1}^{k_j} x_{m_{ji}} = 0\,,$$

so verschwindet $S(x_1, \ldots, x_n)$. Also gilt (5.18).

b) Es gelte (5.18). Dann ist zu zeigen, daß der Faktor

$$\left(1 - \prod_{i=1}^{k_j} x_{m_{ji}}\right)$$

in $S(x_1, \ldots, x_n)$ enthalten ist.

Setzen wir $x_{m_{j1}} = \cdots = x_{m_{jk_j}} = 1$, alle anderen x_i (falls $k_j < n$) gleich 0, so ist $S(x_1, \ldots, x_n) = 1$ nach (5.18). Also muß für einen Faktor

$$\prod_{i=1}^{k_{j'}} x_{j'i} = 1\,,$$

d. h.

$x_{m_{j'1}} = \cdots = x_{m_{j'k_{j'}}} = 1$ sein, und die $x_{m_{j'i}}$ $(i = 1, \ldots, k_{j'})$

müssen eine Teilmenge der $x_{m_{ji}}$ $(i = 1, \ldots, k_j)$ sein. Wäre sie eine echte Teilmenge, so setze man

$$x_{m_{j'1}} = \cdots = x_{m_{j'k_j}} = 1, \text{ die übrigen der } x_{m_{ji}} \text{ gleich } 0 .$$

Dann ist bei festgehaltenem $x_{m_{j1}}, \ldots, x_{m_{jk_j}}$

$$\prod_{i=1}^{k_j} x_{m_{ji}} = 0 ,$$

andererseits nach a)

$$\text{wegen } \prod_{i=1}^{k_{j'}} x_{m_{j'i}} = 1 \quad \text{aber} \quad S(x_1, \ldots, x_n) \equiv 1$$

in Widerspruch zu (5.18). Also ist die Menge der $x_{m_{j'i}}$ identisch mit den $x_{m_{ji}}$, d. h., $S(x_1, \ldots, x_n)$ enthält den Faktor

$$\left(1 - \prod_{i=1}^{k_j} x_{m_{ji}}\right),$$

was zu zeigen war.

5.2.3. Die Serienform

Nach 5.1.5., Satz 6, kann man Booleesche Funktionen unter gewissen Voraussetzungen in einer Produktform (5.8) darstellen. Wir zeigen nun, daß dies für alle nichttrivialen Systemfunktionen gilt. Wegen ihrer Bedeutung für die Darstellung von Systemen als Serienschaltung von Parallelschaltungen (vgl. 5.3.3.2.) nennen wir diese Darstellungsform „Serienform", was wir in der folgenden Definition festhalten:

Definition. Die Darstellung einer Systemfunktion in der Form

$$S(x_1, \ldots, x_2) = \prod_{j=1}^{r} \left[1 - \prod_{i=1}^{k_j} (1 - x_{m_{ji}})\right]$$

heißt *Serienform.*

Die Bedeutung der Serienform wird sofort durch den folgenden Satz klar:

Satz 10. *Alle nichttrivialen Systemfunktionen und nur diese lassen sich in der Serienform*

$$S(x_1, \ldots, x_n) = \prod_{j=1}^{r} \left[1 - \prod_{i=1}^{k_j} (1 - x_{m_{ji}})\right] \tag{5.19}$$

darstellen.

Eine solche Serienform ist z. B. gegeben durch

$$S(x_1, \ldots, x_n) = \prod_{S(\varepsilon_1, \ldots, \varepsilon_n) = 0} \left[1 - \prod_{i=1}^{n} (1 - x_i)^{1-\varepsilon_i}\right], \qquad (5.20)$$

wobei das Produkt über alle BOOLEschen *n-Tupel* $\varepsilon_1, \ldots, \varepsilon_n$ *mit* $S(\varepsilon_1, \ldots, \varepsilon_n) = 0$ *zu erstrecken ist.*

Beweis.

a) Es sei $S(x_1, \ldots, x_n)$ eine nichttriviale Systemfunktion. Sie hat die konjunktive Normalform

$$S(x_1, \ldots, x_n) = \prod_{S(\varepsilon_1, \ldots, \varepsilon_n) = 0} \left[1 - \prod_{i=1}^{n} x_i^{\varepsilon_i} (1 - x_i)^{1-\varepsilon_i}\right].$$

Analog dazu bilden wir die Funktion

$$S_1(x_1, \ldots, x_n) = \prod_{S(\varepsilon_1, \ldots, \varepsilon_n) = 0} \left[1 - \prod_{i=1}^{n} (1 - x_i)^{1-\varepsilon_i}\right] \qquad (5.20')$$

und zeigen, daß

$$S(x_1, \ldots, x_n) \equiv S_1(x_1, \ldots, x_n)$$

gilt. Zunächst ist sicher stets

$$S(x_1, \ldots, x_n) \geqq S_1(x_1, \ldots, x_n)$$

wegen

$$\prod_{i=1}^{n} x_i^{\varepsilon_i} (1 - x_i)^{1-\varepsilon_i} \leqq \prod_{i=1}^{n} (1 - x_i)^{1-\varepsilon_i}.$$

Nun zeigen wir $S(x_1, \ldots, x_n) \leqq S_1(x_1, \ldots, x_n)$ (für alle $x_1, \ldots, x_n$), indem wir nachweisen, daß für ein beliebiges n-Tupel $\mu_1, \ldots, \mu_n$ mit $S_1(\mu_1, \ldots, \mu_n) = 0$ auch $S(\mu_1, \ldots, \mu_n) = 0$ ist. Wegen $S_1(\mu_1, \ldots, \mu_n) = 0$ muß nämlich für mindestens ein n-Tupel $\varepsilon_1', \ldots, \varepsilon_n'$ mit $S(\varepsilon_1', \ldots, \varepsilon_n') = 0$

$$1 - \prod_{i=1}^{n} (1 - \mu_i)^{1-\varepsilon_i} = 0 \qquad (5.21)$$

sein. Falls $\varepsilon_1' = \cdots = \varepsilon_n' = 0$, folgt $\mu_1 = \cdots = \mu_n = 0$ und $S(\mu_1, \ldots, \mu_n) = 0$, weil $S(x_1, \ldots, x_n)$ nichttriviale Systemfunktion ist. Im anderen Fall seien $\varepsilon_{s_1}' = \cdots = \varepsilon_{s_v}' = 0$ die verschwindenden und $\varepsilon_{s_{v+1}}' = \cdots = \varepsilon_{s_n}' = 1$ die nichtverschwindenden der $\varepsilon_1', \ldots, \varepsilon_n'$ ($\varepsilon_1' = \cdots = \varepsilon_n' = 1$ kommt wegen $S(1, \ldots, 1) = 1$ nicht vor). Aus (5.21) folgt dann $\mu_{s_1} = \cdots = \mu_{s_v} = 0$.

In $S(\mu_1, \ldots, \mu_n)$ kommt der Faktor

$$1 - \prod_{i=1}^{n} x_i^{\varepsilon'_i} (1 - x_i)^{\varepsilon'_i} = 1 - \prod_{i=v+1}^{n} x_{s_i} \prod_{i=1}^{v} (1 - x_{s_i})$$

vor, woraus $S(x_1, \ldots, x_n) = 0$ für $x_{s_1} = \mu_{s_1} = 0, \ldots, x_{s_v} = \mu_{s_v} = 0$, $x_{s_{v+1}} = \cdots = x_{s_n} = 1$ folgt. Wegen der Monotonie von $S(x_1, \ldots, x_n)$ gilt dann auch $S(x_1, \ldots, x_n) = 0$ für $x_{s_1} = \mu_{s_1}, \ldots$, $x_{s_n} = \mu_{s_n}$, also $S(\mu_1, \ldots, \mu_n) = 0$. Damit ist gezeigt, daß jede nichttriviale Systemfunktion sich in der Form (5.19) darstellen läßt. Gleichzeitig zeigt (5.20'), wie man eine solche Darstellung sofort mit Hilfe der konjunktiven Normalform von $S(x_1, \ldots, x_n)$ findet.

b) Wir haben noch zu zeigen, daß aus der Darstellung (5.19) einer Booleschen Funktion folgt, daß $S(x_1, \ldots, x_n)$ nichttriviale Systemfunktion ist. Wegen $S(1, \ldots, 1) = 1$ ist sicher nicht $S(x_1, \ldots, x_n) \equiv 0$ und wegen $S(0, \ldots, 0) = 0$ nicht $S(x_1, \ldots, x_n) \equiv 1$. Außerdem ist für beliebiges festes s $(1 \leqq s \leqq n)$ stets

$$\prod_{i=1}^{k_j} (1 - x_{m_{ji}}) \Big|_{x_s = 1} \leqq \prod_{i=1}^{k_j} (1 - x_{m_{ji}}) \Big|_{x_s = 0},$$

woraus mit (5.19) sofort

$$S(x_1, \ldots, x_n) \big|_{x_s = 1} \geqq S(x_1, \ldots, x_n) \big|_{x_s = 0}$$

folgt. Damit ist Satz 10 bewiesen.

5.2.3.1. *Die reduzierte Serienform*

Die Darstellung von $S(x_1, \ldots, x_n)$ in der Serienform (5.19) läßt sich unter Umständen noch vereinfachen. Falls nämlich die Elemente $x_{m_{j'i}}$ $(i = 1, \ldots, k_{j'})$ der Teilmenge mit dem Index j' sämtlich in einer anderen Teilmenge mit den Index j'' enthalten sind, so gilt offenbar

$$\prod_{i=1}^{k_{j'}} \left(1 - x_{m_{j'i}}\right) \geqq \prod_{i=1}^{k_{j''}} \left(1 - x_{m_{j''i}}\right),$$

also

$$1 - \prod_{i=1}^{k_{j'}} \left(1 - x_{m_{j''i}}\right) \leqq 1 - \prod_{i=1}^{k_{j''}} \left(1 - x_{m_{j''i}}\right)$$

und daher

$$\left[1-\prod_{i=1}^{k_{j'}}\left(1-x_{m_{j'}i}\right)\right]\left[1-\prod_{i=1}^{k_{j''}}\left(1-x_{m_{j''}i}\right)\right]=1-\prod_{i=1}^{k_{j'}}\left(1-x_{m_{j'}i}\right),$$

d. h., man kann in (5.19) jeden Faktor weglassen, der sämtliche in einem anderen Faktor vorkommenden x_i enthält. Sind in der Serienform einer Systemfunktion keine in diesem Sinne entbehrlichen Faktoren enthalten, so wollen wir sie die r e d u z i e r t e S e r i e n f o r m nennen:

Definition. Die Serienform

$$S(x_1, \ldots, x_n) = \prod_{j=1}^{r}\left[1-\prod_{i=1}^{k_j}\left(1-x_{m_j i}\right)\right]$$

heißt *reduzierte Serienform*, wenn in ihr kein Produkt $\prod_{i=1}^{k_{j'}}\left(1-x_{m_{j'}i}\right)$ vorkommt, das in einem anderen Produkt $\prod_{i=1}^{k_{j''}}\left(1-x_{m_{j''}i}\right)$ vollständig enthalten ist.

Auch die reduzierte Serienform ist wie die reduzierte Parallelform eindeutig, wie aus dem folgenden Satz hervorgeht:

Satz 11. *In der reduzierten Serienform einer Systemfunktion ist jeder Faktor* $1-\prod_{i=1}^{k_j}\left(1-x_{m_j i}\right)$ *genau dann enthalten, wenn bei festgehaltenen* $x_{m_j 1}, \ldots, x_{m_j k_j}$ *aus*

$$\prod_{i=1}^{k_j}\left(1-x_{m_j i}\right)=\begin{cases}1 & \text{stets } S(x_1, \ldots, x_n) \equiv 0 \\ 0 & \text{stets } S(x_1, \ldots, x_n) \not\equiv 0\end{cases} \tag{5.22}$$

folgt. Die reduzierte Serienform ist also eindeutig.

Beweis.

a) Es sei

$$S(x_1, \ldots, x_n) = \prod_{j=1}^{r}\left[1-\prod_{i=1}^{k_j}\left(1-x_{m_j i}\right)\right]$$

reduzierte Serienform. Dann ist für beliebiges j stets

$$S(x_1, \ldots, x_n) \equiv 0\,, \qquad \text{falls} \quad \prod_{i=1}^{k_j}\left(1-x_{m_j i}\right)=1\,.$$

Ist nun $j = r = 1$, so ist $S(x_1, \ldots, x_n) = 1$ für $\prod_{i=1}^{k_j} \left(1 - x_{m_1 i}\right) = 0$, also (5.22) erfüllt. Falls $r > 1$, so gibt es in jedem anderen Faktor mindestens eine Variable, die nicht in $x_{m_j 1}, \ldots, x_{m_j k_j}$ enthalten ist. Setzt man diese gleich 1 und $\prod_{i=1}^{k_j} \left(1 - x_{m_j i}\right) = 0$, so nimmt $S(x_1, \ldots, x_n)$ den Wert 1 an. Also gilt (5.22).

b) Es sei (5.22) erfüllt. Dann ist zu zeigen, daß $1 - \prod_{i=1}^{k_j} \left(1 - x_{m_j i}\right)$ als Faktor in der reduzierten Serienform enthalten ist.

Setzen wir $x_{m_j 1} = \cdots = x_{m_j k_j} = 0$, alle anderen x_i (falls $k_j < n$) gleich 1, so ist $S(x_1, \ldots, x_n) = 0$ nach (5.22). Also muß für einen Faktor

$$\prod_{i=1}^{k_{j'}} \left(1 - x_{m_{j'} i}\right) = 1\,, \quad \text{d. h.} \quad x_{m_{j'} i} = \cdots = x_{m_{j'} k_{j'}} = 0$$

sein, und die $x_{m_{j'} i}$ $(i = 1, \ldots, k_{j'})$ müssen eine Teilmenge der $x_{m_j i}$ $(i = 1, \ldots, k_j)$ sein. Wären sie eine echte Teilmenge, so setze man $x_{m_{j'} 1} = \cdots = x_{m_{j'} k_{j'}} = 0$, die übrigen der $x_{m_j i}$ gleich 1. Dann ist bei festgehaltenem $x_{m_j 1}, \ldots, x_{m_j k_j}$

$$\prod_{i=1}^{k_j} (1 - x_{m_j i}) = 0\,, \qquad \text{aber wegen} \quad \prod_{i=1}^{k_{j'}} (1 - x_{m_{j'} i}) = 1 \quad \text{nach a)}$$

$$S\,(x_1, \ldots, x_n) \equiv 0$$

im Widerspruch zu (5.22). Also ist die Menge der $x_{m_{j'} i}$ identisch mit den $x_{m_j i}$, d. h., $S(x_1, \ldots, x_2)$ enthält den Faktor

$$1 - \prod_{i=1}^{k_j} \left(1 - x_{m_j i}\right),$$

was zu zeigen war.

Zwischen der Parallelform und der Serienform einer Systemfunktion besteht ein Zusammenhang, der es erlaubt, auf einfache Weise (ohne Benutzung der Linearform und der disjunktiven Normalform) die eine in die andere umzuformen. Dieser Zusammenhang wird in den beiden folgenden Sätzen formuliert.

5.2.4. Umformung einer Parallelform in eine Serienform

Ist eine Systemfunktion in Parallelform gegeben, so kann man mit Hilfe des folgenden Satzes leicht eine Serienform finden.

Satz 12. *Es sei*

$$S(x_1, \ldots, x_n) = 1 - \prod_{j=1}^{r} \left(1 - \prod_{i=1}^{k_j} x_{m_{j\,i}}\right)$$

eine Systemfunktion in Parallelform.

Weiter seien $x_{k_{j\,1}}, \ldots, x_{k_{j\,s_j}}$ $(j = 1, \ldots, v)$ *sämtliche Teilmengen, die aus jeder der* r *Teilmengen* $x_{m_{j\,1}}, \ldots, x_{m_{j\,k_j}}$ $(j = 1, \ldots, r)$ *genau ein Element enthalten. Dann ist*

$$S_1(x_1, \ldots, x_n) = \prod_{j=1}^{v} \left[1 - \prod_{i=1}^{s_j} \left(1 - x_{k_{j\,i}}\right)\right]$$

eine Darstellung von $S(x_1, \ldots, x_n)$ *in Serienform, d. h., es gilt*

$$S(x_1, \ldots, x_n) = S_1(x_1, \ldots, x_n)\,.$$

Beweis.

a) Aus $S(x_1, \ldots, x_n) = 0$ folgt $\prod_{i=1}^{k_j} x_{m_{j\,i}} = 0$ für alle j. Also verschwindet in jeder Teilmenge $x_{m_{j\,1}}, \ldots, x_{m_{j\,k_j}}$ mindestens ein Element. Dann verschwinden in mindestens einer Teilmenge $x_{k_{j\,1}}, \ldots, x_{k_{j\,s_j}}$ alle Elemente, woraus $\prod_{i=1}^{s_j} \left(1 - x_{k_{j\,i}}\right) = 1$ und damit $S_1(x_1, \ldots, x_n) = 0$ folgt.

b) Aus $S(x_1, \ldots, x_n) = 1$ folgt $\prod_{i=1}^{k_j} x_{m_{j\,i}} = 1$, also $x_{m_{j\,1}} = \cdots = x_{m_{j\,k_j}} = 1$ für mindestens ein j. Jedes Produkt $\prod_{i=1}^{s_j} \left(1 - x_{k_{j\,i}}\right)$ enthält dann einen Faktor 0, woraus $S_1(x_1, \ldots, x_n) = 1$ folgt.

Beispiel. In der Parallelform

$$\begin{aligned} &S(x_1, \ldots, x_5) \\ &= 1 - (1 - x_1 x_3)\,(1 - x_2 x_4)\,(1 - x_1 x_4 x_5)\,(1 - x_2 x_3 x_5) \end{aligned}$$

treten die ($r =$) 4 Teilmengen x_1, x_3; $x_2\, x_4$; x_1, x_4, x_5; x_2, x_3, x_5 auf. Bildet man sämtliche Teilmengen, die aus jeder dieser vier Teilmengen genau ein Element enthalten, so bekommt man die Teilmengen x_1, x_2; x_3, x_4; x_1, x_2, x_3; x_1, x_2, x_4; x_1, x_2, x_5; x_1, x_3, x_4; x_1, x_4, x_5; x_2, x_3, x_4; x_2, x_3, x_5; x_3, x_4, x_5; x_1, x_2, x_3, x_4; x_1, x_2, x_3, x_5; x_1, x_2, x_4, x_5; x_1, x_3, x_4, x_5.

Aus diesen Teilmengen ist die Serienform zu bilden, wobei man alle Teilmengen, die andere Teilmengen vollständig enthalten, fortlassen kann. So bekommt man die reduzierte Serienform

$$S(x_1, \ldots, x_5) = [1 - (1 - x_1)(1 - x_2)]\,[1 - (1 - x_3)(1 - x_4)] \times [1 - (1 - x_1)(1 - x_4)(1 - x_5)]\,[1 - (1 - x_2)(1 - x_3)(1 - x_5)].$$

5.2.5. Umformung einer Serienform in eine Parallelform

Ist eine Systemfunktion in Serienform gegeben, so kann man mit Hilfe des folgendes Satzes leicht eine Parallelform für sie finden.

Satz 13. *Es sei*

$$S(x_1, \ldots, x_n) = \prod_{j=1}^{r} \left[1 - \prod_{i=1}^{k_j} \left(1 - x_{m_{ji}}\right)\right]$$

eine Systemfunktion in Serienform.

Weiter seien $x_{k_{j1}}, \ldots, x_{k_{js_j}}$ $(j = 1, \ldots, v)$ *sämtliche Teilmengen, die aus jeder der* r *Teilmengen* $x_{m_j}, \ldots, x_{m_{jk_j}}$ $(j = 1, \ldots, r)$ *genau ein Element enthalten. Dann ist*

$$S_1(x_1, \ldots, x_n) = 1 - \prod_{j=1}^{v} \left(1 - \prod_{i=1}^{s_j} x_{k_{ji}}\right)$$

eine Darstellung von $S(x_1, \ldots, x_n)$ *in Parallelform, d. h., es gilt*

$$S(x_1, \ldots, x_n) = S_1(x_1, \ldots, x_n)\,.$$

Beweis.

a) Aus $S(x_1, \ldots, x_n) = 0$ folgt $\prod_{i=1}^{k_j}\left(1 - x_{m_{ji}}\right) = 1$, also $x_{m_{j1}} = \cdots = x_{m_{jk_j}} = 0$ für mindestens ein j. Jedes Produkt $\prod_{i=1}^{s_j} x_{k_{ji}}$ $(j = 1, \ldots, v)$ enthält dann einen Faktor 0, woraus $S_1(x_1, \ldots, x_n) = 0$ folgt.

b) Aus $S(x_1, \ldots, x_n) = 1$ folgt $\prod_{i=1}^{k_j}\left(1 - x_{m_{ji}}\right) = 0$ für alle j. Also hat jede Teilmenge $x_{m_{j1}}, \ldots, x_{m_{jk_j}}$ mindestens ein nichtverschwindendes Element. Dann sind in einer Teilmenge $x_{k_{j1}}, \ldots, x_{k_{js_j}}$ alle Elemente von 0 verschieden, woraus $S_1(x_1, \ldots, x_n) = 1$ folgt.

5.2.6. Systemfunktionen als Funktionen von reellen Variablen

In Kapitel 4 haben wir bereits Systemfunktionen benutzt, um die Zustandswahrscheinlichkeiten einfacher Systeme (Baugruppen) zu berechnen. Statt der Booleschen Variablen wurden dabei Wahrscheinlichkeiten, also reelle Zahlen zwischen 0 und 1 eingesetzt. Im nächsten Kapitel wird gezeigt, wie man wesentliche Zuverlässigkeitsgrößen von Systemen ganz allgemein mit Hilfe der Systemfunktionen als Funktionen von reellen Größen (Wahrscheinlichkeiten) berechnen kann. Dazu benötigen wir einige Eigenschaften der Systemfunktionen, die in den folgenden drei Sätzen formuliert werden.

Satz 14. *Gilt für zwei Systemfunktionen*

$$S_1(x_1, \ldots, x_n) \geqq S_2(x_1, \ldots, x_n)$$

für alle 2^n Booleschen n-Tupel $x_1, \ldots, x_n$, so gilt diese Ungleichung, falls $S_1(x_1, \ldots, x_n)$ und $S_2(x_1, \ldots, x_n)$ in der disjunktiven Normalform oder Linearform geschrieben werden, auch für alle reellen n-Tupel $x_1, \ldots, x_n$ mit $0 \leqq x_i \leqq 1$ $(i = 1, \ldots, n)$.

Beweis. Wegen der algebraischen Äquivalenz von disjunktiver Normalform und Linearform können wir annehmen, $S_1(x_1, \ldots, x_n)$ und $S_2(x_1, \ldots, x_n)$ hätten die disjunktive Normalform. Dann ist

$$S_1(x_1, \ldots, x_n) - S_2(x_1, \ldots, x_n)$$

entweder identisch 0 oder eine Summe von Produkten der Form

$$\prod_{i=1}^{n} x_i^{\varepsilon_i} (1 - x_i)^{1-\varepsilon_i}$$

mit Booleschen n-Tupeln $\varepsilon_1, \ldots, \varepsilon_2$, also ist unter der Voraussetzung $0 \leqq x_i \leqq 1$ $(1 = 1, \ldots, n)$

$$S_1(x_1, \ldots, x_n) - S_2(x_1, \ldots, x_n) \geqq 0\,,$$

was zu zeigen war.

Satz 15. *Eine Systemfunktion* $S(x_1, \ldots, x_n)$ *in der disjunktiven Normalform (oder Linearform) ist im Bereich* $0 \leqq x_i \leqq 1$ *eine monoton nicht abnehmende Funktion der reellen Variablen* $x_1, \ldots, x_n$.

Beweis. Wegen der algebraischen Äquivalenz von disjunktiver Normalform und Linearform können wir annehmen, $S(x_1, \ldots, x_n)$ hätte die disjunktive Normalform. Aus der disjunktiven Normalform folgt für beliebiges festes i ($i = 1, \ldots, n$)

$$S(x_1, \ldots, x_n) = x_i\, S(x_1, \ldots, x_n)|_{x_i=1} + (1 - x_i)\, S(x_1, \ldots, x_n)|_{x_i=0}$$

$$= S(x_1, \ldots, x_n)|_{x_i=0} + x_i\, [S(x_1, \ldots, x_n)|_{x_i=1} - S(x_1, \ldots, x_n)|_{x_i=0}]\,.$$

Darin ist

$$S(x_i, \ldots, x_n)|_{x_i=1} \geqq S(x_1, \ldots, x_n)|_{x_i=0}$$

für alle BOOLEschen Variablen x_j ($j = 1, \ldots, n$; $j \neq i$) und daher nach Satz 14 auch für alle reellen x_j ($j = 1, \ldots, n$; $j \neq i$) mit $0 \leqq x_j \leqq 1$. Hieraus folgt die Monotonie für x_i (sogar für beliebiges reelles x_i, falls die übrigen x_j im Bereich $0 \leqq x_j \leqq 1$ bleiben).

Satz 16. *Für jede nichttriviale Systemfunktion in der disjunktiven Normalform (oder Linearform) gilt*

$$\prod_{i=1}^{n} x_i \leqq S(x_1, \ldots, x_n) \leqq 1 - \prod_{i=1}^{n} (1 - x_i)$$

im Bereich $0 \leqq x_i \leqq 1$ ($i = 1, \ldots, n$).

Beweis.

a) Für jede nichttriviale Systemfunktion gilt $S(1, \ldots, 1) = 1$. Also enthält ihre disjunktive Normalform den Summanden $\prod_{i=1}^{n} x_i$, woraus die linke Ungleichung folgt.

b) Für jede nichttriviale Systemfunktion gilt $S(0, \ldots, 0) = 0$. Also enthält ihre konjunktive Normalform den Faktor $1 - \prod_{i=1}^{n} (1 - x_i)$, woraus die rechte Ungleichung für BOOLEsche Variablen folgt. Die rechte Seite ist eine Systemfunktion, die ihrer Linearform und damit ihrer disjunktiven Normalform algebraisch äquivalent ist. Nach Satz 14 gilt dann die rechte Ungleichung auch für $0 \leqq x_i \leqq 1$ ($i = 1, \ldots, n$).

5.3. Symbolische Darstellung von Systemen

Zur Veranschaulichung und auch zur praktischen Bestimmung von Systemfunktionen ist die symbolische Darstellung von Systemen, wie man sie in der Schaltalgebra verwendet, außerordentlich nützlich. Dazu denke man sich die n Baueinheiten, denen die n BOOLEschen Variablen $x_1, \ldots, x_n$ zugeordnet sind, als Schalter, die geöffnet (kein Stromdurchgang; nicht funktionsfähig) oder geschlossen (Stromdurchgang; funktionsfähig) sind. Ein aus n Baueinheiten bestehendes System wird dann durch eine Schaltung aus n Schaltern symbolisiert. Die zugehörige Systemfunktion hat den Wert 1, wenn die Schaltung Stromdurchgang hat, und sonst den Wert 0. Eine solche Schaltung kann man, wie wir in 5.3.5. zeigen werden, immer mit Hilfe der sogenannten Parallel- und Serienschaltungen symbolisieren, die wir im folgenden erklären.

5.3.1. PARALLELSCHALTUNG

Unter einer Parallelschaltung von n Baueinheiten verstehen wir ein System, das genau dann funktionsfähig ist, wenn mindestens eine der n Baueinheiten funktionsfähig ist. Auf n Schalter übertragen: Eine Parallelschaltung von n Schaltern hat genau dann Stromdurchgang, wenn mindestens ein Schalter Stromdurchgang hat (geschlossen ist). Zeichnerisch benutzen wir für die Parallelschaltung das Symbol

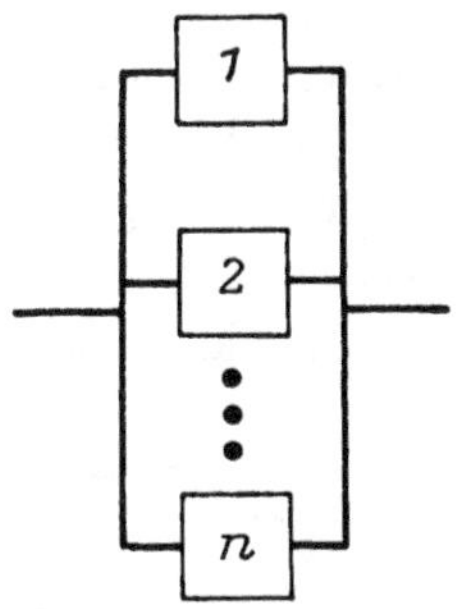

Der Parallelschaltung entspricht als Systemfunktion die Funktion

$$S(x_1, \ldots, x_n) = 1 - \prod_{i=1}^{n} (1 - x_i) . \qquad (5.23)$$

Entsprechend kann man als Parallelschaltung einer Reihe $A_1, \ldots, A_r$ von Systemen (Teilsystemen) das System definieren, das genau dann funktionsfähig ist, wenn mindestens eines der r Teilsysteme funktionsfähig ist. Wir symbolisieren das System durch

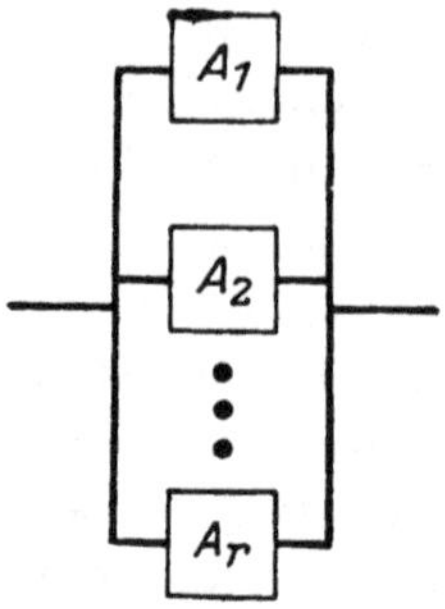

Sind $S_1(x_1, \ldots, x_n), \ldots, S_r(x_1, \ldots, x_n)$ die Systemfunktionen der Systeme $A_1, \ldots, A_r$, so gilt für die Systemfunktion der Parallelschaltung

$$S(x_1, \ldots, x_n) = 1 - \prod_{j=1}^{r} [1 - S_j(x_1, \ldots, x_n)] , \qquad (5.24)$$

denn die rechte Seite wird genau dann gleich 1, wenn $S_j(x_1, \ldots, x_n) = 1$ für mindestens ein j gilt. Im Spezialfall $r = n$, $S_j(x_1, \ldots, x_n) = x_j$ geht (5.24) wieder in (5.23) über.

5.3.2. Serienschaltung

Unter einer Serienschaltung von n Baueinheiten verstehen wir ein System, das genau dann funktionsfähig ist, wenn alle Baueinheiten funktionsfähig sind. Auf n Schalter übertragen: Eine Serienschaltung von n Schaltern hat genau dann Stromdurchgang, wenn alle n Schalter Stromdurchgang haben (geschlossen sind). Zeichnerisch benutzen wir für die Serienschaltung das Symbol

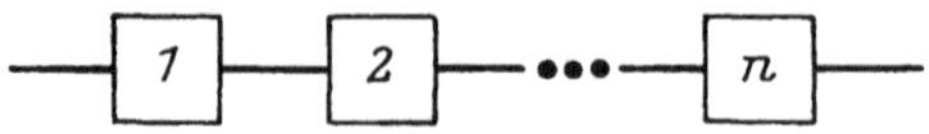

Der Serienschaltung entspricht als Systemfunktion das Produkt aller n Variablen

$$S(x_1, \ldots, x_n) = \prod_{i=1}^{n} x_i . \qquad (5.25)$$

Ebenso kann man für eine Reihe $A_1, \ldots, A_r$ von Systemen (Teilsystemen) eine Serienschaltung definieren als das System, das genau dann funktionsfähig ist, wenn alle Teilsysteme funktionsfähig sind. Wir symbolisieren das System durch

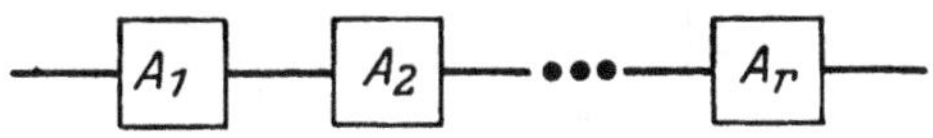

Sind $S_1(x_1, \ldots, x_n), \ldots, S_r(x_1, \ldots, x_n)$ die Systemfunktionen der Systeme $A_1, \ldots, A_r$, so gilt für die Systemfunktion $S(x_1, \ldots, x_n)$ der Serienschaltung

$$S(x_1, \ldots, x_n) = \prod_{j=1}^{r} S_j(x_1, \ldots, x_n) , \tag{5.26}$$

denn die rechte Seite wird dann und nur dann gleich 1, wenn $S_j(x_1, \ldots, x_n) = 1$ für $j = 1, \ldots, r$ gilt. Im Spezialfall $r = n$, $S_j(x_1, \ldots, x_n) = x_j$ geht (5.26) wieder in (5.25) über.

5.3.3. Kombination von Parallel- und Serienschaltungen

Da die in den Parallel- und Serienschaltungen vorkommenden Teilsysteme selbst wieder Parallel- oder Serienschaltungen von Baueinheiten sein können, kann man durch Kombination beider Schaltungen eine große Vielfalt von Systemen darstellen.

Beispiel. A_1 sei die Parallelschaltung der Baueinheiten B_1, B_2 und B_3; A_2 sei die Parallelschaltung der Baueinheiten B_4 und B_5. Die Serienschaltung von A_1 und A_2 hat dann die symbolische Darstellung

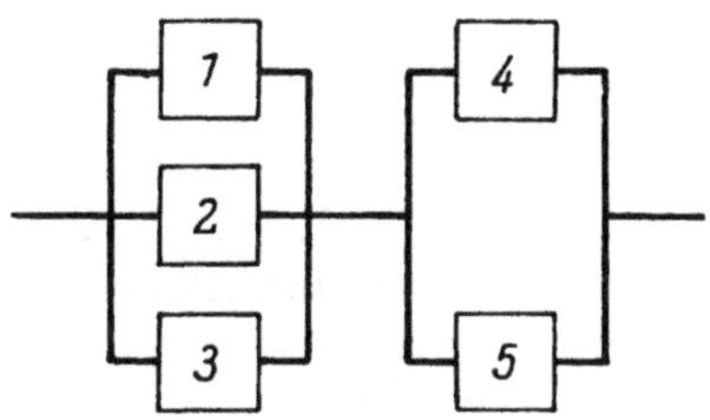

(I)

und die Systemfunktion

$$S^*(x_1, \ldots, x_5)$$
$$= [1 - (1 - x_1)(1 - x_2)(1 - x_3)]\,[1 - (1 - x_4)(1 - x_5)] .$$

Besteht A_3 aus der Parallelschaltung der Baueinheiten B_2 und B_5 und schaltet man A_3 in Serie mit der Baueinheit B_1, so bekommt

man die Darstellung

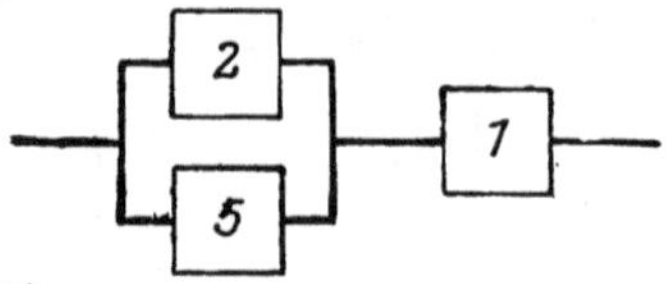

(II)

mit der Systemfunktion

$$S^{**}(x_1, \ldots, x_5) = [1 - (1 - x_2)(1 - x_5)]\, x_1 .$$

Eine Parallelschaltung der Systeme (I) und (II) liefert dann das System

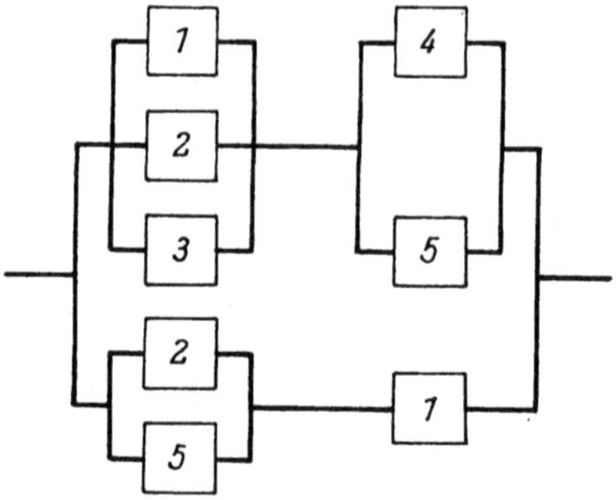

mit der Systemfunktion

$$S(x_1, \ldots, x_5) = 1 - [1 - S^*(x_1, \ldots, x_5)]\,[1 - S^{**}(x_1, \ldots, x_5)] .$$

Wir betrachten in den beiden folgenden Abschnitten noch zwei wichtige Spezialfälle.

5.3.3.1. *Parallelschaltung von Serienschaltungen*

Sind die Teilsysteme $A_1, \ldots, A_r$ einer Parallelschaltung reine Serienschaltungen mit den Systemfunktionen

$$S_j(x_1, \ldots, x_n) = \prod_{i=1}^{k_j} x_{m_{ji}}, \qquad j = 1, \ldots, r ,$$

wobei die $x_{m_{ji}}$, $i = 1, \ldots, k_j$ für jedes j eine Auswahl der $x_1, \ldots, x_n$ darstellen, so hat das System die Systemfunktion (5.15)

$$S(x_1, \ldots, x_n) = 1 - \prod_{j=1}^{r} \left(1 - \prod_{j=1}^{k_j} x_{m_{ji}}\right)$$

von 5.2.2.

Umgekehrt läßt sich ein System mit der Systemfunktion (5.15) als Parallelschaltung von Serienschaltungen darstellen.

Beispiele.

Das System mit der Systemfunktion

$$S(x_1, \ldots, x_5) = 1 - (1 - x_1 x_2)(1 - x_3 x_4 x_5)$$

und mit der symbolischen Darstellung

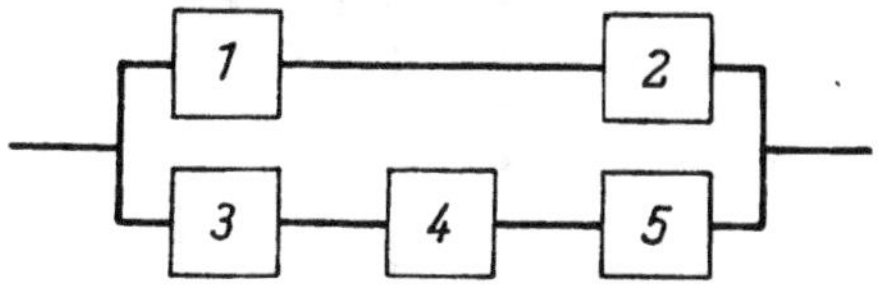

sowie das System mit der Systemfunktion

$$S(x_1, x_2, x_3) = 1 - (1 - x_1 x_2)(1 - x_2 x_3)(1 - x_3 x_1) \qquad (5.27)$$

und der symbolischen Darstellung

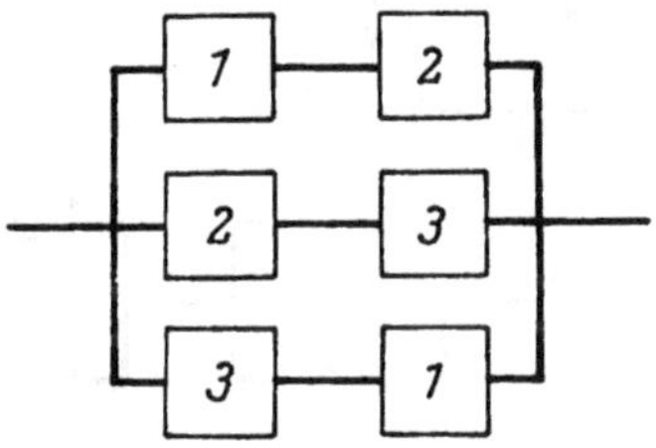

(III)

sind Parallelschaltungen von Serienschaltungen.

5.3.3.2. *Serienschaltung von Parallelschaltungen*

Sind die Teilsysteme $A_1, \ldots, A_r$ einer Serienschaltung reine Parallelschaltungen mit den Systemfunktionen

$$S_j(x_1, \ldots, x_n) = 1 - \prod_{i=1}^{k_j} (1 - x_{m_{ji}}), \qquad j = 1, \ldots, r,$$

wobei die $x_{m_{ji}}$, $i = 1, \ldots, k_j$ für festes j wieder eine Auswahl der $x_1, \ldots, x_n$ darstellen, so hat das System die Systemfunktion (5.19)

$$S(x_1, \ldots, x_n) = \prod_{j=1}^{r} \left[1 - \prod_{i=1}^{k_j} \left(1 - x_{m_{ji}}\right)\right]$$

von 5.3.2. Umgekehrt läßt sich ein System mit der Systemfunktion (5.19) als Serienschaltung von Parallelschaltungen darstellen.

Beispiele.

Das System mit der Systemfunktion

$$S(x_1, \ldots, x_5)$$
$$= [1 - (1 - x_1)(1 - x_2)(1 - x_3)]\,[1 - (1 - x_4)(1 - x_5)]$$

und der symbolischen Darstellung

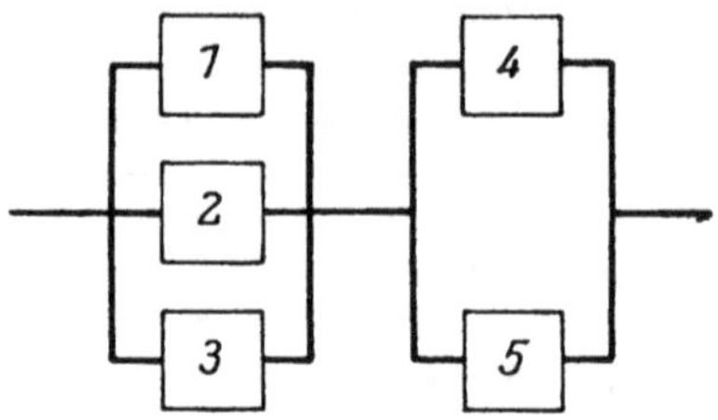

sowie das System mit der Systemfunktion

$$S(x_1, x_2, x_3) = [1 - (1 - x_1)(1 - x_2)]\,[1 - (1 - x_2)(1 - x_3)]$$
$$[1 - (1 - x_3)(1 - x_1)] \tag{5.28}$$

und der symbolischen Darstellung

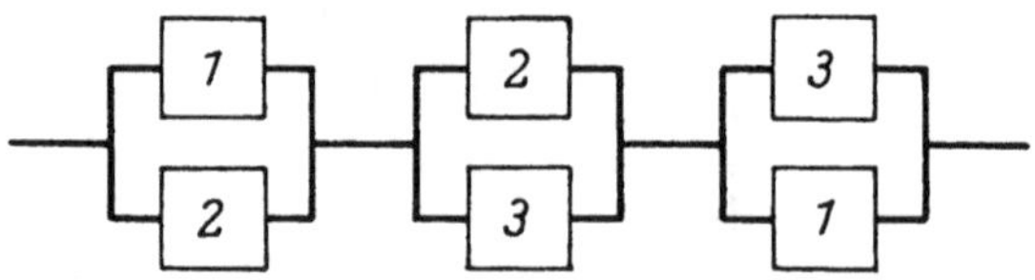

(IV)

sind Serienschaltungen von Parallelschaltungen.

Durch Umwandlung von (5.27) und (5.28) in die Linearform erkennt man, daß die beiden Systemfunktionen gleich sind und daß daher die symbolischen Darstellungen (III) und (IV) gleichwertig sind. Sie symbolisieren ein „2 aus 3"-System, wie wir es in 4.3.1.1. kennenlernten, also ein System aus drei Elementen, das genau dann funktionsfähig ist, wenn mindestens zwei der drei Elemente funktionsfähig sind.

5.3.3.3. *Umformung einer Parallelschaltung von Serienschaltungen in eine Serienschaltung von Parallelschaltungen*

In 5.2.4., Satz 12, haben wir eine einfache Regel, wie man aus einer gegebenen Parallelform eine Serienform finden kann. Die Übertragung dieses Satzes auf die symbolische Darstellung führt sofort zu der folgenden

Regel. *Ist ein System als Parallelschaltung von Serienschaltungen gegeben, so bilde man alle Parallelschaltungen, die aus jeder der gegebenen Serienschaltungen genau ein Element enthalten. Die Serienschaltung dieser Parallelschaltungen stellt dann ebenfalls das System dar. Diejenigen der dabei gebildeten Parallelschaltungen, die andere ganz enthalten, kann man fortlassen (reduzierte Darstellung).* Zur Veranschaulichung diene das folgende

Beispiel. Das System sei in der Form

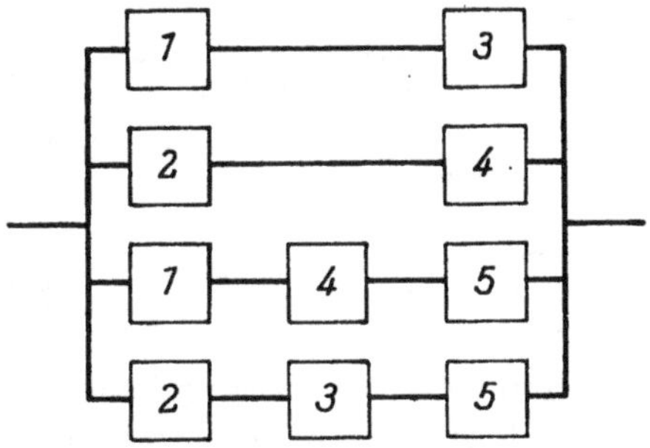

gegeben. (Sie entspricht der in 5.3.4. als Beispiel betrachteten „Brückenschaltung".)

Verfährt man nach der angegebenen Regel, so bleiben nach Fortlassen der überflüssigen Parallelschaltungen vier Parallelschaltungen übrig, die nach Serienschaltung das System in der Form

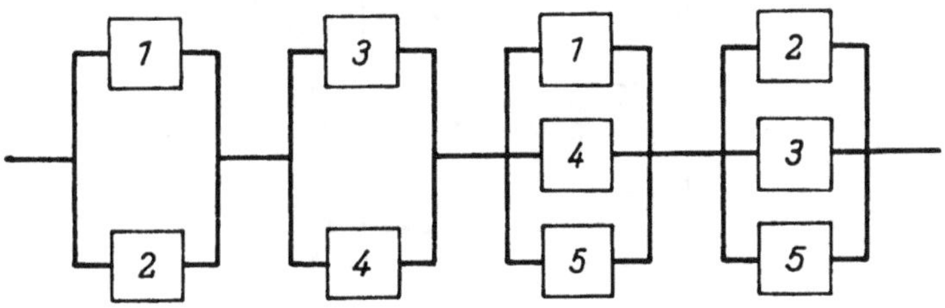

ergeben.

5.3.3.4. *Umformung einer Serienschaltung von Parallelschaltungen in eine Parallelschaltung von Serienschaltungen*

In 5.2.5., Satz 13, haben wir eine entsprechende einfache Regel, wie man aus einer gegebenen Serienform eine Parallelform finden kann. Die Übertragung dieses Satzes auf die symbolische Darstellung führt sofort zu der folgenden

Regel. *Ist ein System als Serienschaltung von Parallelschaltungen gegeben, so bilde man alle Serienschaltungen, die aus jeder der gegebenen Parallelschaltungen genau ein Element enthalten. Die Parallelschaltung dieser Serienschaltungen stellt dann ebenfalls das System dar. Diejenigen der dabei gebildeten Serienschaltungen, die andere ganz enthalten, kann man fortlassen (reduzierte Darstellung).* Zur Veranschaulichung diene das folgende

Beispiel. Das System sei in der Form

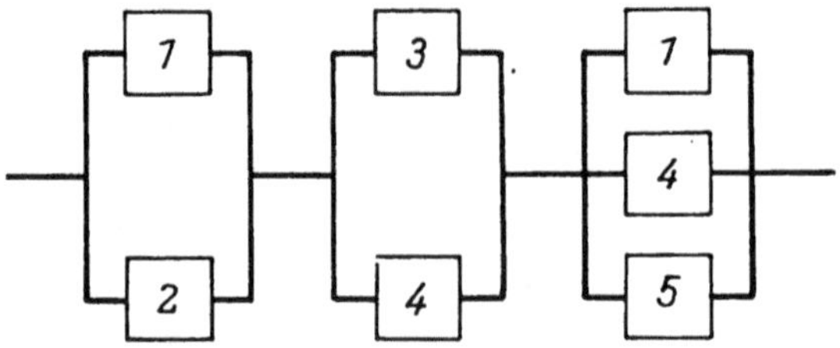

gegeben. Verfährt man nach der angegebenen Regel, so bleiben nach Fortlassen der überflüssigen Serienschaltungen vier Serienschaltungen übrig, die nach Parallelschaltung das System in der Form

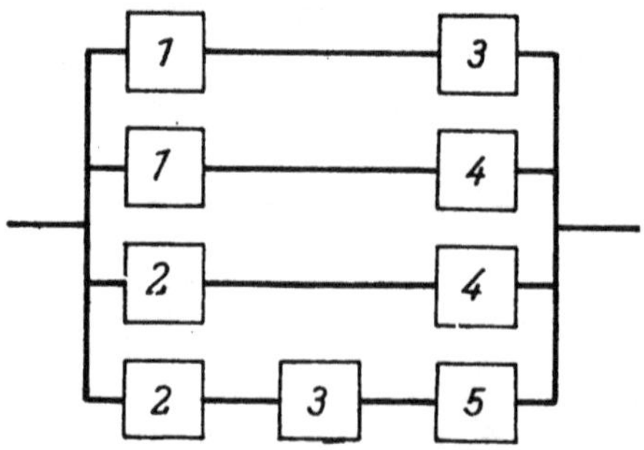

ergeben.

5.3.4. Netzwerke

Die bisher betrachteten symbolischen Darstellungen sind Spezialfälle allgemeiner Netzwerke. Unter einem *Netzwerk* wollen wir ein System von Punkten (Knotenpunkten) und verbindenden Kurven, die wir Kanten nennen, verstehen. Die Kanten symbolisieren die Baueinheiten, was wir durch eingezeichnete Quadrate mit den

Nummern der Baueinheiten deutlich machen. Zwei Punkte des Netzwerkes werden als Eingang E und als Ausgang A gekennzeichnet. Eine Folge von Kanten, die E mit A verbindet, heißt ein Weg des Netzwerkes. Das zugehörige System ist genau dann funktionsfähig, wenn alle Baueinheiten von mindestens einem Weg funktionsfähig sind.

Beispiel. Die sogenannte „Brückenschaltung" ist ein Netzwerk aus 5 Bauelementen:

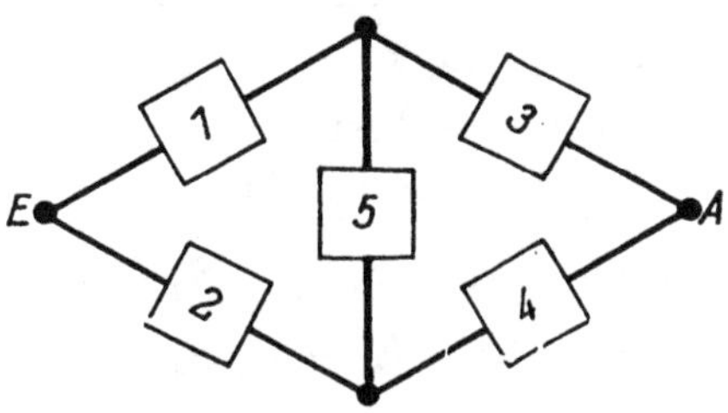

Sie hat die 4 Wege 1, 3; 2, 4; 1, 5, 4; 2, 5, 3. Nach 5.1.5., Satz 5, ist die Systemfunktion sofort durch die (reduzierte) Parallelform

$$S(x_1, \ldots, x_5) = 1 - (1 - x_1 x_3)(1 - x_2 x_4)(1 - x_1 x_4 x_5)(1 - x_2 x_3 x_5)$$

darstellbar. Das Netzwerk ist also gleichwertig mit der Parallelschaltung von Serienschaltungen

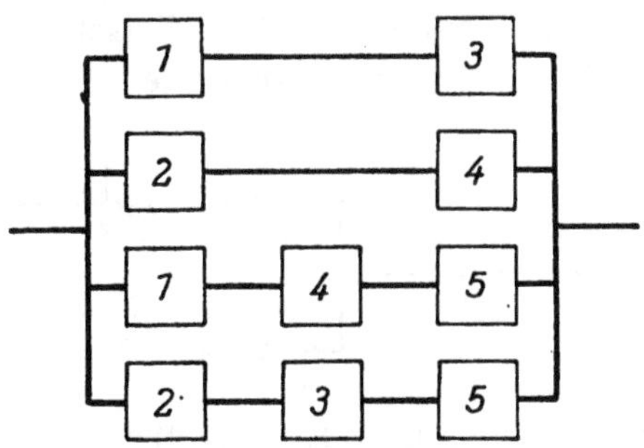

Aus 5.1.5., Satz 5, folgt unmittelbar der

Satz 17. *Ist ein System durch ein Netzwerk mit den r Wegen $m_{j1}, \ldots, m_{jk_j}$; $j = 1, \ldots, r$ gegeben, wobei die m_{ji} die Werte $1, \ldots, n$ annehmen können, so gilt für die Systemfunktion $S(x_1, \ldots, x_n)$*

$$S(x_1, \ldots, x_n) = 1 - \prod_{j=1}^{r} \left(1 - \prod_{i=1}^{k_j} x_{m_{ji}}\right). \tag{5.29}$$

5.3.5. Symbolische Darstellung bei gegebener Systemfunktion

Für eine Systemfunktion $S(x_1, \ldots, x_n)$ gelten die folgenden beiden Formeln:

$$S(x_1, \ldots, x_n) = 1 - [1 - x_n S(x_1, \ldots, x_{n-1}, 1)]\,[1 - S(x_1, \ldots, x_{n-1}, 0)]\,, \tag{5.30}$$

$$S(x_1, \ldots, x_n) = [1 - (1 - x_n)\,[1 - S(x_1, \ldots, x_{n-1}, 0)]\; S(x_1, \ldots, x_{n-1}, 1)\,. \tag{5.31}$$

Beweis. Zur Abkürzung setzen wir $S(x_1, \ldots, x_{n-1}, 0) = S_0$, $S(x_1, \ldots, x_{n-1}, 1) = S_1$. Wegen $S_0 \leqq S_1$ gilt $S_0 \cdot S_1 = S_0$, denn für $S_0 = 0$ ist $S_0 \cdot S_1 = 0$, für $S_0 = 1$ ist auch $S_1 = 1$, also $S_0 \cdot S_1 = 1$. Damit folgt unter Benutzung von (5.5)

$$\begin{aligned} 1 - (1 - x_n S_1)(1 - S_0) &= x_n S_1 + S_0 - x_n S_1 S_0 \\ &= x_n S_1 + (1 - x_n) S_0 = S(x_1, \ldots, x_n) \end{aligned}$$

und

$$\begin{aligned} [1 - (1 - x_n)(1 - S_0)]\, S_1 &= (x_n + S_0 - x_n S_0)\, S_1 \\ &= x_n S_1 + (1 - x_n) S_0 = S(x_1, \ldots, x_n)\,. \end{aligned}$$

Bezeichnen wir das System mit der Systemfunktion $S(x_1, \ldots, x_n)$ mit C_n, das System mit der Systemfunktion S_0 mit $C_{n-1,\,0}$ und das System mit der Systemfunktion S_1 mit $C_{n-1,\,1}$, so kann man nach Gl. (5.30) das System C_n als Parallelschaltung von $C_{n-1,\,0}$ mit der Serienschaltung von B_n (n-te Baueinheit) und $C_{n-1,\,1}$ darstellen:

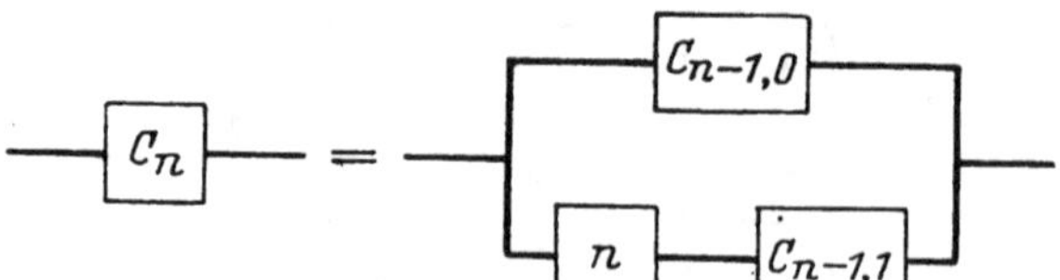

(V)

Und nach Gl. (5.31) bekommt man als gleichwertige Darstellung für C_n eine Serienschaltung von $C_{n-1,1}$ mit der Parallelschaltung von B_n und $C_{n-1,\,0}$:

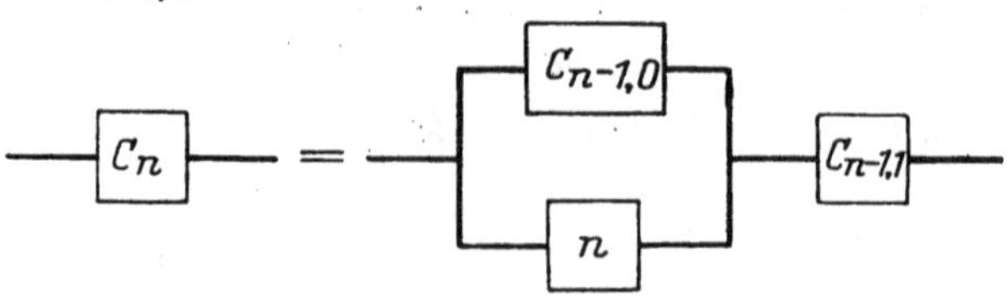

(VI)

Da $C_{n-1,\,0}$ und $C_{n-1,\,1}$ Systeme aus nur $n-1$ Baueinheiten sind, kann man das Verfahren fortsetzen und bekommt schließlich eine vollständige Serienparallelschaltung von C_n in den Baueinheiten $B_1, \ldots, B_n$. Von den gleichartigen Schemata (V) und (VI) wählt man jeweils das zweckmäßigere.

5.3.5.1. *Symbolische Darstellung aller Systeme für $n = 1, 2, 3$*

Zur Veranschaulichung wollen wir die symbolischen Darstellungen für alle Systeme mit $n \leqq 3$ konstruieren.

$n = 1$:

Hier gibt es nur die eine nichttriviale Systemfunktion $S(x_1) = x_1$ mit der Darstellung

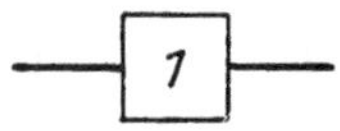

$n = 2$:

Nach 5.2. gibt es die nichttrivialen eigentlichen Systemfunktionen

$$S(x_1, x_2) = x_1 x_2$$

mit der symbolischen Darstellung

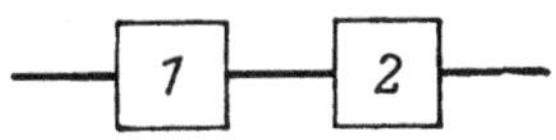

und

$$S(x_1, x_2) = x_1 + x_2 - x_1 x_2 = 1 - (1 - x_1)(1 - x_2)$$

mit der symbolischen Darstellung

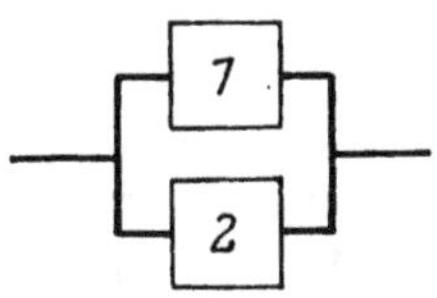

Für $n = 2$ treten also nur die Serien- und die Parallelschaltung auf.

$n = 3$:

Nach 5.2.1.1. gibt es (von Vertauschungen der Variablen abgesehen) nur die folgenden nichttrivialen eigentlichen Systemfunktionen:

a) $S(x_1, x_2, x_3) = x_1 x_2 x_3$
mit der symbolischen Darstellung

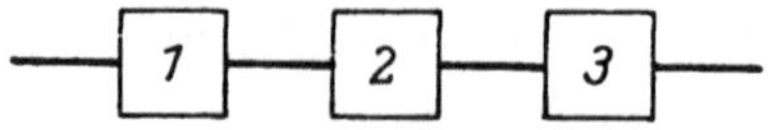

b) $S(x_1, x_2, x_3) = x_1 + x_2 + x_3 - x_1 x_2 - x_2 x_3 - x_3 x_1$

$$= 1 - (1 - x_1)(1 - x_2)(1 - x_3) .$$

Mit Hilfe des Schemas (V) oder (VI) bekommen wir, weil $S(x_1, x_2, 1) \equiv 1$, das System $C_{2,1}$ also der immer geschlossene Schalter (Stromdurchgang) ist, die symbolische Darstellung

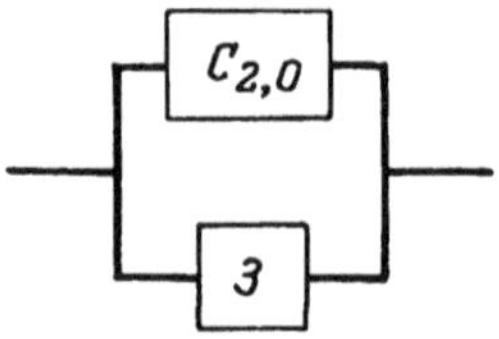

Darin ist $C_{2,0}$ die symbolische Darstellung des Systems mit der Systemfunktion

$$S(x_1, x_2, 0) = x_1 + x_2 - x_1 x_2 = 1 - (1 - x_1)(1 - x_2) ,$$

also

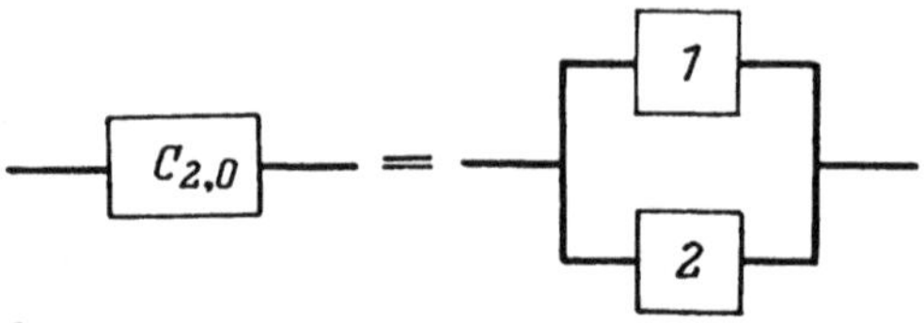

Wir erhalten also

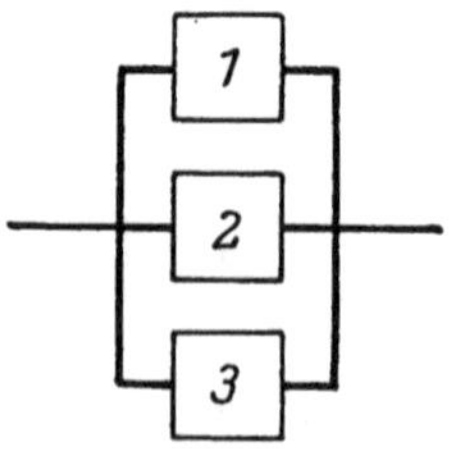

Das ist die Parallelschaltung der drei Teilsysteme, die wir nach 5.3.2., Gl. (5.23), auch gleich hätten hinschreiben können.

c) $$S(x_1, x_2, x_3) = x_1 x_2 + x_2 x_3 + x_3 x_1 - 2 x_1 x_2 x_3$$

Wegen $S(x_1, x_2, 0) = x_1 x_2$ und $S(x_1, x_2, 1) = x_1 + x_2 - x_1 x_2 = 1 - (1 - x_1)(1 - x_2)$ bekommen wir

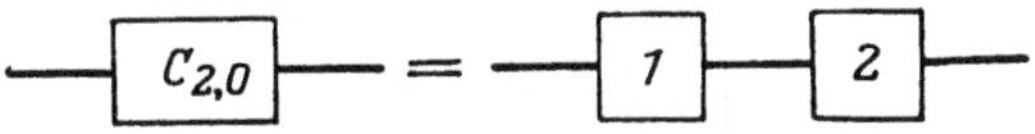

und

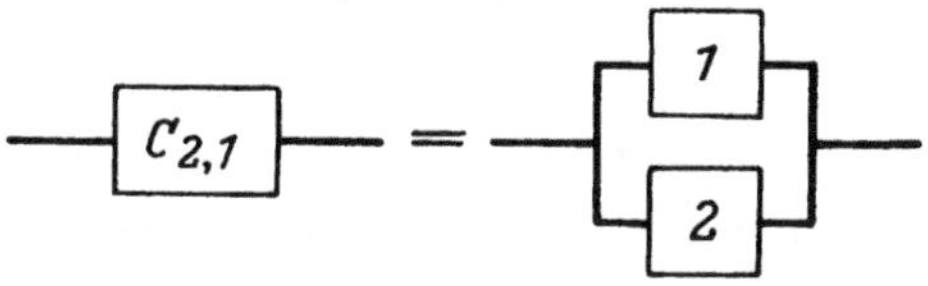

also nach Schema (V) die symbolische Darstellung

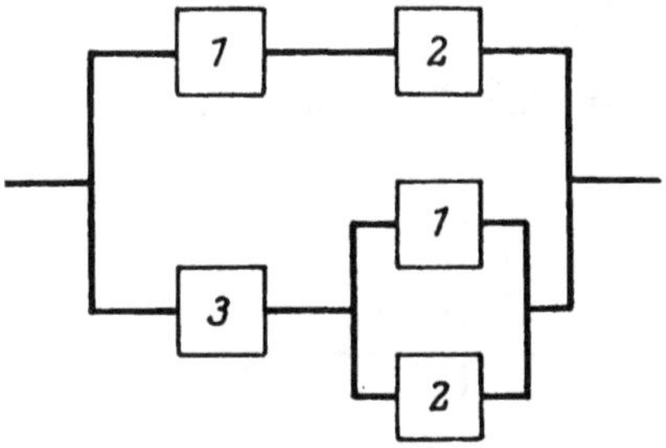

(VII)

Das System

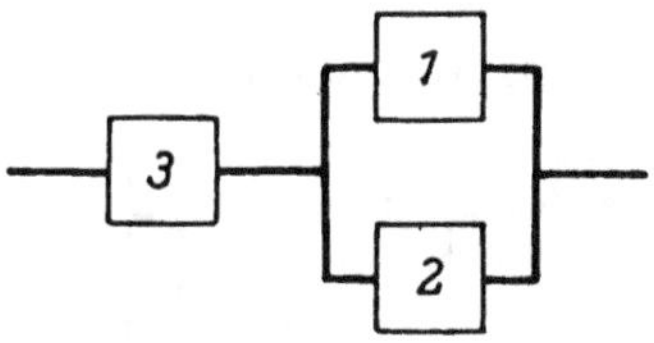

ist eine Serienschaltung der Systeme

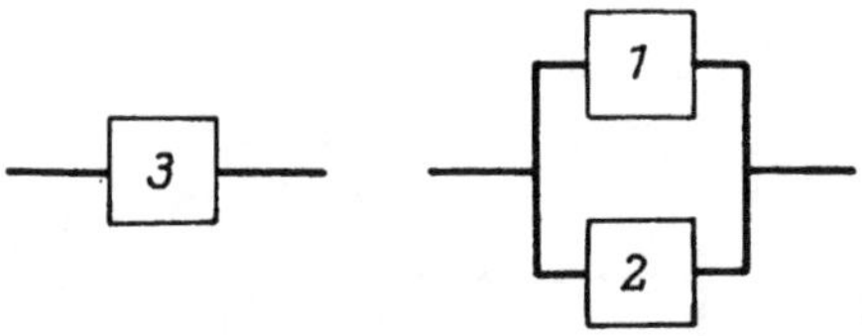

hat also nach 5.3.1. und 5.3.2. die Systemfunktion

$$x_3 [1 - (1 - x_1)(1 - x_2)] ,$$

für die man

$$1 - (1 - x_2 x_3)(1 - x_3 x_1)$$

schreiben kann (beide Funktionen haben die gleiche Linearform), was nach 5.3.3.1., Gl. (5.15), der Parallelschaltung

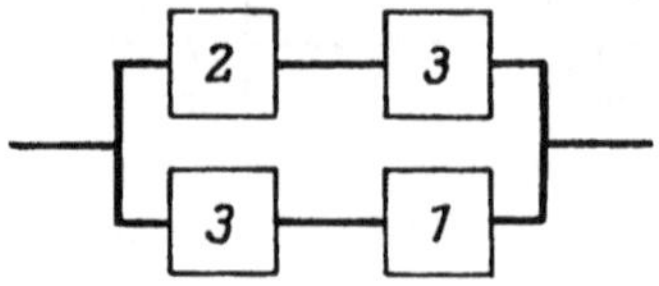

entspricht. Mit

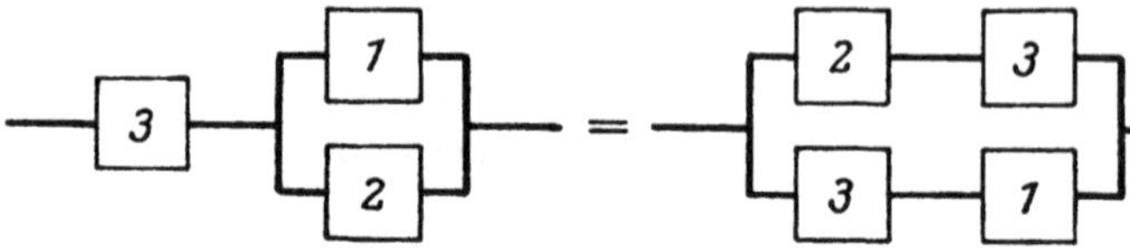

(VIII)

und (VII) haben wir also die symbolische Darstellung

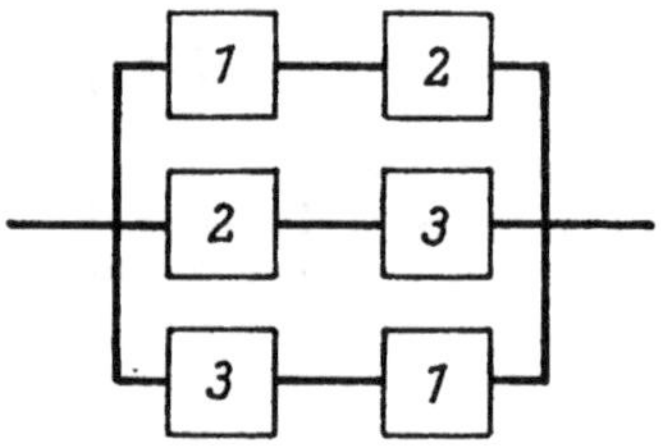

(IX)

Nach dem Schema (VI) hätten wir zunächst

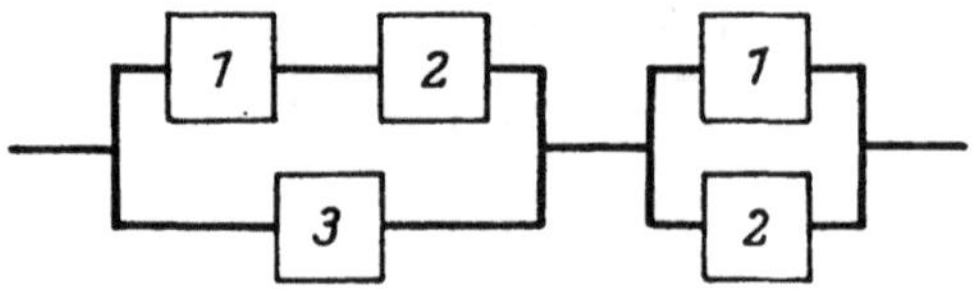

und mit Hilfe der Äquivalenz

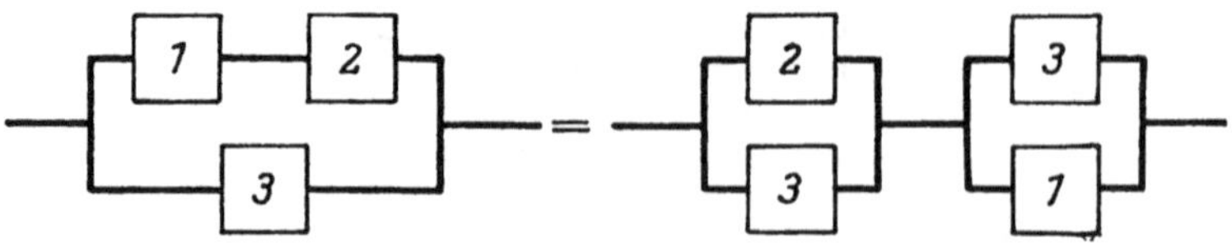

(X)

(diese folgt aus

$$(1 - x_3)\,(1 - x_1\,x_2) = [1 - (1 - x_2)\,(1 - x_3)]\,[1 - (1 - x_3)\,(1 - x_1)])$$

die symbolische Darstellung

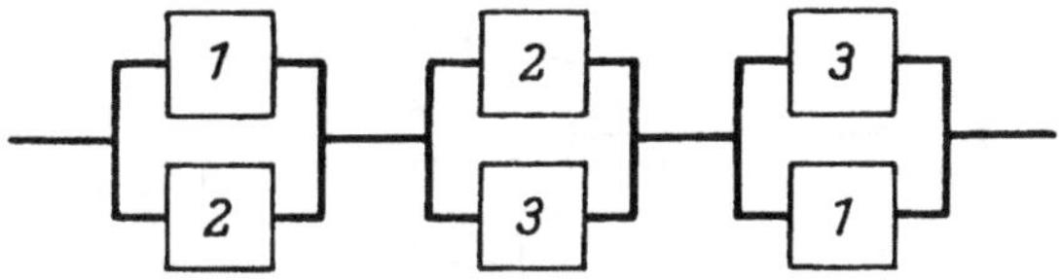

erhalten, von der wir schon in 5.3.3. gezeigt haben, daß sie mit (IX) äquivalent ist. Wir haben hier das „2 aus 3"-System vor uns, das genau dann funktioniert, wenn mindestens zwei der drei Teilsysteme funktionieren (vgl. 4.3.1.1.).

d) $S(x_1, x_2, x_3) = x_1 + x_2 x_3 - x_1 x_2 x_3 = 1 - (1 - x_1)(1 - x_2 x_3)$

Nach Abschnitt 5.3.3.1., Gl. (5.15), gehört hierzu die symbolische Darstellung

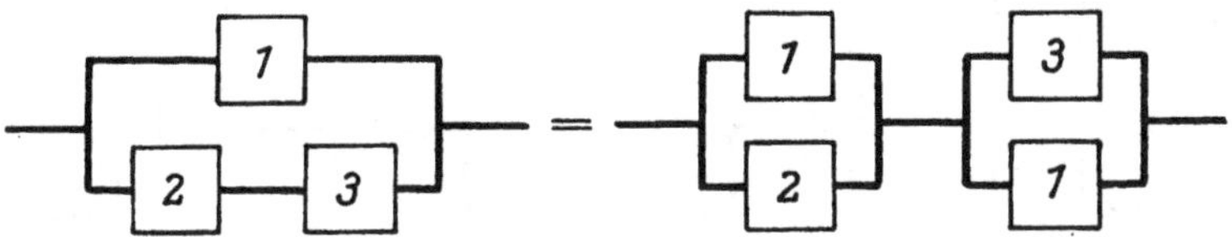

[vgl. (X)].

e) $S(x_1, x_2, x_3) = x_1 x_2 + x_3 x_1 - x_1 x_2 x_3 = x_1 [1 - (1 - x_2)(1 - x_3)]$

Hierzu gehört [vgl. c)] die symbolische Darstellung

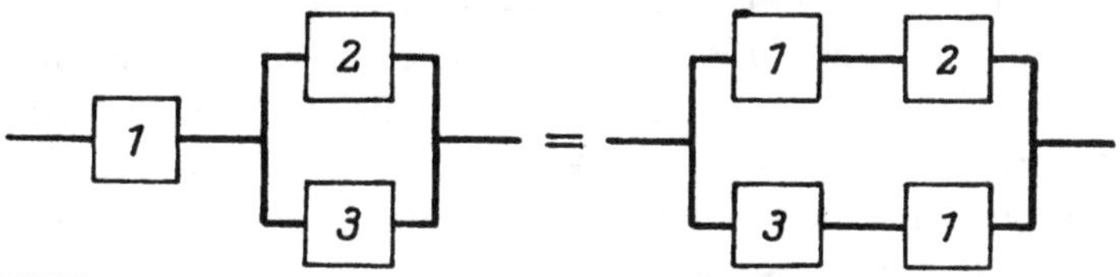

(vgl. VIII).

Wir fassen zusammen: Für $n = 3$ gibt es die folgenden fünf Typen von eigentlichen Systemen:

a) 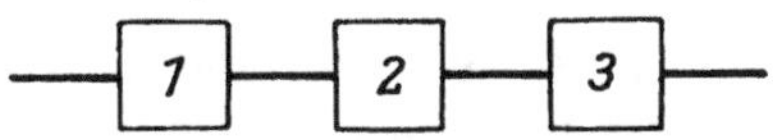

Serienschaltung

b) 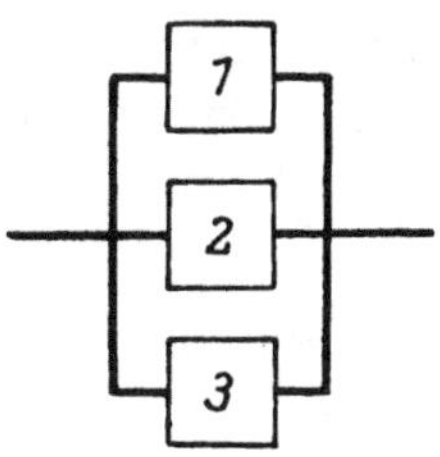

Parallelschaltung

c) 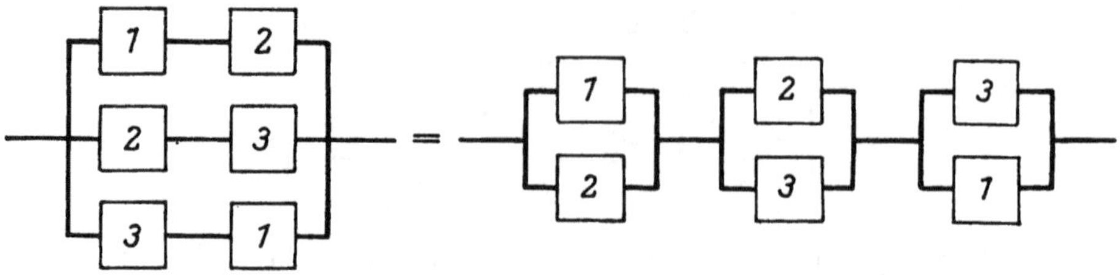

„2 aus 3"-System

d) 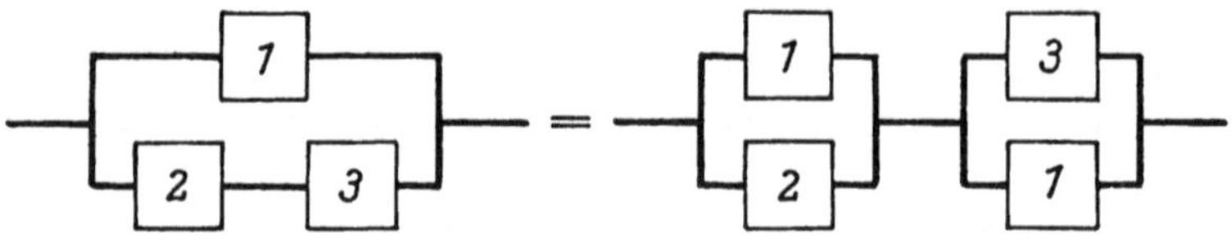

e) 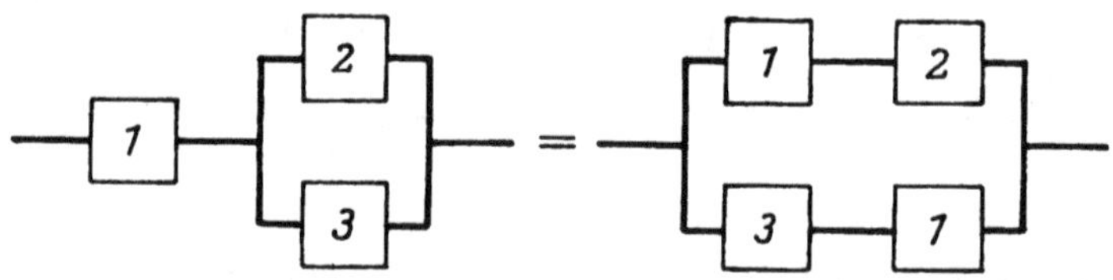

Im Fall $n = 3$ können offenbar alle Systeme sowohl durch eine Parallelschaltung von Serienschaltungen (wobei wir die reine Serienschaltung mitzählen) als auch durch eine Serienschaltung von Parallelschaltungen (wobei wir die reine Parallelschaltung mitzählen) dargestellt werden. Wir zeigen nun, daß dies für jedes System bei beliebigem n der Fall ist. Wir beginnen mit der Parallelschaltung von Serienschaltungen.

5.3.5.2. *Darstellung durch Parallelschaltung von Serienschaltungen*

Nach 5.2.2., Satz 8, können wir jede Systemfunktion in einer Parallelform und damit auch in der reduzierten Parallelform darstellen. Nach 5.3.3.1. kann man aber jedes System, dessen Systemfunktion sich als Parallelform darstellen läßt, als Parallelschaltung von Serienschaltungen symbolisieren. Wir erhalten also den wichtigen

Satz 18. *Jedes System kann als Parallelschaltung von Serienschaltungen dargestellt werden.*

In 5.2.2., Satz 8, haben wir gezeigt, wie man mit Gl. (5.16) eine Parallelform findet, die dann — evtl. nach Reduzierung — sofort zu der gesuchten symbolischen Darstellung führt.

5.3.5.3. *Darstellung durch Serienschaltung von Parallelschaltungen*

Ganz analog folgt aus 5.2.3., Satz 10, und den Ausführungen in 5.3.3.2, der folgende wichtige

Satz 19. *Jedes System kann als Serienschaltung von Parallelschaltungen dargestellt werden.*

In 5.2.3., Satz 10, haben wir gezeigt, wie man mit Gl. (5.20) eine Serienform findet, die dann — evtl. wieder nach Reduzierung — sofort zu der gesuchten symbolischen Darstellung führt.

5.3.6. Berechnung der Systemfunktion bei gegebener symbolischer Darstellung

Jede symbolische Darstellung hat die Form eines Netzwerkes, dessen Wege man unmittelbar ablesen kann. Nach 5.3.4., Satz 17, findet man dann sofort die Systemfunktion in der Parallelform. Ist die symbolische Darstellung speziell eine Serienschaltung von Parallelschaltungen, so kann man nach 5.3.3.2, Gl. (5.19), die Systemfunktion in der Serienform sofort hinschreiben. Sowohl Parallel- als auch Serienform der Systemfunktion lassen sich nach der Rechenregel in 5.1.5. in die Linearform umformen, aus der man 5.1.4.2. wiederum die disjunktive Normalform bestimmen kann, und diese bestimmt durch ihre Koeffizienten eindeutig auch die konjunktive Normalform.

5.4. Redundante Systeme

In der Systemfunktion haben wir ein Mittel, die Redundanz bzw. Nichtredundanz eines Systems formal zu beschreiben. Ein System ist nach unserer Definition in 4.2.1. nicht redundant, wenn zum Funktionieren des Systems das Funktionieren aller Elemente notwendig und hinreichend ist. Mit anderen Worten: Ein nichtredundantes System funktioniert dann und nur dann, wenn alle seine Elemente funktionieren. Diese Definition ist aber gleichbedeutend damit, daß die Systemfunktion dann und nur dann den Wert 1 annimmt, wenn alle BOOLEschen Variablen den Wert 1 annehmen, und das ist genau dann der Fall, wenn die Funktion $S(x_1, \ldots, x_n)$ gleich dem Produkt der $x_1, \ldots, x_n$ ist. Also gilt für ein nichtredundantes System:

$$S(x_1, \ldots, x_n) = \prod_{i=1}^{n} x_i \,.$$

Ein System, dessen Systemfunktion von $\prod_{i=1}^{n} x_i$ verschieden ist, ist dagegen redundant.

Wir kommen so zu folgender

Definition. Ein System mit der nichttrivialen Systemfunktion $S(x_1, \ldots, x_n)$ ist dann und nur dann redundant (bezüglich seiner Baueinheiten), wenn

$$S(x_1, \ldots, x_n) \not\equiv \prod_{i=1}^{n} x_i \tag{5.32}$$

gilt.

6. ZUVERLÄSSIGKEIT VON SYSTEMEN

In diesem Kapitel soll gezeigt werden, wie man einige wichtige Zuverlässigkeitsgrößen von Systemen wahrscheinlichkeitstheoretisch mit Hilfe der in Kapitel 5 ausführlich dargestellten Systemfunktionen beschreiben kann.

6.1. Die Intaktwahrscheinlichkeit eines Systems

Das betrachtete System bestehe aus n Baueinheiten. Seine Struktur sei durch die Systemfunktion $S(x_1, \ldots, x_n)$ bestimmt. Den n Baueinheiten ordnen wir wie in Kapitel 4 zufällige Größen $X_1(t), \ldots, X_n(t)$ zu, die die Werte 0 (Baueinheit zur Zeit t nicht funktionsfähig) und 1 (Baueinheit zur Zeit t funktionsfähig) annehmen können. Falls nicht funktionsfähige Baueinheiten durch neue ersetzt werden, wollen wir immer eine zu Anfang vorhandene Baueinheit und ihre Nachfolger als eine einzige Einheit auffassen. (Der zeitabhängige Zustand $X_i(t)$ beschreibt dann einen alternierenden Prozeß.) Die $X_i(t)$ $(i = 1, \ldots, n)$ sollen statistisch voneinander unabhängig sein. Wir schreiben

$$\left.\begin{aligned} P\{X_i(t) = 1\} &= p_i(t) \\ P\{X_i(t) = 0\} &= 1 - p_i(t)\,, \end{aligned}\right\} \tag{6.1}$$

wofür wir offenbar auch

$$P\{X_i(t) = \varepsilon\} = [p_i(t)]^\varepsilon\,[1 - p_i(t)]^{1-\varepsilon} \tag{6.2}$$

mit

$$\varepsilon = \begin{cases} 0 \\ \text{oder} \\ 1 \end{cases}$$

schreiben können. Die Wahrscheinlichkeiten $p_i(t)$ wollen wir die „Intaktwahrscheinlichkeiten“ der Baueinheiten nennen.

Wir fragen nach der Wahrscheinlichkeit $P(t)$ dafür, daß das System zur Zeit t funktioniert, d. h. daß $X(t) = S[X_1(t), \ldots, X_n(t)] = 1$ ist. Die Wahrscheinlichkeit $P(t)$ wollen wir die „Intaktwahrscheinlichkeit“ des Systems nennen. Dabei soll zunächst offenbleiben, ob ausgefallene Baueinheiten ersetzt (repariert) werden oder nicht.

Das Ereignis $\{X(t) = 1\}$ tritt genau dann ein, wenn eines der einander ausschließenden Ereignisse

$$\{[X_1(t) = \varepsilon_1] \cap [X_2(t) = \varepsilon_2] \cap \cdots \cap [X_n(t) = \varepsilon]\} \tag{6.3}$$

mit

$$S(\varepsilon_1, \ldots, \varepsilon_n) = 1$$

eintritt.

Aus (6.2) und der Unabhängigkeit der $X_i(t)$ folgt dann

$$\begin{aligned} P\{[X_1(t) = \varepsilon_1] \cap \cdots \cap [X_n(t) = \varepsilon_n]\} &= \prod_{i=1}^{n} P\{X_i(t) = \varepsilon_i\} \\ &= \prod_{i=1}^{n} [p_i(t)]^{\varepsilon_i} [1 - p_i(t)]^{1-\varepsilon_i}. \end{aligned} \tag{6.4}$$

Die gesuchte Intaktwahrscheinlichkeit

$$P(t) = P\{S[X_1(t), \ldots, X_n(t)] = 1\}$$

ist dann die Summe aller Wahrscheinlichkeiten (6.4), wobei über alle n-Tupel $\varepsilon_1, \ldots, \varepsilon_n$ mit $S(\varepsilon_1, \ldots, \varepsilon_n) = 1$ zu summieren ist. Wir erhalten also

$$\begin{aligned} P(t) &= P\{S[X_1(t), \ldots, X_n(t)] = 1\} \\ &= \sum_{S(\varepsilon_1, \ldots, \varepsilon_n) = 1} \prod_{i=1}^{n} [p_i(t)^{\varepsilon_i}] [1 - p_i(t)]^{1-\varepsilon_i}. \end{aligned} \tag{6.5}$$

Die rechte Seite von (6.5) ist aber gerade die disjunktive Normalform der Systemfunktion $S(X_1, \ldots, X_n)$ (vgl. 5.1.1.), wobei für die X_i $(i = 1, \ldots, n)$ die Intaktwahrscheinlichkeiten der Baueinheiten einzusetzen sind. Wir erhalten den folgenden wichtigen

Satz 1. *Die Zustände $X_i(t)$ $(i = 1, \ldots, n)$ der Baueinheiten eines Systems seien voneinander unabhängig mit den Intaktwahrscheinlichkeiten $P\{X_i(t) = 1\} = p_i(t)$. Dann gilt für die Intaktwahrschein-*

lichkeit des Systems

$$P(t) = P\{S[X_1(t), \ldots, X_n(t)] = 1]\} = S[p_1(t), \ldots, p_n(t)] \,. \quad (6.6)$$

Dabei ist die Systemfunktion auf der rechten Seite in der disjunktiven Normalform oder in der Linearform zu schreiben.

In Worten bedeutet das die folgende

Regel. *Setzt man in die Systemfunktion $S(x_1, \ldots, x_2)$ für die x_i die Intaktwahrscheinlichkeit $p_i(t)$ der Baueinheiten ein, so erhält man die Intaktwahrscheinlichkeit des Systems.*

Dabei müssen die Zustände der Baueinheiten voneinander unabhängig sein, und die Systemfunktion ist in der disjunktiven Normalform oder der äquivalenten Linearform zu verwenden.

Aus den Sätzen 14 bis 16 in Kapitel 5 folgen nun sofort die drei folgenden Sätze (immer unter der Voraussetzung der Unabhängigkeit der $X_i(t)$):

Satz 2. *Sind $S_1(x_1, \ldots, x_n)$ und $S_2(x_1, \ldots, x_n)$ zwei verschiedene Systemfunktionen mit*

$$S_1(x_1, \ldots, x_n) \geqq S_2(x_1, \ldots, x_n)$$

für alle BOOLE*schen n-Tupel, so gilt bei vorgegebenen Intaktwahrscheinlichkeiten $p_i(t)$ $(i = 1, \ldots, n)$ der Baueinheiten*

$$P\{S_1[X_1(t), \ldots, X_n(t)] = 1\} \geqq P\{S_2[X_1(t), \ldots, X_n(t)] = 1\} \,. \quad (6.7)$$

Falls für alle $p_i(t)$

$$0 < p_i(t) < 1$$

gilt, steht in (6.7) *das* $>$*-Zeichen.*

Regel. *Das System mit der größeren Systemfunktion hat (bei von* 0 *und* 1 *verschiedenen Intaktwahrscheinlichkeiten der Baueinheiten) die größere Intaktwahrscheinlichkeit.*

Hieraus folgt z. B., daß das System mit der symbolischen Darstellung

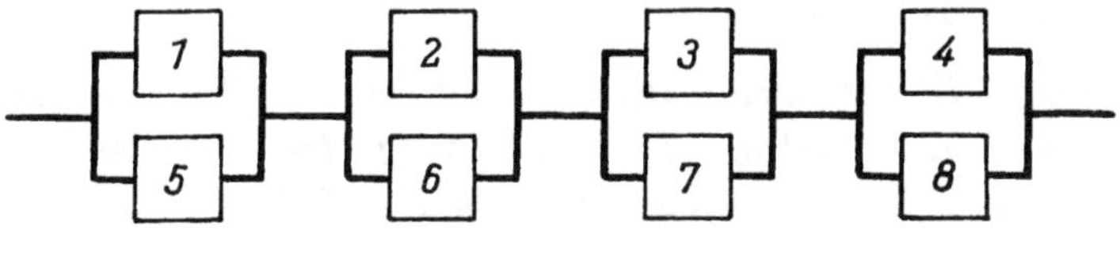

eine größere Intaktwahrscheinlichkeit hat als das System mit der Darstellung

a)

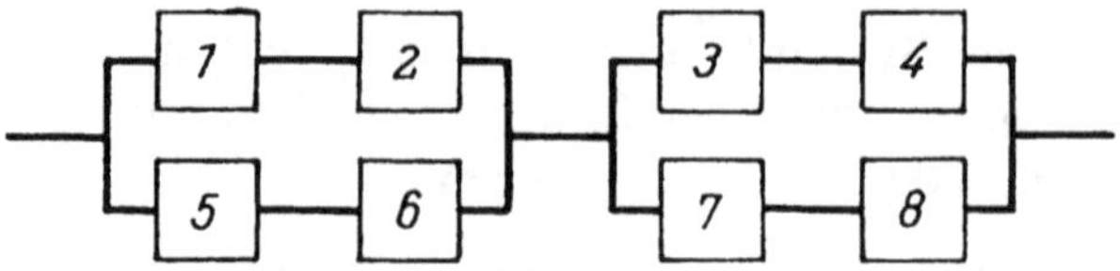

Dagegen muß das System

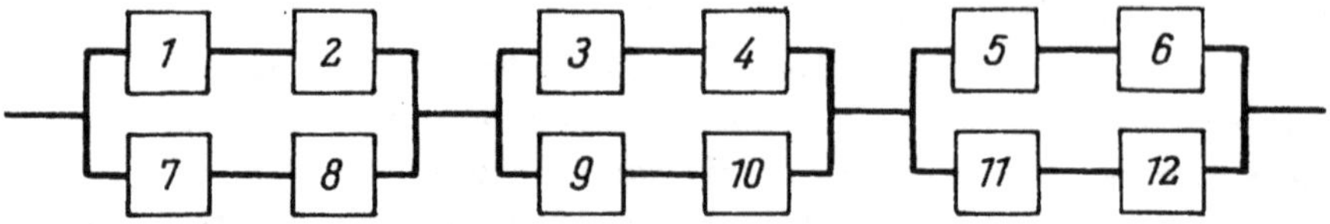

nicht zuverlässiger sein als das System

b)

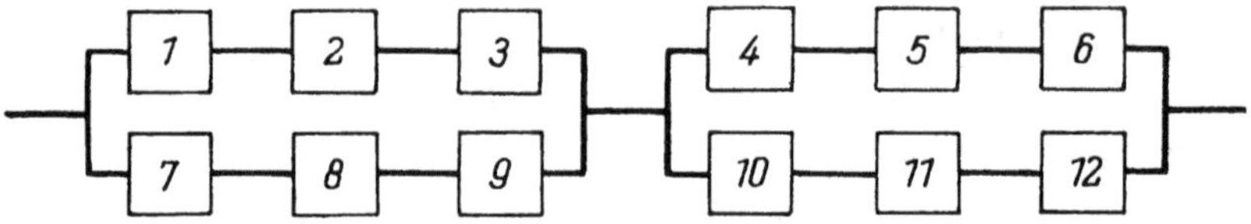

Das ist auch anschaulich klar: Sind z. B. die Einheiten 3 und 10 extrem unzuverlässig, so gilt das gleiche von System a), während System b) trotzdem hinreichend zuverlässig sein kann. Wenn dagegen alle Einheiten gleiche Intaktwahrscheinlichkeiten haben, dann ist das System a) besser als das System b).

Satz 3. *Die Intaktwahrscheinlichkeit eines Systems ist monoton in den Intaktwahrscheinlichkeiten der Baueinheiten.*

Regel. *Die Intaktwahrscheinlichkeit eines Systems wächst mit den Intaktwahrscheinlichkeiten der Baueinheiten.*

Satz 4. *Für die Intaktwahrscheinlichkeit eines Systems gilt stets*

$$\prod_{i=1}^{n} p_i(t) \leqq P\{S[X_1(t), \ldots, X_n(t)] = 1\} \leqq 1 - \prod_{i=1}^{n} [1 - p_i(t)] \,. \quad (6.8)$$

Satz 4 führt sofort zu der

Regel. *Die Intaktwahrscheinlichkeit ist am kleinsten bei einem redundanzfreien System (Serienschaltung der Baueinheiten), am größten bei der Parallelschaltung der n Baueinheiten (also bei einem*

System, das funktionsfähig ist, solange noch mindestens eine Baueinheit funktionsfähig ist).

6.2. Nicht reparierbare Systeme mit heißer Reserve

Von einem redundanten System, also einem System, für dessen Systemfunktion $S(x_1, \ldots, x_n)$

$$S(x_1, \ldots, x_n) \neq \prod_{i=1}^{n} x_i$$

gilt, sagen wir, es sei ein System mit „heißer Reserve", wenn zur Zeit $t = 0$ alle Baueinheiten funktionsfähig sind und für jede Baueinheit ihre Überlebenswahrscheinlichkeit $\overline{F}_i(t)$ für jedes $t \geqq 0$ die Wahrscheinlichkeit angibt, daß die Baueinheit zur Zeit t noch (ohne Unterbrechung) funktionsfähig ist (vgl. 4.2.1.1.). Wir nennen das System „nicht reparierbar", wenn eine Baueinheit nach ihrem Ausfall weder repariert noch ersetzt wird.

6.2.1. Die Überlebenswahrscheinlichkeit

Für Systeme, die nicht repariert werden, die also irgendwann einmal durch Ausfall der Baueinheiten selbst ausfallen, interessiert vor allem die Verteilung ihrer Lebensdauer T, die wir als die Zeit bis zum Ausfall definieren, also die Zeit bis zu dem Zeitpunkt, wo das System erstmalig nicht mehr funktionsfähig ist:

$$T = \min\,(t\colon S[X_1(t), \ldots, X_n(t)] = 0)\,. \tag{6.9}$$

Die Intaktwahrscheinlichkeiten der Baueinheiten sind jetzt die Überlebenswahrscheinlichkeiten $\overline{F}_i(t) = 1 - F_i(t)$, wenn $F_i(t)$ die Verteilungsfunktion der Lebensdauer der i-ten Baueinheit ist.

Die Intaktwahrscheinlichkeit des Systems ist identisch mit der Überlebenswahrscheinlichkeit $\overline{F}(t) = 1 - F(t)$, wenn $F(t)$ die Verteilungsfunktion der Systemlebensdauer ist. Denn wenn das System zu einer Zeit t funktionsfähig ist, dann war es auch zu jeder Zeit τ mit $0 \leqq \tau < t$ funktionsfähig. Dies ist anschaulich klar und folgt aus der Monotonie von $S(x_1, \ldots, x_n)$ und der Tatsache, daß die $X_i(t)$ mit t monoton nicht zunehmende Größen sind. Wir erhalten also den folgenden

Satz 5. *Es sei $\overline{F}(t)$ die Überlebenswahrscheinlichkeit eines Systems mit der Systemfunktion $S(x_1, \ldots, x_n)$ (in disjunktiver Normalform oder Linearform). Das System werde nicht repariert und sei ein System mit heißer Reserve. Die Überlebenswahrscheinlichkeiten der Baueinheiten seien $\overline{F}_1(t)$ $(i = 1, \ldots, n)$. Dann gilt*

$$\overline{F}(t) = S[\overline{F}_1(t), \ldots, \overline{F}_n(t)]\,. \tag{6.10}$$

Die Sätze 2 bis 4 von 6.1. übertragen sich natürlich sofort auf die Überlebenswahrscheinlichkeit. Wir brauchen sie nicht in spezieller Form zu wiederholen.

6.2.2. Mittlere Lebensdauer und höhere Momente

Für die mittlere Lebensdauer $E(T)$ bekommen wir nach (3.4) und (6.10)

$$E(T) = \int_0^\infty S[\overline{F}_1(t), \ldots, \overline{F}_n(t)]\,\mathrm{d}t \tag{6.11}$$

und allgemein für die Momente k-ter Ordnung nach (1.27) und (6.10)

$$E(T^k) = k \int_0^\infty t^{k-1}\, S[\overline{F}_1(t), \ldots, \overline{F}_n(t)]\,\mathrm{d}t\,. \tag{6.12}$$

6.2.3. Baueinheiten gleicher Zuverlässigkeit

Haben alle Baueinheiten die gleiche Überlebenswahrscheinlichkeit $\overline{F}_i(t) = \overline{F}_0(t)$ $(i = 1, \ldots, n)$, so erhält man für die Überlebenswahrscheinlichkeit des Systems mit Hilfe der disjunktiven Normalform der Systemfunktion eine einfache Formel. Zunächst ist dann nämlich

$$\overline{F}(t) = \sum_{S(\varepsilon_1,\ldots,\varepsilon_n)=1} [\overline{F}_0(t)]^{\sum_{i=1}^n \varepsilon_i}\, [1 - \overline{F}_0(t)]^{n-\sum_{i=1}^n \varepsilon_i}\,. \tag{6.13}$$

Hierin kann man nun alle gleichen Summanden, nämlich die mit

$$\sum_{i=1}^n \varepsilon_i = j \quad (j = 0, \ldots, n)$$

zusammenfassen und erhält

$$\bar{F}(t) = \sum_{j=0}^{n} C_j[\bar{F}_0(t)]^j \, [1 - \bar{F}_0(t)]^{n-j} \tag{6.14}$$

mit

$$C_j = \sum_{\substack{S(\varepsilon_1,\ldots,\varepsilon_n)=1 \\ \sum_{i=1}^{n} \varepsilon_i = j}} 1 \,, \tag{6.15}$$

d. h., C_j ist einfach die Anzahl der Summanden in (6.13), die $\bar{F}_0(t)$ in der j-ten Potenz enthalten.

6.2.4. Exponentialverteilung der Baueinheitenlebensdauern

Für diesen Fall erweist sich die Linearform als günstiges Hilfsmittel für die praktische Berechnung der Überlebenswahrscheinlichkeit und der Momente der Lebensdauer T. Es sei also

$$\bar{F}_i(t) = e^{-\lambda_i t}.$$

Dann bekommen wir aus (6.10)

$$\bar{F}(t) = \sum_{\mu_1,\ldots,\mu_n} a_{\mu_1,\ldots,\mu_n} \, e^{-\sum_{i=1}^{n} \mu_i \lambda_i t} \,, \tag{6.16}$$

d. h., die Überlebenswahrscheinlichkeit ist ein linearer Ausdruck in Exponentialfunktionen mit den Koeffizienten $a_{\mu_1,\ldots,\mu_n}$ der Linearform und den Exponenten $-(\mu_1 \lambda_1 + \cdots + \mu_n \lambda_n)\, t$.
Wegen

$$k \int_0^\infty t^{k-1} \, e^{-\lambda t} \, dt = \frac{k!}{\lambda^k} \tag{6.17}$$

folgt aus (6.11), (6.12) und (6.16)

$$E(T) = \sum_{\mu_1,\ldots,\mu_n} a_{\mu_1,\ldots,\mu_n} (\mu_1 \lambda_1 + \cdots + \mu_n \lambda_n)^{-1} \tag{6.18}$$

und allgemein

$$E(T^k) = k! \sum_{\mu_1,\ldots,\mu_n} a_{\mu_1,\ldots,\mu_n} (\mu_1 \lambda_1 + \cdots \mu_n \lambda_n)^{-k} \,. \tag{6.19}$$

Damit erhalten wir folgende Regel für die Bestimmung der Überlebenswahrscheinlichkeit eines Systems und der Momente seiner Lebensdauer:

Regel. *Ein System mit heißer Reserve werde nicht repariert. Die Lebensdauer der i-ten Baueinheit genüge der Verteilungsfunktion* $F_i(t) = 1 - e^{-\lambda_i t}$. *Es sei* $S(x_1, \ldots, x_n)$ *die Systemfunktion in Linearform. Dann erhält man die Überlebenswahrscheinlichkeit, indem man in* $S(x_1, \ldots, x_n)$ *jedes Produkt*

$$x^{\mu_1} \ldots x^{\mu_n}$$

durch

$$e^{-(\mu_1\lambda_1 + \cdots + \mu_n \lambda_n) t}$$

ersetzt.

Man erhält weiter das k-te Moment $E(T^k)$ der Systemlebensdauer, indem man in $S(x_1, \ldots, x_n)$ jedes Produkt $x_1^{\mu_1} \ldots x_n^{\mu_n}$ durch $k!\,(\mu_1 \lambda_1 + \cdots + \mu_n \lambda_n)^{-k}$ ersetzt.

Als Beispiel betrachten wir wieder die Brückenschaltung mit der Linearform (vgl. 5.3.4.)

$$\begin{aligned} S(x_1, \ldots, x_5) = \;& x_1 x_3 + x_2 x_4 \\ &+ x_1 x_4 x_5 + x_2 x_3 x_5 \\ &- x_1 x_2 x_3 x_4 - x_1 x_2 x_3 x_5 - x_1 x_2 x_4 x_5 - x_1 x_3 x_4 x_5 \\ &- x_2 x_3 x_4 x_5 \\ &+ 2\, x_1 x_2 x_3 x_4 x_5 \,. \end{aligned}$$

Nach (6.16) bekommen wir

$$\begin{aligned} \bar{F}(t) = \;& e^{-(\lambda_1+\lambda_3)t} + e^{-(\lambda_2+\lambda_4)t} + e^{-(\lambda_1+\lambda_4+\lambda_5)t} + e^{-(\lambda_2+\lambda_3+\lambda_5)t} \\ &- e^{-(\lambda_1+\lambda_2+\lambda_3+\lambda_4)t} - e^{-(\lambda_1+\lambda_2+\lambda_3+\lambda_5)t} - e^{-(\lambda_1+\lambda_2+\lambda_4+\lambda_5)t} \\ &- e^{-(\lambda_1+\lambda_3+\lambda_4+\lambda_5)t} - e^{-(\lambda_2+\lambda_3+\lambda_4+\lambda_5)t} + 2\, e^{-(\lambda_1+\lambda_2+\lambda_3+\lambda_4+\lambda_5)t} . \end{aligned}$$

Sind speziell alle λ_i gleich, also $\lambda_i = \lambda_0$ $(i = 1, \ldots, 5)$, so ergibt sich

$$\bar{F}(t) = 2\, e^{-2\lambda_0 t} + 2\, e^{-3\lambda_0 t} - 5\, e^{-4\lambda_0 t} + 2\, e^{-5\lambda_0 t} .$$

Nach (6.19) bekommen wir

$$\begin{aligned} E(T^k) = k! \Big[& \frac{1}{(\lambda_1 + \lambda_3)^k} + \frac{1}{(\lambda_2 + \lambda_4)^k} + \frac{1}{(\lambda_1 + \lambda_4 + \lambda_5)^k} + \frac{1}{(\lambda_2 + \lambda_3 + \lambda_5)^k} \\ & - \frac{1}{(\lambda_1 + \lambda_2 + \lambda_3 + \lambda_4)^k} - \frac{1}{(\lambda_1 + \lambda_2 + \lambda_3 + \lambda_5)^k} - \frac{1}{(\lambda_1 + \lambda_2 + \lambda_4 + \lambda_5)^k} \\ & - \frac{1}{(\lambda_1 + \lambda_3 + \lambda_4 + \lambda_5)^k} - \frac{1}{(\lambda_2 + \lambda_3 + \lambda_4 + \lambda_5)^k} \\ & + \frac{2}{(\lambda_1 + \lambda_2 + \lambda_3 + \lambda_4 + \lambda_5)^k} \Big] . \end{aligned}$$

Speziell für $\lambda_1 = \cdots = \lambda_5 = \lambda_0 = \frac{1}{t_0}$ (t_0: mittlere Baueinheitenlebensdauer) bekommt man

$$E(T^k) = k!\, t_0^k \left(\frac{2}{2^k} + \frac{2}{3^k} - \frac{5}{4^k} + \frac{2}{5^k}\right).$$

Für die mittlere Lebensdauer ergibt sich z. B. mit $k = 1$

$$E(T) = \frac{49}{60} t_0 ,$$

und für die Varianz der Lebensdauer T bekommt man (vgl. 1.2.2.)

$$\operatorname{Var}(T) = E\{[T - E(T)]\}^2 = E(T^2) - [E(T)]^2$$
$$= \frac{1763}{1800} t_0^2 - \frac{2401}{3600} t_0^2 = \frac{1125}{3600} t_0^2 = \frac{5}{16} t_0^2 .$$

6.2.5. Weibull-Verteilung der Baueinheitenlebensdauern

Die Ergebnisse von 6.2.4. lassen sich verallgemeinern auf den Fall, daß die Überlebenswahrscheinlichkeiten der Baueinheiten durch

$$\overline{F}_i(t) = \mathrm{e}^{-(\lambda_i t)^\alpha}$$

mit von i unabhängigem $\alpha > 0$ gegeben sind. Die Baueinheitenlebensdauern genügen den sogenannten Weibull-*Verteilungen* (vgl. 3.2.4.).

Anstelle von (6.16) erhalten wir dann

$$\overline{F}(t) = \sum_{\mu_1,\ldots,\mu_n} a_{\mu_1,\ldots,\mu_n} \mathrm{e}^{-(\mu_1 \lambda_1^\alpha + \cdots + \mu_n \lambda_n^\alpha)\, t^\alpha} . \tag{6.20}$$

Aus (6.12) und (6.20) bekommt man weiter unter Benutzung der Formel

$$k \int_0^\infty t^{k-1}\, \mathrm{e}^{-\lambda t^\alpha}\, \mathrm{d}t = \Gamma\left(\frac{k}{\alpha} + 1\right) \lambda^{-k/\alpha} \tag{6.21}$$

die folgende Formel für das k-te Moment der Systemlebensdauer:

$$E(T^k) = \Gamma\left(\frac{k}{\alpha} + 1\right) \sum_{\mu_1,\ldots,\mu_n} a_{\mu_1,\ldots,\mu_n} (\mu_1 \lambda_1^\alpha + \cdots + \mu_n \lambda_n^\alpha)^{-k/\alpha} . \tag{6.22}$$

Die Konstante $\Gamma\left(\frac{k}{\alpha} + 1\right)$ ist durch die Gammafunktion

$$\Gamma(x) = \int_0^\infty y^{x-1}\, \mathrm{e}^{-y}\, \mathrm{d}y$$

definiert. Für $\alpha = 1$, $\left(\frac{k}{\alpha} + 1\right) = k!$ erhalten wir wieder die Formeln (6.16) und (6.19) von 6.2.4. Einige Werte von $\Gamma\left(\frac{k}{\alpha} + 1\right)$ sind in der folgenden Tabelle zusammengestellt [JAHNKE-EMDE-LÖSCH]:

Tabelle 6.1. Einige Werte von $\Gamma\left(\frac{k}{\alpha} + 1\right)$.

α	k		
	1	2	3
0,5	2	24	720
1	1	2	6
1,5	0,903	1,191	2
2	0,886	1	1,329
2,5	0,887	0,931	1,102
3	0,893	0,903	1

6.3. Systeme, die repariert werden

Bisher haben wir Systeme betrachtet, die wir als nicht reparierbar bezeichneten. Bei solchen Systemen sind zu Beginn ($t = 0$) alle Baueinheiten funktionsfähig. Eine ausgefallene Baueinheit wird weder ersetzt noch repariert. Das System fällt aus, sobald durch den Ausfall einer Baueinheit der Zustand „System nicht mehr funktionsfähig" eintritt. Dabei können, wenn es sich um ein redundantes System handelt, eventuell mehrere Baueinheiten ausfallen, ohne daß das System ausfällt, während bei einem nicht redundanten System stets der erste Ausfall einer Baueinheit zum Systemausfall führt.

Zur Charakterisierung der Zuverlässigkeit solcher Anlagen ist die Verteilung ihrer Lebensdauer geeignet, die wir mit Hilfe der Überlebenswahrscheinlichkeit darstellten. Weitere charakteristische Merkmale sind die mittlere Lebensdauer und eventuell die höheren Momente der Lebensdauer.

Wir betrachten jetzt Systeme, bei denen jede ausgefallene Baueinheit sofort repariert oder ausgewechselt wird. Auch hier interessiert zunächst wieder die Überlebenswahrscheinlichkeit, die bei hinreichend kurzen Reparatur- oder Auswechselzeiten gegenüber der Überlebenswahrscheinlichkeit nicht reparierbarer Systeme beträchtlich höher liegen kann. Als Lebensdauer betrachten wir dann die Zeit bis zum ersten Systemausfall. Durch die Reparatur oder Auswechslung der Baueinheiten wird aber das System auch nach einem Ausfall wieder instandgesetzt. Es interessiert dann das Verhalten eines solchen Systems in Zeiträumen, die groß sind gegenüber der mittleren Lebensdauer. Man will z. B. wissen, wie groß der mittlere Ausfallabstand ist, wie groß die Ausfallzeiten sind, usw. Mit diesem Langzeitverhalten beschäftigt sich der Abschnitt 6.3.2. Zunächst wollen wir uns mit der Lebensdauerverteilung eines solchen Systems beschäftigen.

6.3.1. Lebensdauerverteilung reparierbarer Systeme bei exponentiell verteilten Lebensdauern der Baueinheiten

Im folgenden werden wieder Systeme mit beliebiger Systemfunktion betrachtet. Von den Baueinheiten wird angenommen, daß ihre Lebensdauern Exponentialverteilungen genügen. Nach dem Ausfall einer Baueinheit wird diese repariert (oder durch eine neue ersetzt), wozu eine gewisse Reparaturzeit benötigt wird. Über die Verteilung der Reparaturzeiten werden keine speziellen Voraussetzungen gemacht.

Die Zeit bis zum ersten Ausfall des Systems (Systemausfall) setzt sich nun zusammen aus Abschnitten, in denen alle Baueinheiten funktionieren, und aus Abschnitten, in denen eine oder mehrere Baueinheiten repariert werden. Die Summe aller vor dem ersten Systemausfall liegenden Abschnitte, in denen alle Baueinheiten funktionieren (in denen also nichts repariert wird), wird im folgenden „reparaturfreie Zeit" genannt.

Man kann nun zeigen, daß diese reparaturfreie Zeit ebenfalls einer Exponentialverteilung genügt, deren Parameter im wesentlichen von den mittleren Lebensdauern der Baueinheiten abhängt sowie von der Wahrscheinlichkeit, daß die Anlage während einer Reparatur ausfällt. In der Praxis kann man meistens (wegen der Kürze der mittleren Reparaturzeit gegen die mittleren Lebensdauern der Teilsysteme) die reparaturfreie Zeit mit der Zeit bis zum ersten Systemausfall gleichsetzen.

Damit hat man die Möglichkeit, bei exponentiell verteilten Lebensdauern der Baueinheiten die Verteilungsfunktion der Zeit bis zum ersten Systemausfall für weitgehend beliebige Systeme hinreichend genau anzugeben.

6.3.1.1. *Terminologie und Bezeichnungen*

Wir betrachten im folgenden ein redundantes System, das aus n Baueinheiten $A_1, \ldots, A_n$ besteht.

Wenn die Baueinheit A_i ausfällt ($i = 1, \ldots, n$), sprechen wir von einem A_i-Ausfall. Die nach einem A_i-Ausfall sofort einsetzende Reparatur der Baueinheit A_i (die mit der Instandsetzung von A_i endet) nennen wir A_i-Reparatur, die Reparaturzeit A_i-Reparaturzeit.

Eine Systemreparatur beginnt immer dann, wenn eine Baueinheit A_i ausfällt und zur Zeit dieses Ausfalles die übrigen Baueinheiten intakt sind. Eine solche (mit einem A_i-Ausfall beginnende) Systemreparatur nennen wir A_i-Systemreparatur. Fällt während einer A_i-Reparatur eine weitere Baueinheit A_j aus, so beginnt sofort unabhängig von der A_i-Reparatur eine A_j-Reparatur. (Es wird also vorausgesetzt, daß genug Reparaturpersonal vorhanden ist.) Wenn nach Beginn einer A_i-Systemreparatur ein Systemausfall eintritt, ohne daß in der Zwischenzeit alle Baueinheiten wieder intakt waren, so sagen wir, daß die A_i-Systemreparatur zu einem Systemausfall führt. Sind dagegen nach Beginn einer A_i-Systemreparatur alle Baueinheiten wieder intakt, ohne daß in der Zwischenzeit das System ausfiel, so sagen wir, daß die A_i-Systemreparatur zum Erfolg führt. In diesem Sinne reden wir von „erfolglosen" und „erfolgreichen" A_i-Systemreparaturen. Wenn von einer Systemreparatur schlechthin die Rede ist, so wird nicht nach dem Baueinheitenausfall, der die Systemreparatur einleitet, unterschieden. Statt von Systemreparatur sprechen wir in diesem Fall auch einfach von Reparatur.

Bezeichnungen

n	Anzahl der Baueinheiten
A_i	Namen der Baueinheiten, $i = 1, \ldots, n$
λ_i	Ausfallrate von A_i

a_i mittlere Lebensdauer von A_i ($a_i = 1/\lambda_i$)

$\lambda = \sum_{i=1}^{n} \lambda_i$

$P_i(t)$ Wahrscheinlichkeit, daß eine A_i-Systemreparatur spätestens nach der Zeit t zu einem Systemausfall führt

$P(t) = \frac{1}{\lambda} \sum_{i=1}^{n} \lambda_i P_i(t)$ Wahrscheinlichkeit, daß eine Reparatur spätestens nach der Zeit t zu einem Systemausfall führt

$P_i = P_i(\infty)$ Wahrscheinlichkeit, daß eine A_i-Systemreparatur zu einem Systemausfall führt (erfolglos ist)

$P = P(\infty) = \frac{1}{\lambda} \sum_{i=1}^{n} \lambda_i P_i$ Wahrscheinlichkeit, daß eine Reparatur zu einem Systemausfall führt (erfolglos ist)

$Q_i(t)$ Wahrscheinlichkeit, daß eine A_i-Systemreparatur spätestens nach der Zeit t erfolgreich endet

$Q(t) = \frac{1}{\lambda} \sum_{i=1}^{n} \lambda_i Q_i(t)$ Wahrscheinlichkeit, daß eine Reparatur spätestens nach der Zeit t erfolgreich endet

$Q_i = Q_i(\infty) = 1 - P_i$ Wahrscheinlichkeit, daß eine A_i-Systemreparatur erfolgreich ist

$Q = Q(\infty) = \frac{1}{\lambda} \sum_{i=1}^{n} \lambda_i Q_i = 1 - P$ Wahrscheinlichkeit, daß eine Reparatur erfolgreich ist

$\tilde{P}_i(t) = P_i(t)/P_i$

$\tilde{Q}_i(t) = Q_i(t)/Q_i$

$\tilde{P}(t) = P(t)/P$

$\tilde{Q}(t) = Q(t)/Q$

$E^{(k)}(t) = 1 - e^{-\lambda t}\left(1 + \lambda t + \cdots + \frac{(\lambda t)^{k-1}}{(k-1)!}\right)$

R_1 mittlere Reparaturzeit einer erfolgreichen Reparatur

R_2 mittlere Zeit vom Beginn einer erfolglosen Reparatur bis zum Systemausfall

α_i Summe der Ausfallraten derjenigen Baueinheiten, deren Ausfall während einer A_i-Reparatur sofort zum Systemausfall führt

s_1^2 Varianz der Dauer einer erfolgreichen Reparatur
s_2^2 Varianz der Dauer einer erfolglosen Reparatur
t_j j-te ununterbrochene reparaturfreie Zeit des Systems, $j = 1, 2, \ldots$
r_j j-te Reparaturdauer, $j = 1, 2, \ldots$
$V_{ki}(x_1, \ldots, x_k, y_1, \ldots, y_{k-1})$ Wahrscheinlichkeit, daß bis zur k-ten Reparatur kein Systemausfall eintritt, die k-te Reparatur durch A_i-Ausfall verursacht wird und $t_j \leqq x_j$ für $j = 1, \ldots, k$ und $r_j \leqq y_j$ für $j = 1, \ldots, k - 1$ gilt, $k = 2, 3, \ldots$
$V_{1i}(x)$ Wahrscheinlichkeit, daß die erste Reparatur durch A_i-Ausfall verursacht wird und $t_1 \leqq x$ ist
$W_k x(_1, \ldots, x_k, y_1, \ldots, y_k)$ Wahrscheinlichkeit, daß der erste Systemausfall bei der k-ten Reparatur eintritt und $t_j \leqq x_j$, $r_j \leqq y_j$ für $j = 1, \ldots, k$ gilt
$F_i(x)$ Verteilungsfunktion der A_i-Reparaturzeit ($i = 1, \ldots, n$)
$f_i(x) = F_i'(x)$
b_i mittlere A_i-Reparaturzeit
T_1 reparaturfreie Zeit vor dem ersten Systemausfall
T Gesamtzeit bis zum ersten Systemausfall (Lebensdauer)
$P\{T_1 \leqq t\}$ Verteilungsfunktion von T_1
$P\{T \leqq t\}$ Verteilungsfunktion von T
$E(T_1)$ Erwartungswert von T_1
$E(T)$ Erwartungswert von T
σ^2 Varianz von T

6.3.1.2. *Die Verteilungsfunktion der reparaturfreien Zeit*

Die reparaturfreie Zeit T_1 beginnt mit dem Einschalten des Systems und endet mit dem Beginn der ersten erfolglosen Reparaturzeit. Unterbrochen wird sie durch alle vorhergehenden erfolgreichen Reparaturen.

Wir führen die Größe

$$P = \frac{1}{\lambda} \sum_{i=1}^{n} \lambda_i P_i \,, \qquad \lambda = \sum_{i=1}^{n} \lambda_i \tag{6.23}$$

ein. Sie ist die Wahrscheinlichkeit für eine erfolglose Reparatur, d. h. dafür, daß innerhalb einer Reparatur ein Systemausfall eintritt.

Die reparaturfreie Zeit T_1 genügt, wie wir in 6.3.1.9. beweisen, einer Exponentialverteilung mit dem Erwartungswert $(P\lambda)^{-1}$:

$$P\{T_1 \leqq t\} = 1 - e^{-P\lambda t}, \tag{6.24}$$

mit

$$E(T_1) = \frac{1}{P\lambda}.$$

Sind die Reparaturzeiten klein gegen die Lebensdauern der Baueinheiten, so unterscheidet sich die reparaturfreie Zeit T_1 nicht wesentlich von der Lebensdauer T des Systems. Der Vollständigkeit halber wollen wir aber, bevor wir auf die Berechnung der Größe P eingehen, noch die Verteilungsfunktion von T angeben.

6.3.1.3. *Die Verteilungsfunktion der Lebensdauer*

Wir bezeichnen mit $\tilde{P}(t)$ die bedingte Wahrscheinlichkeit, daß eine erfolglose Reparatur spätestens nach der Zeit t (durch Systemausfall) endet (bedingte Verteilungsfunktion). Entsprechend sei $\tilde{Q}(t)$ die bedingte Verteilungsfunktion für die Länge einer erfolgreichen Reparatur. Wie in 6.3.1.9. bewiesen wird, gilt dann für die Verteilungsfunktion der Lebensdauer T des Systems

$$P\{T \leqq t\} = P \sum_{k=1}^{\infty} (1 - P)^{k-1} \tilde{Q}^{(k-1)}(t) * \tilde{P}(t) * E^{(k)}(t). \tag{6.25}$$

Darin bedeutet der Ausdruck $\tilde{Q}^{(k-1)}(t) * \tilde{P}(t) * E^{(k)}(t)$ ein Faltungsprodukt, in dem $k - 1$ mal die Verteilungsfunktion $\tilde{Q}(t)$, einmal die Verteilungsfunktion $\tilde{P}(t)$ und einmal die Verteilungsfunktion

$$E^{(k)}(t) = 1 - e^{-\lambda t}\left(1 + \lambda t + \cdots + \frac{(\lambda t)^{k-1}}{(k-1)!}\right)$$

vorkommt. Den Ausdruck (6.25) wird man im allgemeinen schlecht explizit angeben können. Für den Erwartungswert von T ergibt sich (vgl. 6.3.1.9.)

$$E(T) = \frac{1}{P\lambda} + \frac{1-P}{P} R_1 + R_2. \tag{6.26}$$

Darin ist R_1 die mittlere Dauer einer erfolgreichen Reparatur, R_2 die mittlere Dauer einer erfolglosen Reparatur.

Für die Varianz σ^2 von T bekommt man (vgl. 6.3.1.9.) eine analoge Formel:

$$\sigma^2 = \frac{1}{P^2 \lambda^2} + \frac{1-P}{P^2}\left(R_1^2 + \frac{2R_1}{\lambda}\right) + \frac{1-P}{P} s_1^2 + s_2^2 . \qquad (6.27)$$

Darin ist s_1^2 die Varianz der Dauer einer erfolgreichen Reparatur und s_2^2 die Varianz der Dauer einer erfolglosen Reparatur.

In 6.3.1.9. wird auch die LAPLACE-Transformierte der Verteilungsfunktion $P\{T \leqq t\}$ noch angegeben, mit deren Hilfe durch Reihenentwicklung nach Potenzen von s auch die höheren Momente bestimmt werden können.

6.3.1.4. *Näherungsformeln für die Verteilung der Reparaturzeiten*

In der Praxis sind die Lebensdauern der Baueinheiten im Mittel sehr groß gegen die Reparaturzeiten der Baueinheiten. Dann kann man für die Größen $P_i(t)$, $Q_i(t)$, P einfache Näherungsformeln finden.

Wir beschränken uns auf den Fall der einfachen Redundanz, der besagt, daß das Gesamtsystem nach Ausfall eines Teilsystems schon durch den Ausfall eines einzigen weiteren Teilsystems ausfallen kann. Dann gibt es also mindestens einen Index i und einen Index $j \neq i$ mit der Eigenschaft, daß für die Systemfunktion $S(x_1, \ldots, x_n)$ gilt:

$$S(X_1, \ldots, X_n) = \begin{cases} 1 & \text{falls } x_i = 0,\ x_k = 1 \text{ für } k \neq i \\ 0 & \text{falls } x_i = x_j = 0,\ x_k = 1 \text{ für } k \neq i,\ k \neq j . \end{cases} \qquad (6.28)$$

Wir setzen jetzt allgemein zur Abkürzung

$$\Phi_i = S(x_1, \ldots, x_n)\Big|_{\substack{x_i=0 \\ x_k=1 \text{ für } k \neq i}} \qquad (6.29)$$

und

$$\Phi_{ij} = S(x_1, \ldots, x_n)\Big|_{\substack{x_i=x_j=0 \\ x_k=1 \text{ für } k \neq i,\ k \neq j}} . \qquad (6.30)$$

Es sei nun $\Phi_i = 1$ und α_i die Summe der Ausfallraten derjenigen Teilsysteme, deren Ausfall während einer A_i-Reparatur zum

Systemausfall führt. Offenbar ist

$$\alpha_i = \sum_{\substack{j=1 \\ j \neq i}}^{n} (1 - \Phi_{ij}) \lambda_j . \tag{6.31}$$

(Falls $\Phi_{ij} = 1$ ist für alle $j \neq i$, also $\sum_{\substack{j=1 \\ j \neq i}}^{n} \Phi_{ij} = n - 1$, so wird $\alpha_i = 0$).

Dann gilt für die Wahrscheinlichkeit $P_i(t)$, daß eine A_i-Systemreparatur innerhalb der Zeit t (durch Systemausfall) endet, die Näherungsformel

$$P_i(t) \approx \int_0^t \alpha_i \, \mathrm{e}^{-\alpha_i x} [1 - F_i(x)] \, \mathrm{d}x . \tag{6.32}$$

Und zwar gibt der Ausdruck auf der rechten Seite einen etwas zu kleinen Wert an; er stellt nämlich die Wahrscheinlichkeit dar, daß innerhalb der Reparatur von A_i ein weiteres kritisches Teilsystem ausfällt, und zwar vor Ablauf der Zeit t.

Für $\alpha_i = 0$ kann man näherungsweise $P_i(t) \approx 0$ setzen.

Die entsprechende Näherungsformel für die Wahrscheinlichkeit $Q_i(t)$, daß eine A_i-Systemreparatur innerhalb der Zeit t erfolgreich endet, lautet

$$Q_i(t) \approx \int_0^t f_i(x) \, \mathrm{e}^{-(\lambda - \lambda_i) x} \, \mathrm{d}x \quad \text{mit} \quad f_i(x) = F_i'(x) . \tag{6.33}$$

Beide Näherungen gelten um so besser, je kleiner die ersten beiden Momente der Reparaturzeiten der Baueinheiten gegen die mittleren Lebensdauern (bzw. ihre Quadrate) der Baueinheiten sind. Aus (6.32) und (6.33) folgen leicht die weiteren Näherungen

$$P_i(t) \approx \alpha_i \int_0^t (1 - F_i(x)) \, \mathrm{d}x \tag{6.34}$$

und

$$Q_i(t) \approx F_i(t) . \tag{6.35}$$

Für die Wahrscheinlichkeit P_i, daß das System eine durch A_i-Ausfall eingeleitete Reparatur nicht übersteht, folgt aus (6.34)

$$P_i = \lim_{t \to \infty} P_i(t) \approx \alpha_i \int_0^\infty [1 - F_i(t)] \, \mathrm{d}t = \alpha_i \, b_i , \tag{6.36}$$

wenn wir mit b_i die mittlere Reparaturzeit für die Baueinheit A_i bezeichnen.

Falls ein A_i-Ausfall sofort zum Systemausfall führt, gilt $\Phi_i = 0$ und $P_i(t) \approx 1$ für $t \geqq 0$.

Aus (6.23) und (6.36) folgt damit schließlich für die Wahrscheinlichkeit P, daß das System eine Reparatur nicht übersteht,

$$P \approx \frac{1}{\lambda} \sum_{i=1}^{n} \lambda_i \left[1 - \Phi_i + \Phi_i \alpha_i b_i\right] \tag{6.37}$$

(wobei der Klammerinhalt für $\Phi_i = 0$ den Wert 1 und für $\Phi_i = 1$ den Wert $\alpha_i b_i$ annimmt).

6.3.1.5. *Zwei Beispiele*

1. Beispiel

Das Gesamtsystem bestehe aus zwei Baueinheiten A_1 und A_2, die gleichzeitig arbeiten.

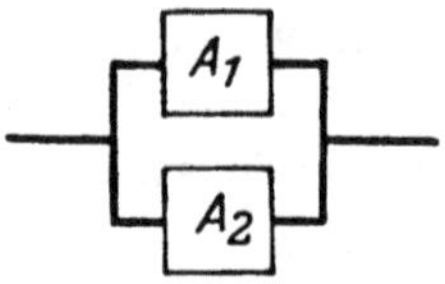

Fällt eine Baueinheit aus, so wird sie repariert. Während der Reparatur arbeitet die andere Einheit weiter. Fällt sie während der Reparatur ebenfalls aus, so ist das Gesamtsystem ausgefallen.

Hier ist offenbar

$$\begin{aligned} S(x_1, x_2) &= 1 - (1 - x_1)(1 - x_2) = x_1 + x_2 - x_1 x_2 , \\ \Phi_1 &= S(0, 1) = 1 \\ \Phi_2 &= S(1, 0) = 1 \\ \Phi_{12} &= \Phi_{21} = S(0, 0) = 0 \\ \alpha_1 &= \lambda_2, \quad \alpha_2 = \lambda_1 . \end{aligned}$$

In diesem speziellen Fall gilt exakt

$$P_1(t) = \int_0^t \lambda_2 \, e^{-\lambda_2 x} \left[1 - F_1(x)\right] dx ,$$

$$P_2(t) = \int_0^t \lambda_1 \, e^{-\lambda_1 x} \left[1 - F_2(x)\right] dx ,$$

$$Q_1(x) = \int_0^t f_1(x) \, e^{-\lambda_2 x} \, dx ,$$

$$Q_2(x) = \int_0^t f_2(x) \, e^{-\lambda_1 x} \, dx .$$

Wegen $1 - \lambda_2 x < e^{-\lambda_2 x} < 1$ bekommt man für $P_1 = \lim\limits_{t\to\infty} P_1(t)$ leicht die Abschätzung

$$\lambda_2 b_1 - \frac{1}{2} \lambda_2^2 \mu_2^{(1)} < P_1 < \lambda_2 b_1 \tag{6.38}$$

mit

$$\mu_2^{(1)} = 2 \int_0^\infty x [1 - F_1(x)] \, dx = \int_0^\infty x^2 f_1(x) \, dx = b_1^2 + \sigma_1^2 .$$

Darin ist

$$\sigma_1^2 = \int_0^\infty (x - b_1)^2 f_1(x) \, dx$$

die Varianz der Reparaturzeit von A_1.

Einsetzen von $\mu_2^{(1)} = b_1^2 + \sigma_1^2$ in (6.38) liefert

$$\lambda_2 b_1 - \frac{1}{2} \lambda_2^2 (b_1^2 + \sigma_1^2) < P_1 < \lambda_2 b_1 .$$

Und entsprechend gilt

$$\lambda_1 b_2 - \frac{1}{2} \lambda_1^2 (b_2^2 + \sigma_2^2) < P_2 < \lambda_1 b_2 ,$$

woraus für $\lambda P = \lambda_1 P_1 + \lambda_2 P_2$ folgt

$$\lambda_1 \lambda_2 (b_1 + b_2) (1 - \varepsilon) < \lambda P < \lambda_1 \lambda_2 (b_1 + b_2) \tag{6.39}$$

mit

$$\varepsilon = \frac{\lambda_2 (b_1^2 + \sigma_1^2) + \lambda_1 (b_2^2 + \sigma_2^2)}{2 (b_1 + b_2)} . \tag{6.40}$$

Damit gilt für den Parameter λP der Exponentialverteilung (6.24) der reparaturfreien Zeit T_1 die Näherung

$$\lambda P \approx \lambda_1 \lambda_2 (b_1 + b_2) , \tag{6.41}$$

und der relative Fehler ε bleibt nach (6.40) klein, wenn die Größen b_1, b_2, σ_1^2, σ_2^2 klein sind gegen die mittleren Lebensdauern $1/\lambda_1$ und $1/\lambda_2$ der Baueinheit A_1 und A_2. Ist beispielsweise $\lambda_1 = \lambda_2$, $b_1 = b_2 = 0{,}001/\lambda_1$, $\sigma_1^2 = \sigma_2^2 = b_1^2$, so ist $0 < \varepsilon < 0{,}001$. Die Größe $\lambda_1 \lambda_2 (b_1 + b_2)$ unterscheidet sich von λP also um weniger als $1^0/_{00}$.

Andererseits ist unter diesen Annahmen die mittlere reparaturfreie Zeit $1/(\lambda P)$ ziemlich genau um den Faktor 500 größer als die mittlere Lebensdauer $1/\lambda$ der Einheiten.

2. Beispiel

a) Wir betrachten ein Übertragungssystem, bestehend aus zwei Sendern S_1 und S_2, die einander aushelfen können, weiter aus zwei Empfängern E_1 und E_2, die einander ebenfalls aushelfen können; S_1 und E_1 werden von einer gemeinsamen Stromversorgungsanlage A, S_2 und E_2 von einer gemeinsamen Stromversorgungsanlage B gespeist. Die Redundanzstruktur wird durch folgende Skizze veranschaulicht:

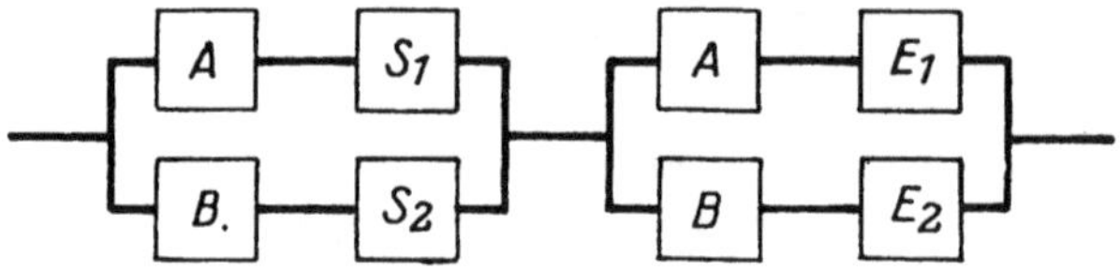

Wir schreiben

$$A_1 = A$$
$$A_2 = B$$
$$A_3 = S_1$$
$$A_4 = S_2$$
$$A_5 = E_1$$
$$A_6 = E_2$$

und erhalten (vgl. 5.3.)

$$S(x_1, x_2, x_3, x_4, x_5, x_6)$$
$$= [1 - (1 - x_1 x_3)(1 - x_2 x_4)][1 - (1 - x_1 x_5)(1 - x_2 x_6)] .$$

Hieraus folgt

$$\Phi_1 = \Phi_2 = \cdots = \Phi_6 = 1$$

und

$$\Phi_{1j} = S(x_1, \ldots, x_6)\big|_{x_1 = x_j = 0}$$
$$= x_2 x_4 x_6\big|_{x_j=0} = \begin{cases} 0 & \text{für } j = 2, 4, 6 \\ 1 & \text{für } j = 3, 5, \end{cases}$$

also

$$\alpha_1 = \sum_{j=2}^{6} (1 - \Phi_{1j}) \lambda_j = \lambda_2 + \lambda_4 + \lambda_6 .$$

Entsprechend erhält man

$$\begin{aligned}
\alpha_2 &= \lambda_1 + \lambda_3 + \lambda_5\,, \\
\alpha_3 &= \lambda_2 + \lambda_4\,, \\
\alpha_4 &= \lambda_1 + \lambda_3\,, \\
\alpha_5 &= \lambda_2 + \lambda_6\,, \\
\alpha_6 &= \lambda_1 + \lambda_5\,.
\end{aligned}$$

Hieraus folgt nach (6.37)

$$P \approx \frac{1}{\lambda} \sum_{i=1}^{6} \lambda_i \alpha_i b_i\,.$$

Nehmen wir z. B. an, alle Einheitenreparaturzeiten seien im Mittel gleich lang, die Stromversorgungsanlagen A_1 und A_2 hätten die gleiche Ausfallrate λ_v, die Sender A_3 und A_4 die gleiche Ausfallrate λ_s und die Empfänger A_5 und A_6 die gleiche Ausfallrate λ_e, also

$$\begin{aligned}
b_1 &= b_2 = \cdots = b_6 = b\,, \\
\lambda_1 &= \lambda_2 = \lambda_v\,, \\
\lambda_3 &= \lambda_4 = \lambda_s\,, \\
\lambda_5 &= \lambda_6 = \lambda_e\,,
\end{aligned}$$

so bekommen wir

$$\lambda P \approx 2\,b\,[(\lambda_v + \lambda_s + \lambda_e)^2 - 2\,\lambda_s \lambda_e]\,.$$

Die reparaturfreie Zeit genügt also einer Exponentialverteilung mit dem Mittelwert

$$\overline{T}_1 \approx \frac{1}{2\,b\,[(\lambda_v + \lambda_s + \lambda_e)^2 - 2\,\lambda_s \lambda_e]}\,.$$

Beispiel.

$$b = 1\ \text{h}, \qquad \frac{1}{\lambda_v} = \frac{1}{\lambda_s} = \frac{1}{\lambda_e} = 1000\ \text{h}:$$

$$\overline{T} \approx 71\,400 \quad \text{h} \approx 8{,}15\ \text{Jahre.}$$

b) Wir „verstärken“ das System, indem wir jedem Sender und jedem Empfänger eine getrennte Stromversorgungsanlage zuteilen. Eine analoge Rechnung wie oben liefert dann

$$\lambda P \approx 2\,b\,[(\lambda_v + \lambda_s)^2 + (\lambda_v + \lambda_e)^2]\,.$$

Das ergibt mit

$$b = 1\ \text{h}, \qquad \frac{1}{\lambda_v} = \frac{1}{\lambda_s} = \frac{1}{\lambda_e} = 1000\ \text{h}:$$

$$\bar{T}_1 \approx \frac{1}{2\,b\,[(\lambda_v + \lambda_s)^2 + (\lambda_v + \lambda_e)^2]}$$

$$\approx 62500\ \text{h} \approx 7{,}13\ \text{Jahre}.$$

Die vermeintliche Verstärkung durch getrennte Stromversorgung führt also in Wirklichkeit zu einer Verminderung der Systemzuverlässigkeit, indem die mittlere reparaturfreie Zeit um ein Achtel verkürzt wird.

Dieses Beispiel zeigt, wie wichtig es ist, die Zuverlässigkeit redundanter Systeme wirklich zu berechnen und sich nicht auf gefühlsmäßige Schätzungen zu verlassen.

6.3.1.6. *Folgerungen*

Wir haben gezeigt: Betrachtet man bei einem redundanten System nicht die Lebensdauer (also die Zeit bis zum ersten Ausfall des Systems), sondern die reparaturfreie Zeit (die wegen der Kürze der Reparaturzeiten praktisch der Lebensdauer gleichzusetzen ist), so erhält man das einfache Ergebnis:

Wenn die Lebensdauern der Baueinheiten exponentiell verteilt sind mit den Ausfallraten λ_i $(i = 1, \ldots, n)$ und wenn P die Wahrscheinlichkeit ist, daß eine Reparatur zum Ausfall führt, dann ist auch die reparaturfreie Zeit T_1 exponentiell verteilt mit der Ausfallrate $P \sum_{i=1}^{n} \lambda_i$:

$$P\{T_1 \leqq t\} = 1 - \mathrm{e}^{-P\lambda t}, \qquad \lambda = \sum_{i=1}^{n} \lambda_i .$$

Die Wahrscheinlichkeit P für erfolglose Reparaturen kann man nun entweder schätzen und als Parameter betrachten oder (6.3.1.4.) näherungsweise berechnen, wobei man die mittleren Reparaturzeiten der Baueinheiten als bekannt voraussetzt.

Schließlich kann man, wie wir in 6.3.2. zeigen werden, für Systeme im stationären Zustand die mittlere Dauer der Intaktzeit berechnen und diesen Mittelwert als Näherung für die mittlere Lebensdauer bzw. mittlere reparaturfreie Zeit benutzen.

6.3.1.7. *Herleitung der Ergebnisse*

a) *Herleitung einer bedingten gemeinsamen Verteilungsfunktion*

Wir bezeichnen mit $P_i(t)$ die Verteilungsfunktion der Dauer einer durch A_i-Ausfall verursachten erfolglosen Reparatur. Weiter sei $Q_i(t)$ die Verteilungsfunktion der Dauer einer durch A_i-Ausfall verursachten erfolgreichen Reparatur. Falls das System während der k-ten Reparatur ausfällt, sei t_1 die Zeit bis zur ersten Reparatur, t_2 der Abstand zwischen erster und zweiter Reparatur, $\ldots, t_k$ der Abstand zwischen $(k-1)$-ter und k-ter Reparatur. Weiter sei r_1 die erste Reparaturdauer, r_2 die zweite, $\ldots, r_k$ die k-te Reparaturdauer. Dann gilt für die gemeinsame Verteilungsfunktion der Größen $t_1, \ldots, t_k, r_1, \ldots, r_k$ unter der Bedingung, daß das System bei der k-ten Reparatur ausfällt:

$$\begin{aligned} &W_k^*(x_1, \ldots, x_k; y_1, \ldots, y_k) \\ &= P\{(t_1 \leqq x_1) \cap \cdots \cap (t_k \leqq x_k) \cap (r_1 \leqq y_1) \cap \cdots \cap (r_k \leqq y_k) | \\ &\quad \text{Ausfall während der } k\text{-ten Reparatur}\} \\ &= \prod_{j=1}^{k} (1 - e^{-\lambda x_j}) \prod_{j=1}^{k-1} \tilde{Q}(y_i) \cdot \tilde{P}(y_k) \end{aligned} \tag{6.42}$$

mit $\tilde{P}(t) = P(t)/P, \quad \tilde{Q}(t) = Q(t)/Q$.

Die Größen $t_1, \ldots, t_k, r_1, \ldots, r_k$ sind also unter der genannten Bedingung unabhängig voneinander verteilt mit

$$\left.\begin{aligned} P(t_j \leqq x) &= 1 - e^{-\lambda x}, & j &= 1, \ldots, k; \\ P(r_j \leqq x) &= \tilde{Q}(x), & j &= 1, \ldots, k-1; \\ P(r_k \leqq x) &= \tilde{P}(x). \end{aligned}\right\} \tag{6.43}$$

Für $k = 1$ ist $\prod_{j=1}^{k-1} Q(y_j) = 1$ zu setzen.

Beweis. Wir bezeichnen für $k \geqq 2$ mit $V_{ki}(x_1, \ldots, x_k; y_1, \ldots, y_{k-1})$ die Wahrscheinlichkeit, daß bis zur k-ten Reparatur kein Systemausfall eintritt, die k-te Reparatur durch A_i-Ausfall verursacht wird, daß $t_j \leqq x_j$ für $j = 1, \ldots, k$ und $r_j \leqq y_j$ für $j = 1, \ldots, k-1$

gilt. Weiter sei $V_{1i}(x)$ die Wahrscheinlichkeit, daß die erste Reparatur durch A_i-Ausfall verursacht wird und $t_1 \leqq x$ ist. Dann gilt

$$V_{1i}(x) = \frac{\lambda_i}{\lambda}\,(1 - e^{-\lambda x})\,, \tag{6.44}$$

$$V_{ki}(x_1, \ldots, x_k;\, y_1, \ldots, y_{k-1}) = \frac{\lambda_i}{\lambda} \prod_{j=1}^{k} (1 - e^{-\lambda x_j}) \prod_{j=1}^{k-1} Q(y_j)\,. \tag{6.45}$$

Darin ist

$$Q(t) = \frac{1}{\lambda} \sum_{i=1}^{n} \lambda_i\, Q_i(t)$$

und $Q_i(t)$ die Wahrscheinlichkeit, daß eine durch A_i-Ausfall verursachte Reparatur spätestens zur Zeit t nach Beginn der Reparatur erfolgreich beendet ist.

Beweis von Gl. (6.44):

$$V_{1i}(x) = \int_0^x \lambda_i\, e^{-\lambda_i y} \prod_{\substack{j=1\\ j\neq i}}^{n} e^{-\lambda_j y}\, dy = \frac{\lambda_i}{\lambda} \int_0^x \lambda_j e^{-\lambda y}\, dy = \frac{\lambda_i}{\lambda}\,(1 - e^{-\lambda x})\,.$$

Gl. (6.45) beweisen wir durch vollständige Induktion. Für $k = 2$ ist

$$\begin{aligned} V_{2i}(x_1, x_2;\, y_1) &= \sum_{j=1}^{n} \int_0^{x_1} \lambda_j\, e^{-\lambda x} Q_i(y_1)\, \frac{\lambda_i}{\lambda}\,(1 - e^{-\lambda x_2})\, dx \\ &= \frac{\lambda_i}{\lambda} \prod_{j=1}^{2} (1 - e^{-\lambda x_j})\, Q(y_1)\,. \end{aligned}$$

Für $k + 1$ ergibt sich nach Induktionsvoraussetzung

$$\begin{aligned} &V_{k+1,i}(x_1, \ldots, k_{k+1};\, y_1, \ldots, y_k) \\ &= \sum_{k=1}^{n} \int_0^{x_k} \lambda_k\, e^{-\lambda x} \left[\prod_{j=1}^{k-1} (1 - e^{-\lambda x_j})\, Q(y_j)\right] Q_k(y_k)\, \frac{\lambda_i}{\lambda}\,(1 - e^{-\lambda x_{k+1}})\, dx \\ &= \frac{\lambda_i}{\lambda} \prod_{j=1}^{k+1} (1 - e^{-\lambda x_j}) \prod_{j=1}^{k} Q(y_j)\,, \end{aligned}$$

was zu zeigen war.

Jetzt definieren wir $W_k(x_1, \ldots, x_k;\, y_1, \ldots, y_k)$ als die Wahrscheinlichkeit, daß der erste Systemausfall bei der k-ten Reparatur eintritt und außerdem $t_j \leqq x_j$ und $r_j \leqq y_j$ für $j = 1, \ldots, k$

gilt. Dann ist

$$W_k(x_1, \ldots, x_k; y_1, \ldots, y_k) = \sum_{i=1}^{n} V_{ki}(x_1, \ldots, x_k; y_1, \ldots, y_{k-1}) P_i(y_k)$$
$$= \left[\prod_{j=1}^{k} (1 - e^{-\lambda x_j}) \prod_{j=1}^{k-1} Q(y_j)\right] \sum_{i=1}^{n} \frac{\lambda_i}{\lambda} P_i(y_k)$$

oder

$$W_k(x_1, \ldots, x_k; y_1, \ldots, y_k) = P(y_k) \prod_{j=1}^{k} (1 - e^{-\lambda x_j}) \prod_{j=1}^{k-1} Q(y_j) . \qquad (6.46)$$

Für $k = 1$ ist $\prod_{j=1}^{k-1} Q(y_i) = 1$ zu setzen.

Für die Wahrscheinlichkeit W_k, daß das System bei der k-ten Reparatur ausfällt, gilt

$$W_k = \lim_{\substack{x_j, y_j \to \infty \\ j=1,\ldots,k}} W_k(x_1, \ldots, x_k; y_1, \ldots, y_k) = P Q^{k-1} = P(1 - P)^{k-1} . \qquad (6.47)$$

Aus (6.46) und (6.47) folgt die Gl. (6.42) mit $\widetilde{Q}(t) = Q(t)/Q$, $\widetilde{P}(t) = P(t)/P$.

b) *Herleitung der Verteilungsfunktion der reparaturfreien Zeit*

Aus Gl. (6.42) folgt, daß unter der Bedingung, daß das System bei der k-ten Reparatur ausfällt, die $t_1, t_2, \ldots, t_k$ unabhängig voneinander exponentiell mit dem Erwartungswert $1/\lambda$ verteilt sind. Ihre Summe ist unter der genannten Bedingung die reparaturfreie Zeit T_1. Sie hat die bedingte Dichte

$$g_k(t) = \lambda \frac{(\lambda t)^{k-1}}{(k-1)!} e^{-\lambda t} .$$

Für die Dichte von T_1 gilt dann

$$f(t) = \sum_{k=1}^{\infty} W_k g_k(t) = P \sum_{k=1}^{\infty} (1 - P)^{k-1} \lambda \frac{(\lambda t)^{k-1}}{(k-1)!} e^{-\lambda t} = P \lambda e^{-P\lambda t} \qquad (6.48)$$

Hieraus folgt Gl. (6.24) für die Verteilungsfunktion von T_1.

c) *Herleitung der Verteilungsfunktion der Lebensdauer*

Unter der Bedingung, daß das System bei der k-ten Reparatur ausfällt, sind nach Gl. (6.42) die Größen $t_1, \ldots, t_k; r_1, \ldots, r_k$ unabhängig voneinander verteilt mit den in Gl. (6.43) angegebenen Verteilungsfunktionen. Ihre Summe ist unter der angegebenen Bedingung die Zeit T bis zum ersten Systemausfall. Bezeichnen wir mit $\tilde{Q}^{(k)}(t)$ die Verteilungsfunktion einer Summe von k unabhängig voneinander nach $\tilde{Q}(t)$ verteilten Zufallsvariablen, so folgt aus (6.42) für die Verteilungsfunktion von T die Gleichung (6.25).

d) *Herleitung der* LAPLACE-*Transformierten der Lebensdauer-Verteilungsfunktion*

Die gesuchte LAPLACE-Transformierte von $P\{T \leqq t\}$ sei $\Phi(s)$.

Bezeichnen wir mit $Q^*(x)$ die LAPLACE-Transformierte von $\tilde{Q}(t)$, also

$$Q^*(s) = \int_0^\infty e^{-sx}\,\tilde{Q}(x)\,dx\,,$$

und entsprechend mit $\tilde{P}^*(s)$ die LAPLACE-Transformierte von $\tilde{P}(t)$ und mit $E^*(s)$ die von $1 - e^{-\lambda t}$, so folgt aus Gl. (6.25) nach den Regeln über die LAPLACE-Transformierten von gefalteten Verteilungsfunktionen

$$\Phi(s) = P \sum_{k=1}^{\infty} (1-P)^{k-1}\,[\tilde{Q}^*(s)]^{k-1}\,\tilde{P}^*(s)\,[E^*(s)]^k\,s^{2k-1}\,.$$

Wegen $s\,E^*(s) = \dfrac{\lambda}{s+\lambda}$ folgt daraus

$$\Phi(s) = P\,\tilde{P}^*(s)\,\frac{\lambda}{s+\lambda} \sum_{k=1}^{\infty} \left[(1-P)\,\tilde{Q}^*(s)\,\frac{\lambda s}{s+\lambda}\right]^{k-1}$$

oder

$$\Phi(s) = \frac{\lambda\,P\,\tilde{P}^*(s)}{s+\lambda-(1-P)\,\lambda\,s\,\tilde{Q}^*(s)}\,. \tag{6.49}$$

e) *Herleitung von Erwartungswert und Varianz der Zeit bis zum ersten Systemausfall*

Bezeichnen wir mit $E_k(T)$ den Erwartungswert der Zeit bis zum ersten Ausfall unter der Bedingung, daß der erste Ausfall bei der k-ten Reparatur eintritt, so gilt für den gesuchten Erwartungswert $E(T)$ bis zum ersten Ausfall

$$E(T) = P \sum_{k=1}^{\infty} (1-P)^{k-1}\,E_k(T)\,. \tag{6.50}$$

Für $E_k(T)$ gilt nach (6.42)

$$E_k(T) = \frac{k}{\lambda} + (k-1)\,R_1 + R_2\,. \tag{6.51}$$

Darin ist R_1 die mittlere Reparaturzeit bei erfolgreicher Reparatur, R_2 die mittlere Zeit vom Beginn einer erfolglosen Reparatur bis zum Ausfall.

Aus (6.50) und (6.51) folgt

$$E(T) = \frac{P}{\lambda} \sum_{k=1}^{\infty} k\,(1-P)^{k-1} + P\,R_1 \sum_{k=1}^{\infty} (k-1)\,(1-P)^{k-1} + P\,R_2 \sum_{k=1}^{\infty} (1-P)^{k-1},$$

$$E(T) = \frac{1}{P\lambda} + \frac{1-P}{P} R_1 + R_2\,. \tag{6.52}$$

Die Varianz $\mathrm{Var}(T) = \sigma^2$ gewinnen wir auf ähnliche Weise.

Dazu führen wir folgende Bezeichnungen ein: Es sei σ_k^2 die Varianz von T unter der Bedingung, daß der Systemausfall bei der k-ten Reparatur eintritt. Dann ist $\sigma^2 + E(T)^2$ das auf Null bezogene zweite Moment von T und $\sigma_k^2 + E_k(T_2)^2$ das auf Null bezogene zweite Moment von T unter der Bedingung, daß das System bei der k-ten Reparatur ausfällt. Nach (6.42) ist

$$\sigma_k^2 = \frac{k}{\lambda^2} + (k-1)\,s_1^2 + s_2^2 \tag{6.53}$$

mit der Varianz s_1^2 der Verteilungsfunktion $\tilde{Q}(t)$ und der Varianz s_2^2 der Verteilungsfunktion $\tilde{P}(t)$. Nach (6.25) ist

$$\sigma^2 + [E(T)]^2 = P \sum_{k=1}^{\infty} (1-P)^{k-1} \left(\sigma_k^2 + [E_k(T)]^2\right). \tag{6.54}$$

Setzt man hier $E(T)$ nach (6.27), σ_k^2 nach (6.53) und $E_k(T)$ nach (6.51) ein, so erhält man nach längerer Rechnung

$$\sigma^2 = \frac{1}{P^2\lambda^2} + \frac{1-P}{P^2}\left(R_1^2 + \frac{2\,R_1}{\lambda}\right) + \frac{1-P}{P} s_1^2 + s_2^2\,. \tag{6.55}$$

Man kann auch aus (6.49) die Momente (beliebiger Ordnung) von $P\{T \leqq t\}$ bestimmen, wenn man die LAPLACE-Transformierten nach Potenzen von s entwickelt und Koeffizientenvergleich durchführt. Bei den Potenzreihenentwicklungen treten die Momente der Verteilungen in den Koeffizienten auf. Für Erwartungswert und Varianz von T erhält man natürlich die Gleichungen (6.52) und (6.55).

6.3.2. Systeme mit beliebig verteilten Lebensdauern der Baueinheiten

Für die Baueinheitenlebensdauer wollen wir jetzt beliebige Verteilungsfunktionen $F_i(t)$ zulassen. Wir befassen uns zunächst mit der Beschreibung des Prozesses, den der Zustand einer Baueinheit (bzw. einer Baueinheit und ihrer „Nachfolger") zeitlich durchläuft.

6.3.2.1. *Der Zustand einer Baueinheit als alternierender Erneuerungsprozeß*

Wir betrachten eine bestimmte Baueinheit (z. B. innerhalb eines Systems). Zur Zeit 0 (Beobachtungsbeginn) befindet sie sich im Zustand 1 (funktionsfähig) oder im Zustand 0 (sie wird gerade repariert oder ausgewechselt). Befindet sie sich zur Zeit 0 im Zustand 1, so behält sie diesen Zustand eine gewisse Zeit X_0 bis zum Ausfall bei. Dann folgt eine Reparaturzeit Y_1 (wir wollen jetzt immer von Reparatur und Reparaturzeit sprechen und vereinbaren, daß Reparatur in der Praxis auch Auswechseln bedeuten kann), anschließend wieder eine Lebensdauer X_1 (Zeit dauernder Funktionsfähigkeit), dann wieder eine Reparaturzeit Y_2, usf.

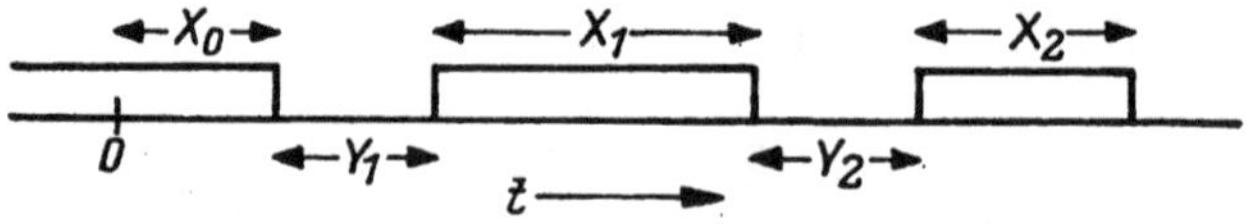

Wird dagegen zur Zeit 0 repariert, so folgt auf die Reparaturzeit Y_0 eine Lebensdauer X_1, dann eine Reparaturzeit Y_1, usf.

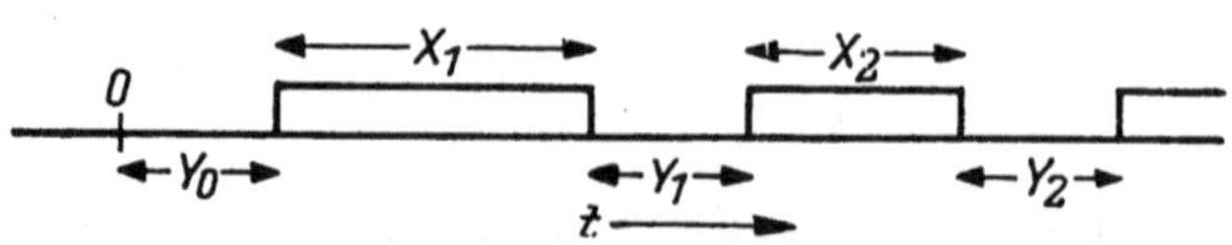

Zur allgemeinen Beschreibung eines solchen Ablaufs benutzen wir den in 2.5.1. behandelten alternierenden Erneuerungsprozeß, d. h., wir nehmen an, daß die Größen $X_0, X_1, \ldots; Y_0, Y_1, \ldots$ voneinander unabhängige zufällige Größen sind und daß mit der Wahrscheinlichkeit p der Prozeß mit X_0 beginnt, dagegen mit der Wahrscheinlichkeit $1 - p$ mit Y_0.

6.3.2.2. *Die Verfügbarkeit einer Baueinheit*

Mit $P_1(t, Z)$ bezeichnen wir die Wahrscheinlichkeit, daß die Baueinheit im Intervall $[t, t + z]$ dauernd im Zustand 1 ist. Im Fall $z = 0$ nennen wir $a(t) = P_1(t, 0)$ die „Verfügbarkeit" der Baueinheit. Die Verfügbarkeit $a(t)$ ist also die Wahrscheinlichkeit, daß die Baueinheit sich zur Zeit t im Zustand 1 befindet. Wir führen jetzt die Verteilungsfunktionen

$$F_0(x) = P\,(X_0 \leqq x);\; G_0(x) = P\,(Y_0 \leqq x);$$
$$F(x) = P\,(X_i \leqq x)\,,\, i = 1, 2, \ldots; G(x) = P\,(Y_i \leqq x)\,,\, i = 1, 2, \ldots$$
$$E(X_i) = u \text{ (mittlere Lebensdauer)},\; i = 1, 2, \ldots,$$
$$E(Y_i) = v \text{ (mittlere Reparaturzeit)},\; i = 1, 2, \ldots$$

ein. Ferner sei

$$K(x) = F(x) * G(x) = P\,(X_i + Y_i \leqq x)\,,\; i = 1, \ldots;$$
$$K_0(x) = F_0(x) * G(x) = P\,(X_0 + Y_1 \leqq x)\,.$$

Durch $K_0(x)$ und $K(x)$ wird ein Erneuerungsprozeß mit der Erneuerungsfunktion

$$H_1(t) = \sum_{i=0}^{\infty} K_0(t) * K(t)^{*i}$$

mit

$$K_0(t) * K(t)^{*i} = P\{(X_0 + Y_1) + (X_1 + Y_2) + \cdots + (X_i + Y_{i+1}) \leqq t\}$$

und der Erneuerungsdichte $h_1(t) = \frac{dH_1(t)}{dt}$ definiert.

Entsprechend definieren $G_0(x)$ und $K(x)$ einen Erneuerungsprozeß mit der Erneuerungsfunktion

$$H_0(t) = \sum_{i=0}^{\infty} G_0(t) * K(t)^{*i}$$

und der Erneuerungsdichte $h_0(t) = \frac{dH_0(t)}{dt}$.

Aus der Regel von der totalen Wahrscheinlichkeit ergibt sich dann der folgende Satz über die Verfügbarkeit einer Baueinheit:

Satz 6. *Für die Verfügbarkeit $a(t)$ gilt*

$$a(t) = p\,[\overline{F}_0(t) + \int_0^t h_1(x)\,\overline{F}\,(t - x)\,dx] + (1 - p)\int_0^t h_0(x)\,\overline{F}\,(t - x)\,dx \tag{6.56}$$

mit

$$\overline{F}_0(x) = 1 - F_0(x)\,,\; \overline{F}(x) = 1 - F(x)\,.$$

6.3.2.3. *Stationäres Verhalten einer Baueinheit*

Einen Sonderfall erhalten wir durch die folgenden speziellen Voraussetzungen:

$$p = \frac{u}{u+v}, \quad \overline{F}_0(x) = \frac{1}{u}\int_x^\infty \overline{F}(y)\,dy\,, \quad \overline{G}_0(x) = \frac{1}{v}\int_x^\infty \overline{G}(y)\,dy\,. \tag{6.57}$$

Dann gilt nämlich nach 2.5.2. der folgende

Satz 7. *Unter den Voraussetzungen* (6.57) *ist die Verfügbarkeit* $a(t)$ *von* t *unabhängig, und es gilt*

$$a(t) = a = \frac{u}{u+v}. \tag{6.58}$$

Das führt uns zu folgender

Definition. Eine Baueinheit befindet sich im *stationären Zustand,* wenn (6.58) gilt.

Zu Satz 7 gilt auch die leicht zu beweisende Umkehrung:

Satz 8. *Wenn eine Baueinheit sich im stationären Zustand befindet, so folgen daraus (unter der Voraussetzung der Unabhängigkeit der Größen* $X_0, X_1, \ldots; Y_0, Y_1, \ldots$ *untereinander und vom Zustand zur Zeit* 0) *die Bedingungen* (6.57).

Von großer Wichtigkeit ist schließlich der folgende Satz, der aussagt, daß die Verfügbarkeit $a(t)$ unabhängig von p, $F_0(x)$ und $G_0(x)$ mit $t \to \infty$ stets gegen die stationäre Verfügbarkeit a strebt:

Satz 9. *Es gilt stets*

$$\lim_{t\to\infty} a(t) = a = \frac{u}{u+v}. \tag{6.59}$$

Dieser Satz folgt aus (2.8.2.).

6.3.2.4. *Verfügbarkeit eines Systems*

Für ein System aus n Baueinheiten mit der Systemfunktion $S(x_1, \ldots, x_n)$ haben wir in 6.1. die Intaktwahrscheinlichkeit erklärt als die Wahrscheinlichkeit, daß das System zur Zeit t funktionsfähig ist. Für den Fall eines nicht reparierbaren Systems war die Intaktwahrscheinlichkeit mit der Überlebenswahrscheinlichkeit identisch (6.2.1.1.). Bei reparierbaren Systemen wollen wir die Intaktwahrscheinlichkeit eines Systems seine Verfügbarkeit nennen und mit $A(t)$ bezeichnen. Da die Verfügbarkeiten der Baueinheiten mit den in 6.1. definierten Intaktwahrscheinlichkeiten identisch sind, überträgt sich sofort der Satz 1 auf die Verfügbarkeiten. Es gilt

Satz 10. *Sind $a_i(t)$ $(i = 1, \ldots, n)$ die Verfügbarkeiten der Baueinheiten eines Systems mit der Systemfunktion $S(x_1, \ldots, x_n)$, so gilt für die Verfügbarkeit $A(t)$ des Systems*

$$A(t) = S[a_1(t), \ldots, a_n(t)] . \tag{6.60}$$

6.3.2.5. *Stationäres Verhalten eines Systems*

Aus Satz 7 und Satz 10 folgt sofort, daß die Verfügbarkeit eines Systems von der Zeit unabhängig wird, wenn sich die Baueinheiten im stationären Zustand befinden. Wir erhalten den

Satz 11. *Befinden sich die Baueinheiten eines Systems mit der Systemfunktion $S(x_1, \ldots, x_n)$ im stationären Zustand, so ist auch die Verfügbarkeit des Systems von der Zeit unabhängig, und es gilt*

$$A(t) = A = S(a_1, \ldots, a_n) . \tag{6.61}$$

Wir definieren noch das stationäre Verhalten eines Systems:

Definition. Ein System befindet sich im stationären Zustand, wenn sich seine Baueinheiten im stationären Zustand befinden.

Schließlich folgt aus Satz 9 und Satz 10, daß die Verfügbarkeit eines Systems mit $t \to \infty$ stets gegen die Verfügbarkeit A bei stationärem Verhalten strebt:

Satz 12. *Für die Verfügbarkeit eines Systems mit der Systemfunktion $S(x_1, \ldots, x_n)$ gilt*

$$\lim_{t\to\infty} A(t) = A = S(a_1, \ldots, a_n) = S\left(\lim_{t\to\infty} a_1(t), \ldots, \lim_{t\to\infty} a_n(t)\right) . \tag{6.62}$$

Für die praktische Berechnung der Verfügbarkeit eines Systems gilt also die folgende allgemeine

Regel. *Man erhält die Verfügbarkeit eines Systems, indem man in der Systemfunktion für die $x_1, \ldots, x_n$ die Verfügbarkeiten $a_1(t), \ldots, a_n(t)$ der Baueinheiten einsetzt. Befinden sich die Baueinheiten im stationären Zustand, so gilt*

$$a_i(t) = a = \frac{u_i}{u_i + v_i}$$

(u_i: mittlere Lebensdauer der i-ten Baueinheit,
v_i: mittlere Reparaturzeit der i-ten Baueinheit),
also

$$A(t) = A = S\left(\frac{u_1}{u_1 + v_1}, \ldots, \frac{u_n}{u_n + v_n}\right). \tag{6.63}$$

Mit $t \to \infty$ strebt $A(t)$ stets gegen A.

6.3.2.6. *Exponentialverteilung der Baueinheitenlebensdauern und Baueinheitenreparaturzeiten*

Neben dem stationären Verhalten, das ja besonders leicht zu beschreiben ist, interessiert den Anwender vor allem die Verfügbarkeit unter der Voraussetzung, daß zu Beginn (zur Zeit 0) alle Baueinheiten intakt sind und die alternierenden Erneuerungsprozesse, die die Zustände der Baueinheiten beschreiben, mit einer Lebensdauer beginnen. Entsprechend (6.56) gilt dann (unter Hinzufügung des Indexes i für die i-te Baueinheit) mit $p = p_i = 1$

$$a_i(t) = \overline{F}_i(t) + \int_0^t h_{1i}(x)\,\overline{F}\,(t - x)\,\mathrm{d}x\,.$$

Mit der speziellen Annahme

$$\overline{F}_i(x) = \mathrm{e}^{-t/u_i}\,, \qquad \overline{G}_i(x) = \mathrm{e}^{-t/v_i}$$

erhält man dann [Barlow, Proschan, S. 78]

$$a_i(t) = \frac{u_i}{u_i + v_i} + \frac{v_i}{u_i + v_i}\,\mathrm{e}^{-\left(\frac{1}{u_i}+\frac{1}{v_i}\right)t} = a_i + (1 - a_i)\,\mathrm{e}^{-\left(\frac{1}{u_i}+\frac{1}{v_i}\right)t}. \tag{6.64}$$

Das ergibt dann

$$A(t) = S\left[a_1 + (1 - a_1)\,\mathrm{e}^{-\left(\frac{1}{u_1}+\frac{1}{v_1}\right)t}, \ldots, a_n + (1 - a_n)\,\mathrm{e}^{-\left(\frac{1}{u_n}+\frac{1}{v_n}\right)t}\right] \tag{6.65}$$

und die folgende praktische

Regel. *In einem reparierbaren System mit der Systemfunktion* $S(x_1, \ldots, x_n)$ *mögen zu Beginn (zur Zeit* 0) *alle Baueinheiten neu sein. Die Lebensdauer der i-ten Baueinheit genüge der Verteilungsfunktion* $1 - \mathrm{e}^{-t/u_i}$ *und die Reparaturzeit der Verteilungsfunktion* $1 - \mathrm{e}^{-t/v_i}$. *Dann erhält man die Verfügbarkeit des Systems aus der*

Systemfunktion, wenn man für $x_1, \ldots, x_n$ die Größe

$$a_1 + (1 - a_1)\, e^{-\left(\frac{1}{u_1} + \frac{1}{v_1}\right)t}, \ldots, a_n + (1 - a_n)\, e^{-\left(\frac{1}{u_n} + \frac{1}{v_n}\right)t}$$

einsetzt. Die Verfügbarkeit eines solchen Systems nimmt mit $t \to \infty$ monoton ab und strebt gegen den Grenzwert $A = S(a_1, \ldots, a_n)$.

6.3.2.7. *Die mittlere Gesamtintaktzeit*

Wenn ein System während einer bestimmten Zeitspanne eingesetzt werden soll, so interessiert natürlich der Anteil an dieser Zeitspanne, während dessen das System funktionsfähig war. Betrachten wir irgendein Intervall $[t_0, t_1]$, so kann man die gesamte Intaktzeit innerhalb dieses Intervalles in der Form

$$\vartheta(t_0, t_1) = \int_{t_0}^{t_1} S[X_1(t), \ldots, X_n(t)]\, dt$$

schreiben. Die Größe $\vartheta(t_0, t_1)$ ist natürlich eine zufällige Größe. Ihre Verteilungsfunktion läßt sich im allgemeinen nicht ohne Schwierigkeiten geschlossen angeben [Takacs 1957], dagegen kann man ihren Erwartungswert

$$E[\vartheta(t_0, t_1)] = E\left\{\int_{t_0}^{t} S[X_1(t), \ldots, X_n(t)]\, dt\right\} \tag{6.66}$$

verhältnismäßig einfach bestimmen. Man kann nämlich zeigen, daß man in (6.66) die Integration und die Bildung des Erwartungswertes vertauschen darf, so daß man

$$\begin{aligned} E[\vartheta(t_0, t_1)] &= \int_{t_0}^{t_1} \{E[S\, X_1(t), \ldots, X_n(t)]\}\, dt \\ &= \int_{t_0}^{t_1} [1 \cdot P\{S[X_1(t), \ldots, X_n(t)] = 1\} \\ &\quad + 0 \cdot P\{S[X_1)t), \ldots, X_n(t) = 0\}]\, dt, \end{aligned}$$

also

$$E[\vartheta(t_0, t_1)] = \int_{t_0}^{t_1} S[a_1(t), \ldots, a_n(t)]\, dt = \int_{t_0}^{t_1} A(t)\, dt \tag{6.67}$$

bekommt.

Für ein System *im stationären Zustand* gilt wegen

$$A(t) = A = S(a_1, \ldots, a_n)$$

$$E[\vartheta(t_0, t_1)] = \int_{t_0}^{t_1} A \, dt = (t_1 - t_0)A ,$$

und der mittlere Anteil der Gesamtintaktzeit innerhalb eines Intervalles an der Intervallänge wird

$$\frac{E[\vartheta(t_0, t_1)]}{t_1 - t_0} = A . \tag{6.68}$$

Wir haben die

Regel. *Bei einem System im stationären Zustand gibt die Verfügbarkeit den mittleren Anteil der Zeit an, in dem das System funktionsfähig ist.*

Allgemein gilt wegen $\lim_{t\to\infty} A(t) = A$, daß der Ausdruck

$$\frac{E[\vartheta(t_0, t_1)]}{t_1 - t_0}$$

mit $t_1 \to \infty$ gleichmäßig in t_0 gegen den Grenzwert A konvergiert.

6.3.2.8. *Die mittlere Dauer der Intaktzeit eines Systems im stationären Zustand*

Die den Zustand des Systems charakterisierende zufällige Größe $S[X_1(t), \ldots, X_n(t)]$, die abwechselnd die Werte 1 und 0 annimmt, stellt wieder einen alternierenden Prozeß, jedoch im allgemeinen keinen alternierenden Erneuerungsprozeß dar. Die aufeinanderfolgenden Intakt- und Ausfallzeiten sind also im allgemeinen nicht voneinander unabhängig. Die Verteilungsfunktion einer Intaktzeit hängt sogar im allgemeinen vom Zeitpunkt ihres Beginnes ab. Dagegen wollen wir jetzt zeigen, daß sie bei Systemen im stationären Zustand vom Zeitpunkt des Beginnes unabhängig ist:

Satz 13. *Bei einem reparierbaren System im stationären Zustand ist die Verteilungsfunktion einer Intaktzeit unabhängig vom Zeitpunkt des Beginns.*

Beweis. Mit $P_i(t_0, \delta, x)$ bezeichnen wir die Wahrscheinlichkeit dafür, daß im Intervall $[t_0, t + \delta]$ eine Intaktzeit dadurch beginnt, daß $X_i(t)$ in $[t, t + \delta]$ von 0 nach 1 übergeht und daß die Dauer dieser Intaktzeit größer als x ist. Dann gilt für die bedingte Wahrscheinlichkeit, daß eine zum Zeitpunkt t_0 beginnende Intaktzeit länger als x andauert

$$P(x|t_0) = \lim_{\delta\to 0} \frac{\sum_{i=1}^{n} P_i(t_0, \delta, x)}{\sum_{i=1}^{n} P_i(t_0, \delta, 0)} . \tag{6.69}$$

Wir bestimmen nun $P_i(t_0, \delta, x)$. Dazu betrachten wir ein BOOLEsches $(n-1)$-Tupel $\varepsilon_1, \ldots, \varepsilon_{i-1}, \varepsilon_{i+1}, \ldots, \varepsilon_n$ (bzw. $\varepsilon_2, \ldots, \varepsilon_n$ für $i = 1$, bzw. $\varepsilon_1, \ldots, \varepsilon_{n-1}$ für $i = n$) mit der Eigenschaft

$$\left.\begin{aligned} S(\varepsilon_1, \ldots, \varepsilon_{i-1}, 1, \varepsilon_{i+1}, \ldots, \varepsilon_n) &= 1 , \\ S(\varepsilon_1, \ldots, \varepsilon_{i-1}, 0, \varepsilon_{i+1}, \ldots, \varepsilon_n) &= 0 \end{aligned}\right\} \tag{6.70}$$

und bestimmen dazu die Wahscheinlichkeit $\overline{F}_{\varepsilon_1,\ldots,\varepsilon_{i-1},\varepsilon_{i+1},\ldots,\varepsilon_n}(x)$ folgendermaßen durch die Überlagerung von n alternierenden Erneuerungsprozessen $Y_1(t), \ldots, Y_n(t)$:

Der Prozeß $Y_i(t)$ sei vom Typ $[1, F_i(x), G_i(x), F_i(x)]$ (vgl. 2.5.1.). Der Prozeß Y_k $(k \neq i)$

$$\text{sei}\begin{cases} \text{vom Typ } [0, \tilde{G}_k(x), F_k(x), G_k(x)], \quad \tilde{G}_k(x) = \dfrac{1}{v_k} \displaystyle\int_0^x \overline{G}_k(y)\, dy , & \text{falls } \varepsilon_k = 0 , \\ \text{vom Typ } [1, \tilde{F}_k(x), G_k(x), F_k(x)], \quad \tilde{F}_k(x) = \dfrac{1}{u_k} \displaystyle\int_0^x \overline{F}_k(y)\, dy , & \text{falls } \varepsilon_k = 1 . \end{cases}$$

Dann sei $\overline{F}_{\varepsilon_1,\ldots,\varepsilon_{i-1},\varepsilon_{i+1},\ldots,\varepsilon_n}(x)$ die Wahrscheinlichkeit $P\{S[Y_1(t), \ldots, Y_n(t)] = 1 \text{ für } t \leqq x\}$. Wegen (6.70) gilt

$$\overline{F}_{\varepsilon_1,\ldots,\varepsilon_{i-1},\varepsilon_{i+1},\ldots,\varepsilon_n}(0) = 1 .$$

Aus der Stationarität der Prozesse $X_1(t), \ldots, X_n(t)$ und aus deren Unabhängigkeit folgt dann (vgl. (2.88))

$$P_i(t_0, \delta, x) = \frac{a_i\,\delta}{u_i} \sum \prod_{\substack{k=1\\k\neq i}}^{n} a_k^{\varepsilon_k} (1 - a_k)^{1-\varepsilon_k}\, \overline{F}_{\varepsilon_1,\ldots,\varepsilon_{i-1},\varepsilon_{i+1},\ldots,\varepsilon_n}(x) + o(\delta) , \tag{6.71}$$

wobei über alle $(n-1)$-Tupel mit der Eigenschaft (6.70) zu summieren ist. Aus (6.69) und (6.71) folgt

$$P(x|t_0) = P(x) = \frac{\sum_{i=1}^{n} \frac{a_i}{u_i} \sum \prod_{\substack{k=1\\k\neq i}}^{n} a_k^{\varepsilon_k} (1 - a_k)^{1-\varepsilon_k}\, \overline{F}_{\varepsilon_1,\ldots,\varepsilon_{i-1},\varepsilon_{i-1},\ldots,\varepsilon_n}(x)}{\sum_{i=1}^{n} \frac{a_i}{u_i} \sum \prod_{\substack{k=1\\k\neq i}}^{n} a_k^{\varepsilon_k} (1 - a_k)^{1-\varepsilon_k}} , \tag{6.72}$$

woraus die Behauptung von Satz 13 folgt.

Von großer praktischer Bedeutung ist nun der folgende Satz über die mittlere Dauer der Intaktzeit eines Systems:

Satz 14. *Für die mittlere Dauer (Erwartungswert) u der Intaktzeit eines Systems mit der Systemfunktion (Linearform)*

$$S(x_1, \ldots, x_n) = \sum_{\mu_1,\ldots,\mu_n} a_{\mu_1,\ldots,\mu_n} x_1^{\mu_1} \ldots x_n^{\mu_n}$$

gilt im stationären Zustand

$$u = S(a_1, \ldots, a_n) \left[\sum_{\mu_1,\ldots,\mu_n} a_{\mu_1,\ldots,\mu_n} a_1^{\mu_1} \ldots a_n^{\mu_n} \left(\frac{\mu_1}{u_1} + \cdots + \frac{\mu_n}{u_n} \right) \right]^{-1}. \quad (6.73)$$

Es gilt also die einfache

Regel. *Bei einem System im stationären Zustand gilt für die mittlere Dauer u der Intaktzeit die Formel*

$$u = \frac{S(a_1, \ldots, a_n)}{K},$$

wobei man die Größe K aus der Systemfunktion (Linearform) erhält, wenn man für jedes Produkt $x_1^{\mu_1} \ldots x_n^{\mu_n}$ die Größe

$$a_1^{\mu_1} \ldots a_n^{\mu_n} \left(\frac{\mu_1}{u_1} + \cdots + \frac{\mu_n}{u_n} \right)$$

einsetzt.

Beweis. Nach der Regel von der totalen Wahrscheinlichkeit (1.1.2.3.) ist

$$\begin{aligned} A(t) &= P\{S[X_1(t), \ldots, X_n(t)] = 1\} \\ &= P\{S[X_1(x), \ldots, X_n(x)] = 1 \text{ für } x \leqq t\} \\ &\quad + \int_0^t \sum_{i=1}^n \frac{a_i}{u_i} \sum \prod_{\substack{k=1 \\ k \neq i}}^n a_k^{\varepsilon_k} (1 - a_k)^{1-\varepsilon_k} \overline{F}_{\varepsilon_1,\ldots,\varepsilon_{i-1},\varepsilon_{i+1},\ldots,\varepsilon_n} (t - x) \, \mathrm{d}x, \end{aligned}$$

wobei in der zweiten Summe jeweils über die $(n - 1)$-Tupel mit der Eigenschaft (6.70) zu summieren ist. Mit (6.61) und (6.72) folgt daraus

$$\begin{aligned} S(a_1, \ldots, a_n) &= P\{S[X_1(x), \ldots, X_n(t)] = 1 \text{ für } x \leqq t\} \\ &\quad + \sum_{i=1}^n \frac{a_i}{u_i} \sum \prod_{\substack{k=1 \\ k \neq i}}^n a_k^{\varepsilon_k} (1 - a_k)^{1-\varepsilon_k} \int_0^t P(t - x) \, \mathrm{d}x. \quad (6.74) \end{aligned}$$

Mit Hilfe von 6.3.2.5., Satz 12, kann man beweisen, daß

$$\lim_{t \to \infty} P\{S[X_1(x), \ldots, X_n(x)] = 1 \text{ für } x \leqq t\} = 0$$

gilt. Wegen $u = \int_0^\infty P(x)\,dx$ folgt dann aus (6.74) durch Grenzübergang $t \to \infty$

$$\frac{S(a_1, \ldots, a_n)}{u} = \sum_{i=1}^{n} \frac{a_i}{u_i} \sum \prod_{\substack{k=1\\k\neq i}}^{n} a_k^{\varepsilon_k} (1 - a_k)^{1-\varepsilon_k} . \tag{6.75}$$

Wir zeigen noch, daß die rechte Seite mit

$$\sum_{\mu_1,\ldots,\mu_n} a_{\mu_1,\ldots,\mu_n} a_1^{\mu_1} \ldots a_n^{\mu_n} \left(\frac{\mu_1}{u_1} + \cdots + \frac{\mu_n}{u_n}\right)$$

identisch ist. Aus der eindeutigen Darstellung von $S(x_1, \ldots, x_n)$ in der disjunktiven Normalform folgt zunächst (vgl. 5.1′) und (5.5))

$$S(x_1, \ldots, x_n) = S(x_1, \ldots, x_n)|_{x_i=0} + x_i \,[S(x_1, \ldots, x_n)\,|_{x_i=1} - S(x_1, \ldots, x_n)|_{x_i=0}]$$

und hieraus

$$\frac{\partial}{\partial x_i} S(x_1, \ldots, x_n) = S(x_1, \ldots, x_n)\,|_{x_i=1} - S(x_1, \ldots, x_n)\,|_{x_i=0} .$$

Wegen

$$S(x_1, \ldots, x_n)\,|_{x_i=1} \geqq S(x_1, \ldots, x_n)\,|_{x_i=0}$$

ist dann, wenn wir zur Abkürzung

$$\frac{\partial}{\partial x_i} S(x_1, \ldots, x_n) = S_i(x_1, \ldots, x_n)$$

schreiben, für ein beliebiges BOOLEsches $(n - 1)$-Tupel $\varepsilon_1, \ldots, \varepsilon_{i-1}$, $\varepsilon_{i+1}, \ldots, \varepsilon_n$ dann und nur dann $S_i(\varepsilon_1, \ldots, \varepsilon_n) = 1$, wenn (6.70) gilt. Also ist die Summe

$$\sum_{\substack{k=1\\k\neq i}}^{n} a_k^{\varepsilon_k} (1 - a_k)^{1-\varepsilon_k} ,$$

erstreckt über alle $(n - 1)$-Tupel mit der Eigenschaft (6.70) gleich

$$\sum_{S_i(\varepsilon_1,\ldots,\varepsilon_n)=1}^{n} \prod_{\substack{k=1\\k\neq i}} a_k^{\varepsilon_k} (1 - a_k)^{1-\varepsilon_k} ,$$

und dies ist, weil $S_i(x_1, \ldots, x_n)$ eine BOOLEsche Funktion in $x_1, \ldots, x_{i-1}, x_{i+1}, \ldots, x_n$ ist, nach (5.1) gleich $S_i(a_1, \ldots, a_n)$. Hieraus folgt mit (6.75)

$$\frac{S(a_1, \ldots, a_n)}{u} = \sum_{i=1}^{n} \frac{a_i}{u_i} S_i(a_1, \ldots, a_n) .$$

Aus der Darstellung von $S(a_1, \ldots, a_n)$ in der Linearform folgt nun

$$\begin{aligned}
&\sum_{i=1}^{n} \frac{a_i}{u_i} S_i(a_1, \ldots, a_n) \\
&= \sum_{i=1}^{n} \frac{a_i}{u_i} \sum_{\mu_1,\ldots,\mu_n} \mu_i\, a_{\mu_1,\ldots,\mu_n} a_1^{\mu_1} \ldots a_{i-1}^{\mu_{i-1}} a_i^{\mu_i - 1} a_{i+1}^{\mu_{i+1}} \ldots a_n^{\mu_n} \\
&= \sum_{i=1}^{n} \sum_{\mu_1,\ldots,\mu_n} \frac{\mu_i}{u_i} a_{\mu_1,\ldots,\mu_n} a_1^{\mu_1} \ldots a_n^{\mu_n} \\
&= \sum_{\mu_1,\ldots,\mu_n} a_{\mu_1,\ldots,\mu_n} a_1^{\mu_1} \ldots a_n^{\mu_n} \left(\frac{\mu_1}{u_1} + \cdots + \frac{\mu_n}{u_n}\right),
\end{aligned}$$

womit die Behauptung (6.73) bewiesen ist.

Die Formel (6.73) wurde zuerst von [ISPHORDING] aus einer anderen, anschaulich begründeten Beziehung [APPLEBAUM] hergeleitet.

6.3.2.9. *Mittlere Dauer der Ausfallzeit eines Systems im stationären Zustand*

Mit den gleichen Überlegungen, wie sie in 6.3.2.8. durchgeführt wurden, kann man auch die Verteilung und den Erwartungswert einer Ausfallzeit eines Systems untersuchen. Als Ausfallzeit gilt die Zeit vom Ausfall des Systems bis zum Beginn der nächsten Intaktzeit. Für ein System im stationären Zustand ergibt sich dabei, wenn wir mit v die mittlere Dauer der Ausfallzeit bezeichnen, die einfache (und plausible) Beziehung zwischen A, u und v

$$A = \frac{u}{u + v}, \tag{6.76}$$

woraus sofort

$$u = \frac{A}{1 - A} v, \qquad v = \frac{1 - A}{A} u \tag{6.77}$$

folgt.

6.3.2.10. *Systeme im nichtstationären Zustand*

Die Annahme, daß sich ein System im stationären Zustand befindet, daß also die den Systemzustand bestimmenden alternierenden Erneuerungsprozesse stationäre Erneuerungsprozesse sind, ist eine Idealisierung. In der Praxis kann man sie als näherungsweise erfüllt betrachten, wenn ein System schon über eine Zeit, die groß ist gegen die mittleren Lebensdauern der Baueinheiten, in Betrieb ist. Die Ergebnisse von 6.3.2.5. bis 6.3.2.9. gelten um so genauer, je größer diese Zeit ist. Alle auf einen bestimmten Zeitpunkt t bezogenen Größen (Verfügbarkeit, mittlere Dauer der Intaktzeit, mittlere Dauer der Ausfallzeit) konvergieren unter vernünftigen Voraussetzungen mit $t \to \infty$ gegen die entsprechenden Größen im stationären Zustand. Dies folgt aus den grundlegenden Sätzen der Erneuerungstheorie.

Die Behandlung des Spezialfalles exponentiell verteilter Baueinheiten-Lebensdauern in 6.3.1. zeigt schon, daß die Untersuchung des Anfangs- und Übergangsverhaltens von Systemen im allgemeinen nicht leicht durchzuführen ist. Für den Praktiker genügt es meistens, die Ergebnisse für den stationären Fall zu berechnen und damit z. B. die Zuverlässigkeit verschiedener Systeme miteinander zu vergleichen.

7. SYSTEME MIT KALTER RESERVE UND ZUSÄTZLICHEN EINSCHALTEINRICHTUNGEN

Bisher haben wir angenommen, daß sich bei Ausfall einer Baueinheit die kalte Reserveeinheit automatisch einschaltet. Dabei haben wir vernachlässigt, daß solche Systeme in Wirklichkeit zusätzliche Einrichtungen zum Einschalten und Überwachen erfordern, und diese zusätzlichen Einrichtungen können bei unzureichender Zuverlässigkeit die Zuverlässigkeit des Gesamtsystems wieder herabsetzen. Diese Zusammenhänge wollen wir jetzt an einem verhältnismäßig einfachen Modell eines Systems untersuchen, das aus n vollständigen Teilsystemen besteht, von denen $n - 1$ Reservesysteme sind [STÖRMER 1965]. Alle Ergebnisse gelten natürlich auch, wenn man statt eines Systems nur eine Baueinheit oder Baugruppe betrachtet, die in dieser Weise mit kalter Reserve ausgestattet ist.

7.1. Die Systemstruktur

Das Grundschema eines solchen Systems mit zusätzlichen Schalteinrichtungen wollen wir von H. S. BALABAN übernehmen [BALABAN]:

Das Gesamtsystem besteht aus n Teilsystemen, von denen $n - 1$ Reservesysteme sind. Zu jedem Teilsystem gibt es eine Schalteinrichtung, die beim Ausfallen des gerade in Betrieb befindlichen Teilsystems das nächste Teilsystem einschaltet. Schließlich gibt es einen Überwacher, der das Ausfallen eines Teilsystems registriert und die Einschaltung des nächsten Teilsystems einleitet (Bild 7.1)

Um alle sinnvollen Systemmodelle zu erfassen, die sich aus dem angegebenen Schema durch verschiedene Annahmen über die Aus-

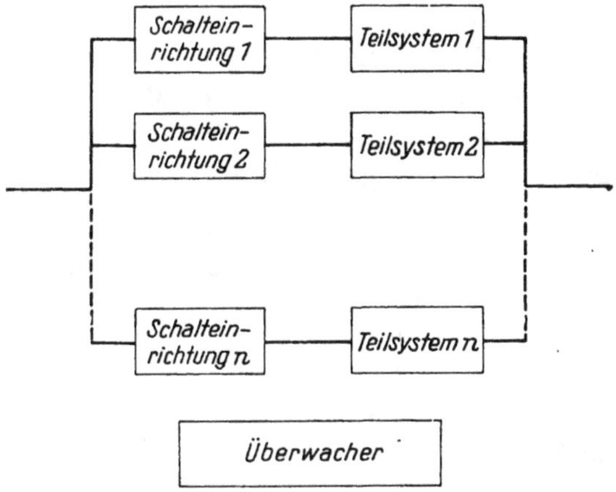

Modell	1	2	3	4
Überwacher	○	⊗	○	⊗
Schalteinrichtung	○	○	⊗	⊗

⊗ Ausfall führt sofort zum Systemausfall
○ Ausfall führt nicht sofort zum Systemausfall

Bild 7.1. Schema eines Systems mit zusätzlichen Einschalteinrichtungen.

fallursachen ergeben, betrachten wir die verschiedenen Ereignisse, die zu einem Ausfall des gesamten Systems führen oder einen Schaltvorgang veranlassen. Dabei unterscheiden wir folgende Fälle:

1. Ausfall des Überwachers.

Hier sind zwei Möglichkeiten technisch sinnvoll:

a) Das System fällt aus, sobald auch das laufende Teilsystem oder die zugehörige Schalteinrichtung ausfällt.
b) Das System fällt sofort aus.

2. Ausfall der laufenden Schalteinrichtung.

Hier kommen wieder zwei Möglichkeiten in Betracht:

a) Das nächste Teilsystem wird eingeschaltet bzw. beim n-ten Teilsystem das Gesamtsystem stillgelegt.
b) Das System fällt sofort aus.

3. Ausfall des laufenden Teilsystems.

Beim Ausfall des laufenden Teilsystems wird immer das nächste

Teilsystem eingeschaltet bzw. das System stillgelegt, falls das laufende Teilsystem das letzte (n-te) war.

Insgesamt haben wir also folgende vier Modelle zu diskutieren, die sich nach der Art unterscheiden, in der Ausfälle von Überwacher und Schalteinrichtungen sich auswirken (vgl. Bild 7.1):

Modell	Überwacher	Schalteinrichtung
Modell 1	1.a)	2.a)
Modell 2	1.b)	2.a)
Modell 3	1.a)	2.b)
Modell 4	1.b)	2.b)

Man überlegt sich leicht, daß Modell 1 immer das zuverlässigste, Modell 4 das unzuverlässigste ist.

7.2. Die Lebensdauerverteilungen der vier Systeme

Wir nehmen jetzt an, daß die Lebensdauerverteilungen der Teilsysteme, der Schalteinrichtungen und des Überwachers bekannt sind. Die Verteilungsfunktion $F(t)$ der Lebensdauer des Gesamtsystems läßt sich dann, wie wir in diesem Abschnitt zeigen, angeben. Sie ist ein Integralausdruck in den vorgegebenen Verteilungsfunktionen der Lebensdauer von Teilsystemen, Schalteinrichtungen und Überwacher. Mit der Auswertung dieser Ausdrücke befassen wir uns in den Abschnitten 7.3. und 7.4.

7.2.1. Modell 1

Die Lebensdauer T_i der i-ten Einheit aus Teilsystem und Schalteinrichtung, d. h. die Zeit vom Einschalten des i-ten Teilsystems bis zu seiner Ausschaltung, ist das Minimum der Lebensdauer t_i des i-ten Teilsystems und der Lebensdauer τ_i der i-ten Schalteinrichtung:

$$T_i = \min(t_i, \tau_i)\,. \tag{7.1}$$

Die Lebensdauer T eines Systems nach Modell 1 endet nun mit dem Ende der Lebensdauer T_k, wenn der Überwacher ausfällt, während gerade das k-te Teilsystem in Betrieb ist. Fällt dagegen der Überwacher niemals aus, während ein Teilsystem eingeschaltet ist, so endet die Anlagenlebensdauer T mit dem Ende der Lebensdauer T_n. Wir können daher, wenn wir die Lebensdauer des Überwachers mit τ bezeichnen und

$$\sum_{i=1}^{k} T_i = U_k\,, \qquad k = 1, \ldots, n\,, \qquad U_0 = 0$$

setzen

$$T = \begin{cases} U_k\,, & \text{falls} \quad U_{k-1} < \tau \leqq U_k\,, \\ U_n\,, & \text{falls} \quad \tau > U_n \end{cases} \tag{7.2}$$

schreiben.

Die Größen τ und U_k, $k = 1, \ldots, n$, sind nun als zufällige Größen zu betrachten, die nach (7.2) die zufällige Größe T, die Lebensdauer des Gesamtsystems bestimmen. Gesucht ist die Verteilungsfunktion $F(t)$ von T (d. h. die Wahrscheinlichkeit, daß T nicht größer als t ist), wenn die Verteilungsfunktionen der zufälligen Größen τ; $t_1, \ldots, t_n$; $\tau_1, \ldots, \tau_n$, die wir als voneinander unabhängig annehmen wollen, gegeben sind.

Es sei nun $G_1(t)$ die gemeinsame Verteilungsfunktion der Teilsystemlebensdauern $t_1, \ldots, t_n$ und $G_2(t)$ die gemeinsame Verteilungsfunktion der Schalteinrichtungslebensdauern $\tau_1, \ldots, \tau_n$. Die Teilsysteme sollen also alle gleich zuverlässig sein, ebenso die Schalteinrichtungen. Die Verteilungsfunktion der Überwacherlebensdauer sei $K(t)$. Bezeichnen wir noch mit $H(t)$ die Verteilungsfunktion der Einheitenlebensdauern $T_1, \ldots, T_n$, so folgt aus (7.1) sofort

$$H(t) = 1 - [1 - G_1(t)]\,[1 - G_2(t)]\,. \tag{7.3}$$

Die Verteilungsfunktion $L_k(t)$ der Summe U_k von k Einheitenlebensdauern entsteht aus $H(t)$ durch Faltung, was wir mit

$$L_k(t) = \underbrace{H(t) * \cdots * H(t)}_{k} = [H(t)]^{*k} \tag{7.4}$$

bezeichnen wollen.

Aus der Beziehung (7.2) folgt nun durch eine wahrscheinlichkeitstheoretische Überlegung, die in 7.5.1. durchgeführt wird, folgender Ausdruck für die Verteilungsfunktion $F(t)$ der Systemslebensdauer T:

$$F(t) = \sum_{k=1}^{n-1} P_k(t) + Q_n(t) \tag{7.5}$$

mit

$$P_1(t) = \int_0^t K(x) \, \mathrm{d}H(x) \,, \tag{7.6}$$

$$P_k(t) = \int_{x=0}^{t} \int_{z=0}^{t-x} [K(x+z) - K(x)] \, \mathrm{d}H(z) \, \mathrm{d}L_{k-1}(x) \tag{7.7}$$

für $k > 1$,

$$Q_n(t) = \int_0^t [1 - K(x)] \, H(t-x) \, \mathrm{d}L_{n-1}(x) \,. \tag{7.8}$$

7.2.2. Modell 2

Dieses Modell entspricht den Voraussetzungen von [H.S.Balaban]. Die Lebensdauer T des Gesamtsystems hängt hier in sehr einfacher Weise von den Lebensdauern seiner Teile ab. Sie ist nämlich gleich der Summe U_n der Lebensdauern $T_1, \ldots, T_n$ der Einheiten (aus Teilsystem und Schalteinrichtung), wenn die Lebensdauer τ des Überwachers mindestens gleich dieser Summe ist. Im anderen Fall ist sie gleich τ. Also ist T das Minimum der Größen τ und U_n:

$$T = \min(\tau, U_n) \,. \tag{7.9}$$

Die Verteilungsfunktion $L_n(t)$ von U_n ist durch (7.4) mit $k = n$ definiert. Aus (7.9) folgt sofort

$$F(t) = 1 - [1 - K(t)] \, [1 - L_n(t)] \tag{7.10}$$

und hieraus unter Berücksichtigung von (7.4) und (7.3)

$$F(t) = 1 - [1 - K(t)] \, \{1 - [1 - [1 - G_1(t)] \, [1 - G_2(t)]]^{*n}\} \,. \tag{7.11}$$

Das Resultat von [H. S. Balaban] erhält man aus (7.11), wenn man für $G_1(t)$, $G_2(t)$ und $K(t)$ Exponentialverteilungsfunktionen einsetzt (vgl. 7.3.2.).

7.2.3. Modell 3

Bei diesem Modell kann von einem laufenden Teilsystem auf das nächste Teilsystem nur dann umgeschaltet werden, wenn die Lebensdauer des zugeordneten Schaltgliedes größer ist als die Lebensdauer des Teilsystems. Es sei nun j der kleinste Index, für den das nicht zutrifft. Falls aber $\tau_i > t_i$ für alle $i = 1, \ldots, n$ gilt, setzen wir $j = n$: Es ist also

$$j = \begin{cases} n, & \text{falls} \quad \tau_i > t_i \quad \text{für} \quad i = 1, \ldots, n, \\ \min & (i \quad \text{mit} \quad \tau_i \leqq t_i) \quad \text{sonst.} \end{cases} \tag{7.12}$$

Für die Anlagenlebensdauer T gilt dann

$$T = \begin{cases} U_k, & \text{falls} \quad U_{k-1} < \tau \leqq U_k \quad \text{mit} \quad 1 \leqq k \leqq j, \\ U_j, & \text{falls} \quad \tau > U_j \end{cases} \tag{7.13}$$

In 7.5.3. wird für die Verteilungsfunktion $F(t)$ der Systemlebensdauer T aus (7.13) der Ausdruck

$$F(t) = \sum_{k=1}^{n-1} S_k(t) + V_n(t) \tag{7.14}$$

hergeleitet mit

$$S_1(t) = \int_0^t [1 - G_2(x)]\, K(x)\, \mathrm{d}G_1(x) + \int_0^t [1 - G_1(x)]\, \mathrm{d}G_2(x)\,, \tag{7.15}$$

$$\begin{aligned} S_k(t) = \int_{x=0}^{t} \Bigg\{ & \int_{z=0}^{t-x} [1 - G_2(z)]\, [K(x+z) - K(x)]\, \mathrm{d}G_1(z) \\ & + [1 - K(x)] \int_{z=0}^{t-x} [1 - G_1(z)]\, \mathrm{d}G_2(z) \Bigg\}\, \mathrm{d}R_{k-1}(x) \\ & \qquad \text{für} \quad k > 1\,, \end{aligned} \tag{7.16}$$

$$V_n(t) = \int_0^t [1 - K(x)]\, H(t - x)\, \mathrm{d}R_{n-1}(x)\,. \tag{7.17}$$

Die in (7.16) und (7.17) auftretenden Funktionen $R_k(x)$ sind durch die Rekursion

$$\left.\begin{aligned} R_1 &= \int_0^t [1 - G_2(z)]\, \mathrm{d}G_1(z)\,, \\ R_{k+1}(t) &= \int_{x=0}^{t} \int_{z=0}^{t-x} [1 - G_2(z)]\, \mathrm{d}G_1(z)\, \mathrm{d}R_k(x)\,, \qquad k = 1, 2, \ldots \end{aligned}\right\} \tag{7.18}$$

definiert.

7.2.4. Modell 4

Für das Modell 4 läßt sich die Systemlebensdauer T wieder verhältnismäßig einfach darstellen. Die Größe j habe wieder die gleiche Bedeutung wie in 7.2.3. Dann folgt aus den Annahmen 1.b) und 2.b) von 7.1.

$$T = \min (U_j, \tau) . \tag{7.19}$$

Also gilt, wenn wir mit $M_n(t)$ die Verteilungsfunktion von U_j bezeichnen

$$F(t) = 1 - [1 - M_n(t)] [1 - K(t)] . \tag{7.20}$$

Und für $M_n(t)$ ergibt sich, wie in 7.5.4. gezeigt wird,

$$M_n(t) = \sum_{k=1}^{n} W_k(t) + R_n(t) \tag{7.21}$$

mit

$$W_1(t) = \int_0^t [1 - G_1(x)] \, \mathrm{d}G_2(x) , \tag{7.22}$$

$$W_k(t) = \int_{x=0}^{t} \int_{z=0}^{t-x} [1 - G_1(z)] \, \mathrm{d}G_2(z) \, \mathrm{d}R_{k-1}(x) \quad \text{für} \quad k > 1 , \tag{7.23}$$

und die $R_k(t)$ sind durch (7.18) definiert.

7.3. Ergebnisse für den Fall exponentiell verteilter Lebensdauern von Teilsystemen, Schalteinrichtungen und Überwacher

Um zu praktisch auswertbaren numerischen Ergebnissen über die Lebensdauerverteilung des Systems zu kommen, müssen wir Annahmen über die Verteilungsfunktionen $G_1(t)$, $G_2(t)$ und $K(t)$ machen und unter diesen Annahmen die in 7.2. angegebenen Integrale ausrechnen. Mit Hilfe der bekannten numerischen Verfahren ist das immer möglich. Sind $G_1(t)$, $G_2(t)$ und $K(t)$ durch einfache analytische Ausdrücke darstellbar, so werden sich die Lösungen oft auch in geschlossener Form darstellen lassen. Für den Fall, daß es sich um Exponentialverteilungen handelt, wollen wir die Formeln hier noch zusammenstellen. Außer den Formeln für $F(t)$ geben wir noch den Erwartungswert $\overline{T}$ von T, also die mittlere Systemlebensdauer

$$\overline{T} = \int_0^\infty [1 - F(t)] \, \mathrm{d}t \tag{7.24}$$

an.

Die Herleitung der folgenden Formeln für $F(t)$ und T bringen wir in 7.5.

Es sei also

$$G_1(t) = 1 - e^{-\lambda t},$$

$$G_2(t) = 1 - e^{-\mu t},$$

$$K(t) = 1 - e^{-\nu t}.$$

Zur Abkürzung benutzen wir noch die Bezeichnungen

$$\alpha = \lambda + \mu, \qquad \beta = \lambda + \mu + \nu, \qquad P(m, a) = \sum_{i=m}^{\infty} \frac{a^i}{i!} e^{-a}.$$

7.3.1. Modell 1

(Herleitung in 7.5.1.1.)

$$F(t) = \begin{cases} 1 - \frac{\nu}{\nu - \alpha}\left\{e^{-\alpha t}\left[1 - \left(\frac{\alpha}{\nu}\right)^n P(n-1, \nu t)\right]\right. \\ \left. - \frac{\alpha}{\nu} e^{-\nu t}\left[1 - P(n-1, \alpha t)\right]\right\} & \text{für} \quad \alpha \neq \nu \\ 1 - e^{-\nu t}\{1 + (n-1) P(n-1, \nu t) \\ + \nu t\left[1 - P(n-2, \nu t)\right]\} & \text{für} \quad \alpha = \nu, \end{cases} \tag{7.25}$$

$$\overline{T} = \frac{1}{\alpha} + \frac{1}{\nu}\left[1 - \left(\frac{\alpha}{\beta}\right)^{n-1}\right]. \tag{7.26}$$

Der Fall $\alpha = \nu$ bedeutet, daß der Überwacher die gleiche Ausfallrate hat wie die einzelne Einheit von Schalteinrichtung und Teilsystem.

7.3.2. Modell 2

(Herleitung in 7.5.2.)

$$F(t) = 1 - e^{-\nu t}\left[1 - P(n, \alpha t)\right], \tag{7.27}$$

$$T = \frac{1}{\nu}\left[1 - \left(\frac{\alpha}{\beta}\right)^n\right]. \tag{7.28}$$

Die Gleichung (7.27) stellt die Formel von H. S. Balaban dar.

7.3.3. Modell 3

(Herleitung in 7.5.3.1.)

$$F(t) = \begin{cases} 1 - \frac{\nu}{\nu - \lambda}\left\{e^{-\alpha t}\left[1 - \left(\frac{\lambda}{\nu}\right)^n P(n-1, \nu t)\right]\right. \\ \left. - \frac{\lambda}{\nu} e^{-(\mu+\nu)t}\left[1 - P(n-1, \lambda t)\right]\right\} \quad \text{für } \lambda \neq \nu \\ 1 - e^{-\alpha t}\{1 + (n-1) P(n-1, \nu t) \\ + \nu t\left[1 - P(n-2, \nu t)\right]\} \quad \text{für} \quad \lambda = \nu, \end{cases} \tag{7.29}$$

$$\overline{T}(t) = \frac{\beta}{\alpha(\mu + \nu)}\left[1 - \left(\frac{\lambda}{\beta}\right)^n\right]. \tag{7.30}$$

7.3.4. Modell 4

(Herleitung in 7.5.4.1.)

$$F(t) = 1 - e^{-(\mu+\nu)t}\left[1 - P(n, \lambda t)\right], \tag{7.31}$$

$$\overline{T} = \frac{1}{\mu + \nu}\left[1 - \left(\frac{\lambda}{\beta}\right)^n\right]. \tag{7.32}$$

7.4. Einige Anwendungen

Die Ergebnisse unserer Untersuchung lassen sich in vielerlei Richtungen anwenden. Hier betrachten wir nur einige Beispiele. Dabei unterscheiden wir die folgenden zwei Hauptgruppen von Anwendungen: Bei der ersten wird von gegebenen Bauelemente-Eigenschaften ausgegangen und der Einfluß der Redundanz auf die Zuverlässigkeitsdaten des Systems, wie Überlebenswahrscheinlichkeit, mittlere Lebensdauer oder mit vorgegebener Wahrscheinlichkeit erreichbare Lebensdauer, untersucht. Bei der zweiten Gruppe wird davon ausgegangen, daß an das System ganz bestimmte Zuverlässigkeitsforderungen gestellt werden. Gefragt wird dann z. B. bei vorgegebener Systemstruktur nach den notwendigen Zuverlässigkeitsdaten der Zusatzeinrichtungen oder nach der Systemstruktur, mit der sich bei vorgegebenen Zuverlässigkeitsdaten der Zusatzeinrichtungen die Forderungen erfüllen lassen. Wir beginnen mit der ersten Gruppe.

7.4.1. Einfluss der Redundanz auf die Zuverlässigkeit des Systems

7.4.1.1. *Überlebenswahrscheinlichkeit des Systems*

Als erstes Beispiel betrachten wir die Überlebenswahrscheinlichkeit in Abhängigkeit von der Anzahl n der Teilsysteme. Nach [Balaban] verfahren wir dabei in folgender Weise. Beim einfachen System ($n = 1$, keine Reserve) ist wegen der Exponentialverteilung der Systemlebensdauer leicht die Zeit zu bestimmen, die mit vorgegebener Wahrscheinlichkeit S von der Lebensdauer überschritten wird. Für diese Zeit können wir nun mit Hilfe der Formeln von 7.3. leicht die Überlebenswahrscheinlichkeiten ausrechnen, die sich mit Redundanz ($n = 2, 3, \ldots$) bei den vier verschiedenen Modellen und bei vorgegebenen Ausfallraten der Zusatzeinrichtungen ergeben. Dabei kommt es nur auf die Verhältnisse μ/λ und ν/λ der Ausfallraten der Zusatzeinrichtungen zur Ausfallrate der Teilsysteme an. Ein sehr instruktives Beispiel erhalten wir, wenn wir

Tabelle 7.1. Überlebenswahrscheinlichkeiten der vier Systemmodelle.

Modell	n				
	1	2	3	4	∞
1	0,803 0,905 0,951	0,898 0,975 0,993	0,952 0,990 0,997	0,960 0,991 0,998	0,961 0,991 0,998
2	0,803 0,905 0,951	0,744 0,889 0,947	0,794 0,904 0,951	0,802 0,905 0,951	0,803 0,905 0,951
3	0,803 0,905 0,951	0,771 0,897 0,949	0,785 0,900 0,950	0,786 0,901 0,950	0,786 0,901 0,950
4	0,803 0,905 0,951	0,631 0,815 0,904	0,643 0,819 0,905	0,644 0,819 0,905	0,644 0,819 0,905

$\mu = \nu = \lambda$ setzen, weil sich für diesen Fall der Einfluß der Anlagenstruktur besonders deutlich zeigt. Für das einfache System werden Überlebenswahrscheinlichkeiten in der Größenordnung 0,8; 0,9 und 0,95 gewählt (die etwas abweichenden Werte 0,803; 0,905 und 0,951 wurden genommen, weil sich dadurch beim Benutzen einer Tabelle [MOLINA] Interpolationen vermeiden ließen). Die Überlebenswahrscheinlichkeiten für die vier verschiedenen Modelle sind in der Tabelle zusammengestellt.

In Bild 7.2 sind die Werte der Überlebenswahrscheinlichkeit graphisch dargestellt.

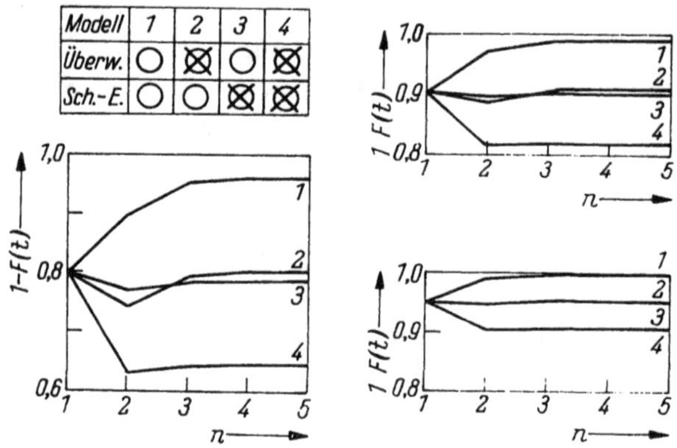

Bild 7.2. Überlebenswahrscheinlichkeiten der vier Modelle im Fall $\mu=\nu=\lambda$.

Das gewählte Beispiel $\mu = \nu = \lambda$ stellt insofern einen Extremfall dar, als Schalteinheit und Überwacher im Verhältnis zum Teilsystem eine recht große (nämlich gleich große) Ausfallrate haben. Dafür zeigt sich hier sehr deutlich der Unterschied der vier Modelle. Während bei den Modellen 2 und 3 durch Hinzunahme eines weiteren Teilsystems ($n = 2$) eine Verschlechterung eintritt, die durch weitere Redundanz ($n = 3, 4, \ldots$) nur gerade einigermaßen wieder kompensiert werden kann, bringt beim Modell 1 schon die Erweiterung auf $n = 2$ eine erhebliche Verbesserung, die sich mit $n = 3$ noch einmal beachtlich steigern läßt. Bei Modell 4 ergibt sich in allen Fällen eine große Verschlechterung, die durch Erhöhung von n praktisch nicht beeinflußt wird.

Wir können uns leicht überlegen, daß bei günstigeren Ausfallraten von Schalteinrichtungen und Überwacher (in [BALABAN] sind für das Modell 2 noch die Fälle $\mu = \nu = \lambda/10$ und $\mu = \nu = \lambda/100$ diskutiert) für alle Modelle durch Redundanz eine Verbesserung erreicht wird.

7.4.1.2. *Die mit vorgegebener Wahrscheinlichkeit erreichte Lebensdauer*

Wir betrachten als Beispiel Modell 1 mit $\mu = \nu = \lambda$. Für $n = 1$ ist die Überlebenswahrscheinlichkeit

$$1 - F(t) = \mathrm{e}^{-\lambda t}. \tag{7.33}$$

Für $n = 2$ gilt nach (7.25)

$$1 - F(t) = 3\,\mathrm{e}^{-2\lambda t} - 2\,\mathrm{e}^{-3\lambda t}. \tag{7.34}$$

Der Verlauf der Überlebenswahrscheinlichkeiten für $n = 1$ und $n = 2$ ist in Bild 7.3 dargestellt. Betrachten wir die mit der Wahrscheinlichkeit $S = 0{,}9$ (90%) erreichte Lebensdauer T (0,9). Sie ergibt sich aus $1 - F[T(0{,}9)] = 0{,}9$. Wir erhalten

$$T(0{,}9) = 0{,}1054/\lambda \text{ für } n = 1$$

und

$$T(0{,}9) = 0{,}2179/\lambda \text{ für } n = 2\,.$$

Die mit 90% Wahrscheinlichkeit erreichte Lebensdauer ist für $n = 2$ also gut doppelt so lang wie für $n = 1$.

7.4.1.3. *Die mittlere Anlagenlebensdauer*

Wir bleiben bei dem in 7.4.1.2. betrachteten Beispiel. Für den Fall $n = 1$ folgt aus der Exponentialverteilung als mittlere Lebensdauer

$$\overline{T} = 1/\lambda\,.$$

Für $n = 2$ gilt nach (7.26)

$$\overline{T} = 5\,\lambda/6\,.$$

Die mittlere Lebensdauer verkürzt sich also selbst bei der günstigen Struktur von Modell 1 um ein Sechstel gegenüber dem Fall $n = 1$. Dieses überraschende Ergebnis bedeutet keinen Widerspruch zu der Verlängerung der mit 90% erreichten Lebensdauer nach 7.4.1.2.

Aus der Gl. (7.33) und (7.34) folgt nämlich — und Bild 7.3 läßt dies ebenfalls deutlich erkennen —, daß sich $T(S)$ nur für $S > 0{,}5$ beim Schritt von $n = 1$ auf $n = 2$ erhöht. Und ebenso wird die Überlebenswahrscheinlichkeit nur erhöht für den Bereich, in dem sie für $n = 1$ schon größer als 0,5 ist, also für $e^{-\lambda t} > 0{,}5$ oder $t < (\ln 2)/\lambda$. Für $t > (\ln 2)/\lambda$ drehen sich die Verhältnisse um.

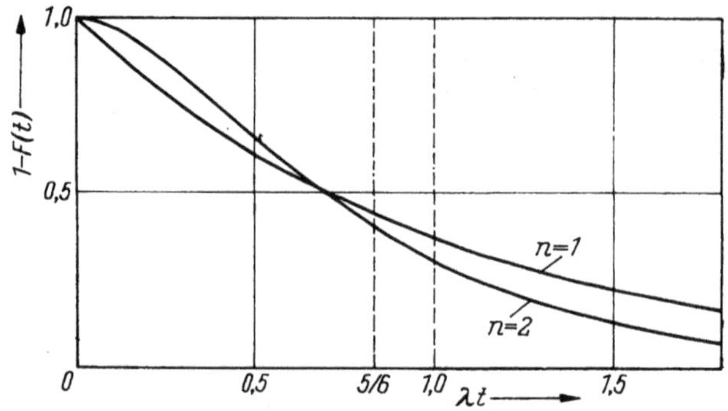

Bild 7.3. Überlebenswahrscheinlichkeit von Modell 1 für $n = 1$ und $n = 2$, $\mu = \nu = \lambda$.

7.4.2. Bestimmung der für eine geforderte Anlagenzuverlässigkeit ausreichenden Zuverlässigkeit der Zusatzeinrichtungen

Für diese in der Praxis vielleicht besonders interessante Anwendung bringen wir nur ein Beispiel.

Für Modell 4 soll festgestellt werden, wie die Überlebenswahrscheinlichkeit für $t = (-\ln 0{,}9)/\lambda = 0{,}1054/\lambda$, also für die Zeit, die das einfache System ($n = 1$) mit 90% Wahrscheinlichkeit überlebt, von den Ausfallraten μ und ν der Zusatzeinrichtungen abhängt. Aus (7.31) folgt mit $t = (-\ln 0{,}9)/\lambda$

$$1 - F\,[(-\ln 0{,}9)/\lambda] = 0{,}9^{(\mu+\nu)/\lambda}\,[1 - P\,(n, -\ln 0{,}9)]\,.$$

Die Überlebenswahrscheinlichkeit hängt also nur noch von der durch λ dividierten Summe $\mu + \nu$ der Ausfallraten der Zusatzeinrichtungen ab. Die Überlebenswahrscheinlichkeit $1 - [F\,(-\ln 0{,}9)/\lambda]$ in Abhängigkeit von $(\mu + \nu)/\lambda$ zeigt Bild 7.4. Die obere Grenze ist bei festem n durch den Wert $1 - P\,(n, -\ln 0{,}9)$ gegeben, der bei $\mu = \nu = 0$ angenommen wir (absolut zuverlässige Zusatzeinrichtungen). Es ist

$$1 - P\,(n, -\ln 0{,}9) = \begin{cases} 0{,}998198 & \text{für} \quad n = 2\,, \\ 0{,}99995276 & \text{für} \quad n = 3\,. \end{cases}$$

Bild 7.4 zeigt, daß diese Maximalwerte für $n = 2$ bei $(\mu + \nu)/\lambda = 10^{-3}$, für $n = 3$ bei $(\mu + \nu)/\lambda = 10^{-4}$ annähernd erreicht werden. Kleinere Ausfallraten bringen also keine nennenswerte Erhöhung der Überlebenswahrscheinlichkeit mehr. Weiter erkennen wir, daß im Bereich $(\mu + \nu)/\lambda = 10^{-1}$ die Überlebenswahrscheinlichkeiten

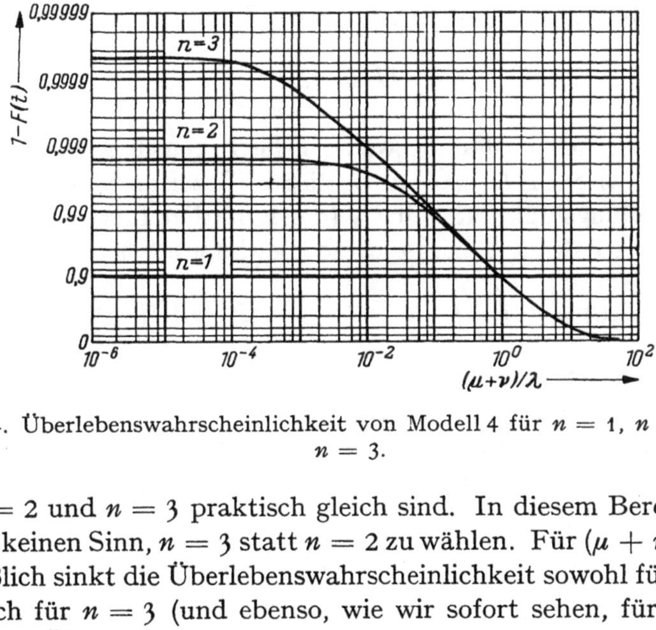

Bild 7.4. Überlebenswahrscheinlichkeit von Modell 4 für $n = 1$, $n = 2$ und $n = 3$.

für $n = 2$ und $n = 3$ praktisch gleich sind. In diesem Bereich hat es also keinen Sinn, $n = 3$ statt $n = 2$ zu wählen. Für $(\mu + \nu)/\lambda = 1$ schließlich sinkt die Überlebenswahrscheinlichkeit sowohl für $n = 2$ als auch für $n = 3$ (und ebenso, wie wir sofort sehen, für $n > 3$) unter die Überlebenswahrscheinlichkeit des einfachen Systems.

7.5. Herleitung der Formeln

Bezeichnen wir die Wahrscheinlichkeit, daß das System spätestens zur Zeit t mit der k-ten Einheit ausfällt, für $1 \leqq k \leqq n - 1$ mit $P_k(t)$ und für $k = n$ mit $Q_n(t)$, so gilt nach der Regel von der totalen Wahrscheinlichkeit die Gleichung (7.5)

$$F(t) = \sum_{k=1}^{n-1} P_k(t) + Q_n(t)\,.$$

Die Anlage fällt mit der ersten Einheit ($k = 1$) dann und nur dann spätestens zur Zeit t aus, wenn erstens die Lebensdauer T_1 der ersten Einheit höchstens gleich t ist und zweitens die Lebensdauer τ des Überwachers nicht größer als T_1. Das heißt, es gilt die Gleichung (7.6):

$$P_1(t) = \int_0^t K(x) \, \mathrm{d}H(x) .$$

Für $1 < k \leqq n - 1$ mit $n < 2$ gilt:

Das System fällt dann und nur dann mit der k-ten Einheit spätestens zur Zeit t aus, wenn erstens die Summe

$$U_k = \sum_{i=1}^{k} T_i$$

höchstens gleich t ist und zweitens die Lebensdauer τ des Überwachers zwischen U_{k-1} und U_k liegt. Bezeichnen wir mit $L_k(x)$ die Verteilungsfunktion von U_k (die Funktion $L_k(x)$ entsteht aus $H(x)$ durch Faltung), dann gilt die Gleichung (7.7)

$$P_k(t) = \int_{x=0}^{t} \int_{z=0}^{t-x} [K(x + z) - K(x)] \, \mathrm{d}H(z) \, \mathrm{d}L_{k-1}(x) .$$

Für $k = n$ gilt:

Das System fällt dann und nur dann spätestens zur Zeit t mit der n-ten Einheit aus, wenn erstens U_n höchstens gleich t ist und zweitens die Überwacherlebensdauer τ größer als U_{n-1} ist. Daher gilt die Gleichung (7.8)

$$Q_n(t) = \int_{x=0}^{t} \int_{z=0}^{t-x} [1 - K(x)] \, \mathrm{d}H(z) \, \mathrm{d}L_{n-1}(x)$$
$$= \int_0^t [1 - K(x)] \, H(t - x) \, \mathrm{d}L_{n-1}(x) .$$

Für $n = 2$ gelten die Formeln (7.6) und (7.8).

7.5.1.1. *Exponentialverteilung der Lebensdauern t_i, τ_i und τ*

Aus

$$G_1(t) = 1 - \mathrm{e}^{-\lambda t},$$
$$G_2(t) = 1 - \mathrm{e}^{-\mu t}, \quad K(t) = 1 - \mathrm{e}^{-\nu t}$$

folgt mit

$$H(t) = 1 - [1 - G_1(t)]\,[1 - G_2(t)] = 1 - e^{-(\lambda+\mu)t}$$

und den Abkürzungen $\lambda + \mu = \alpha$, $\lambda + \mu + \nu = \beta$

$$P_1(t) = \int_0^t (1 - e^{-\nu x})\, \alpha\, e^{-\alpha x}\, dx = 1 - e^{-\alpha t} - \alpha\,(1 - e^{-\beta t})/\beta\,. \quad (7.35)$$

Für das innere Integral in (7.7) gilt

$$\begin{aligned} \int_0^{t-x} [K(x+z) - K(x)]\, dH(z) &= \int_0^{t-x} [e^{-\nu x} - e^{-\nu(x+z)}]\, \alpha\, e^{-\alpha z}\, dz \\ &= e^{-\nu x} \int_0^{t-x} (1 - e^{-\nu z})\, \alpha\, e^{-\alpha z}\, dz \\ &= e^{-\nu x} \{1 - e^{-\alpha(t-x)} - \alpha\,[1 - e^{-\beta(t-x)}]/\beta\}\,. \quad (7.36) \end{aligned}$$

Für $L_k(x)$ gilt

$$L_k(x) = P(k, \alpha x) = \sum_{i=k}^{\infty} \frac{(\alpha x)^i}{i!} e^{-\alpha x}$$

und

$$\frac{dL_k(x)}{dx} = \alpha \frac{(\alpha x)^{k-1}}{(k-1)!} e^{-\alpha x}\,. \quad (7.37)$$

Aus (7.7), (7.36) und (7.37) folgt für $k = 2, \ldots, n-1$

$$\begin{aligned} P_k(t) &= \int_0^t e^{-\nu x} \{1 - e^{-\alpha(t-x)} - \alpha\,[1 - e^{-\beta(t-x)}]/\beta\}\, \alpha \frac{(\alpha x)^{k-2}}{(k-2)!} e^{-\alpha x}\, dx \\ &= \frac{\nu}{\beta} \int_0^t \alpha \frac{(\alpha x)^{k-2}}{(k-2)!} e^{-\beta x}\, dx - e^{-\alpha t} \int_0^t \alpha \frac{(\alpha x)^{k-2}}{(k-2)!} e^{-\nu x}\, dx \\ &\quad + \frac{\alpha}{\beta} e^{-\beta t} \int_0^t \alpha \frac{(\alpha x)^{k-2}}{(k-2)!}\, dx \end{aligned}$$

und hieraus nach Durchführung der Integrationen, wobei für die beiden ersten Integrale die Formel

$$\int_0^t \alpha \frac{(\alpha x)^{k-2}}{(k-2)!} e^{-\delta x}\, dx = \left(\frac{\alpha}{\delta}\right)^{k-1} P(k-1, \delta t) \quad (7.38)$$

benutzt wird:

$$\begin{aligned} P_k(t) &= \frac{\nu}{\beta}\left(\frac{\alpha}{\beta}\right)^{k-1} P(k-1, \beta t) - e^{-\alpha t}\left(\frac{\alpha}{\nu}\right)^{k-1} P(k-1, \nu t) \\ &\quad + \frac{\alpha}{\beta} e^{-\nu t} \frac{(\alpha t)^{k-1}}{(k-1)!} e^{-\alpha t}\,. \quad (7.39) \end{aligned}$$

Wie wir durch Vergleich von (7.35) und (7.39) feststellen, gilt (7.39) auch für $k = 1$. Für $Q_n(t)$ folgt aus (7.8)

$$Q_n(t) = \int_0^t e^{-\nu x} [1 - e^{-\alpha(t-x)}] \alpha \frac{(\alpha x)^{n-2}}{(n-2)!} e^{-\alpha x} dx$$

$$= \int_0^t \alpha \frac{(\alpha x)^{n-2}}{(n-2)!} e^{-\beta x} dx - e^{-\alpha t} \int_0^t \alpha \frac{(\alpha x)^{n-2}}{(n-2)!} e^{-\nu x} dx$$

$$= \left(\frac{\alpha}{\beta}\right)^{n-1} P(n-1, \beta t) - e^{-\alpha t} \left(\frac{\alpha}{\nu}\right)^{n-1} P(n-1, \nu t). \quad (7.40)$$

Bei der Aufsummierung der $P_k(t)$ nach (7.5) benutzen wir die für $a \neq 1$ gültige Identität

$$\sum_{j=0}^{m} a^j P(j, b) = \frac{1}{1-a} \{1 - a e^{-b(1-a)} [1 - P(m, ab)] - a^{m+1} P(m, b)\} \quad (7.41)$$

und erhalten für $\nu \neq \alpha$ die Gleichung

$$F(t) = 1 - \frac{\nu}{\nu - \alpha} \left\{ e^{-\alpha t} \left[1 - \left(\frac{\alpha}{\nu}\right)^n P(n-1, \nu t) \right] - \frac{\alpha}{\nu} e^{-\nu t} [1 - P(n-1, \alpha t)] \right\}. \quad (7.42)$$

Für den Fall $\nu = \alpha$ ist die Identität

$$\sum_{j=0}^{m} P(j, b) = 1 + m P(m, b) + b [1 - P(m-1, b)] \quad (7.43)$$

(mit $P(-1, b) = 1$) mit zu verwenden, und wir erhalten

$$F(t) = 1 - e^{-\nu t} \{1 + (n-1) P(n-1, \nu t) + \nu t [1 - P(n-2, \nu t)]\}. \quad (7.44)$$

Die Gleichungen (7.42) und (7.44) ergeben zusammen (7.25).

Die mittlere Systemlebensdauer $\overline{T}$ ist durch (7.24) definiert. Durch Einsetzen der Ausdrücke (7.25) in (7.24) erhalten wir unter Benutzung der Formeln

$$\int_0^\infty \varepsilon P(k, \alpha x) e^{-\varepsilon x} dx = \left(\frac{\alpha}{\alpha + \varepsilon}\right)^k, \quad (7.45)$$

$$\int_0^\infty \varepsilon^2 x P(k, \alpha x) e^{-\varepsilon x} dx = \left(\frac{\alpha}{\alpha + \varepsilon}\right)^k \left(1 + k \frac{\varepsilon}{\alpha + \varepsilon}\right) \quad (7.46)$$

die Formel (7.26).

7.5.2. Modell 2

Die allgemeine Formel für $F(t)$ wurde bereits in 7.2.2. hergeleitet. Den analytischen Ausdruck für den Fall exponentiell verteilter Lebensdauern erhalten wir durch Einsetzen von

$$G_1(t) = 1 - e^{-\lambda t}, \quad G_2(t) = 1 - e^{-\mu t}, \quad K(t) = 1 - e^{-\nu t}$$

in (7.11). Darin ist

$$1 - [1 - G_1(t)]\,[1 - G_2(t)] = 1 - e^{-\alpha t},$$

und durch Faltung erhalten wir hieraus

$$(1 - e^{-\alpha t})^{*n} = P(n, \alpha t)\,.$$

Damit bekommen wir für $F(t)$ nach (7.11) die Formel (7.27) von H. S. Balaban.

Für die mittlere Systemlebendauer $\overline{T}$ folgt aus (7.24) und (7.27) mit Hilfe von (7.45) leicht die Formel (7.28).

7.5.3. Modell 3

Mit $S_k(t)$ bezeichnen wir für $k = 1, \ldots, n - 1$ die Wahrscheinlichkeit, daß das System mit dem k-ten Teilsystem spätestens zur Zeit t ausfällt, mit $V_n(t)$ die Wahrscheinlichkeit, daß das System mit dem n-ten Teilsystem (bzw. Schalteinrichtung) spätestens zur Zeit t ausfällt. Dann gilt für $F(t)$ nach der Regel von der totalen Wahrscheinlichkeit die Gleichung (7.14)

$$F(t) = \sum_{k=1}^{n-1} S_k(t) + V_n(t)\,.$$

Für $S_1(t)$ gilt (vgl. die Überlegungen in 7.2.3.)

$$S_1(t) = P\,\{(t_1 \leqq t) \cap (\tau_1 > t_1) \cap (\tau \leqq t_1)\} + P\,\{(\tau_1 \leqq t) \cap (t_1 \geqq \tau_1)\},$$

woraus die Gleichung (7.15)

$$S_1(t) = \int_0^t [1 - G_2(x)]\,K(x)\,dG_1(x) + \int_0^t [1 - G_1(x)]\,dG_2(x)$$

folgt.

Für $1 < k \leqq n - 1$ mit $n > 2$ gilt

$$S_k(t) = P\left\{\bigcap_{i=1}^{k} (\tau_i > t_i) \cap (U_k \leqq t) \cap (U_{k-1} < \tau \leqq U_k)\right.$$

$$\left. + P\left\{\bigcap_{i=1}^{k-1} (\tau_i > t_i) \cap (\tau_k \leqq t_k) \cap (U_{k-1} + \tau_k \leqq t) \cap (\tau > U_{k-1})\right\}. \quad (7.47)$$

Wir führen jetzt die Wahrscheinlichkeiten $R_k(t)$, $k = 1, 2, \ldots$ ein durch

$$R_k(t) = P\left\{\bigcap_{i=1}^{k} (\tau_i > t_i) \cap (U_k \leqq t)\right\}. \quad (7.48)$$

Für die $R_k(t)$ gilt dann die Rekursionsformel (7.18)

$$R_{k+1}(t) = \int_{x=0}^{t} \int_{z=0}^{t-x} [1 - G_2(z)]\, \mathrm{d}G_1(z)\, \mathrm{d}R_k(x)$$

mit

$$R_1(t) = \int_0^t [1 - G_2(z)]\, \mathrm{d}G_1(z)\,.$$

Aus (7.47) folgt dann

$$S_k(t) = \int_{x=0}^{t} \int_{z=0}^{t-x} [1 - G_2(z)]\, [K(x+z) - K(x)]\, \mathrm{d}G_1(z)\, \mathrm{d}R_{k-1}(x)$$

$$+ \int_{x=0}^{t} [1 - K(x)] \int_{z=0}^{t-x} [1 - G_1(z)]\, \mathrm{d}G_2(z)\, \mathrm{d}R_{k-1}(x)\,, \quad (7.49)$$

also (7.16). Für $V_n(t)$ gilt schließlich

$$V_n(t) = P\left\{\bigcap_{i=1}^{n-1} (\tau_i > t_i) \cap (U_{n-1} + T_n \leqq t) \cap (\tau > U_{n-1})\right\}$$

$$= \int_{x=0}^{t} [1 - K(x)] \int_{z=0}^{t-x} \mathrm{d}H(z)\, \mathrm{d}R_{n-1}(x)$$

$$= \int_0^t [1 - K(x)]\, H(t-x)\, \mathrm{d}R_{n-1}(x)\,,$$

das ist (7.17). Für $n = 2$ gelten die Formeln (7.15) und (7.17).

7.5.3.1. *Exponentialverteilung der Lebensdauern t_i, τ_i und τ*

Durch vollständige Induktion beweisen wir

$$R_k(x) = \left(\frac{\lambda}{\alpha}\right)^k P(k, \alpha x)\,, \qquad k = 1, 2, \ldots. \quad (7.50)$$

Damit ergibt sich für $S_1(t)$

$$S_1(t) = \int_0^t [e^{-\mu x} (1 - e^{-\nu x}) \lambda e^{-\lambda x} + e^{-\lambda x} \mu e^{-\mu x}] \, dx$$
$$= 1 - e^{-\alpha t} - \frac{\lambda}{\beta} (1 - e^{-\beta t}) , \qquad (7.51)$$

und für $1 < k \leqq n - 1$ (nach einfacher Umformung)

$$S_k(t)$$
$$= \left(\frac{\lambda}{\alpha}\right)^{k-1} \int_0^t e^{-\nu x} \left\{1 - e^{-\alpha(t-x)} - \frac{\lambda}{\beta} [1 - e^{-\beta(t-x)}]\right\} \alpha \frac{(\alpha x)^{k-2}}{(k-2)!} e^{-\alpha x} \, dx$$
$$= \left(\frac{\lambda}{\alpha}\right)^{k-1} \left(1 - \frac{\lambda}{\beta}\right) \int_0^t \alpha \frac{(\alpha x)^{k-2}}{(k-2)!} e^{-\beta x} \, dx - e^{-\alpha t} \int_0^t \alpha \frac{(\alpha x)^{k-2}}{(k-2)!} e^{-\nu x} \, dx$$
$$+ \frac{\lambda}{\beta} e^{-\beta t} \int_0^t \alpha \frac{(\alpha x)^{k-2}}{(k-2)!} \, dx$$
$$= \left(1 - \frac{\lambda}{\beta}\right) \left(\frac{\lambda}{\beta}\right)^{k-1} P(k-1, \beta t) - e^{-\alpha t} \left(\frac{\lambda}{\nu}\right)^{k-1} P(k-1, \nu t)$$
$$+ \frac{\lambda}{\beta} \left(\frac{\lambda}{\alpha}\right)^{k-1} e^{-\beta t} \frac{(\alpha t)^{k-1}}{(k-1)!} . \qquad (7.52)$$

Offenbar gilt diese Formel auch für $k = 1$.

Für $V_n(t)$ erhalten wir

$$V_n(t) = \left(\frac{\lambda}{\alpha}\right)^{n-1} \int_0^t e^{-\nu x} [1 - e^{-\alpha(t-x)}] \alpha \frac{(\alpha x)^{n-2}}{(n-2)!} e^{-\alpha x} \, dx$$
$$= \left(\frac{\lambda}{\alpha}\right)^{n-1} \int_0^t \alpha \frac{(\alpha x)^{n-2}}{(n-2)!} e^{-\beta x} \, dx - e^{-\alpha t} \int_0^t \alpha \frac{(\alpha x)^{n-2}}{(n-2)!} e^{-\nu x} \, dx$$
$$= \left(\frac{\lambda}{\beta}\right)^{n-1} P(n-1, \beta t) - e^{-\alpha t} \left(\frac{\lambda}{\nu}\right)^{n-1} P(n-1, \nu t) . \qquad (7.53)$$

Die Aufsummierung nach (7.14) liefert (mit Hilfe von (7.41) und (7.43)) die Gleichung (7.29). Die Formel (7.30) für die mittlere Systemlebensdauer ergibt sich wieder nach der Formel (7.24) unter Benutzung der Formeln (7.45) und (7.46).

7.5.4. Modell 4

Nach 7.2.4., (7.20) haben wir, um $F(t)$ zu ermitteln, die Verteilungsfunktion $M_n(t)$ von U_j zu bestimmen. Dabei ist j durch (7.12) definiert.

Wir bezeichnen für $k = 1, \ldots, n-1$ mit $W_k(t)$ die Wahrscheinlichkeit dafür, daß $j = k$ und $U_j \leqq t$ ist, mit $W_n(t)$ die Wahrscheinlichkeit, daß $j = n$, $\tau_n \leqq t_n$ und $U_j \leqq t$ ist, mit $R_n(t)$ — wie in 7.5.3., (7.48) — die Wahrscheinilichkeit, daß $j = n$, $\tau_n > t_n$ und $U_n \leqq t$ ist. Dann gilt nach der Regel von der totalen Wahrscheinlichkeit die Gleichung (7.21).

Für $W_1(t)$ gilt

$$W_1(t) = P\{(\tau_1 \leqq t_1) \cap (\tau_1 \leqq t)\} = \int_0^t [1 - G_1(x)]\, dG_2(x),$$

also Gleichung (7.22).

Für $1 < k \leqq n$ gilt

$$W_k(t) = P\left\{\bigcap_{i=1}^{k-1} (\tau_i > t_i) \cap (\tau_k \leqq t_k) \cap (U_k \leqq t)\right\}.$$

Mit Hilfe der Funktionen $R_k(t)$ nach (7.48) erhalten wir dann

$$W_k(t) = \int_{x=0}^{t} \int_{z=0}^{t-x} [1 - G_1(z)]\, dG_2(z)\, dR_{k-1}(x)\,,$$
$$k = 2, \ldots, n\,,$$

also Gleichung (7.23).

7.5.4.1. *Exponentialverteilung der Lebensdauern t_i, τ_i und τ*

Es ist

$$W_1(t) = \int_0^t e^{-\lambda x}\, \mu\, e^{-\mu x}\, dx = \frac{\mu}{\alpha}\,(1 - e^{-\alpha t})\,. \tag{7.54}$$

Für $k > 1$ erhalten wir nach (7.23)

$$\begin{aligned} W_k(t) &= \frac{\mu}{\alpha}\left(\frac{\lambda}{\alpha}\right)^{k-1} \int_0^t [1 - e^{-\alpha(t-x)}]\, \alpha \frac{(\alpha x)^{k-2}}{(k-2)!}\, e^{-\alpha x}\, dx \\ &= \frac{\mu}{\lambda}\left(\frac{\lambda}{\alpha}\right)^{k} P(k, \alpha t)\,. \end{aligned} \tag{7.55}$$

Formel (7.55) gilt offenbar auch für $k = 1$.

Die Aufsummierung nach (7.21) ergibt (unter Verwendung von (7.41))

$$M_n(t) = 1 - e^{-\mu t}[1 - P(n, \lambda t)]\,. \tag{7.56}$$

Mit $K(t) = 1 - e^{-\nu t}$ folgt aus (7.20) und (7.56) die Formel (7.31) für $F(t)$.

Für die mittlere Anlagenlebensdauer $\bar{T}$ ergibt sich aus (7.24) und (7.31) unter Verwendung von (7.45) die Formel (7.32).

8. ASYMPTOTISCHE ZUVERLÄSSIGKEITSFORMELN FÜR GROSSE SYSTEME

In den vorausgehenden Kapiteln wurde gezeigt, wie man mit Hilfe der Systemfunktionen die Zuverlässigkeit von Systemen beliebiger Redundanzstruktur befriedigend beschreiben bzw. voraussagen kann, wenn man über die Zuverlässigkeit der Baueinheiten hinreichend informiert ist. Im folgenden Kapitel beschäftigen wir uns mit Anlagen von zwar einfacher Redundanzstruktur (einheitliche Serien-Parallelschaltung von Bauelementen), aber mit sehr vielen Baueinheiten. Für solche Anlagen lassen sich nämlich, wie sich zeigen wird, relativ einfache Zuverlässigkeitsformeln angeben, die den Einfluß der Redundanz besonders klar erkennen lassen [STÖRMER 1962]. In diesem Kapitel betrachten wir die Bauelemente als kleinste Einheiten, die evtl. durch Serienschaltung zu (nicht redundanten) Baueinheiten zusammengeschaltet werden. Parallelschaltung solcher Baueinheiten liefert eine Baugruppe. Aus den Baugruppen entsteht durch Serienschaltung das Gesamtsystem.

8.1. Die verschiedenen Möglichkeiten der Parallelschaltung von Reservebauelementen

Bei einem System mit n lebenswichtigen Bauelementen kann die Parallelschaltung von Reserveelementen z. B. in folgender Weise ausgeführt werden:

a) Jedes Bauelement erhält ein oder mehrere Reserveelemente.

Beispiel. System mit 10 Bauelementen, jedes Bauelement mit einem Reserveelement versehen: Das System fällt aus, sobald ein Bauelement und sein Reserveelement ausgefallen sind (Bild 8.1a).

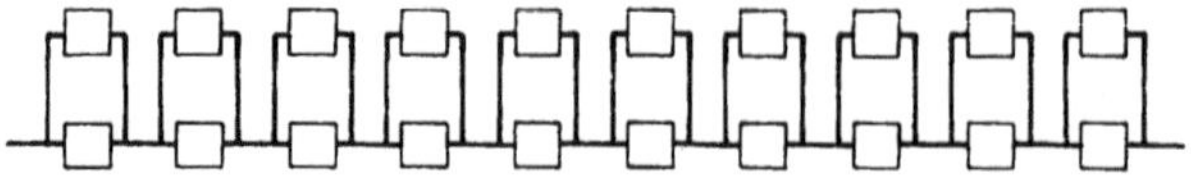

Bild 8.1 a. Parallelschaltung von Bauelementen.

b) Mehreren Bauelementen, die als eine Baueinheit betrachtet werden, werden eine oder mehrere weitere Baueinheiten als Reserve beigegeben. Es entstehen Baugruppen von sich gegenseitig aushelfenden Baueinheiten. Eine Baueinheit fällt aus, sobald eines ihrer Bauelemente ausgefallen ist. Das System fällt aus, wenn in einer Baugruppe von Baueinheiten alle Baueinheiten ausgefallen sind.

Beispiel. Das System besteht aus zwei Baugruppen. Jede Baugruppe wird aus zwei Baueinheiten gebildet, die sich durch Ersatzschaltung gegenseitig aushelfen können. Jede Baueinheit enthält fünf Bauelemente. Das System fällt aus, wenn in einer der beiden Baugruppen die beiden Baueinheiten ausgefallen sind (Bild 8.1 b).

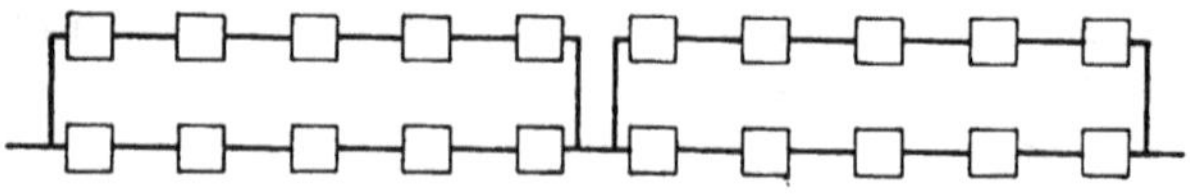

Bild 8.1 b. Parallelschaltung von Baueinheiten.

c) Dem ganzen System werden eine oder mehrere Reservesysteme parallelgeschaltet.

Beispiel. System aus 10 Bauelementen mit einem parallelgeschalteten Reservesystem. Das System fällt aus, wenn das ursprüngliche System und das Reservesystem ausgefallen sind (Bild 8.1 c).

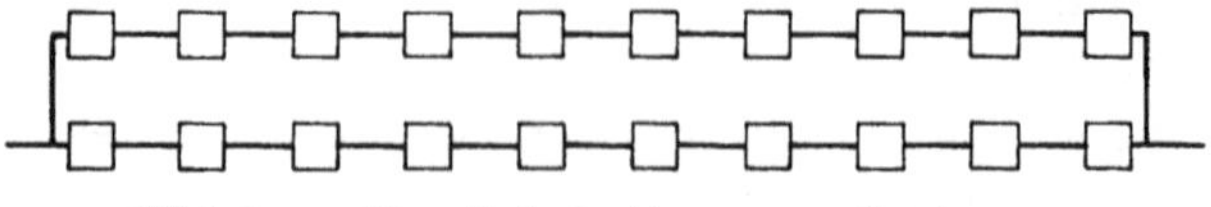

Bild 8.1 c. Parallelschaltung von Systemen.

Alle drei Fälle sind Spezialfälle einer Anordnung, bei der ein System r Baugruppen aus je m Baueinheiten mit je k Bauelementen enthält. Für die drei Beispiele gilt:

a) $r = 10$, $k = 1$, $m = 2$;
b) $r = 2$, $k = 5$, $m = 2$;
c) $r = 1$, $k = 10$, $m = 2$.

In allen drei Fällen ist $rk = 10$.

Der Einfachheit halber nehmen wir an, daß alle Baueinheiten gleich viele Bauelemente enthalten, deren Lebensdauern einer gemeinsamen Wahrscheinlichkeitsverteilung genügen. Das System fällt aus, sobald eine seiner Baugruppen ausgefallen ist.

Auf die Behandlung komplizierterer Systeme, die verschieden große Baueinheiten und Bauelemente unterschiedlicher Zuverlässigkeit enthalten, werden wir in 8.6. eingehen.

8.2. Die zwei Arten der Reserve

Bei den Reservebaueinheiten unterscheiden wir wieder zwischen „heißer" und „kalter" Reserve:

a) Heiße Reserve

Bei der heißen Reserve werden die $m - 1$ parallel geschalteten Baueinheiten gleichzeitig mit der ursprünglichen Baueinheit in Betrieb genommen (belastet). Es wird angenommen, daß ihre Ausfallwahrscheinlichkeit genauso groß ist wie die der ursprünglichen Baueinheiten. Die Baugruppe bleibt so lange funktionsfähig, wie noch mindestens eine ihrer Baueinheiten arbeitet, solange sie also noch mindestens eine Baueinheit besitzt, deren sämtliche k Elemente funktionsfähig sind.

b) Kalte Reserve

Erst wenn die ursprüngliche Baueinheit ausgefallen ist, wird die erste Reserveeinheit eingeschaltet, nach deren Ausfall die zweite usw. (insgesamt $m - 1$ Reserveeinheiten). Da die Ersatzeinheiten hier wirklich erst im Bedarfsfall eingeschaltet (also vorher nicht belastet) werden, ergibt sich bei kalter Reserve eine größere Verbesserung der Anlagenzuverlässigkeit als bei heißer Reserve. Es wird vorausgesetzt, daß vor dem Einschalten der kalten Reserve kein Bauteil dieser kalten Reserve ausfallen kann. Die Reserveeinheiten sind nach ihrer Einschaltung noch neu.

Der Einfachheit halber nehmen wir an, daß das Einschalten der Reserveeinheiten keinen weiteren Aufwand an Bauelementen erfordert, die als zusätzliche Fehlerquellen in Erscheinung treten können. Der Einfluß solcher Einschalteinrichtungen auf die Anlagenzuverlässigkeit wird in 8.7 gesondert untersucht.

8.3. Die Verteilungsfunktion der Zeit bis zum ersten Systemausfall

Wir wollen jetzt untersuchen, wie die Verteilung der Zeit bis zum ersten Systemausfall von der Verteilung der Bauelementelebensdauer abhängt. Wir betrachten also ein System aus r Baugruppen, deren jede m Baueinheiten aus je k Bauelementen enthält.

Der Fall eines Systems ohne Reserve ($m = 1$) ist dabei mit eingeschlossen. Da die gesuchte Verteilungsfunktion von der Art der Reserve (heiße oder kalte Reserve) abhängt, werden wir die nur für heiße Reserve gültigen Formeln mit einem H versehen, die nur für kalte Reserve gültigen mit einem K. Formeln ohne zusätzliche Bezeichnung gelten für beide Reservearten.

Es sei $F_{r,m,k}(x)$ die Verteilungsfunktion für die Zeit bis zum ersten Systemausfall, also die Wahrscheinlichkeit dafür, daß die Zeit T bis zum ersten Ausfall nicht größer als x ist:

$$F_{r,m,k}(x) = P\{T \leqq x\}. \tag{8.1}$$

Die Überlebenswahrscheinlichkeit des Systems bezeichnen wir mit $R_{r,m,k}(x)$:

$$R_{r,m,k}(x) = 1 - F_{r,m,k}(x) = P\{T > x\}. \tag{8.2}$$

Die Verteilungsfunktion für die Zeit bis zum ersten Ausfall einer Baugruppe wollen wir mit $F_{m,k}(x)$ bezeichnen.

Das System fällt nun offenbar dann und nur dann bis zur Zeit x nicht aus, wenn keine der r Baugruppen bis zur Zeit x ausfällt. Da wir annehmen wollen, daß die Baugruppen unabhängig voneinander ausfallen, erhalten wir also

$$R_{r,m,k}(x) = 1 - F_{r,m,k}(x) = [1 - F_{m,k}(x)]^r. \tag{8.3}$$

8.3.1. Heisse Reserve

Nun betrachten wir zuerst den Fall der heißen Reserve. Eine Baugruppe aus m Baueinheiten fällt offenbar dann und nur dann spätestens zur Zeit x aus, wenn sämtliche m Baueinheiten spätestens zur Zeit x ausfallen. Bezeichnen wir die Verteilungsfunktion für die Zeit bis zum ersten Ausfall einer Baueinheit mit $F_k(x)$, so gilt also

$$F_{m,k}(x) = [F_k(x)]^m . \qquad (8.4\text{H})$$

Eine einzelne Baueinheit schließlich fällt dann und nur dann bis zur Zeit x nicht aus, wenn alle ihre Bauelemente bis zur Zeit x nicht ausfallen. Daher gilt, wenn wir mit $F(x)$ die Lebensdauer-Verteilungsfunktion der Bauelemente bezeichnen,

$$1 - F_k(x) = [1 - F(x)]^k . \qquad (8.5)$$

Aus den Formeln (8.3), (8.4H) und (8.5) folgt für die Verteilungsfunktion $F_{r,m,k}(x)$ der Zeit bis zum ersten Ausfall eines Systems mit heißer Reserve

$$1 - F_{r,m,k}(x) = R_{r,m,k}(x) = \{1 - [1 - [1 - F(x)]^k]^m\}^r . \qquad (8.6\text{H})$$

8.3.2. Kalte Reserve

Sind die $m - 1$ Reservebaueinheiten als kalte Reserve vorgesehen, so ergibt sich für die Verteilungsfunktion der Zeit bis zum ersten Ausfall einer Baugruppe eine andere Formel als (8.4H). Dann werden nämlich die m Baueinheiten nacheinander verbraucht: Nach Ausfall der ersten Baueinheit springt die zweite ein, nach deren Ausfall die dritte, usw., so daß die gesamte Zeit bis zum ersten Ausfall der Baugruppe die Summe der entsprechenden Zeiten der Baueinheiten ist. Die Verteilungsfunktion dieser m-fachen Summe erhalten wir dann durch Faltung der Funktion $F_k(x)$, was wir durch folgende Bezeichnung ausdrücken wollen:

$$F_{m,k}(x) = F_k(x) * \ldots * F_k(x) = [F_k(x)]^{*m} . \qquad (8.7\text{K})$$

Und für die Verteilungsfunktion $F_{r,m,k}(x)$ ergibt sich bei kalter Reserve aus (8.3), (8.5), (8.7K) die Formel

$$1 - F_{r,m,k}(x) = R_{r,m,k}(x) = \{1 - [1 - [1 - F(x)]^k]^{*m}\}^r . \qquad (8.8\text{K})$$

8.4. Zuverlässigkeit von Systemen mit Bauelementen, deren Lebensdauern exponentiell verteilt sind

Ein verhältnismäßig einfacher Fall, an dem sich aber schon einige allgemeingültige Gesetzmäßigkeiten erkennen lassen, ist der, daß die Bauelementelebensdauern exponentiell verteilt sind.

Wir nehmen also an, daß die Lebensdauern der Bauelemente alle unabhängig voneinander der gemeinsamen Verteilungsfunktion

$$F(x) = 1 - e^{-x/t_0} \tag{8.9}$$

mit dem Erwartungswert (der mittleren Lebensdauer) t_0 genügen.

Diese Annahme ist nach 3.2.1. gleichbedeutend mit der Annahme konstanter (d. h. zeitunabhängiger) Ausfallrate $\lambda(x)$:

$$\lambda(x) = 1/t_0 = \lambda ,$$

und umgekehrt folgt hieraus die Gl. (8.9). Können wir von den Bauelementen annehmen, daß sie für den ganzen interessierenden Zeitraum eine konstante Ausfallrate haben, so sind die Ergebnisse dieses Abschnittes also ohne weiteres anwendbar. Für $1/t_0$ ist dann die Ausfallrate einzusetzen.

8.4.1. Heisse Reserve

8.4.1.1. *Die Überlebenswahrscheinlichkeit des Systems*

Aus Gl. (8.6H) folgt mit Gl. (8.9) für heiße Reserve

$$1 - F_{r,m,k}(x) = R_{r,m,k}(x) = [1 - (1 - e^{-k\,x/t_0})^m]^r . \tag{8.10H}$$

Wie in 8.9.4. gezeigt wird, gilt für Gl. (8.10H) der Näherungsausdruck

$$1 - F_{r,m,k}(x) = R_{r,m,k}(x) \approx e^{-r(k\,x/t_0)^m} . \tag{8.11H}$$

Aus 8.9.4., Satz 1 folgt, daß diese Näherung keineswegs nur für exponentiell verteilte Bauelementelebensdauern gilt, sondern darüber hinaus für alle Bauelemente, deren Lebensdauer-Verteilungsfunktion das gleiche Anfangsverhalten zeigt, nämlich im Punkt $x = 0$ die gleiche erste Ableitung $F'(x)|_{x=0} = 1/t_0$ besitzt, oder, was gleichbedeutend ist, für alle Bauelemente, die zur Zeit Null die gleiche Ausfallsrate $\lambda = l/t_0$ haben.

In Bild 8.2 ist der Verlauf der Überlebenswahrscheinlichkeit nach Gl. (8.10H) sowie die Näherung nach Gl. (8.11H) für $m = 2$ (einfache heiße Reserve) und $r = 20$ in Abhängigkeit von $k\,x/t_0$ dargestellt. Zum Vergleich ist die Überlebenswahrscheinlichkeit für $m = 1$ (keine Reserve, System enthält $n = r\,k = 20\,k$ Bauelemente) mit eingezeichnet. Der wesentlich günstigere Verlauf der Überlebenswahrscheinlichkeit für die mit Reserve ausgerüstete Anlage ist sofort zu erkennen.

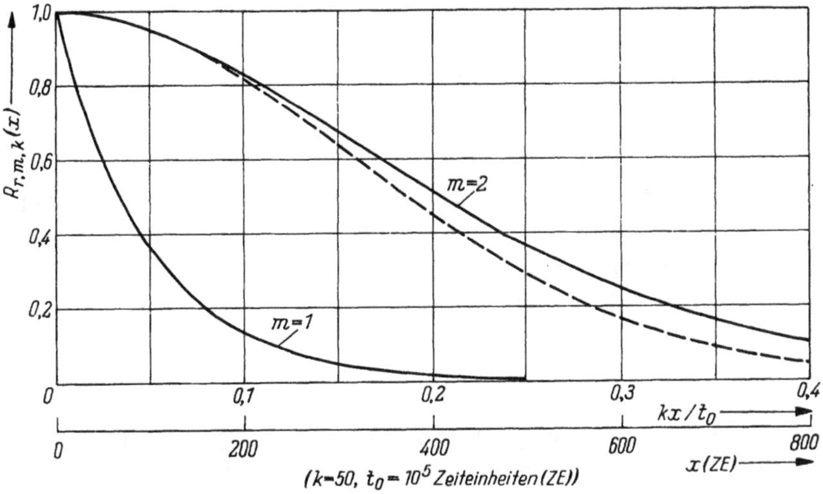

Bild 8.2. Überlebenswahrscheinlichkeit eines Systems ohne Reserve ($m = 1$) und mit einfacher heißer Reserve ($m = 2$); ——: nach (8.10H); ----: nach (8.11 H); $r = 20$.

Beispiel. Ein System enthalte ursprünglich (ohne Reserve) $n = r\,k = 20 \cdot 50 = 1000$ Bauelemente mit exponentiell verteilten Lebensdauern. Die mittlere Lebensdauer der Bauelemente sei $t_0 = 100\,000$ Zeiteinheiten (ZE) (das entspricht einer Ausfallrate von 1%/1000 ZE). Dann beträgt die Wahrscheinlichkeit, daß das System nach 200 ZE noch nicht ausgefallen ist (Bild 8.2, untere Abszissenskala) nur 14%. Werden nun 20 Gruppen von je 50 Bauelementen gebildet und wird jede dieser Gruppen durch eine weitere Gruppe mit 50 als heiße Reserve parallelgeschalteten Bauelementen verstärkt, so ergibt sich für 200 ZE eine Überlebenswahrscheinlichkeit von 83%.

8.4.1.2. *Die mittlere Zeit bis zum ersten Systemausfall*

Dieser Mittelwert ist definiert durch die Beziehung

$$\overline{T}(r, m, k) = \int_0^\infty x\, f_{r,m,k}(x)\, dx, \; f_{r,m,k}(x) = F'_{r,m,k}(x) \tag{8.12}$$

oder (vgl. 3.4.)

$$\overline{T}(r, m, k) = \int_0^\infty R_{r,m,k}(x)\, dx\,. \tag{8.13}$$

Für unseren Fall erhalten wir also mit Gl. (8.10H)

$$\overline{T}(r, m, k) = \int_0^\infty [1 - (1 - e^{-kx/t_0})^m]^r \, dx . \tag{8.14H}$$

Die Berechnung des Integrals ergibt (vgl. 8.9.1.)

$$\overline{T}(r, m, k) = \frac{(r-1)!\, t_0}{k\, m} \sum_{i=1}^{m} \frac{\Gamma(i/m)}{\Gamma(r + (i/m))} . \tag{8.15H}$$

Mit Hilfe der STIRLINGschen Formel erhalten wir aus Gl. (8.15H) für $m \geqq 2$ den Näherungsausdruck

$$\overline{T}(r, m, k) \approx \frac{t_0}{k m} \sum_{i=1}^{m} \Gamma(i/m)\, r^{-i/m} . \tag{8.16H}$$

Zur numerischen Bestimmung der Konstanten $\Gamma(i/m)$, $\Gamma(r + (i/m))$ dient eine Tafel der Gammafunktion [JAHNKE/EMDE/LÖSCH].

Für $m = 1$ (keine Reserve) gilt exakt

$$\overline{T}(r, 1\, k) = t_0/k\, r . \tag{8.17}$$

Bei Systemen ohne Reserve ist nach Gl. (8.17) die mittlere Zeit bis zum ersten Ausfall umgekehrt proportional zur Anzahl der Bauelemente, also (bei festem k) auch zur Anzahl der Baugruppen (die in diesem Fall mit den Baueinheiten identisch sind). Allgemein verhält sie sich bei $m \geqq 1$ nach Gl. (8.16H), da hier bei großem r stets das erste Glied der Summe mit $i = 1$ überwiegt) im wesentlichen wie $r^{-1/m}$, nimmt also bei $m = 2$ mit wachsendem r etwa wie $1/\sqrt{r}$, bei $m = 3$ wie $1/\sqrt[3]{r}$ ab usw.

Ein System, das statt mit Einzelbauelementen mit Paaren von parallel geschalteten Bauelementen (Zwillingen) ausgestattet ist, besitzt also nicht nur eine größere mittlere Zeit bis zum ersten Ausfall, sondern diese Zeit nimmt darüber hinaus mit wachsender Anzahl von Bauelementepaaren viel langsamer ab als bei reservefreien Systemen mit wachsender Anzahl von Bauelementen. Daraus folgt, daß die Wirksamkeit solcher Reserve mit wachsender Anzahl von Baugruppen immer stärker wird. Quantitativ ergibt sich folgendes: Wenn wir den Quotienten $\varkappa = \overline{T}(r, m, k)/\overline{T}(r, 1, k)$ bilden, so gibt $\varkappa$ an, um welchen Faktor sich die mittlere Zeit bis zum ersten Ausfall der Anlage erhöht, wenn jede der r Baugruppen durch $m - 1$ heiße Reservebaugruppen verstärkt wird.

Aus den Gl. (8.15H), (8.16H) und (8.17) folgt

$$\varkappa = \frac{\overline{T}(r, m, k)}{\overline{T}(r, 1, k)} = \frac{r!}{m} \sum_{i=1}^{m} \frac{\Gamma(i/m)}{\Gamma(r + (i/m))} \tag{8.18H}$$

mit der Näherung

$$\varkappa \approx \frac{l}{m} \sum_{i=1}^{m} \Gamma(i/m)\, r^{(m-i)/m}\,. \tag{8.19H}$$

Für $m = 2$ ergibt sich [Levin]

$$\varkappa_{m=2} = \frac{1}{2} + \frac{2^{2r-1}(r!)^2}{(2r)!} = \frac{1}{2} + \frac{2^{2r-1}}{\binom{2r}{r}} \tag{8.20H}$$

mit der Näherung

$$\varkappa_{m=2} \approx \frac{1}{2} + \frac{\sqrt{\pi r}}{2} \approx \frac{1}{2} + 0{,}885\sqrt{r}\,, \tag{8.21H}$$

für $m = 3$ findet man

$$\varkappa_{m=3} = \frac{1}{3} + 3^{r-1}\, r! \left[\frac{1}{1\cdot 4\cdot 7\ldots(3r-2)} + \frac{1}{2\cdot 5\cdot 8\ldots(3r-1)}\right] \tag{8.22H}$$

mit der Näherung

$$\varkappa_{m=3} \approx \frac{1}{3} + \frac{1}{3}\left[\Gamma\left(\frac{1}{3}\right)\left(\sqrt[3]{r}\right)^2 + \Gamma\left(\frac{2}{3}\right)\sqrt[3]{r}\right]$$
$$\approx \frac{1}{3} + 0{,}893\left(\sqrt[3]{r}\right)^2 + 0{,}451\sqrt[3]{r}\,. \tag{8.23H}$$

Der Faktor $\varkappa$ ist bei festem m eine mit r monoton wachsende Funktion: Die Parallelschaltung ist also am wirksamsten, wenn r am größten ist, d. h. wenn jede einzelne Baueinheit durch Parallelschaltung von $m - 1$ heißen Reserveelementen verstärkt wird. Da in Gl. (8.19H) wieder das erste Glied der Summe überwiegt, verhält sich $\varkappa$ im wesentlichen wie $r^{(m-1)/m}$, also wie $\sqrt{r}$ bei $m = 2$, wie $\left(\sqrt[3]{r}\right)^2$ bei $m = 3$, usw.

In unserem Beispiel eines Systems mit 20 Baugruppen aus je zwei parallel geschalteten Baueinheiten aus je 50 Bauelementen ergibt sich nach Gl. (8.21H) für den Faktor $\varkappa$ der Näherungswert $0{,}5 + 0{,}885\sqrt{20} \approx 4{,}5$. Die mittlere Zeit bis zum ersten Systemausfall steigt also durch die Reserve auf das 4,5-fache.

Hätten wir dagegen jedes einzelne der ursprünglichen 1000 Bauelemente mit einem heißen Reserveelement versehen, so hätten wir nach Gl. (8.21H) einen Faktor $0{,}5 + 0{,}885\sqrt{1000} \approx 28{,}5$ erreicht.

In Bild 8.3 ist der Faktor $\varkappa$ für $m = 2$ und $m = 3$ in Abhängigkeit von der Anzahl r der Baugruppen dargestellt.

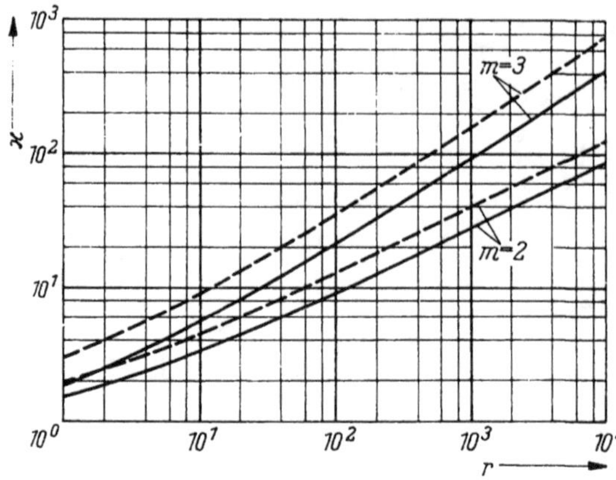

Bild 8.3. Verlängerungsfaktor $\varkappa$ für die Zeit bis zum ersten Systemausfall bei heißer (——) und kalter (-----) Reserve für $m = 2$ und $m = 3$.

Wir haben gesehen, daß Systeme aus Zwillingen sich mit wachsender Anzahl von Bauelementen bezüglich ihrer Zuverlässigkeit günstiger verhalten als Systeme aus einfachen Bauelementen. Wir wollen dieses Ergebnis noch etwas genauer betrachten. Dazu vergleichen wir die Überlebenswahrscheinlichkeit eines Zwillings mit der eines Einzelbauelementes.

Für ein Einzelelement gilt nach Gl. (8.9)

$$1 - F(x) = e^{-x/t_0}.$$

Ein Zwilling gilt erst dann als ausgefallen, wenn beide Elemente ausgefallen sind. Wir erhalten (Gl. (8.4H) mit $m = 2$, $k = 1$, $F_k(x) = 1 - e^{-x/t_0}$)

$$F_{2,1}(x) = (1 - e^{-x/t_0})^2$$

oder

$$1 - F_{2,1}(x) = 2\,e^{-x/t_0} - e^{-2x/t_0}. \qquad (8.24\text{H})$$

Als mittlere Lebensdauer eines Zwillings erhalten wir daraus (entsprechend Gl. (8.13))

$$t_1 = 1{,}5\,t_0. \qquad (8.25\text{H})$$

Die mittlere Lebensdauer von Zwillingen liegt (bei heißer Reserve) also nur um 50% über der mittleren Lebensdauer von Einzelelementen. Trotzdem erhöht sich die mittlere Zeit bis zum ersten Ausfall eines Systems mit 1000 Bauelementen auf das fast 30-fache, wenn statt der Einzelelemente Zwillinge verwendet werden.

Wir müssen daraus schließen, daß offenbar nicht die mittlere Lebensdauer der Baugruppen (Einzelelemente und Zwillinge sind jetzt die Baugruppen des Systems) entscheidend für die Zeit bis zum ersten Systemausfall ist, sondern der Verlauf ihrer Lebensdauer-Verteilungsfunktion. Wir werden in 8.5. aber ein noch viel überraschenderes Ergebnis erhalten: Nicht einmal der Gesamtverlauf dieser Verteilungsfunktion ist entscheidend, sondern nur ihr Anfangsverhalten, genauer: die Ordnung und Größe ihrer ersten von Null verschiedenen Ableitung im Punkt $x = 0$.

Im Grunde ist dieses Ergebnis auch einleuchtend, denn ein System aus r Baugruppen fällt mit der ersten ausfallenden Baugruppe zum ersten Mal aus. Die erste von r Baugruppen wird aber ungefähr zu dem Zeitpunkt x ausfallen, an dem die Verteilungsfunktion der Baugruppenlebensdauer den Wert $1/r$ hat. Der oberhalb einer gewissen Umgebung dieses Punktes liegende weitere Verlauf der Verteilungsfunktion spielt also gar keine Rolle.

Zwillinge aus Bauelementen mit exponentiell verteilten Lebensdauern haben nach Gl. (8.24H) eine Lebensdauerverteilungsfunktion mit bei $x = 0$ verschwindender erster Ableitung, während erst die zweite Ableitung dort von Null verschieden ist.

Zwillinge haben also zur Zeit Null (und darüber hinaus zu jeder Zeit x, zu der beide Zwillingselemente noch intakt sind) eine verschwindende Ausfallrate.

Wenn es gelingt, Bauelemente mit dieser „Zwillingseigenschaft" zu bauen, so ist damit für solche Systeme, bei denen es auf eine große fehlerfreie Anfangsbetriebszeit ankommt, viel gewonnen. Eine (aber vielleicht nicht die einzige) Möglichkeit, die Zwillingseigenschaft zu erreichen, ist der Bau wirklicher Zwillinge.

8.4.1.3. *Die mit der Wahrscheinlichkeit S garantierte Mindestzeit bis zum ersten Systemausfall*

Bisher haben wir die mittlere Zeit bis zum ersten Systemausfall betrachtet. Nun wollen wir sehen, wie groß die Zeit $\tau(S)$ ist, bis zu der mit vorgegebener Wahrscheinlichkeit S das System nicht ausfällt.

Wir erhalten sie sofort aus der Beziehung

$$R_{r,m,k}[\tau(S)] = 1 - F_{r,m,k}[\tau(S)] = S\,. \tag{8.26}$$

Mit Gl. (8.11H) folgt daraus

$$\mathrm{e}^{-r[k\tau(S)/t_0]^m} \approx S$$

oder

$$\tau(S) \approx \frac{t_0}{k\, r^{1/m}} [\ln(1/S)]^{1/m}\,. \tag{8.27H}$$

Für den Faktor $[\ln(l/S)]^{1/m}$ ergeben sich z. B. folgende Werte:

m	S	
	0,9	0,95
1	0,105	0,0513
2	0,325	0,226
3	0,472	0,372

Auch hier können wir einen Faktor $\varkappa(S)$ angeben, um den sich die Zeit $\tau(S)$ durch heiße Reserve erhöht. Aus Gl. (8.27H) folgt

$$\varkappa(S) = \frac{\tau(S)_m}{\tau(S)_{m=1}} \approx \left[\frac{r}{\ln(1/S)}\right]^{(m-1)/m}. \tag{8.28H}$$

Bild 8.4 zeigt den Faktor $\varkappa(S)$ in Abhängigkeit von r für $m = 2$ und $m = 3$ bei den Überschreitungswahrscheinlichkeiten $S = 0{,}9$ und $S = 0{,}95$. Für die kleineren Werte von r (bis $r = 10$) wurde zur Berechnung die exakte Formel (8.10H) verwendet.

Für ein System mit $n = kr = 5000$ Bauelementen ohne Reserve ($m = 1$) ergibt sich bei $t_0 = 10000$ ZE nach Gl. (8.27H) für $S = 0{,}9$

$$\varkappa(S)_{m=1} = \frac{10000\ \text{ZE}}{5000} \cdot 0{,}105 = 0{,}21\ \text{ZE}\,.$$

Bilden je 10 Bauelemente eine Baueinheit und wird jede dieser Baueinheiten durch eine heiße Reserveeinheit ergänzt, so ergibt sich nach Bild 8.4 ($r = 500$, $m = 2$, $S = 0{,}9$) der Faktor $\varkappa(S) \approx 70$. Die Zeit $\tau(S)$ beträgt jetzt also

$$\tau(S)_{m=2} \approx 0{,}21 \cdot 70 = 14{,}7\ \text{ZE}\,.$$

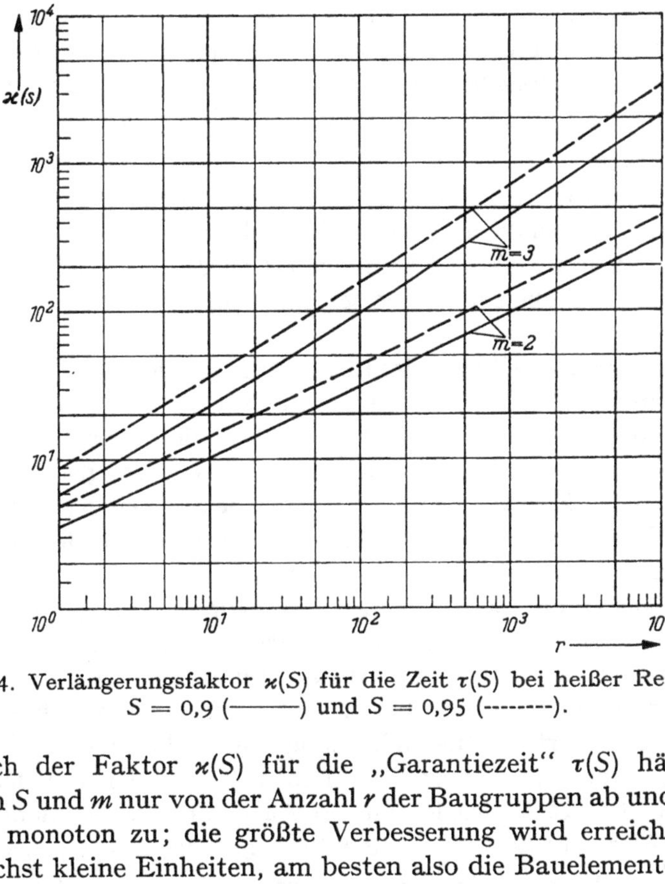

Bild 8.4. Verlängerungsfaktor $\varkappa(S)$ für die Zeit $\tau(S)$ bei heißer Reserve für $S = 0{,}9$ (———) und $S = 0{,}95$ (--------).

Auch der Faktor $\varkappa(S)$ für die „Garantiezeit" $\tau(S)$ hängt bei festem S und m nur von der Anzahl r der Baugruppen ab und nimmt mit r monoton zu; die größte Verbesserung wird erreicht, wenn möglichst kleine Einheiten, am besten also die Bauelemente selbst, durch Reserve verstärkt werden.

8.4.1.4. *Der mittlere Ausfallabstand des Systems*

Bisher haben wir uns nur mit der Zeit bis zum ersten Systemausfall, d. h. bis zum ersten Ausfall einer Baugruppe beschäftigt.

Nach Instandsetzung des Systems wird es wieder arbeiten bis zum zweiten Ausfall usw. Der Abstand zwischen zwei aufeinanderfolgenden Ausfällen soll der Ausfallabstand heißen. Bei manchen technischen Anlagen kommt es nicht so sehr darauf an, eine bestimmte Zeit bis zum ersten Ausfall mit hoher Wahrscheinlichkeit zu garantieren, als darauf, eine im Mittel hinreichend lange fehlerfreie Arbeitszeit zwischen zwei Ausfällen zu erreichen.

In diesem Abschnitt soll deshalb der mittlere Ausfallabstand von Systemen und seine Vergrößerung durch den Einbau von Reserveelementen untersucht werden. Dabei müssen wir unterscheiden, wie nach einem Ausfall das System wieder instandgesetzt wird.

a) Vollersatz

Der mittlere Ausfallabstand wird mit der mittleren Zeit bis zum ersten Ausfall des Systems dann identisch sein, wenn dieses nach jedem Ausfall so instandgesetzt wird, daß es sich bezüglich seiner Anfälligkeit wieder in seinem ursprünglichen Zustand befindet.

Bei exponentiell verteilten Lebensdauern der Bauelemente ist die Anfälligkeit der Elemente von ihrem Alter unabhängig.

Wird nun nach dem ersten Ausfall die ausgefallene Baugruppe ersetzt, so befindet sich zwar die neue Baugruppe wieder im gleichen Zustand wie die ausgefallene zur Zeit Null (Zeit des Einschaltens), dagegen werden im allgemeinen in den anderen Baugruppen auch Bauelemente ausgefallen sein, ohne daß dies zum Ausfall der Baugruppen führte. Um das System wieder in seinen Ursprungszustand zu versetzen, müßten also alle Baugruppen nach dem ersten Ausfall untersucht und, soweit ein oder mehrere Bauelemente ausgefallen sind, ausgewechselt werden. Diese Art der Instandsetzung soll „Vollersatz“ heißen.

Bei exponentiell verteilten Lebensdauern der Bauelemente und Vollersatz ist also der mittlere Ausfallabstand — unabhängig vom Alter des Systems — identisch mit der in 8.4.1.2. behandelten mittleren Zeit $\overline{T}(r, m, k)$ bis zum ersten Systemausfall. Dies gilt auch für Systeme ohne Ersatzbauelemente, weil hier jeder Ersatz Vollersatz bedeutet: Jede Baugruppe ist entweder in ihrem Ursprungszustand oder ausgefallen.

b) Einzelersatz

Anders verhält es sich, wenn immer nur die ausgefallene Baugruppe ausgewechselt wird. Jede Baugruppe wird dann offenbar genau nach Ablauf ihrer Lebensdauer durch eine neue ersetzt. Wenn wir die Zeiten, die zum Auswechseln benötigt werden, vernachlässigen, so bilden die Auswechselzeitpunkte Erneuerungsprozesse. Ist das System schon sehr lange Zeit in Betrieb, so kann man mit stationären Prozessen rechnen. Der mittlere Ausfallabstand des Systems ist dann nach (2.76) gerade

$$\overline{T}(m, k)/r\,.$$

Daraus folgt, daß der mittlere Ausfallabstand hier einfach proportional der mittleren Lebensdauer der Baugruppen ist und daß sich also der mittlere Ausfallabstand durch Ersatzschaltung im gleichen Maße vergrößert wie die mittlere Lebensdauer der Baugruppe, die wir jetzt zu bestimmen haben.

Für die Überlebenswahrscheinlichkeit einer Baugruppe mit heißer Reserve erhalten wir aus den Gl. (8.4H), (8.5) und (8.9)

$$1 - F_{m,k}(x) = 1 - (1 - \mathrm{e}^{-kx/t_0})^m\,, \tag{8.29H}$$

und für ihre mittlere Lebensdauer $\overline{T}(m, k)$ gilt (vgl. (8.13))

$$\overline{T}(m, k) = \int_0^\infty [1 - (1 - \mathrm{e}^{-kx/t_0})^m]\,\mathrm{d}x\,. \tag{8.30H}$$

Die Berechnung des Integrals ergibt (vgl. 8.9.2.)

$$\overline{T}(m, k) = \frac{t_0}{k} \sum_{i=1}^{m} \frac{1}{i}\,. \tag{8.31H}$$

Für eine Baugruppe ohne Reserve (d. h. eine Baueinheit) gilt

$$\overline{T}(1, k) = t_0/k\,. \tag{8.32H}$$

Durch m-fache Reserve vergrößert sich die mittlere Lebensdauer einer Baugruppe also um den Faktor

$$\varkappa_1 = \sum_{i=1}^{m} \frac{1}{i}\,, \tag{8.33H}$$

und um eben diesen Faktor vergrößert sich auch der mittlere Ausfallabstand des Systems. Die Berechnung von $\varkappa_1$ nach Gl. (8.33H) ergibt z. B. die Werte:

m	2	3	4
$\varkappa_1$	1,5	1,833	2,083

Selbst dreifache heiße Reserve ($m = 4$) bewirkt also nur gerade eine Verdopplung des mittleren Ausfallabstandes. Vergleichen wir dies Ergebnis mit den entsprechenden Faktoren für die mittlere Zeit bis zum ersten Systemausfall, so erkennen wir, wie wichtig es ist, zwischen diesen Zeitabschnitten zu unterscheiden. Durch geeignete Reservemaßnahmen kann also sehr wohl der erste Ausfall mit großer Wahrscheinlichkeit weit hinausgeschoben werden, der mittlere Ausfallabstand läßt sich jedoch nur dadurch in gleichem Maße beeinflussen, daß praktisch nach jedem Ausfall die ganze Anlage durchgeprüft und in ihren Anfangszustand versetzt wird. Bei Einzelersatz lassen sich dagegen nur die durch (8.33H) ausgedrückten Faktoren erreichen.

8.4.2. Kalte Reserve

8.4.2.1. *Die Überlebenswahrscheinlichkeit des Systems*

Bei kalter Reserve ergibt sich die Verteilungsfunktion $F_{m,k}(x)$ der Zeit bis zum ersten Baugruppenausfall aus der entsprechenden Verteilungsfunktion $F_k(x) = 1 - [1 - F(x)]^k = 1 - e^{-kx/t_0}$ der Baueinheit (vgl. (8.5)) durch m-fache Faltung. Wir erhalten, wie durch vollständige Induktion leicht zu beweisen ist,

$$\begin{aligned} F_{m,k}(x) &= (1 - e^{-kx/t_0})^{*m} \\ &= 1 - \left[1 + \tau + \cdots + \frac{\tau^{m-1}}{(m-1)!}\right] e^{-\tau} \end{aligned} \tag{8.34K}$$

mit

$$\tau = k\, x/t_0 \,.$$

Hiermit folgt aus (8.3) für die Überlebenswahrscheinlichkeit des Systems

$$R_{r,m,k}(x) = 1 - F_{r,m,k}(x) = \left\{\left[1 + \tau + \cdots + \frac{\tau^{m-1}}{(m-1)!}\right] e^{-\tau}\right\}^r . \tag{8.35K}$$

Auch hier ergibt sich eine asymptotische Entwicklung für $R_{r,m,k}(x)$. Wir erhalten (vgl. 8.9.4.)

$$R_{r,m,k}(x) \approx e^{-r(kx/t_0)^m/m!} . \tag{8.36K}$$

Sie unterscheidet sich von dem entsprechenden Ausdruck (8.11H) für heiße Reserve nur durch den Faktor $m!$ im Nenner des Exponenten. Die Zuverlässigkeit ist bei kalter Reserve also stets größer als bei heißer Reserve. Die in Bild 8.2 dargestellte, für $r = 20$, $m = 2$ und heiße Reserve gültige Näherungskurve ist identisch mit der durch Gl. (8.36K) gegebenen für $r = 40$, $m = 2$ und kalte Reserve.

8.4.2.2. *Die mittlere Zeit bis zum ersten Systemausfall*

Die Formel für diese Größe folgt aus (8.13), wenn wir $R_{r,m,k}(x)$ nach (8.35K) einsetzen.

Die exakte Berechnung des Integrals führt bei größerem m zu verhältnismäßig unhandlichen Ausdrücken. Für den Fall $m = 2$ (jede Baueinheit durch eine kalte Reserveeinheit ergänzt) ergibt sich (vgl. 8.9.3.)

$$\overline{T}(r, 2, k) = \frac{t_0}{k\,r} \, \frac{1 + r + \cdots + \dfrac{r^r}{r!}}{\dfrac{r^r}{r!}} = \frac{t_0}{k\,r} \, [E_{1,r}(r)]^{-1} \, . \quad (8.37\text{K})$$

Hierin ist $E_{1,r}(r)$ der aus der Fernsprechverkehrstheorie bekannte Ausdruck für den Verlust beim vollkommenen Bündel von r Leitungen, wenn ein Verkehr von r Erlang angeboten wird (ERLANGsche B-Formel). Aus der Integraldarstellung für $\overline{T}(r, 2, k)$ läßt sich die asymptotische Näherungsformel

$$\overline{T}(r, 2, k) \approx \frac{t_0}{k\,r} \left(\sqrt{\pi\, r/2} + 2/3\right) \approx \frac{t_0}{k\,r} \left(1{,}253 \sqrt{r} + 0{,}667\right) \quad (8.38\text{K})$$

herleiten. Für $m = 3$ ergibt sich aus (8.13) und (8.35K)

$$\overline{T}(r, 3, k) = \frac{t_0}{k\,r} \sum_{i=0}^{r} \sum_{j=0}^{i} \frac{\binom{r}{i} \binom{i}{j} (i + j)!}{2^j \, r^{i+j}} \quad (8.39\text{K})$$

und aus der Integraldarstellung die asymptotische Näherung

$$\overline{T}(r, 3, k) \approx \frac{t_0}{k\,r} \left[\frac{\Gamma\left(\frac{1}{3}\right) \sqrt[3]{6}}{3} \left(\sqrt[3]{r}\right)^2 + \frac{3\,\Gamma\left(\frac{5}{3}\right)}{2\sqrt[3]{6}} \sqrt[3]{r} + \frac{21}{40} \right]$$

$$\approx \frac{t_0}{k\,r} \left(1{,}623 \left(\sqrt[3]{r}\right)^2 + 0{,}7452 \sqrt[3]{r} + 0{,}525\right) . \quad (8.40\text{K})$$

Von der asymptotischen Entwicklung für $m < 3$ soll hier nur das erste Glied wiedergegeben werden, das für große r stets überwiegt. Es gilt

$$\overline{T}(r, m, k) \approx \frac{t_0}{k\,r} \, \frac{\Gamma\left(\frac{1}{m}\right) (m!)^{1/m}}{m} \, r^{(m-1)/m} \, . \quad (8.41\text{K})$$

Die asymptotischen Formeln (8.38K), (8.40K) und (8.41K) folgen aus einem Satz über die asymptotische Entwicklung spezieller Integrale, der in 8.9.6. formuliert und bewiesen wird.

Für $m = 2$ und $m = 3$ ist (8.41K) identisch mit den ersten Gliedern von (8.38K) und (8.40K).

Für den Faktor $\varkappa$, um den sich die mittlere Zeit bis zum ersten Ausfall durch kalte Reserve erhöht, ergibt sich nach (8.38K), (8.40K) und (8.41K) für $m = 2$

$$\varkappa_{m=2} \approx \sqrt{\pi r/2} + 0{,}667 \approx 1{,}253 \sqrt{r} + 0{,}667\,, \qquad (8.42\text{K})$$

für $m = 3$

$$\varkappa_{m=3} \approx \frac{\Gamma\left(\frac{1}{3}\right)\sqrt[3]{6}}{3}\left(\sqrt[3]{r}\right)^2 + \frac{3\,\Gamma\left(\frac{5}{3}\right)}{2\sqrt[3]{6}}\sqrt[3]{r} + \frac{21}{40}$$

$$\approx 1{,}623\left(\sqrt[3]{r}\right)^2 + 0{,}7452\sqrt[3]{r} + 0{,}525 \qquad (8.43\text{K})$$

und für beliebige m

$$\varkappa \approx \frac{1}{m}\,\Gamma\left(\frac{1}{m}\right)(m!)^{1/m}\,r^{(m-1)/m}\,. \qquad (8.44\text{K})$$

Der Faktor $\varkappa$ bei kalter Reserve ist in Bild 8.3 für $m = 2$ und $m = 3$ mit eingetragen.

Vergleichen wir die Formeln (8.41K) und (8.44K) mit den entsprechenden Formeln (8.16H) und (8.18H) für heiße Reserve, so erkennen wir, daß sich die Größen $\overline{T}(r, m, k)$ und $\varkappa$ bei kalter Reserve von den entsprechenden Größen bei heißer Reserve im wesentlichen nur um einen konstanten Faktor unterscheiden (und zwar sind $\overline{T}(r, m, k)$ und $\varkappa$ bei kalter Reserve stets größer als bei heißer Reserve). Auch hier gilt die gleiche Regel wie bei der heißen Reserve: die größte Verlängerung der mittleren Zeit bis zum ersten Ausfall wird erreicht, wenn jedes Bauelement durch ein kaltes Reserveelement ergänzt wird.

8.4.2.3. *Die mit der Wahrscheinlichkeit S garantierte Mindestzeit bis zum ersten Systemausfall*

Für die Garantiezeit $\tau(S)$, vor deren Ablauf das System mit der Wahrscheinlichkeit S nicht ausfällt, ergibt sich aus den Gl. (8.26) und (8.36K) leicht

$$\tau(S) \approx \frac{t_0}{k(r/m!)^{1/m}} [\ln(1/S)]^{1/m}, \qquad (8.45\text{K})$$

und für den durch kalte Reserve bewirkten Verlängerungsfaktor für die Zeit $\varkappa(S)$ ergibt sich

$$\varkappa(S) = \frac{\tau(S)_m}{\tau(S)_{m=1}} \approx (m!)^{1/m} \left[\frac{r}{\ln(1/S)}\right]^{(m-1)/m} \qquad (8.46\text{K})$$

Die Gleichung (8.45K) unterscheidet sich von (8.27H) durch den Faktor $(m!)^{1/m}$. Die Verlängerung der Garantiezeit durch kalte Reserve ist also bei $m = 2$ um $\sqrt{2} \approx 1{,}414$, bei $m = 3$ um $\sqrt[3]{6} \approx 1{,}817$ größer als bei heißer Reserve (immer unter der Voraussetzung exponentiell verteilter Bauelementelebensdauern). In Bild 8.5 ist $\varkappa(S)$ für kalte Reserve dargestellt. Für die kleineren Werte von r (bis $r = 10$) wurde zur Berechnung die exakte Formel (8.35K) verwendet.

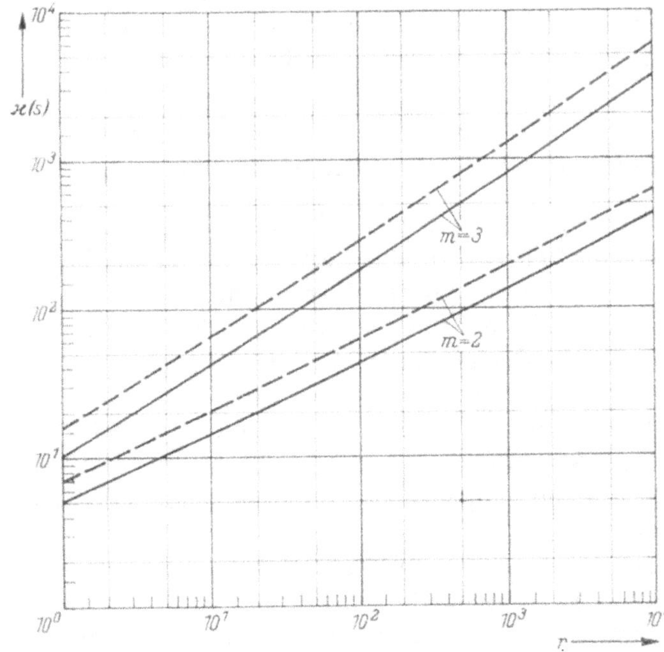

Bild 8.5. Verlängerungsfaktor $\varkappa(S)$ für die Zeit $\tau(S)$ bei kalter Reserve für $S = 0{,}9$ (———) und $S = 0{,}95$ (--------).

8.4.2.4. *Der mittlere Ausfallabstand des Systems*

a) Vollersatz

Für Vollersatz und kalte Reserve gelten genau die Bemerkungen im Abschnitt 8.4.1.4. über heiße Reserve.

b) Einzelersatz

Bei kalter Reserve ist die Lebensdauer der Baugruppe gleich der Summe von m Lebensdauern von Baueinheiten. Wir erhalten also

$$\overline{T}(m, k) = \frac{m\,t_0}{k_0} \tag{8.47K}$$

und als Verlängerungsfaktor für den mittleren Ausfallabstand im stationären Zustand

$$\varkappa_1 = m\,. \tag{8.48K}$$

Mit $(m - 1)$-facher Reserve (m-facher Bestückung) wird der mittlere Ausfallabstand also ver-m-facht. Formel (8.48K) gilt unabhängig von der Verteilung der Bauelementelebensdauern.

Für die kalte Reserve gelten im übrigen sinngemäß alle Betrachtungen im Abschnitt über heiße Reserve.

8.5. Zuverlässigkeit von Systemen mit beliebig verteilten Bauelementelebensdauern

Es soll jetzt gezeigt werden, daß sich die in 8.4. angegebenen asymptotischen Formeln auf den Fall weitgehend beliebig verteilter Bauelemente-Lebensdauern verallgemeinern lassen.

Die Lebensdauer-Verteilungsfunktion der Bauelemente sei jetzt nur durch zwei Größen charakterisiert: erstens durch die Ordnung i der ersten bei $x = 0$ nicht verschwindenden rechtsseitigen Ableitung und zweitens durch den Wert γ dieser Ableitung an der Stelle $x = 0$. Außerdem soll noch gefordert werden, daß auch die rechtsseitigen Ableitungen höherer Ordnung an der Stelle $x = 0$ existieren.

Diese Voraussetzungen genügen bereits für die Herleitung einer asymptotischen Formel für die Überlebenswahrscheinlichkeit $R_{r,m,k}(x)$ des Systems. Wie in 8.9.4. und 8.9.5. gezeigt wird, ergeben sich folgende asymptotische Entwicklungen:

Für heiße Reserve

$$R_{r,m,k}(x) \approx \exp\left[-r\,(k\,\gamma\,x^i/i!)^m\right], \qquad (8.49\mathrm{H})$$

für kalte Reserve

$$R_{r,m,k}(x) \approx \exp\left[-r\,(k\,\gamma\,x^i)^m/(m\,i)!\right]. \qquad (8.50\mathrm{K})$$

Für exponentiell verteilte Lebensdauern, d. h. für $i = 1$, $\gamma = 1/t_0$ ergeben sich hieraus die schon in 8.4. hergeleiteten entsprechenden Formeln. Wir sehen aber jetzt, daß die Eigenschaften der exponentiellen Verteilung gar nicht weiter in diese Formeln eingehen. Entscheidend ist lediglich, daß ihre erste Ableitung an der Stelle $x = 0$, d. h. die Ausfallrate zur Zeit der Inbetriebnahme, den Wert $1/t_0$ hat, wobei t_0 jetzt nicht mehr die Bedeutung der mittleren Lebensdauer zu haben braucht.

Sind die Lebensdauern der Bauelemente z. B. zwischen $x = 0$ und $x = t_0$ gleichverteilt — die Zeit t_0 ist dann also die maximal mögliche Lebensdauer —, so ist

$$F(x) = x/t_0 \quad \text{für} \quad 0 \leqq x \leqq t_0$$

und

$$F'(0) = 1/t_0,$$

also $i = 1$, $\gamma = 1/t_0$, so daß die Formeln aus 8.4. wieder gelten, obgleich es sich jetzt um eine ganz andere Verteilung der Bauelementelebensdauern handelt.

Für die mittlere Zeit bis zum ersten Systemausfall, die durch

$$\overline{T}(r, m, k) = \int_0^\infty R_{r,m,k}(x)\,dx \qquad (8.51)$$

definiert ist, erhalten wir, wie in 8.9.6. gezeigt wird, bei heißer Reserve

$$\overline{T}(r, m, k) \approx \frac{1}{m\,i}\,\Gamma(1/(m\,i))\,(i!/(k\,\gamma))^{1/i}\,r^{-1/(mi)}. \qquad (8.52\mathrm{H})$$

Als Verlängerungsfaktor $\varkappa = \overline{T}(r, m, k)/\overline{T}(r, 1, k)$ folgt aus (8.52H)

$$\varkappa \approx \frac{1}{m}\,\frac{\Gamma(1/(m\,i))}{\Gamma(1/i)}\,r^{(m-1)/(mi)}. \qquad (8.53\mathrm{H})$$

Bei kalter Reserve erhalten wir (8.9.6.)

$$\overline{T}(r, m, k) \approx \frac{1}{m\,i}\,\Gamma(1/(m\,i))\,\left[(m\,i)!^{1/m}/(k\,\gamma)\right]^{1/i}\,r^{-1/(mi)} \qquad (8.54\mathrm{K})$$

und

$$\varkappa \approx \frac{1}{m} \frac{\Gamma(1/(m\,i))}{\Gamma(1/i)} \left[(m\,i)\,!^{1/m}/i\,!\right]^{1/i} \gamma^{(m-1)/(mi)}\,. \tag{8.55K}$$

Die Formeln (8.52H) und (8.54K), die sich nach (8.51) auch direkt aus (8.49H) und (8.50K) durch Integration gewinnen lassen, stimmen mit den ersten (bei großem r stets überwiegenden) Gliedern der entsprechenden asymptotischen Entwicklungen in 8.4. für exponentiell verteilte Bauelementelebensdauern überein, wenn $i = 1$ und $\gamma = 1/t_0$ gesetzt wird.

Für die Zeit $\tau(S)$, vor deren Ablauf die Anlage mit der vorgegebenen Wahrscheinlichkeit S nicht ausfällt, gilt definitionsgemäß

$$R_{r,m,k}[\tau(S)] = S\,. \tag{8.56}$$

Aus Gl. (8.49H) und (8.56) folgt für heiße Reserve

$$\tau(S) \approx [(1/r)\ln(1/S)]^{1/(mi)}\,(i\,!/(k\,\gamma))^{1/i} \tag{8.57H}$$

und

$$\varkappa(S) = \frac{\tau(S)_m}{\tau(S)_{m=1}} \approx [r/\ln(1/S)]^{(m-1)/(mi)}\,. \tag{8.58H}$$

Für kalte Reserve erhalten wir aus (8.50K) und (8.56)

$$\tau(S) \approx \{[(m\,i)\,!/r]\ln(1/S)\}^{1/(mi)}\,(1/(k\,\gamma))^{1/i} \tag{8.59K}$$

und

$$\varkappa(S) \approx [(m\,i)\,!]^{1/(mi)}\,[r/\ln(1/S)]^{(m-1)/(mi)}\,. \tag{8.60K}$$

Die Formeln (8.53H) und (8.55K) für $\varkappa$ sowie die Formeln (8.58H) und (8.60K) für $\varkappa(S)$ stimmen bei $i = 1$ mit den entsprechenden Formeln in 8.4. asymptotisch überein. Die Kurven der Bilder 8.3, 8.4 und 8.5 gelten daher für große r allgemein bei allen Lebensdauer-Verteilungsfunktionen mit $i = 1$. Die Größe γ ist dann einfach die Ausfallrate der Bauelemente beim Beginn ihres Einsatzes.

8.6. Untersuchung komplizierter Anlagen

Die bisherigen Betrachtungen gelten unter der Voraussetzung, daß die Lebensdauern aller im System verwendeten Bauelemente derselben Verteilung genügen und daß das System durch die drei Zahlen r, m und k in seiner Struktur vollständig charakterisiert ist. Diese Voraussetzung braucht in der Praxis natürlich nicht erfüllt zu sein. Wir haben es in der Regel vielmehr mit Bauelementen unterschiedlicher Zuverlässigkeit zu tun und werden gerade wissen wollen, an welcher Stelle des Systems eine Reserveschaltung den größten Gewinn an Zuverlässigkeit bringt. Um nun die Zuverlässigkeit eines geplanten großen Systems mit Reserveelementen zu bestimmen, können wir aber oft so vorgehen, daß das Gesamtsystem als eine Zusammenfassung von mehreren Teilsystemen aufgefaßt wird, deren jedes die bei den früheren Betrachtungen gemachten Voraussetzungen erfüllt. Die Teilsysteme betrachten wir als bezüglich ihrer Zuverlässigkeit unabhängig voneinander; das Gesamtsystem fällt aus, sobald zum ersten Mal ein Teilsystem ausfällt. Ist n die Anzahl der Teilsysteme und haben wir für die Teilsysteme nach den in 8.5. angegebenen Formeln die Überlebenswahrscheinlichkeiten

$$R_\nu(x)\,,\qquad \nu = 1, \ldots, n$$

erhalten, so gilt für die Überlebenswahrscheinlichkeit $R(x)$ der Gesamtanlage

$$R(x) = \prod_{\nu=1}^{n} R_\nu(x)\,. \tag{8.61}$$

Die mittlere Zeit bis zum ersten Ausfall ergibt sich nach (8.51) und (8.61) zu

$$\overline{T} = \int_0^\infty \prod_{\nu=1}^{n} R_\nu(x)\,\mathrm{d}x\,, \tag{8.62}$$

und die Zeit $\tau(S)$ erhalten wir aus

$$R[\tau(S)] = \prod_{\nu=1}^{n} R[\tau(S)] = S\,. \tag{8.63}$$

Verhältnismäßig einfach wird die Rechnung, wenn wir voraussetzen können, daß m für alle Teilsysteme und i für alle Bauelemente gleich ist. Dann ist nämlich $R(x)$ von der Form

$$R_\nu(x) \approx \exp\left(-c_\nu x^{im}\right)\,,\qquad \nu = 1, \ldots, n\,, \tag{8.64}$$

wobei c_ν eine von der Struktur des ν-ten Teilsystems abhängige Konstante ist. Wir erhalten

$$R(x) \approx \exp\left(-x^{mi}\sum_{\nu=1}^{n} c_\nu\right), \tag{8.65}$$

$$\overline{T} \approx (1/(m\,i))\,\Gamma(1/(m\,i))\left(\sum_{\nu=1}^{n} c_\nu\right)^{-1/(m\,i)} \tag{8.66}$$

und

$$\tau(S) \approx \left[\ln(1/S) \Big/ \sum_{\nu=1}^{n} c_\nu\right]^{1/(m i)}. \tag{8.67}$$

Beispiel. Das ganze System werde mit einfacher heißer Reserve ausgestattet ($m = 2$), und die Verteilungen der Bauelementelebensdauern mögen das gleiche Anfangsverhalten zeigen wie Exponentialverteilungen ($i = 1$). Ferner sei das ν-te Teilsystem durch die Anzahl r_ν seiner Baugruppen, die Anzahl k der Bauelemente pro Baueinheit und die für die Verteilung der Bauelementelebensdauern charakteristische Konstante γ_ν (Ausfallrate zur Zeit 0) gekennzeichnet. Dann ist

$$c_\nu = r_\nu (k_\nu \gamma_\nu)^2, \qquad \nu = 1, \ldots, n \tag{8.68H}$$

und die beiden Größen $\overline{T}$ und $\tau(S)$ ergeben sich aus (8.66) und (8.67), wenn wir die c_ν nach Gl. (8.68H) einsetzen.

8.7. Einschalteinrichtungen und ihr Einfluß auf die Systemzuverlässigkeit

Die Einschaltung von Reserveelementen erfordert bei kalter Reserve im allgemeinen zusätzlichen Aufwand an Einschalteinrichtungen, die ihrerseits wieder ausfallen können und damit die Ausfallwahrscheinlichkeit des Systems vergrößern.

Wir haben dieses Problem ausführlich in Kapitel 7 dargestellt, wobei wir aber angenommen haben, daß die n Teilsysteme, aus denen das System bestand, nacheinander jeweils die volle Funktion des Gesamtsystems ausüben. Im jetzt betrachteten Fall großer Anlagen interessiert uns, wie sich die Zuverlässigkeit der Einschalteinrichtungen auf das System auswirkt, wenn jede der zahlreichen Baueinheiten bei der Reserveschaltung eine Einschalteinrichtung für sich beansprucht.

Am Beispiel eines Systems mit einfacher kalter Reserve ($m = 2$) soll jetzt gezeigt werden, wie der Einfluß solcher zusätzlicher Einrichtungen auf die Systemzuverlässigkeit erfaßt werden kann.

Dazu betrachten wir die Lebensdauerverteilung einer Baugruppe und nehmen an, sie bestehe

1. aus der ursprünglichen Baueinheit,
2. aus der Umschalteinrichtung, die beim Ausfall der ursprünglichen Baueinheit für die Einfügung der Reservebaueinheit sorgen soll,
3. aus der Reservebaueinheit.

Wir wollen nun annehmen, daß die Baugruppe auf folgende einander ausschließende Weise ausfallen kann:

a) Die Baugruppe fällt mit der ursprünglichen Baueinheit aus, weil die Umschalteinrichtung bereits ausgefallen ist und daher die Reservebaueinheit nicht mehr in Betrieb setzen kann.

b) Die Baugruppe fällt mit der Umschalteinrichtung aus, nachdem die Reservebaueinheit bereits in Betrieb genommen ist. Von der Umschalteinrichtung wird also angenommen, daß sie auch nach Einschaltung der Reservebaueinheit für das System lebensnotwendig bleibt.

c) Die Baugruppe fällt mit der Reservebaueinheit aus.

Von der Umschalteinrichtung wollen wir weiter annehmen, daß die Verteilungsfunktion ihrer Lebensdauer (vom Einschalten des Systems an gerechnet) unabhängig davon sei, wann die Reserveeinheit eingeschaltet wird. (Ebenso könnten wir z. B. annehmen, daß diese zusätzlichen Bauelemente erst vom Ausfall der ursprünglichen Baueinheit an beansprucht werden, ihre Lebensdauer also erst von diesem Zeitpunkt an beginnt.)

Nun sei $F^*(x)$ die Lebensdauer-Verteilungsfunktion der Umschalteinrichtung und $F_k(x)$ die Verteilungsfunktion der Baueinheitenlebensdauer. Dann gewinnen wir die Verteilung der Baugruppenlebensdauer durch folgende Überlegung: Bezeichnen wir die Lebensdauer der ursprünglichen Baueinheit mit t_1, die der Reservebaueinheit mit t_2 und die der Umschalteinrichtung mit t_3, so fällt die Baugruppe offenbar genau dann spätestens bis zum Zeitpunkt x, aus, wenn

$$\begin{array}{llll} \text{entweder} & t_3 \leqq x & \text{und} & t_1 \leqq x \\ \text{oder} & t_3 < x\,, & \text{aber} & t_1 + t_2 \leqq x \quad \text{ist.} \end{array}$$

Wegen der vorausgesetzten Unabhängigkeit der Lebensdauerverteilungen folgt daraus für die Lebensdauer-Verteilungsfunktion

$F_{2,k}(t)$ der Baugruppe

$$F_{2,k}(x) = F^*(x)\,F_k(x) + [1 - F^*(x)] \int_0^x f_k(y)\,F_k(x-y)\,\mathrm{d}y \qquad (8.69\mathrm{K})$$

mit

$$f_k(y) = \frac{\mathrm{d}F_k(y)}{\mathrm{d}y}.$$

Besteht das Gesamtsystem aus r solcher Baugruppen, so gilt für die Überlebenswahrscheinlichkeit

$$R_{r,2,k}(x) = [1 - F_{2,k}(x)]^r,$$

und für die mittlere Zeit bis zum ersten Ausfall

$$\overline{T}(r, 2, k) = \int_0^\infty [1 - F_{2,k}(x)]^r\,\mathrm{d}x. \qquad (8.70)$$

Setzen wir wieder voraus, alle Bauelemente-Lebensdauern seien exponentiell verteilt, so können wir den Einfluß der Umschalteinrichtung auf die mittlere Zeit bis zum ersten Ausfall der Anlage quantitativ angeben. Es sei wieder t_0 die mittlere Bauelementelebensdauer und s die Anzahl der notwendigen Zusatzbauelemente (von denen der Einfachheit halber angenommen wird, sie hätten ebenfalls die mittlere Lebensdauer t_0). Dann ist

$$F_k(x) = 1 - \mathrm{e}^{-kx/t_0}, \qquad (8.71)$$

$$\int_0^x f_k(y)\,F_k(x-y)\,\mathrm{d}y = 1 - \left(1 + \frac{kx}{t_0}\right)\mathrm{e}^{-kx/t_0} \qquad (8.72)$$

und

$$F^*(x) = 1 - \mathrm{e}^{-sx/t_0}. \qquad (8.73)$$

Mit (8.69K) und (8.70) folgt daraus

$$\overline{T}(r, 2, k) = \int_0^\infty \left[\left(1 + \frac{kx}{t_0}\,\mathrm{e}^{-sx/t_0}\right)\mathrm{e}^{-kx/t_0}\right]^r \mathrm{d}x. \qquad (8.74\mathrm{K})$$

Für große r ergibt sich dafür der asymptotische Ausdruck (vgl. 8.9.6)

$$\overline{T}(r, 2, k) \approx \sqrt{\frac{\pi}{2k\,(k+2s)}}\,\frac{t_0}{\sqrt{r}} + \frac{1}{3}\,\frac{(2k^2 + 6ks + 3s^2)}{k\,(k+2s)}\,\frac{t_0}{r}, \qquad (8.75\mathrm{K})$$

und für den Verlängerungsfaktor $\varkappa$ erhalten wir

$$\varkappa \approx \sqrt{\frac{\pi k}{2(k+2s)}}\sqrt{r} + \frac{1}{3}\frac{(2k^2+6ks+3s^2)}{(k+2s)^2}. \qquad (8.76\text{K})$$

Mit $s = 0$ ergibt sich, wie zu erwarten, Formel (8.42K).

Die Größe $\varkappa$ ist wieder (wenn das zweite Glied in (8.76K) vernachlässigt wird) proportional zu $\sqrt{r}$, jedoch mit einem kleineren Faktor als früher. Führen wir den Quotienten $\alpha = s/k$ ein, der angibt, wie groß der Aufwand der Zusatzeinrichtung im Verhältnis zur Baueinheit ist, so ergibt sich

$$\varkappa \approx \frac{1}{\sqrt{1+2\alpha}}\sqrt{\frac{\pi}{2}}\sqrt{r}, \qquad (8.77\text{K})$$

also ein $\varkappa$, das um den Faktor $\frac{1}{\sqrt{1+2\alpha}}$ kleiner ist als früher. Werden z. B. für die Zusatzeinrichtung gleich viele Bauelemente wie für die Baueinheit ($s = k, \alpha = 1$) gebraucht, so ist die mittlere Zeit bis zum ersten Ausfall bei $m = 2$ um den Faktor $1/\sqrt{3} \approx 0{,}577$ kleiner als die eines Systems ohne zusätzlichen Einschaltaufwand.

Bisher war angenommen worden, daß je Baugruppe eine Zusatzeinrichtung notwendig war und daß das System aus vielen Baugruppen bestand (r groß). Für den anderen Extremfall, daß beim Ausfall eines Bauelementes das ganze System mit Hilfe einer Zusatzeinrichtung durch ein neues System ersetzt wird ($r = 1$), läßt sich nach (8.74K) sofort die mittlere Zeit bis zum Ausfall auch des Ersatzsystems angeben. Wir erhalten (mit $\alpha = s/k$)

$$\overline{T}(1, 2, k) = \frac{t_0}{k}\left[1 + \left(\frac{1}{1+\alpha}\right)^2\right] \qquad (8.78\text{K})$$

und

$$\varkappa = 1 + \left(\frac{1}{1+\alpha}\right)^2. \qquad (8.79\text{K})$$

Wir erreichen also wegen der Zusatzeinrichtung nur einen kleineren Verlängerungsfaktor als zwei.

Auf entsprechende Weise wie bei diesen zwei Beispielen lassen sich auch andere Fälle behandeln, doch kann wegen der Vielzahl der Möglichkeiten kein allgemeingültiges Rezept angegeben werden (vgl. 7.).

8.8. Wirtschaftlichkeit von Zwillingselementen

Wir wollen noch einen wirtschaftlichen Gesichtspunkt erwähnen, der unter Umständen den Einsatz von Zwillingselementen nahelegen kann.

Von einem System mit n Bauelementen soll gefordert werden, daß es die vorgegebene Zeit $\tau(S)$ mit der Wahrscheinlichkeit S ohne Ausfall übersteht. Wenn keine Reserve vorgesehen und angenommen wird, daß nur Bauelemente zur Verfügung stehen, deren Ausfallrate beim Beginn ihres Einsatzes von Null verschieden ist, so muß eine bestimmte Ausfallrate λ gefordert werden. Aus (8.57H) folgt mit $r\,k = n,\ m = i = 1,\ \gamma = \lambda(0) = \lambda$

$$\lambda_{m=1} \approx \frac{\ln(1/S)}{n\,\tau(S)}. \tag{8.80}$$

Würden statt der Bauelemente Zwillinge (heiße Reserve) eingesetzt, so folgt die notwendige Ausfallrate der dazu zu verwendenden Bauelemente aus (8.57H), indem $k = i = 1,\ r = n,\ m = 2,\ \gamma = \lambda$ gesetzt wird:

$$\lambda_{m=2} \approx \frac{\sqrt{\ln(1/S)}}{\sqrt{n}\,\tau(S)}, \tag{8.81H}$$

d. h. die Ausfallrate der jetzt verwendeten doppelt so vielen Bauelemente kann $\left(\sqrt{n}/\sqrt{\ln(1/S)}\right)$-mal so hoch sein wie die der ursprünglich vorgesehenen Bauelemente.

Da solche weniger zuverlässigen Bauelemente im allgemeinen wesentlich billiger sind als die sonst notwendigen zuverlässigen Einzelelemente, kann die Verwendung von Zwillingselementen in günstigen Fällen zu großen Einsparungen führen.

Beispiel: Ein System mit 5000 Einzelbauelementen soll mit 90% Wahrscheinlichkeit mindestens 20 Zeiteinheiten (ZE) lang ohne Ausfall arbeiten. Nach (8.80) ergibt sich eine Ausfallrate von 1,05‰ pro 1000 ZE.

Werden statt der Einzelelemente Zwillingselemente verwendet, so folgt nach (8.81H) eine Ausfallrate von 23,0% pro 1000 ZE. Bei Verwendung von Zwillingen kann bei gleicher Zuverlässigkeit des Systems in diesem Fall die Ausfallrate der Bauelemente also mehr als 200mal so groß sein, und es wird zu prüfen sein (falls hochwertige

Bauelemente mit einer Ausfallrate von $1^0/_{00}$ pro 1000 ZE überhaupt zur Verfügung stehen), ob die Ausrüstung mit 5000 Zwillingen aus weniger zuverlässigen Bauelementen nicht billiger wird als die mit 5000 extrem zuverlässigen Einzelelementen.

8.9. Herleitung der Zuverlässigkeitsformeln

8.9.1. Beweis der Formel (8.15H)

Substituieren wir in (8.14H)

$$1 - e^{-kx/t_0} = y ,$$

so erhalten wir

$$\overline{T}(r, m, k) = \frac{t_0}{k} \int_0^1 \frac{(1 - y^m)^r}{1 - y}\, dy = \frac{t_0}{k} \int_0^1 \frac{1 - y^m}{1 - y} (1 - y^m)^{r-1}\, dy$$

$$= \frac{t_0}{k} \int_0^1 \sum_{\nu=0}^{m-1} y^\nu (1 - y^m)^{r-1}\, dy = \frac{t_0}{k} \sum_{\nu=0}^{m-1} \int_0^1 y^\nu (1 - y^m)^{r-1}\, dy .$$

Nun gilt [Gröbner/Hofreiter]

$$\int_0^1 y^\nu (1 - y^m)^{r-1}\, dy = \frac{m^{r-1} (r-1)!}{(\nu + 1, m, r)}$$

mit

$$(\nu + 1, m, r) = (\nu + 1)(\nu + 1 + m)(\nu + 1 + 2m) \ldots$$
$$\ldots (\nu + 1 + (r-1)\, m) .$$

Damit folgt

$$\overline{T}(r, m, k) = \frac{t_0}{k} \sum_{\nu=1}^{m} \frac{m^{r-1} (r-1)!}{(\nu, m, r)} = \frac{m^{r-1} (r-1)!\, t_0}{k} \sum_{\nu=1}^{m} \frac{1}{(\nu, m, r)} .$$

Weiter gilt

$$(\nu, m, r) = m^r\, \Gamma\left(\frac{\nu}{m} + r\right) \Big/ \Gamma\left(\frac{\nu}{m}\right) .$$

Setzen wir dies ein, so ergibt sich Formel (8.15H).

8.9.2. Beweis der Formel (8.31H)

Es ist

$$\overline{T}(m, k) = \int_0^\infty [1 - (1 - e^{-kx/t_0})^m] \, dx = \frac{t_0}{k} \int_0^\infty [1 - (1 - e^{-x})]^m \, dx .$$

Für das Integral gilt

$$J_m = \int_0^\infty [1 - (1 - e^{-x})^m] \, dx = \sum_{\nu=1}^{m} \frac{1}{\nu} .$$

Es ist nämlich

$$\begin{aligned} J_m &= \int_0^\infty [1 - (1 - e^{-x})^{m-1} (1 - e^{-x})] \, dx \\ &= \int_0^\infty [1 - (1 - e^{-x})]^{m-1} \, dx + \int_0^\infty (1 - e^{-x})^{m-1} e^{-x} \, dx \\ &= J_{m-1} + \int_0^\infty \frac{d}{dx} \frac{(1 - e^{-x})^m}{m} \, dx = J_{m-1} + \frac{1}{m} , \end{aligned}$$

woraus mit $J_1 = 1$ sofort $J_m = \sum_{\nu=1}^{m} \frac{1}{\nu}$ folgt. Damit ist (8.31H) bewiesen.

8.9.3. Beweis der Formel (8.37K)

Es ist

$$\begin{aligned} T(r, 2, k) &= \int_0^\infty [(1 + k\, x/t_0) \, e^{-k x/t_0}]^r \, dx \\ &= \frac{t_0}{k} \int_0^\infty [(1 + x) \, e^{-x}]^r \, dx = \frac{t_0}{k} \int_0^\infty \sum_{\nu=0}^{r} \binom{r}{\nu} x^\nu e^{-rx} \, dx \\ &= \frac{t_0}{k} \sum_{\nu=0}^{r} \binom{r}{\nu} \int_0^\infty x^\nu e^{-rx} \, dx = \frac{t_0}{k\, r} \sum_{\nu=0}^{r} \binom{r}{\nu} \frac{\nu!}{r^\nu} \\ &= \frac{t_0}{k\, r} \frac{r!}{r^r} \sum_{\nu=0}^{r} \frac{r^{(r-\nu)}}{(r-\nu)!} = \frac{t_0}{k\, r} \frac{1 + r + \cdots + \dfrac{r^r}{r!}}{\dfrac{r^r}{r!}} , \end{aligned}$$

was zu zeigen war.

8.9.4. Asymptotische Entwicklung von Überlebenswahrscheinlichkeiten

Die asymptotischen Formeln (8.11H) und (8.36K) ergeben sich unmittelbar aus dem folgenden

Satz 1. *Es sei* $f(x) = e^{g(x)}$ *eine für* $x \geqq 0$ *erklärte monoton nicht wachsende Funktion mit*

$$g(0) = g'(0) = \cdots = g^{(h-1)}(0) = 0\,,$$

$$g^{(h)}(0) = -\alpha < 0\,,$$

$$g^{(h+1)}(x) \text{ bei } x = 0 \text{ stetig.}$$

Dann gilt: Zu beliebig vorgegebenen $\varepsilon_0 > 0$, $\varepsilon_1 > 0$ gibt es ein r_0 der Art, daß zu jedem $r \geqq r_0$ ein $\delta(r)$ existiert mit den Eigenschaften:

$$1 - \varepsilon_0 \leqq \frac{f(x)^r}{e^{-\alpha r x^h/h!}} = 1 + \varepsilon_0 \qquad \text{für} \quad 0 \leqq x \leqq \delta(r)\,,$$

$$0 \leqq [f(x)] \leqq \varepsilon_1 \qquad \text{für} \quad x > \delta(r)\,.$$

Beweis Wegen der Stetigkeit von $g^{(h+1)}(x)$ bei $x = 0$ gibt es ein δ_0 der Art, daß

$$|g^{(h+1)}(x)| \leqq C_0 \quad \text{ist für} \quad 0 \leqq x \leqq \delta_0\,. \tag{8.82}$$

Es sei

$$\delta(r) = \left|\frac{h!\ln(1 + \varepsilon_0])}{r\,C_0}\right|^{1/(h+1)} = \frac{C_1}{r^{1/(h+1)}} \tag{8.83}$$

und r_1 so groß, daß $\delta(r) \leqq \delta_0$ für $r \geqq r_1$. Aus

$$\frac{[f(x)]^r}{e^{-\alpha r x^h/h!}} = e^{r\frac{x^h}{h!}[g^{(h)}(\xi) - g^{(h)}(0)]} = e^{r\frac{x^h}{h!}\xi g^{(h+1)}(\zeta)}$$

mit $0 \leqq \xi \leqq x$, $0 \leqq \zeta \leqq \xi \leqq x$ und der für $r \geqq r_1$, $0 \leqq x \leqq \delta(r)$ nach (8.82) und (8.83) gültigen Abschätzung

$$\left|r\frac{x^h}{h!}\xi\,g^{(h+1)}(\zeta)\right| \leqq \frac{r(\delta(r))^{h+1}C_0}{h!} = \ln(1 + \varepsilon_0)$$

folgt dann

$$1 - \varepsilon_0 < \frac{1}{1 + \varepsilon_0} \leqq \frac{[f(x)]^r}{e^{-\alpha r x^h/h!}} \leqq 1 + \varepsilon_0$$

$$\text{für } 0 \leqq x \leqq \delta(r)$$

Für $x > \delta(r)$ ergibt sich hieraus

$$[f(x)]^r \leqq f[(\delta)]^r \leqq (1 + \varepsilon_0)\, e^{-\alpha r (\delta(r))^h / h!} = (1 + \varepsilon_0)\, e^{-\alpha C_1^h r^{1/(h+1)}} \leqq \varepsilon_1 ,$$

falls $r \geqq r_2$ mit hinreichend großem r_2.

Für $r \geqq r_0 = \max(r_1, r_2)$ sind dann mit $\delta(r)$ nach (8.83) die behaupteten Ungleichungen erfüllt.

Die asymptotischen Formeln (8.49H) und (8.50K) folgen ebenfalls aus Satz 1. Um dies zu zeigen, brauchen wir die Aussagen des nächsten Abschnittes.

8.9.5. Das Anfangsverhalten der Verteilungsfunktion der Baugruppenlebensdauer

Zur Herleitung der asymptotischen Formeln (8.49H), (8.50K), (8.52H) und (8.54K) müssen wir das Anfangsverhalten der Funktionen

$$F_{m,k}(x) = [1 - [1 - F(x)]^k]^m = [F_k(x)]^m \tag{8.84H}$$

und

$$F_{m,k}(x) = [1 - [1 - F(x)]^k]^{*m} = [F_k(x)]^{*m} \tag{8.85K}$$

bestimmen, die die Verteilungsfunktionen der Baugruppenlebensdauer bei heißer und kalter Reserve darstellen.

Die Funktion

$$F_k(x) = 1 - [1 - F(x)]^k \tag{8.86}$$

in (8.84H) und (8.85K) ist die Verteilungsfunktion der Baueinheitenlebensdauer, denn eine Baueinheit fällt aus, sobald eines ihrer Bauelemente ausfällt.

Die Verteilungsfunktion der Bauelementelebensdauern sei jetzt charakterisiert durch die Ordnung i und den Wert der ersten nicht verschwindenden rechtsseitigen Ableitung im Punkt $x = 0$. Es sei also

$$F(0) = \cdots = F^{(i-1)}(0) = 0\,, \qquad F^{(i)}(0) = \gamma > 0\,.$$

Der Einfachheit halber wollen wir außerdem voraussetzen, $F(x)$ sei bei $x = 0$ beliebig oft rechtsseitig differenzierbar. Dann gilt das gleiche auch für die Verteilungsfunktion $F_k(x)$ der Zeit bis zum ersten Ausfall einer Baueinheit, und es ist weiter

$$F_k(0) = \cdots = F_k^{(i-1)}(0) = 0\,, \qquad F_k^{(i)}(0) = k\,\gamma\,. \tag{8.87}$$

Dies folgt ohne weiteres aus der Potenzreihenentwicklung von $F_k(x)$, die wir nach Gl. (8.86) aus der Potenzreihenentwicklung von $F(x)$ erhalten.

Die Verteilungsfunktion $F_{m,k}(x)$ für die Zeit bis zum ersten Ausfall einer Baugruppe ist dann wieder als Potenzreihe darstellbar, und im Fall der heißen Reserve gilt

$$\left.\begin{aligned} F_{m,k}(0) &= \cdots = F_{m,k}^{(mi-1)}(0) = 0\,, \\ F_{m,k}^{(mi)}(0) &= (m\,i)!\,(k\,\gamma/i!)^m\,. \end{aligned}\right\} \tag{8.88 H}$$

Dies folgt nach (8.84 H) aus der Potenzreihenentwicklung von $F_{m,k}(x)$.

Im Fall der kalten Reserve entsteht $F_{m,k}(x)$ aus $F_k(x)$ durch m-fache Faltung, und es gilt

$$\left.\begin{aligned} F_{m,k}(0) &= \cdots = F_{m,k}^{(m\,i-1)}(0) = 0\,, \\ F_{m,k}^{(m\,i)}(0) &= (k\,\gamma)^m\,. \end{aligned}\right\} \tag{8.89 K}$$

Dies ergibt sich aus dem

Satz 2. *Es seien $F_1(x), F_2(x), \ldots, F_n(x)$ Verteilungsfunktionen mit $F_\nu(x) = 0$ für $x = 0$.*

Aus den $F_\nu(x)$ entstehe durch Faltung die Verteilungsfunktion

$$F(x) = F_1(x) * F_2(x) * \cdots * F_n(x)\,.$$

Dann gilt

$$F^{(\nu)}(0) = \sum_{\nu_1+\cdots+\nu_n=\nu} F_1^{(\nu_1)}(0) \ldots F_n^{(\nu_n)}(0)$$

[*mit* $F_\nu^{(0)}(0) = F_\nu(0) = 0$].

Die Formel (8.89 K) folgt hieraus, wenn wir $n = m$, $F_1(x) = \cdots = F_m(x) = F_k(x)$,

$$F(x) = F_{m,k}(x) = [F_k(x)]^{*m}$$

setzen. Dann gilt nämlich wegen (8.87):

1. $F_{m,k}^{(\nu)}(0) = 0$ für $\nu = 0, \ldots, m\,i - 1$, denn aus $\nu_1 + \cdots + \nu_m = \nu$ folgt, daß mindestens ein $\nu_\mu < i$ ist.
2. $F_{m,k}^{(m\,i)}(0) = (k\,\gamma)^m$, denn aus $\nu_1 + \cdots + \nu_m = m\,i$ folgt, daß entweder $\nu_1 = \cdots = \nu_m = i$ oder mindestens ein $\nu_\mu < i$ ist.

Den Beweis des Satzes 2 wollen wir nur skizzieren. Sind $G_1(x)$ und $G_2(x)$ zwei Verteilungsfunktionen mit $G_1(0) = G_2(0) = 0$, so folgt aus der Gleichung

$$[G_1(x) * G_2(x)]^{(\mu)} = \sum_{\nu=1}^{\mu-1} G_1^{(\nu)}(x)\, G_2^{(\mu-\nu)}(0) + \int_0^x G_1'(\tau)\, G_2^{(\mu)}(x-\tau)\, d\tau\,,$$

die ihrerseits durch vollständige Induktion nach μ bewiesen werden kann, die Gleichung

$$[G_1(x) * G_2(x)]^{(\mu)}|_{x=0} = \sum_{\nu=0}^{\mu} G_1^{(\nu)}(0)\, G_2^{(\mu-\nu)}(0)\,, \tag{8.90}$$

also der behauptete Satz 2 für $n = 2$. Für beliebiges n folgt er wiederum durch vollständige Induktion, indem wir (8.90) mit

$$G_1(x) = F_1(x) * F_2(x) * \cdots * F_{n-1}(x)$$

und

$$G_2(x) = F_n(x)$$

benutzen.

Aus (8.88 H) und (8.89 K) folgen jetzt mit Hilfe des Satzes 1 auch die asymptotischen Formeln (8.49 H) und (8.50 K).

Setzen wir nämlich

$$f(x) = 1 - F_{m,k}(x)\,,$$

also

$$g(x) = \ln\,[1 - F_{m,k}(x)]\,,$$

so sind die Voraussetzungen des Satzes 1 erfüllt, und zwar bei heißer Reserve nach (8.88 H) mit $h = m\,i$, $\alpha = (m\,i)!\,(k\,\gamma/i!)^m$, bei kalter Reserve nach (8.89 K) mit $h = m\,i$, $\alpha = (k\,\gamma)^m$.

8.9.6. Asymptotische Entwicklung spezieller Integrale

Die asymptotischen Formeln (8.52 H) und (8.54 K) ergeben sich aus dem

Satz 3. *Die für $x \geqq 0$ erklärte Funktion $f(x)$ möge folgende Eigenschaften besitzen:*

a) $f(x) > 0$.

b) $f(x)$ *ist monoton fallend.*

c) $f(x)|_{x=0} = 1$.

d) *es existiert* $\int_0^\infty f(x)\, dx$.

e) $f(x)$ *ist* $(p+q)$*-mal (rechtsseitig) stetig differenzierbar in* $x = 0$ $(p \geqq 1,\ q \geqq 1)$. *Die erste in* $x = 0$ *von Null verschiedene Ab-*

leitung sei von der Ordnung p. Dann läßt sich $\int_0^\infty [f(x)]^r \, dx$ *eindeutig nach Potenzen von $r^{-1/p}$ entwickeln, und es gilt*

$$\int_0^\infty [f(x)]^r \, dx = \alpha_1 r^{-1/p} + \alpha_2 r^{-2/p} + \cdots + \alpha_q r^{-q/p} + O\,[r^{-(q+1)/p}] .$$

Statt der Eigenschaft e) können wir auch eine entsprechende asymptotische Entwicklung von $f(x)$ fordern und bekommen dann dieselbe Entwicklung des Integrals mit einem Restglied $o(r^{-q/p})$ [Erdélyi].

Beweis des Satzes 3.

1. Wegen der Eigenschaften a) bis d) gilt bei beliebigem $\delta > 0$

$$0 < \int_\delta^\infty [f(x)]^r \, dx < [f(\delta)]^{r-1} \int_0^\infty f(x) \, dx = O(\beta_0^r)$$

mit

$$0 < \beta_0 < 1 ,$$

also

$$\int_0^\infty [f(x)]^r \, dx = \int_0^\delta [f(x)]^r \, dx + O(\beta_0^r) . \qquad (8.91)$$

2. Wegen der Eigenschaft e) können wir schreiben

$$f(x) = e^{g(x)} ,$$

wobei $g(x) = \ln f(x)$ in $x = 0$ wieder $(p + q)$-mal stetig differenzierbar ist und die Form

$$g(x) = -a_0 x^p + b_1 x^{p+1} + \cdots + b_{p+q-1} x^{p+q-1} + \frac{g^{(p+q)}(\xi)}{(p+q)!} x^{p+q}$$

hat. Wegen b) ist darin $a_0 > 0$, und für ξ gilt $0 \leqq \xi \leqq x$. Dann ist

$$[f(x)]^r = e^{-r a_0 x^p} e^{r h(x)}$$

mit

$$h(x) = b_1 x^{p+1} + \cdots + b_{p+q-1} x^{p+q-1} + \frac{g^{(p+q)}(\xi)}{(p+q)!} x^{p+q} .$$

Entwickeln wir $e^{r h(x)}$ nach Potenzen von $r\,h(x)$, so ergibt sich

$$[f(x)]^r = e^{-r a_0 x^p} \left\{1 + r\,h(x) + \cdots + \frac{[r\,h(x)]^{q-1}}{(q-1)!} + e^{\eta r h(x)} \frac{[r\,h(x)]^q}{q!}\right\}$$

mit $0 \leqq \eta \leqq 1$.

Im Exponenten des letzten Gliedes können wir

$$h(x) = \frac{h^{(p+1)}(\vartheta)}{(p+1)!} x^{p+1} \quad \text{mit} \quad 0 \leqq \vartheta \leqq x$$

einsetzen. Entwickeln wir nun die Glieder $r\,h(x), \ldots, [r\,h(x)]^{q-1}/(q-1)!$ nach Potenzen von x, so erhalten wir nach geeigneter Umordnung für $[f(x)]^r$ einen Ausdruck der Form:

$$\begin{aligned}
[f(x)]^r = \mathrm{e}^{-r a_0 x^p} \Bigg\{ & 1 + a_{1,1}\, r\, x^{p+1} + \sum_{\nu=1}^{2} a_{2,\nu}\, r^\nu x^{p\nu+2} \\
& + \sum_{\nu=1}^{3} a_{3,\nu}\, r^\nu x^{p\nu+3} + \cdots + \sum_{\nu=1}^{q-1} a_{q-1,\nu}\, r^\nu x^{p\nu+q-1} + \varphi(r, x) \\
& + \exp\left[r \frac{h^{(p+1)}(\vartheta)}{(p+1)!} x^{p+1} \right] \frac{[r\,h(x)]^q}{q!} \Bigg\}.
\end{aligned} \tag{8.92}$$

Darin sind die $a_{\mu,\nu}$ Konstanten, und $\varphi(r, x)$ hat die Form eines Polynoms von r und x, dessen Koeffizienten für $0 \leqq x \leqq \delta$ beschränkt bleiben. In den Summen sind die Potenzprodukte $r^i x^j$ mit $j - p\,i = \mu - 1$ $(\mu = 3, \ldots, q)$ zusammengefaßt.

Für die Potenzprodukte $r^i x^j$ in $\varphi(r, x)$ gilt

$$j - p\,i \geqq q\,.$$

Dasselbe gilt für die Potenzprodukte in $[r\,h(x)]^q$.

3. Es seien $\delta > 0$, $\lambda > 0$ vorgegebene Zahlen. Dann gilt für $j = 0, 1, \ldots;\ p = 1, 2, \ldots$

$$\int_0^\delta \mathrm{e}^{-\lambda r x^p} x^j \, \mathrm{d}x = \frac{\Gamma\left(\frac{j+1}{p}\right)}{p(\lambda r)^{(j+1)/p}} + O(\beta_1^r) \tag{8.93}$$

mit

$$0 < \beta_1 < 1\,.$$

Es ist nämlich [Gröbner/Hofreiter]

$$\int_0^\infty \mathrm{e}^{-\lambda r x^p} x^j \, \mathrm{d}x = \frac{\Gamma\left(\frac{j+1}{p}\right)}{p(\lambda r)^{(j+1)/p}}, \tag{8.94}$$

also

$$\int_0^\delta \mathrm{e}^{-\lambda r x^p} x^j \, \mathrm{d}x = \frac{\Gamma\left(\frac{j+1}{p}\right)}{p\,(\lambda r)^{(j+1)/p}} - \int_\delta^\infty \mathrm{e}^{-\lambda r x^p} x^j \, \mathrm{d}x\,,$$

und das zweite Integral ist, wie gezeigt werden kann, von der Ordnung $O(\beta_1^r)$.

Aus (8.91), (8.92) und (8.93) folgt nun

$$\int_0^\infty [f(x)]^r \, dx = \alpha_1 r^{-1/p} + \cdots + \alpha_q r^{-q/p} + \int_0^\delta e^{-r a_0 x^p} \varphi(r, x) \, dx$$

$$+ \int_0^\delta \exp\left[- r a_0 x^p + r \frac{h^{(p+1)}(\vartheta) x^{p+1}}{(p+1)!}\right] \frac{[r h(x)]^q}{q!} \, dx + O(\beta_2^r) ,$$

$$0 < \beta_2 < 1 .$$

Für das zweite Integral ergibt sich [vgl. Erläuterung zu (8.92)]

$$\int_0^\delta e^{-r a_0 x^p} \varphi(r, x) \, dx = O\,(r^{-(q+1/p)}) .$$

Im Exponenten des dritten Integrals gilt, falls δ hinreichend klein gewählt wird,

$$r a_0 x^p - r \frac{h^{(p+1)}(\vartheta)}{(p+1)!} x^{p+1} > \frac{r}{2} a_0 x^p$$

und damit

$$\int_0^\delta \exp\left[- r a_0 x^p + r \frac{h^{(p+1)}(\vartheta) x^{p+1}}{(p+1)!}\right] \frac{[r h(x)]^q}{q!} \, dx = O(r^{-(q+1/p)}) .$$

Damit ist wegen

$$O(\beta_2^r) + O(r^{-(q+1)/p}) = O(r^{-(q+1)/p})$$

der Satz bewiesen. Die Eindeutigkeit der Entwicklung folgt unmittelbar aus ihrer Darstellung.

Die Koeffizienten α_μ $(\mu = 1, \ldots, q)$ der Entwicklung ergeben sich aus (8.92) und (8.94):

$$\alpha_1 = r^{1/p} \int_0^\infty e^{-a_0 x^p} \, dx = \frac{1}{p} \Gamma(1/p) \, a_0^{-1/p} , \qquad (8.95)$$

$$\alpha_\mu = r^{\mu/p} \sum_{\nu=1}^{\mu-1} a_{\mu-1,\nu} \, r^\nu \int_0^\infty e^{-r a_0 x^p} x^{p\nu+\mu-1} \, dx$$

$$= \frac{1}{p} \sum_{\nu=1}^{\mu-1} a_{\mu-1,\nu} \, \Gamma(\nu + (\mu/p)) \, a_0^{-(\nu+(\mu/p))} , \qquad (8.96)$$

$$\mu = 2, \ldots, q .$$

Die praktische Entwicklung wird auf folgende Weise durchgeführt. Es sei

$$g(x) = \ln f(x) = -a_0 x^p + b_1 x^{p+1} + \cdots$$

mit $a_0 > 0$. Dann ist

$$\begin{aligned}[f(x)]^r &= e^{-r a_0 x^p} e^{r(b_1 x^{p+1} + b_2 x^{p+2} + \ldots)} \\ &= e^{-r a_0 x^p}\Big[1 + r(b_1 x^{p+1} + b_2 x^{p+2} + \cdots) \\ &\quad + \frac{r^2}{2}(b_1 x^{p+1} + b_2 x^{p+2} + \cdots)^2 + \cdots\Big].\end{aligned}$$

Integrieren wir gliedweise, so erhalten wir eine Entwicklung

$$\int_0^\infty [f(x)]^r \, dx \approx \alpha_1 r^{-1/p} + \alpha_2 r^{-2/p} + \cdots.$$

Das Glied $\alpha_\nu r^{-\nu/p}$ ergibt sich dabei durch Zusammenfassung aller Integrale, die Potenzprodukte $r^i x^j$ mit $j - p i = \nu - 1$ enthalten.

Die Formel (8.52H) folgt nun wegen der Beziehung

$$\bar{T}(r, m, k) = \int_0^\infty [1 - F_{m,k}(x)]^r \, dx$$

aus Satz 3. Nach (8.88H) sind nämlich die Voraussetzungen dieses Satzes mit

$$f(x) = 1 - F_{m,k}(x), \quad p = m i, \quad q = 1$$

erfüllt, woraus sich mit

$$F_{m,k}^{(m i)}(0) = (m i)! \, (k \gamma / i!)^m$$

die asymptotische Entwicklung (8.52H) ergibt.

Ganz entsprechend folgt aus (8.89K) und Satz 3 die asymptotische Entwicklung (8.54K).

Zum Schluß zeigen wir noch, daß auch die asymptotischen Formeln (8.38K), (8.40K) und (8.41K) für die mittlere Zeit bis zum ersten Anlagenausfall bei einfacher, zweifacher und m-facher Reserve aus Satz 3 folgen.

Ist nämlich

$$f(x) = 1 - a_0 x^2 + a_1 x^3 + \cdots,$$

so erhalten wir

$$\int_0^\infty [f(x)]^r \, dx = \int_0^\infty e^{r \ln [f(x)]} \, dx = \int_0^\infty e^{-r a_0 x^2} e^{r a_1 x^3 + \cdots} \, dx$$

$$= \int_0^\infty e^{-r a_0 x^2} (1 + r a_1 x^3 + \cdots) \, dx$$

$$\approx \frac{1}{2} \sqrt{\frac{\pi}{a_0}} \frac{1}{\sqrt{r}} + \frac{1}{2} \frac{a_1}{a_0^2} \frac{1}{r} .$$

Für $f(x) = (1 + x) e^{-x}$ ist $a_0 = 1/2$ und $a_1 = 1/3$ und daher

$$\int_0^\infty [(1 + x) e^{-x}]^r \, dx \approx \sqrt{\frac{\pi}{2}} \frac{1}{\sqrt{r}} + \frac{2}{3} \frac{1}{r} ,$$

woraus Formel (8.38 K) folgt.

Gilt für $f(x)$ die Entwicklung

$$f(x) = 1 - a_0 x^3 + a_1 x^4 + a_2 x^5 + \cdots ,$$

so ergibt sich

$$\int_0^\infty [f(x)]^r \, dx \approx \frac{1}{3} \left[\frac{\Gamma(1/3)}{a_0^{1/3}} r^{-1/3} + \frac{\Gamma(5/3)\, a_1}{a_0^{5/3}} r^{-2/3} + \frac{a_0 a_2 + a_1^2}{a_0^3} r^{-1} \right]. \quad (8.97)$$

Für $f(x) = \left(1 + x + \frac{x^2}{2}\right) e^{-x}$ erhalten wir

$$a_0 = 1/6, \; a_1 = 1/8, \; a_2 = -1/20 ,$$

also nach (8.97)

$$\int_0^\infty [f(x)]^r \, dx \approx \frac{\Gamma(1/3)\, 6^{1/3}}{3} r^{-1/3} + \frac{3\, \Gamma(5/3)}{2 \cdot 6^{1/3}} r^{-2/3} + \frac{21}{40} r^{-1} ,$$

woraus (8.40 K) folgt.

Formel (8.41 K) ergibt sich aus der Entwicklung von

$$f(x) = \left[1 + x + \cdots + \frac{x^{m-1}}{(m-1)!}\right] e^{-x} = 1 - \frac{x^m}{m!} + \cdots ,$$

wenn wir uns bei der asymptotischen Entwicklung auf das erste Glied beschränken.

9. SCHÄTZEN DER PARAMETER VON LEBENSDAUERVERTEILUNGSFUNKTIONEN

Die Parameter der bei Zuverlässigkeitsberechnungen benutzten Lebensdauer-Verteilungsfunktionen sind in der Regel nicht exakt bekannt und müssen daher aus Stichproben, d. h. aus Lebensdauer-Meßwerten gewonnen werden. In diesem Kapitel sollen daher die wichtigsten Grundlagen für die dabei anzuwendenden statistischen Methoden zusammengestellt werden. Wir beginnen mit der einfachsten und daher in den Anwendungen meistens vorausgesetzten Verteilung, der Exponentialverteilung.

9.1. Exponentialverteilung

Die Exponentialverteilung wurde in 3.2.1. dargestellt. Sie hat die Verteilungsfunktion

$$F(t) = 1 - e^{-\lambda t} \tag{9.1}$$

und die Wahrscheinlichkeitsdichte

$$f(t) = \frac{dF(t)}{dt} = \lambda\, e^{-\lambda t}. \tag{9.2}$$

Der einzige Parameter λ ist die Ausfallrate. Der Kehrwert $1/\lambda$ ist gleich der mittleren Lebensdauer (Erwartungswert).

Um einen Schätzwert (vgl. die Schlußbemerkung von (1.2.5.2.)) und ein Vertrauensintervall [vgl. (1.4.1.)] für λ zu bekommen, wird man Bauelementelebensdauern (die nach Voraussetzung alle derselben Exponentialverteilung mit dem zu bestimmenden Parameter λ genügen) messen und mit Hilfe der Meßwerte nach bestimmten Regeln den Schätzwert und die Vertrauensgrenzen berechnen. Diese Regeln wollen wir jetzt angeben und begründen.

Die einfachste Vorschrift wäre, von einer Gesamtmenge von N Bauelementen sämtliche Lebensdauern $t_1, \ldots, t_N$ zu messen. Das würde, besonders bei langlebigen Bauelementen, zu sehr großen Meßzeiten führen: Sind $X_1, \ldots, X_N$ unabhängig voneinander nach (9.1) verteilt, so gilt, wie man leicht zeigen kann,

$$E\,[\max\,(X_1, \ldots, X_n)] = \frac{1}{\lambda}\left(1 + \frac{1}{2} + \cdots + \frac{1}{N}\right) \approx \frac{1}{\lambda}\ln N\,, \quad (9.3)$$

d. h., die mittlere Zeit bis zum letzten Ausfall nimmt mit dem Umfang N der Menge etwa wie $\ln N$ zu.

Man wird daher den Versuch entweder nach einer vorgegebenen festen Meßdauer T_M abbrechen oder nach Ausfall des n-ten Bauelementes ($n < N$).

Eine weitere Variante in der Versuchsvorschrift bekommen wir, wenn wir jedes ausgefallene Bauelement sofort durch ein neues ersetzen, so daß während des ganzen Versuches immer genau N Bauelemente beteiligt sind.

Wir bekommen so die folgenden vier Möglichkeiten der Versuchsdurchführung:

1. *Feste Meßdauer* T_M
a) Ausgefallene Bauelemente werden sofort ersetzt.
b) Ausgefallene Bauelemente werden nicht ersetzt.

2. *Feste Anzahl n von Ausfällen (nach dem n-ten Ausfall ist der Versuch beendet)*
a) Ausgefallene Bauelemente werden sofort ersetzt.
b) Ausgefallene Bauelemente werden nicht ersetzt.

Für alle vier Fälle geben wir jetzt die Schätzwerte und Vertrauensintervalle des Parameters λ an.

9.1.1. Feste Messdauer T_M, ausgefallene Bauelemente werden sofort ersetzt

Es sei n die Anzahl der innerhalb T_M ausgefallenen Bauelemente (wegen des sofortigen Ersatzes ausgefallener Bauelemente kann $n > N$ sein). Dann bekommen wir als Schätzwert $\bar{\lambda}$ für λ:

$$\bar{\lambda} = \frac{n}{N\,T_M}\,. \quad (9.4)$$

Als Vertrauensintervall für λ zur statistischen Sicherheit $S = 1 - \alpha - \beta$ bekommen wir

$$\frac{\chi^2_{2n}(\beta)}{2 N T_M} \leqq \lambda \leqq \frac{\chi^2_{2(n+1)}(1-\alpha)}{2 N T_M}. \tag{9.5}$$

Darin ist $\chi^2_{2n}(\beta)$ das Quantil der χ^2-Verteilung mit $2n$ Freiheitsgraden zur Wahrscheinlichkeit β und $\chi^2_{2(n+1)}(1-\alpha)$ das Quantil der χ^2-Verteilung mit $2(n+1)$ Freiheitsgraden zur Wahrscheinlichkeit $1-\alpha$ (vgl. 1.4.4.2.).

Begründung von (9.4):

Da jedes Bauelement nach seinem Ausfall sofort durch ein neues Bauelement (mit derselben Lebensdauerverteilung) ersetzt wird, bilden der Ausfallzeitpunkt eines Bauelementes und die Ausfallzeitpunkte seiner Nachfolge-(Ersatz-)Elemente einen Poisson-Prozeß (vgl. 2.1.6.) mit dem Parameter λ. Die N Poisson-Prozesse zusammen ergeben durch Überlagerung wieder einen Poisson-Prozeß (vgl. 2.4.) mit dem Parameter $N\lambda$. Die Anzahl der während der Meßdauer T_M auftretenden Ausfälle ist dann eine zufällige Größe, die einer Poisson-Verteilung mit dem Parameter (Erwartungswert) $N \lambda T_M$ genügt. Ist die beim Versuch wirklich aufgetretene Anzahl von Ausfällen n, so ist n ein (erwartungstreuer) Schätzwert für $N \lambda T_M$, also $n/(N T_M)$ ein (erwartungstreuer) Schätzwert für λ.

Herleitung von (9.5):

Die Anzahl der während der Meßdauer T_M auftretenden Ausfälle genügt einer Poisson-Verteilung mit dem unbekannten Parameter $N \lambda T_M$. Bei n aufgetretenen Ausfällen ist also nach 1.4.4.

$$\frac{1}{2}\chi^2_{2n}(\beta) \leqq N \lambda T_M \leqq \frac{1}{2}\chi^2_{2(n+1)}(1-\alpha)$$

ein Vertrauensintervall für $N \lambda T_M$. Daraus folgt (9.5) als Vertrauensintervall für λ. Die Grenzen von (9.5) können auch mit Hilfe einer Tabelle der Poisson-Verteilung bestimmt werden (vgl. 1.4.4.).

9.1.2. Feste Messdauer T_M, ausgefallene Bauelemente werden nicht ersetzt

Ist wieder n die Anzahl der während der Meßzeit T_M ausgefallenen Bauelemente, so erhalten wir für die Größe $1 - e^{-\lambda T_M}$ den erwartungstreuen Schätzwert

$$\overline{1 - e^{-\lambda T_M}} = \frac{n}{N}. \tag{9.6}$$

Als Schätzwert für λ selbst bekommen wir daraus

$$\bar{\lambda} = \frac{1}{T_M} \ln \frac{N}{N - n}. \tag{9.7}$$

Wegen

$$\ln \frac{N}{N - n} = -\ln\left(1 - \frac{n}{N}\right) = (n/N) + \frac{(n/N)^2}{2} + \frac{(n/N)^3}{3} + \cdots$$

ist

$$\frac{1}{T_M} \ln \frac{N}{N - n} > \frac{n}{N\,T_M}.$$

Bei Nichtersatz der ausgefallenen Bauelemente ergäbe der nach (9.4) berechnete Schätzwert also einen zu kleinen Betrag.

Als Vertrauensintervall für λ erhalten wir

$$\begin{aligned} &\frac{1}{T_M} \ln \frac{n + (N - n + 1)\, F_{f_2+2,f_1}(1 - \beta)}{(N - n + 1)\, F_{f_2+2,f_1}(1 - \beta)} \leqq \lambda \\ &\leqq \frac{1}{T_M} \ln \frac{N - n + (n + 1)\, F_{f_1+2,f_2}(1 - \alpha)}{N - n} \end{aligned} \tag{9.8}$$

mit

$$f_1 = 2\,n\,, \qquad f_2 = 2\,(M - n)\,. \tag{9.9}$$

Darin ist

$$F_{f_2+2,f_1}(1 - \beta)$$

das Quantil der F-Verteilung (vgl. 1.4.1.) mit $f_2 + 2 = 2\,(M - n + 1)$ und $f_1 = 2\,n$ Freiheitsgraden zur Wahrscheinlichkeit $1 - \beta$, und $F_{f_1+2,f_2}(1 - \alpha)$ hat entsprechende Bedeutung.

Begründung von (9.6):

Für jedes der N Bauelemente ist die Wahrscheinlichkeit, daß es innerhalb T_M ausfällt, gleich $1 - e^{-\lambda T_M}$, d. h., die Anzahl n der ausgefallenen Bauelemente genügt einer Binomialverteilung

$$P\{n = k\} = \binom{N}{k} (1 - e^{-\lambda T_M})^k (e^{-\lambda T_M})^{N-k} \tag{9.10}$$

mit dem Erwartungswert $(1 - e^{-\lambda T_M})\,N$.

Herleitung von (9.8):

Für die Wahrscheinlichkeit $(1 - e^{-\lambda T_M})$ der Binomialverteilung (9.10) erhält man nach 1.4.1. das Vertrauensintervall

$$\frac{n}{n + (N - n + 1) F_{f_2+2,f_1}(1-\beta)} \leqq 1 - e^{-\lambda T_M}$$
$$\leqq \frac{(n+1) F_{f_1+2,f_2}(1-\alpha)}{N - n + (n+1) F_{f_1+2,f_2}(1-\alpha)},$$

woraus (9.8) folgt.

Es sei noch bemerkt, daß im Fall 9.1.1., also bei sofortigem Ersatz der ausgefallenen Bauelemente, die Kenntnis der Einzellebensdauern der innerhalb T_M ausgefallenen Bauelemente keine zusätzliche Information über den Parameter λ liefert. Dies gilt nicht mehr für den Fall 9.1.2., wo ausgefallene Bauelemente nicht ersetzt werden. Solange aber n klein bleibt gegen N, kann man auf die Information, die die Lebensdauern der innerhalb T_M ausgefallenen Bauelemente beitragen, verzichten. Kommt jedoch n in die gleiche Größenordnung wie N, so wird vorgeschlagen, von vornherein die Anzahl der abzuwartenden Ausfälle festzulegen und (bei Nichtersatz der ausfallenden Bauelemente) das Verfahren 9.1.4. anzuwenden.

9.1.3. Feste Anzahl n von Ausfällen, ausgefallene Bauelemente werden sofort ersetzt

Es sei t_n die Lebensdauer des letzten (n-ten) ausgefallenen Bauelementes, so daß der Lebensdauerversuch also zur Zeit t_n abgebrochen wird. Dann bekommen wir als Schätzwert für λ:

$$\bar{\lambda} = \frac{n}{N t_n}. \tag{9.11}$$

Als Vertrauensintervall zur statistischen Sicherheit $S = 1 - \alpha - \beta$ bekommen wir

$$\frac{\chi^2_{2n}(\beta)}{2 N t_n} \leqq \lambda \leqq \frac{\chi^2_{2n}(1-\alpha)}{2 N t_n}. \tag{9.12}$$

Begründung von (9.11):

Die Ausfallzeitpunkte $t_1, t_2, \ldots$ der nacheinander ausfallenden Bauelemente bilden einen Poisson-Prozeß mit dem Parameter $N\lambda$. Die Ausfallabstände $t_1, t_2 - t_1, t_3 - t_2, \ldots$ genügen also unabhängig voneinander der Verteilungsfunktion $1 - e^{-N\lambda x}$ mit dem Erwartungswert $1/N\lambda$. Der Mittelwert

$$\frac{1}{n}\sum_{\nu=1}^{n}(t_\nu - t_{\nu-1}) = \frac{t_n}{n} \qquad (t_0 = 0)$$

hat dann den Erwartungswert $1/(N\lambda)$.

Herleitung von (9.12):

Die Summe

$$t_n = \sum_{\nu=1}^{n}(t_\nu - t_{\nu-1}) \qquad (t_0 = 0)$$

genügt nach 3.2.2. einer ERLANG-Verteilung:

$$P\{t_n \leqq x\} = \int_0^x N\lambda \frac{(N\lambda t)^{n-1}}{(n-1)!} e^{-N\lambda t}\, dt .$$

Hieraus folgt

$$P\{2N\lambda t_n \leqq x\} = P\left\{t_n \leqq \frac{x}{2N\lambda}\right\}$$

$$= \int_0^{x/(2N\lambda)} N\lambda \frac{(N\lambda t)^{n-1}}{(n-1)!} e^{-N\lambda t}\, dt = \int_0^{x/2} \frac{y^{n-1}}{(n-1)!} e^{-y}\, dy .$$

Wegen der (durch die Substitution $y = z/2$ leicht zu beweisenden) Identität

$$\int_0^{x/2} \frac{y^{n-1}}{(n-1)!} e^{-y}\, dy = \frac{1}{2^{2n/2}\,\Gamma(2n/2)} \int_0^x z^{(2n/2)-1} e^{-z/2}\, dz$$

folgt, daß $2N\lambda t_n$ einer χ^2-Verteilung mit $2n$ Freiheitsgraden (vgl. 1.3.2.2.) genügt. Daraus ergibt sich unmittelbar (9.12).

9.1.4. Feste Anzahl n von Ausfällen, ausgefallene Bauelemente werden nicht ersetzt

Auch in diesem Fall sind die Abstände der Ausfallzeitpunkte voneinander unabhängig exponentiell verteilt, aber mit dem Erwartungswert

$$E(t_\nu - t_{\nu-1}) = \frac{1}{(N-\nu+1)\lambda}, \qquad \nu = 1, \ldots, N \qquad (t_0 = 0) .$$

Als Schätzwert für λ erhalten wir

$$\bar{\lambda} = \frac{n}{(N-n)\,t_n + \sum_{\nu=1}^{n} t_\nu}. \tag{9.13}$$

Für das Vertrauensintervall von λ zur statistischen Sicherheit $S = 1 - \alpha - \beta$ bekommt man

$$\frac{\chi^2_{2n}(\beta)}{2\left[(N-n)\,t_n + \sum_{\nu=1}^{n} t_\nu\right]} \leqq \lambda \leqq \frac{\chi^2_{2n}(1-\alpha)}{2\left[(N-n)\,t_n + \sum_{\nu=1}^{n} t_\nu\right]}. \tag{9.14}$$

Begründung von (9.13):

Sei zum Zeitpunkt $t_{\nu-1}$ das $(\nu - 1)$-te Bauelement $(\nu \leqq N)$ ausgefallen. Für jedes der $N - \nu + 1$ überlebenden Bauelemente ist die Wahrscheinlichkeit, bis zum Zeitpunkt $t_{\nu-1} + x$ nicht auszufallen, wegen der Eigenschaft der Exponentialverteilung (vgl. 3.2.1.) vom Betrag $e^{-\lambda x}$. Wegen der Unabhängigkeit der Lebensdauern gilt dann für die Wahrscheinlichkeit, daß bis $t_{\nu-1} + x$ kein weiteres Element ausfällt, daß also $t_\nu > t_{\nu-1} + x$ bzw. $t_\nu - t_{\nu-1} > x$ ist:

$$P\{t_\nu - t_{\nu-1} > x\} = (e^{-\lambda x})^{(N-\nu+1)} = e^{-(N-\nu+1)\lambda x}.$$

Das heißt: die Ausfallabstände $t_\nu - t_{\nu-1}$ genügen unabhängig voneinander den Exponentialverteilungsfunktionen mit dem Parameter $(N - \nu + 1)\,\lambda$. Dann genügen die Größen $(N - \nu + 1)\,(t_n - t_{\nu-1})$ unabhängig voneinander der gemeinsamen Exponentialverteilungsfunktion

$$1 - e^{-\lambda x}.$$

Das arithmetische Mittel dieser Größen ist

$$\begin{aligned}
&\frac{1}{n} \sum_{\nu=1}^{n} (N - \nu + 1)\,(t_\nu - t_{\nu-1}) \\
&= \frac{1}{n}\left[\sum_{\nu=1}^{n} (N-\nu)\,t_\nu + \sum_{\nu=1}^{n} t_\nu - \sum_{\nu=1}^{n} (N - \nu + 1)\,t_{\nu-1}\right] \\
&= \frac{1}{n}\left[\sum_{\nu=1}^{n} (N-\nu)\,t_\nu - \sum_{\nu=1}^{n-1} (N-\nu)\,t_\nu + \sum_{\nu=1}^{n} t_\nu\right] \\
&= \frac{1}{n}\left[(N-n)\,t_n + \sum_{\nu=1}^{n} t_\nu\right],
\end{aligned}$$

und diese Größe hat den Erwartungswert $1/\lambda$.

Herleitung von (9.14):

Die Summe

$$\sum_{\nu=1}^{n} (N - \nu + 1)\,(t_\nu - t_{\nu-1}) = (N - n)\,t_n + \sum_{\nu=1}^{n} t_\nu$$

genügt nach 3.2.2. einer ERLANG-Verteilung

$$P\left\{(N - n)\,t_n + \sum_{\nu=1}^{n} t_\nu \leqq x\right\} = \int_0^x \lambda\,\frac{(\lambda\,t)^{n-1}}{(n-1)!}\,\mathrm{e}^{-\lambda t}\,\mathrm{d}t\,.$$

Hieraus folgt (wie in 9.1.3.)

$$P\left\{2\,\lambda\left[(N - n)\,t_n + \sum_{\nu=1}^{n} t_\nu\right] \leqq x\right\} = \frac{1}{2^{2n/2}\,\Gamma(2\,n/2)} \int_0^x z^{(2n/2)-1}\,\mathrm{e}^{-z/2}\,\mathrm{d}z\,.$$

Das bedeutet, daß

$$2\,\lambda\left[(N - n)\,t_n + \sum_{\nu=1}^{n} t_\nu\right]$$

einer χ^2-Verteilung mit $2\,n$ Freiheitsgraden (vgl. 1.3.2.2.) genügt. Daraus ergibt sich unmittelbar (9.14).

Zu allen Schätzwerten für λ ((9.4), (9.7), (9.11) und (9.13)) ist zu bemerken, daß sie mit $n \to \infty$ nach Wahrscheinlichkeit gegen den Parameter λ konvergieren (vgl. 1.2.5.2.).

9.1.5. Ausfallraten von Anlagen

Bei der Berechnung der Ausfallraten von Anlagen werden Bauelemente-Ausfallraten eingesetzt, die durch Stichproben gewonnen wurden. Dabei stellt sich die Frage nach der Vertrauenswürdigkeit der berechneten Anlagen-Ausfallraten.

Wir werden eine Näherungsformel für die Berechnung von Vertrauensintervallen für Anlagen-Ausfallraten angeben. Mit ihr kann man bei gegebenen Schätzwerten der Bauelemente-Ausfallraten und gegebenen Stichprobenumfängen (bei der Ermittlung der Bauelemente-Ausfallraten) oder bei gegebenen Vertrauensintervallen der Bauelemente-Ausfallraten die gewünschten Vertrauensgrenzen für die Anlagen-Ausfallraten berechnen. Wir werden beweisen, daß die so berechneten Grenzen mit wachsenden Stichprobenumfängen gegen die exakten Grenzen konvergieren.

Es zeigt sich, daß man das Ergebnis in einer einfachen Faustformel zusammenfassen kann, die besagt, daß man die Quadrate der Abweichungen der Vertrauensgrenzen von den Schätzwerten über alle Bauelemente addieren muß, um das Quadrat der entsprechenden Abweichung für die Anlage zu bekommen.

9.1.5.1. *Problemstellung*

Wir betrachten eine Anlage, die verschiedene Arten von Bauelementen enthält, die alle exponentiell verteilte Lebensdauern haben mögen. Die Anlage möge redundanzfrei sein, also bei jedem Ausfall eines Bauelementes selbst ausfallen. Enthält diese Anlage nun k verschiedene Arten von Bauelementen mit den Ausfallraten $\lambda_1, \lambda_2, \ldots, \lambda_k$, und zwar N_1 Bauelemente mit der Ausfallrate λ_1, N_2 Bauelemente mit der Ausfallrate $\lambda_2, \ldots, N_k$ Bauelemente mit der Ausfallrate λ_k, so hat die Zeit bis zum ersten Ausfall der Anlage bekanntlich ebenfalls eine Exponentialverteilung mit der Ausfallrate

$$\lambda_A = N_1 \lambda_1 + \cdots + N_k \lambda_k .$$

Nun sind die Ausfallraten $\lambda_1, \ldots, \lambda_k$ im allgemeinen nicht exakt bekannt. Man kennt vielmehr nur durch Stichproben ermittelte Schätzwerte und dazu errechnete Vertrauensgrenzen zu vorgegebener statistischer Sicherheit. Gefragt wird nun nach einem Vertrauensintervall für die Ausfallrate einer Anlage, wenn für alle k Sorten von Bauelementen Schätzwerte für $\lambda_1, \ldots, \lambda_k$ durch Stichproben ermittelt wurden.

Für den Fall, daß die Anlage aus Bauelementen nur einer Sorte mit der Ausfallrate λ besteht, ist die Lösung natürlich bekannt, denn aus dem Vertrauensintervall

$$g_u \leqq \lambda \leqq g_0$$

zur statistischen Sicherheit S folgt wegen

$$P\{N g_u \leqq N \lambda \leqq N g_0\} = P\{g_u \leqq \lambda \leqq g_0\} = S ,$$

daß man die Vertrauensgrenzen für die Ausfallrate der Anlage bekommt, indem man die Vertrauensgrenzen für die Ausfallrate der Bauelemente mit der Anzahl N der Elemente multipliziert.

Das allgemeine Problem besteht jetzt darin, einen Schätzwert und ein Vertrauensintervall für die Größe

$$N_1 \lambda_1 + \cdots + N_k \lambda_k$$

zu bestimmen, wenn für jede Sorte von Bauelementen Meßwerte aus Stichproben vorliegen. Im folgenden wird eine Näherungsformel für ein solches Vertrauensintervall angegeben und begründet.

9.1.5.2. *Näherungsformel für das Vertrauensintervall der Ausfallrate einer Anlage*

Für die Berechnung des Vertrauensintervalls einer Anlage, die aus N_1 Bauelementen mit der unbekannten Ausfallrate $\lambda_1, \ldots, N_k$ Bauelementen mit der unbekannten Ausfallrate λ_k besteht, gilt das folgende Rezept: Es sei $\bar{\lambda}_i(n_i)$ der aus n_i Meßwerten (Lebensdauern) ermittelte Schätzwert für λ_i. Dabei setzen wir voraus, daß diese Schätzwerte nach 9.1.3. (Formel (9.11)) oder 9.1.4. (Formel (9.13)) bestimmt wurden.

Dann ist

$$\sum_{i=1}^{k} N_i \bar{\lambda}_i(n_i) - u\,(1-\beta) \sqrt{\sum_{i=1}^{k} \frac{[N_i \bar{\lambda}_i(n_i)]^2}{n_i}} \leqq \sum_{i=1}^{k} N_i \lambda_i$$

$$\leqq \sum_{i=1}^{k} N_i \bar{\lambda}_i(n_i) + u\,(1-\alpha) \sqrt{\sum_{i=1}^{k} \frac{[N_i \bar{\lambda}_i(n_i)]^2}{n_i}} \qquad (9.15)$$

näherungsweise ein Vertrauensintervall zur statistischen Sicherheit $S = 1 - \alpha - \beta$ für die Ausfallrate $\sum_{i=1}^{k} N_i \lambda_i$ der Anlage. Die Näherung ist um so besser, je größer die Stichprobenumfänge n_i sind. Die Größe $u\,(1-\alpha)$ ist das Quantil der Standard-Normalverteilung zur Wahrscheinlichkeit $1-\alpha$, entsprechendes gilt für $u\,(1-\beta)$.

Begründung von (9.15):

Nur zur Vereinfachung setzen wir $k = 2$. Alle Überlegungen lassen sich aber für beliebiges k durchführen.

Es seien $X_1, \ldots, X_{n_1}$ voneinander unabhängige, identisch exponentiell verteilte zufällige Größen mit der unbekannten Ausfallrate λ_1. Dann sind $\lambda_1 X_1, \ldots, \lambda_1 X_{n_1}$ unabhängige zufällige Größen mit dem Erwartungswert 1 und der Varianz 1. Nach dem zentralen Grenzwertsatz ist dann die Größe

$$\frac{\lambda_1\left[\sum_{i=1}^{n_1} X_i\right] - n_1}{\sqrt{n_1}} = \frac{N_1 \lambda_1 - N_1 \bar{\lambda}_1(n_1)}{\frac{N_1 \bar{\lambda}_1(n_1)}{\sqrt{n_1}}}$$

mit

$$\bar{\lambda}_1(n_1) = \frac{1}{\frac{1}{n_1}\sum_{i=1}^{n_1} X_i}$$

bei hinreichend großem n_1 näherungsweise standard-normalverteilt (Erwartungswert 0 und Varianz 1). Darin betrachten wir $\bar{\lambda}_1(n_1)$ als Schätzwert für λ_1 (vgl. 9.1.3. und 9.1.4.). Entsprechendes gilt für den Schätzwert für λ_2, so daß die beiden Größen

$$Y_1 = \frac{N_1 \lambda_1 - N_1 \bar{\lambda}_1(n_1)}{\frac{N_1 \bar{\lambda}_1(n_1)}{\sqrt{n_1}}} \quad \text{und} \quad Y_2 = \frac{N_2 \lambda_2 - N_2 \bar{\lambda}_2(n_2)}{\frac{N_2 \bar{\lambda}_2(n_2)}{\sqrt{n_2}}} \tag{9.16}$$

voneinander unabhängige, näherungsweise standard-normalverteilte Größen sind. Gilt dann für zwei weitere Größen α_1 und α_2 die Beziehung $\alpha_1^2 + \alpha_2^2 = 1$, so ist auch $\alpha_1 Y_1 + \alpha_2 Y_2$ näherungsweise standard-normalverteilt, d. h., es gilt näherungsweise

$$P\{-u(1-\beta) \leqq \alpha_1 Y_1 + \alpha_2 Y_2 \leqq u(1-\alpha)\} = 1 - \alpha - \beta = S. \tag{9.17}$$

Wir schreiben zur Abkürzung

$$\sqrt{\frac{[N_1 \bar{\lambda}_1(n_1)]^2}{n_1} + \frac{[N_2 \bar{\lambda}_2(n_2)]^2}{n_2}} = A,$$

setzen

$$\alpha_1 = \frac{N_1 \bar{\lambda}_1(n_1)}{A\sqrt{n_1}}, \qquad \alpha_2 = \frac{N_2 \bar{\lambda}_2(n_2)}{A\sqrt{n_2}}$$

und erhalten mit (9.16)

$$\alpha_1 Y_1 + \alpha_2 Y_2 = \frac{N_1 \lambda_1 + N_2 \lambda_2 - [N_1 \bar{\lambda}_1(n_1) - N_2 \bar{\lambda}_2(n_2)]}{A}.$$

Einsetzen in (9.17) ergibt

$$P\left\{-u(1-\beta) \leqq \frac{N_1\lambda_1 + N_2\lambda_2 - [N_1\bar{\lambda}_1(n_1) + N_2\bar{\lambda}_2(n_2)]}{A} \leqq u(1-\alpha)\right\}$$

$$= P\{N_1\bar{\lambda}_1(n_1) + N_2\bar{\lambda}_2(n_2) - A\,u(1-\beta) \leqq N_1\lambda_1 + N_2\lambda_2$$

$$\leqq N_1\bar{\lambda}_1(n_1) + N_2\bar{\lambda}_2(n_2) + A\,u(1-\alpha)\} = 1 - \alpha - \beta = S\,,$$

also das Vertrauensintervall (9.15).

In 9.1.5.4. wird bewiesen, daß die Verteilungsfunktion von $\alpha_1 Y_1 + \alpha_2 Y_2$ für $\min(n_1, n_2) \to \infty$ tatsächlich gegen die Normalverteilungsfunktion $\Phi(x)$ konvergiert.

9.1.5.3. *Faustregel für die Berechnung des Vertrauensintervalls*

Wir wollen annehmen, α und β seien fest vorgegeben. Dann folgt aus dem zentralen Grenzwertsatz für das Vertrauensintervall der Ausfallrate λ_i einer einzelnen Bauelementeart die Näherungsformel

$$\bar{\lambda}_i\left(1 - \frac{u(1-\beta)}{\sqrt{n_i}}\right) \leqq \lambda_i \leqq \bar{\lambda}_i\left(1 + \frac{u(1-\alpha)}{\sqrt{n_i}}\right)$$

oder

$$\bar{\lambda}_i - \Delta_{1i}(\bar{\lambda}_i) \leqq \lambda_i \leqq \bar{\lambda}_i + \Delta_{2i}(\bar{\lambda}_i)$$

mit

$$\Delta_{1i}(\bar{\lambda}_i) = \frac{\bar{\lambda}_i}{\sqrt{n_i}}\,u(1-\beta)\,, \qquad \Delta_{2i}(\bar{\lambda}_i) = \frac{\bar{\lambda}_i}{\sqrt{n_i}}\,u(1-\alpha)\,.$$

Vergleichen wir dies mit (9.15), so sehen wir, daß man (9.15) auch in der Form

$$\sum_{i=1}^{k} N_i\bar{\lambda}_i - \sqrt{\sum_{i=1}^{k}[N_i\,\Delta_{1i}(\bar{\lambda}_i)]^2} \leqq \sum_{i=1}^{k} N_i\lambda_i$$

$$\leqq \sum_{i=1}^{k} N_i\bar{\lambda}_i + \sqrt{\sum_{i=1}^{k}[N_i\,\Delta_{2i}(\bar{\lambda}_i)]^2}$$

schreiben kann. Das ergibt folgende

Faustregel. Ist die obere (untere) Vertrauensgrenze der Ausfallrate λ_i einer Bauelementeart durch

$$\bar{\lambda}_i + \Delta_{2i}(\bar{\lambda}_i)$$

$$(\bar{\lambda}_i - \Delta_{1i}(\bar{\lambda}_i))$$

bestimmt, dann ist die obere (untere) Vertrauensgrenze der Ausfallrate einer Anlage mit N_i Bauelementen mit der Ausfallrate λ_i $(i = 1, \ldots, k)$, also mit insgesamt

$$N = \sum_{i=1}^{k} N_i$$

Bauelementen, näherungsweise gleich

$$\sum_{i=1}^{k} N_i \bar{\lambda}_i + \sqrt{\sum_{i=1}^{k} [N_i \Delta_{2i}(\bar{\lambda}_i)]^2}$$

$$\left(\sum_{i=1}^{k} N_i \bar{\lambda}_i - \sqrt{\sum_{i=1}^{k} [N_i \Delta_{1i}(\bar{\lambda}_i)]^2}\right).$$

Beispiel.

$k = 3$, (drei Arten von Bauelementen)
$\bar{\lambda}_1 = 3 \cdot 10^{-9}\,\mathrm{h}^{-1}$, (Schätzwert für λ_1)
$n_1 = 100$, (Anzahl der Bauelemente-Ausfälle bei der Bestimmung des Vertrauensintervalls für λ_1)
$\bar{\lambda}_2 = 5 \cdot 10^{-8}\,\mathrm{h}^{-1}$,
$n_2 = 36$,
$\bar{\lambda}_3 = 8 \cdot 10^{-9}\,\mathrm{h}^{-1}$,
$n_3 = 25$,
$N_1 = 3000$,
$N_2 = 500$,
$N_3 = 100$,
$\alpha = 0{,}05$, $\beta = 0$; $\qquad u\,(1 - \alpha) = 1{,}645$.

$$\begin{aligned}\sum_{i=1}^{3} N_i \bar{\lambda}_i &= 3000 \cdot 3 \cdot 10^{-9}\,\mathrm{h}^{-1} \\ &\quad + 500 \cdot 5 \cdot 10^{-8}\,\mathrm{h}^{-1} \\ &\quad + 100 \cdot 8 \cdot 10^{-9}\,\mathrm{h}^{-1} \\ &= \underline{\underline{3{,}48 \cdot 10^{-5}\,\mathrm{h}^{-1}}},\end{aligned}$$

$$\Delta_{21}(\bar{\lambda}_1) = \frac{\bar{\lambda}_1}{\sqrt{n_1}} \cdot 1{,}645 = \frac{3 \cdot 10^{-9}\,\mathrm{h}^{-1} \cdot 1{,}645}{10} = 4{,}935 \cdot 10^{-10}\,\mathrm{h}^{-1},$$

$$\Delta_{22}(\bar{\lambda}_2) = \frac{5 \cdot 10^{-8}\,\mathrm{h}^{-1} \cdot 1{,}645}{6} = 1{,}371 \cdot 10^{-8}\,\mathrm{h}^{-1},$$

$$\Delta_{23}(\bar{\lambda}_3) = \frac{8 \cdot 10^{-9}\,\mathrm{h}^{-1} \cdot 1{,}645}{5} = 2{,}632 \cdot 10^{-9}\,\mathrm{h}^{-1};$$

$$\sum_{i=1}^{3} [N_i \Delta_{2i}(\bar{\lambda}_i)]^2 = (3000^2 \cdot 4{,}935^2 \cdot 10^{-20} + 500^2 \cdot 1{,}371^2 \cdot 10^{-16}$$
$$+ 100^2 \cdot 2{,}632^2 \cdot 10^{-18})^{1/2}\,\mathrm{h}^{-1}$$
$$= \sqrt{49{,}25 \cdot 10^{-12}}\,\mathrm{h}^{-1} = \underline{7{,}02 \cdot 10^{-6}\,\mathrm{h}^{-1}}.$$

Obere Vertrauensgrenze der Anlagen-Ausfallrate:

$$3{,}48 \cdot 10^{-5}\,\mathrm{h}^{-1} + 7{,}02 \cdot 10^{-6}\,\mathrm{h}^{-1} = \underline{\underline{4{,}18 \cdot 10^{-5}\,\mathrm{h}^{-1}}}.$$

9.1.5.4. *Anhang — Beweis der Verteilungskonvergenz*

Wir haben zu zeigen, daß die Verteilungsfunktion der zufälligen Größe $\alpha_1 Y_1 + \alpha_2 Y_2$ mit $\min(n_1, n_2) \to \infty$ gegen die (normierte) GAUSSsche Verteilungsfunktion konvergiert (die Konvergenz ist dann wegen der Monotonie der Verteilungsfunktion auch gleichmäßig).

Es sei $n_1^{(i)}, n_2^{(i)}$ eine Folge mit $\min(n_1^{(i)}, n_2^{(i)}) \to \infty$. Aus der Annahme, die Folge der

$$X_i = \alpha_1^{(i)}\, Y_1(n_1^{(i)}) + \alpha_2^{(i)}\, Y_2(n_2^{(i)})$$

mit

$$\alpha_1^{(i)} = \frac{N_1 \bar{\lambda}_1(n_1^{(i)})}{A\sqrt{n_1^{(i)}}}, \qquad \alpha_2^{(i)} = \frac{N_2 \bar{\lambda}_2(n_2^{(i)})}{A\sqrt{n_2^{(i)}}},$$

$$A = \sqrt{\frac{[N_1 \bar{\lambda}_1(n_1^{(i)})]^2}{n_1^{(i)}} + \frac{[N_2 \bar{\lambda}_2(n_2^{(i)})]^2}{n_2^{(i)}}}$$

sei nicht verteilungskonvergent gegen eine zufällige Größe mit der Verteilungsfunktion

$$\Phi(x) = \frac{1}{\sqrt{2\pi}} \int_{-\infty}^{x} \mathrm{e}^{-y^2/2}\,\mathrm{d}y\,,$$

folgt, daß es ein t_0 und zu t_0 ein $\varepsilon > 0$ gibt der Art, daß für eine unendliche Teilfolge k_i der Folge $i = 1, 2, \ldots$ gilt

$$|P\{X_{k_i} \leqq t_0\} - \Phi(t_0)| > \varepsilon\,.$$

Aus dieser Teilfolge k_i gibt es wieder eine unendliche Teilfolge m_i mit der Eigenschaft

$$\frac{n_1^{(m_i)}}{n_2^{(m_i)}} \to a \qquad (a \text{ eine Konstante})$$

oder

$$\frac{n_1^{(m_i)}}{n_2^{(m_i)}} \to \infty .$$

In beiden Fällen gilt, daß $\alpha_1^{(m_i)}$ nach Wahrscheinlichkeit gegen eine Konstante α mit $0 \leqq \alpha \leqq 1$ und $\alpha_2^{(m_i)}$ nach Wahrscheinlichkeit gegen $\sqrt{1 - \alpha^2}$ konvergiert. Hieraus und aus der Verteilungskonvergenz der $Y_1(n_1^{(m_i)})$ und $Y_2(n_2^{(m_i)})$ gegen normierte GAUSSsche zufällige Größen folgt, daß nach Wahrscheinlichkeit

$$\alpha_1^{(m_i)} Y_1(n_1^{(m_i)}) \quad \text{gegen} \quad \alpha Y_1 (n_1^{(m_i)})$$

und

$$\alpha_2^{(m_i)} Y_2(n_2^{(m_i)}) \quad \text{gegen} \quad \sqrt{1 - \alpha^2}\, Y_2(n_2^{(m_i)})$$

konvergiert. Setzen wir

$$Z_{m_i} = \alpha Y_1(n_1^{(m_i)}) + \sqrt{1 - \alpha^2}\, Y_2(n_2^{(m_i)}) ,$$

so konvergiert $X_{m_i} - Z_{m_i}$ nach Wahrscheinlichkeit gegen Null, und Z_{m_i} ist verteilungskonvergent gegen eine normierte GAUSSsche zufällige Größe. Dann ist nach einem elementaren Grenzwertsatz [VAN DER WAERDEN] auch $X_{m_i} = Z_{m_i} + (X_{m_i} - Z_{m_i})$ verteilungskonvergent gegen eine normierte GAUSSsche zufällige Größe. Für die X_{m_i} als Teilfolge der X_{k_i} galt aber

$$|P\{X_{m_i} \leqq t_0\} - \Phi(t_0)| > \varepsilon > 0$$

für alle $i = 1, 2, \ldots$. Aus diesem Widerspruch folgt, daß die Annahme, die X_i seien nicht verteilungskonvergent, falsch war, und das war zu zeigen.

9.2. WEIBULL-Verteilung

Bei der WEIBULL-Verteilung, deren Eigenschaften in 3.2.4. dargestellt wurden, sind zwei Parameter, nämlich α und τ in

$$F(t) = 1 - \mathrm{e}^{-(t/\tau)^\alpha} \tag{9.18}$$

zu bestimmen.

Verhältnismäßig einfach ist es, einen Schätzwert und ein Vertrauensintervall für τ anzugeben, wenn α bekannt ist. Wir behandeln diesen Fall zuerst und zeigen dann in 9.2.2., wie man bei Einhaltung bestimmter Prüfvorschriften auch Schätzwerte und Vertrauensintervalle für beide Parameter erhalten kann.

9.2.1. Schätzen des Parameters τ bei bekanntem α

Ist X eine nach (9.18) verteilte zufällige Größe, so gilt

$$P\{X^\alpha \leqq x\} = P\{X \leqq x^{1/\alpha}\} = 1 - e^{-x/\tau^\alpha}, \tag{9.19}$$

d. h., X^α genügt einer Exponentialverteilung mit dem Parameter $1/\tau^\alpha$. Damit können wir aber die Verfahren von 9.1., insbesondere 9.1.3. und 9.1.4. anwenden, um τ^α und damit (weil wir α als bekannt vorausgesetzt haben) τ zu schätzen. Wir unterscheiden wieder die Fälle mit Ersatz ausgefallener Bauelemente und ohne Ersatz ausgefallener Bauelemente.

9.2.1.1. *Feste Anzahl von Ausfällen, jedes ausgefallene Bauelement wird sofort ersetzt*

Bei gleicher Bedeutung von N, n und $t_1, \ldots, t_n$ wie in 9.1 bekommen wir als Schätzwert für τ

$$\bar{\tau} = t_n (N/n)^{1/\alpha}, \tag{9.20}$$

und als Vertrauensintervall ergibt sich

$$t_n [2\,N/\chi^2_{2n}(1-\beta')]^{1/\alpha} \leqq \tau \leqq t_n [2\,N/\chi^2_{2n}(\alpha')]^{1/\alpha} \tag{9.21}$$

mit

$$S = 1 - \alpha' - \beta'.$$

Die Formeln (9.20) und (9.21) folgen unmittelbar aus (9.11) und (9.12), wenn wir λ durch $1/\tau^\alpha$ und t_n durch t_n^α ersetzen (dabei haben wir noch die Irrtumswahrscheinlichkeiten α und β durch α' und β' ersetzt, um Verwechslung mit dem Parameter α zu vermeiden, und aus formalen Gründen α' und β' vertauscht, so daß die obere Vertrauensgrenze von α', die untere von β' abhängt).

9.2.1.2. *Feste Anzahl von Ausfällen, ausgefallene Bauelemente werden nicht ersetzt*

Als Schätzwert für τ bekommen wir

$$\bar{\tau} = \left[\frac{N-n}{n} t_n^\alpha + \sum_{\nu=1}^{n} t_\nu^\alpha\right]^{1/\alpha} \tag{9.22}$$

und als Vertrauensintervall

$$\left[\frac{2\left[(N-n)\,t_n^\alpha + \sum_{\nu=1}^{n} t_\nu^\alpha\right]}{\chi^2_{2n}(1-\beta')}\right]^{1/\alpha} \leqq \tau \leqq \left[\frac{2\left[(N-n)\,t_n^\alpha + \sum_{\nu=1}^{n} t_\nu^\alpha\right]}{\chi^2_{2n}(\alpha')}\right]^{1/\alpha} \qquad (9.23)$$

für

$$S = 1 - \alpha' - \beta' .$$

9.2.2. Schätzen der Parameter α und τ

Die Bestimmung von Vertrauensintervallen für α und τ ist recht schwierig. Unter einer bestimmten Voraussetzung kommt man jedoch zu recht übersichtlichen Ergebnissen: Wenn man nämlich jedes ausgefallene Bauelement sofort ersetzt, und zwar durch ein „gleich altes" Bauelement, d. h. ein solches, dessen Lebensdauer zur gleichen Zeit begann wie die des ausgefallenen. Praktisch bedeutet das, daß man außer den N Bauelementen weitere Ersatzbauelemente vom Beginn des Versuches an mit belasten muß.

Man bekommt dann — auf die Herleitung wollen wir hier verzichten [Störmer 1961] — die Schätzwerte

$$\bar{\alpha} = \frac{n}{\sum_{\nu=1}^{n-1} \ln \frac{t_n}{t_\nu}} \qquad (9.24)$$

und

$$\bar{\tau} = \left(\frac{N}{n}\right)^{1/\bar{\alpha}} t_n . \qquad (9.25)$$

Man kann nun die gemeinsame Verteilung von $\alpha/\bar{\alpha}$ und $(\tau/\bar{\tau})^{\bar{\alpha}}$ angeben. Wir beschränken uns darauf, die Vertrauensintervalle für α und τ mitzuteilen. Man erhält für α

$$\bar{\alpha}\,\frac{\chi^2_{2(n-1)}(\beta')}{2n} \leqq \alpha \leqq \bar{\alpha}\,\frac{\chi^2_{2(n-1)}(1-\alpha')}{2n}, \qquad (9.26)$$

$$S = 1 - \alpha' - \beta' .$$

Für τ bekommt man

$$\bar{\tau}[\gamma_n(\beta')]^{1/\bar{\alpha}} \leqq \tau \leqq \bar{\tau}\,[\gamma_n\,(1-\alpha')]^{1/\bar{\alpha}}, \qquad (9.27)$$

$$S = 1 - \alpha' - \beta' .$$

Darin sind $\gamma_n\,(1-\alpha')$ und $\gamma_n(\beta')$ die Quantile (zu den Wahrscheinlichkeiten $1-\alpha'$ und β') einer Verteilungsfunktion $G_n(x)$, die folgende Gestalt hat:

$$G_n(x) = \int_0^\infty \frac{y^{n-2}}{(n-2)!} e^{-y} \sum_{\nu=0}^{n-1} \frac{\varkappa^\nu}{\nu!} e^{-\varkappa} dy \tag{9.28}$$

mit

$$\varkappa = N \left(\frac{n}{Nx}\right)^{y/n}.$$

Für die praktische Durchführung eines Testes dieser Art müßte man sich eine Tabelle der Quantile von $G_n(x)$ verschaffen.

9.2.3. Graphische Bestimmung von α und τ

Logarithmiert man die Gleichung für $1 - F(t)$ nach (9.18) zweimal, so erhält man

$$-\log\log\frac{1}{1-F(t)} = -\alpha\log(t/\tau) + \log\log e\,.$$

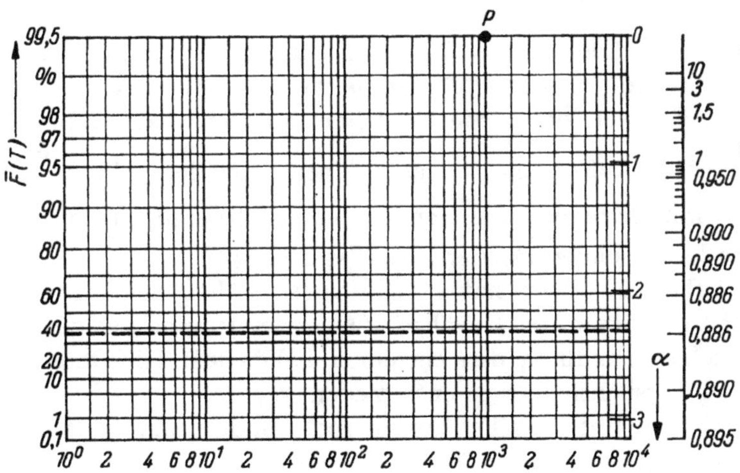

Bild 9.1. Lebensdauernetz.

In einem Netz, auf dessen Abszisse statt der Zeit t der Logarithmus von t und auf dessen Ordinate statt $1 - F(t)$ die (positive) Größe $-\log\log\frac{1}{1-F(t)}$ aufgetragen wird, erscheinen also alle Funktionen $1 - F(t)$ mit $F(t)$ nach (9.18) als Geraden.

Bild 9.1 zeigt ein solches Netz, in dem die Skala von $1 - F(t)$ in % angegeben ist. Ein unter der Bezeichnung „Körnungsnetz“

im Handel erhältliches Netz kann man ebenfalls als Lebensdauernetz verwenden.

Hat nun eine Lebensdauerverteilung die Form (9.18) (mit unbekannten Parametern), so genügt es, das Anfangsstück der Geraden hinreichend genau experimentell zu bestimmen, wodurch dann die ganze Verteilung festgelegt ist.

Die praktische Anwendung des Lebensdauernetzes verläuft folgendermaßen: Alle zur Prüfung bestimmten Bauelemente werden der normalen Belastung ausgesetzt. Über der Abszisse wird nun in regelmäßigen Abständen der Prozentsatz der noch nicht ausgefallenen Teile aufgetragen. Auf diese Weise erhält man eine Punktreihe, die man durch eine Gerade ersetzen kann. Mit dieser Geraden läßt sich die mittlere Lebensdauer leicht bestimmen:

Die bei 36,8% ($100\,e^{-1}$%) eingetragene gestrichelte waagerechte Gerade bestimmt durch ihren Schnittpunkt mit der Lebensdauergeraden den Parameter τ.

Die mittlere Lebensdauer $\overline{T}$ erhält man, indem man durch den Punkt P rechts oben im Lebensdauernetz eine Parallele zur gefundenen Geraden zieht. Sie bezeichnet auf der Skala rechts das zugehörige α. Auf der Skala rechts daneben ist der Faktor $\frac{\overline{T}}{\tau}$ abzulesen, mit dem man die Zeit τ zu multiplizieren hat, um die mittlere Lebensdauer $\overline{T}$ zu erhalten (vgl. 3.2.4.).

Das Lebensdauernetz hat sich in vielen Fällen der Praxis als brauchbares Hilfsmittel bewährt. Ob seine Anwendung gerechtfertigt scheint, muß in den einzelnen Fällen mit Hilfe des vorliegenden Versuchsmaterials entschieden werden.

Einzelheiten über das Lebensdauernetz findet man in dem Artikel von [STANGE].

9.3. Die lognormale Verteilung

Wenn Bauelemente-Lebensdauern einer lognormalen Verteilung genügen, so ist das gleichbedeutend damit, daß die (auf eine beliebige Zeiteinheit bezogenen) Logarithmen der Lebensdauern normal verteilt sind.

Die Schätzung der Parameter einer Normalverteilung wurde aber in 1.4.4. ausführlich behandelt.

10. STATISTISCHE ZUVERLÄSSIGKEITSKONTROLLE

In der industriellen Fertigung sind unter dem Namen „Statistische Qualitätskontrolle" Verfahren (Stichprobenverfahren) bekannt, die es erlauben, von der Ausschußhäufigkeit in einer Stichprobe auf die Ausschußwahrscheinlichkeit in der Gesamtfertigung zu schließen. Die statistische Grundlage für diese Verfahren ist in 1.4. beschrieben. In diesem Kapitel soll gezeigt werden, wie sich diese Verfahren auf die Prüfung der Ausfallhäufigkeit (Ausfallrate) von Systemen (technischen Anlagen) übertragen lassen.

10.1. Prinzip der statistischen Qualitätskontrolle

Bei der statistischen Qualitätskontrolle verfährt man nach folgendem Prinzip: Fabrikant und Kunde sind Partner (Gegner) in einem Spiel. Dabei möchte der Fabrikant seine Lieferung absetzen, der Kunde möchte dagegen die Lieferung nur übernehmen, wenn sie fehlerlos ist. Man einigt sich, die Entscheidung über Annahme oder Ablehnung der Lieferung dem Zufall zu überlassen, d. h., man macht ein Spiel (Stichprobe), von dessen Ausgang die Entscheidung abhängt. Man einigt sich, die Spielregel so zu fixieren, daß folgende Forderung von Fabrikant und Kunde erfüllt sind:

1) (Fabrikant) Wenn die (unbekannte) Ausschußhäufigkeit (Ausschußanteil der Lieferung) nicht größer als p_0 ist, soll die Lieferung mit einer Wahrscheinlichkeit $\geqq 1 - \alpha$ angenommen werden (α Erzeugerrisiko).

2) (Kunde) Wenn die Ausschußhäufigkeit größer oder gleich p_1 ist ($p_1 > p_0$), soll die Lieferung mit einer Wahr-

scheinlichkeit $\geqq 1 - \beta$ abgelehnt werden (β Abnehmerrisiko).

3) (Fabrikant und Kunde) Der Prüfaufwand soll möglichst klein sein.

Die Stichprobentheorie liefert Spielregeln (Prüfpläne), die diese Forderungen erfüllen. Im einfachsten Fall hat ein solcher Prüfplan folgende Form (vgl. 1.4.2.). Man prüfe eine Stichprobe von n Elementen; sind höchstens c davon fehlerhaft, nehme man die Lieferung an, andernfalls lehne man ab. Die Größen n und c lassen sich so bestimmen, daß die Annahmewahrscheinlichkeit $w(p)$ (p Ausschußhäufigkeit) näherungsweise für $p=p_0$ den Wert $1-\alpha$, für $p = p_1$ den Wert β annimmt, daß also — mit anderen Worten — die Forderung 1 und 2 erfüllt sind. Gleichzeitig wird dabei n minimal (Forderung 3).

10.2. Prinzip der statistischen Zuverlässigkeitskontrolle

Hier gelten die gleichen Gesichtspunkte, nur tritt an die Stelle der Ausschußhäufigkeit einer Lieferung die Ausfallrate λ des zu liefernden Gerätes oder Systems. (Wir beschränken uns auf den Fall, daß die Zuverlässigkeit eines Systems durch seine konstante Ausfallrate eindeutig bestimmt ist, setzen also voraus, daß die Bauelemente-Lebensdauern Exponentialverteilungen genügen (vgl. 3.2.1.) und daß das System keine Redundanz besitzt.

Die Forderungen lauten jetzt:

1) (Fabrikant) Wenn die Ausfallrate nicht größer als λ_0 ist, soll das System mit einer Wahrscheinlichkeit $\geqq 1 - \alpha$ angenommen werden.

2) (Kunde) Wenn die Ausfallrate größer oder gleich λ_1 ist ($\lambda_1 > \lambda_0$), soll das System mit einer Wahrscheinlichkeit $\geqq 1 - \beta$ abgelehnt werden.

3) (Fabrikant und Kunde) Die Prüfzeit soll möglichst klein bleiben.

Der Prüfplan wird jetzt z. B. vorschreiben, wie lange das System zu beobachten ist und bei wieviel Ausfällen während dieser Zeit das System anzunehmen oder abzulehnen ist.

Unter „System“ ist immer die Einheit zu verstehen, über deren Annahme aufgrund der statistischen Zuverlässigkeitskontrolle entschieden wird. Es kann sich z. B. um eine einzige Anlage handeln. Es kann aber auch um eine Menge von N gleichartigen Einheiten gehen, die gleichzeitig geprüft werden sollen. Die Einheiten wiederum können Geräte oder auch Bauelemente sein. Ist dann λ_0' die untere, λ_1' die obere Grenze der Ausfallraten der Einheiten, so ist $\lambda_0 = N\lambda_0'$ und $\lambda_1 = N\lambda_1'$ für den Prüfplan einzusetzen.

10.3. Theorie der statistischen Zuverlässigkeitskontrolle

10.3.1. Analogie zur statistischen Qualitätskontrolle

Es sei λ die unbekannte Ausfallrate des Systems. Das System wird zur Zeit $t = 0$ in Betrieb genommen. Die Zeit wird nun in gleich lange Intervalle der Länge τ eingeteilt (τ kann z. B. ein Tag oder eine Woche sein). In jedem Intervall wird registriert, ob mindestens ein Ausfall oder kein Ausfall eintritt. Wir nehmen an, daß das System nach jedem Ausfall sofort instand gesetzt wird. Die Wahrscheinlichkeit für mindestens einen Ausfall beträgt

$$p = p(\lambda\tau) = 1 - e^{-\lambda\tau} \tag{10.1}$$

Als Prüfvorschrift setzen wir nun fest (einfacher Prüfplan): Man beobachte n Intervalle der Länge τ (z. B. n Tage) und registriere die Intervalle, in denen mindestens ein Ausfall eintritt. Bei höchstens c solchen Intervallen wird das System angenommen, sonst abgelehnt. Die Intervallänge τ ist aus technischen Gründen meist festgelegt. Die Zahlen n und c sind so zu bestimmen, daß die Forderungen 1 und 2 von 10.2. erfüllt sind. Bezeichnen wir mit $w(\lambda)$ die Wahrscheinlichkeit für Annahme, so ist nach unserer Prüfvorschrift (vgl. 1.4.2.)

$$w(\lambda) = w^*(p) = \sum_{v=0}^{c} \binom{n}{v} p^v (1 - p)^{n-v} \tag{10.2}$$

oder wegen (1)

$$w(\lambda) = \sum_{v=0}^{c} \binom{n}{v} (1 - e^{-\lambda\tau})^v e^{-(n-v)\lambda\tau}. \tag{10.3}$$

Den Größen λ_0 und λ_1 entsprechen die Wahrscheinlichkeiten

$$p_0 = 1 - e^{-\lambda_0\tau} \quad \text{und} \quad p_1 = 1 - e^{-\lambda_1\tau}. \tag{10.4}$$

Die Forderung

$$w(\lambda_0) = 1 - \alpha$$
$$w(\lambda_1) = \beta$$

bedeutet nun nichts anderes als die Aufgabe, n und c so zu bestimmen, daß die Annahmewahrscheinlichkeit für $p_0 = 1 - e^{-\lambda_0 \tau}$ den Wert $1 - \alpha$ und für $p_1 = 1 - e^{-\lambda_1 \tau}$ den Wert β annimmt. Diese Werte von n und c findet man aber in jeder Sammlung von Prüfvorschriften für die statistische Qualitätskontrolle [FREEMAN u. a.; GRAF/HENNING/STANGE]. Ganz analoge Überlegungen gelten für mehrfache Stichprobenpläne und für Folgetestverfahren.

10.3.2. Übergang zu kontinuierlicher Registrierung

10.3.2.1. *Einfacher Prüfplan*

Bei vorgegebener Intervallänge τ ergeben sich aus den Parametern $\alpha, \beta, \lambda_0, \lambda_1$ eindeutige Werte für n und c und damit auch für die Gesamtbeobachtungsdauer $T = n\tau$. Wir wollen noch zeigen, zu welchen Ausdrücken der Grenzübergang $\tau \to 0$ bei gleichbleibender Beobachtungsdauer T führt. Praktisch bedeutet das, daß nicht mehr die Anzahl der Intervalle, in denen mindestens ein Ausfall eintritt, registriert wird, sondern nur die Gesamtzahl der Ausfälle in vorgegebenen Zeitabschnitten.

Statt des Grenzübergangs $\tau \to 0$ bei konstantem $T = n\tau$ betrachten wir den Grenzübergang $n \to \infty$ bei konstantem $T = n\tau$ und bilden

$$\lim_{\tau \to 0} w(\lambda) = \lim_{n \to \infty} \sum_{v=0}^{c} \frac{\left(1 - \frac{1}{n}\right) \cdots \left(1 - \frac{v-1}{n}\right)}{v!} \left[n\left(1 - e^{-\lambda T/n}\right)\right]^v \times e^{-(n-v)\lambda T/n} .$$

Wegen

$$\lim_{n \to \infty} n\left(1 - e^{-\lambda T/n}\right) = \lambda T ,$$

$$\lim_{n \to \infty} e^{-(n-v)\lambda T/n} = e^{-\lambda T} ,$$

$$\lim_{n \to \infty} \left(1 - \frac{1}{n}\right) \cdots \left(1 - \frac{v-1}{n}\right) = 1$$

folgt daraus

$$\lim_{\tau \to 0} w(\lambda) = \sum_{v=0}^{c} \frac{(\lambda T)^v}{v!} e^{-\lambda T} . \tag{10.5}$$

Die Annahmewahrscheinlichkeit $w(\lambda)$, d. h., die Wahrscheinlichkeit für höchstens c Ausfälle innerhalb T wird also, wie zu erwarten, durch eine POISSON-Verteilung wiedergegeben.

Die meisten statistischen Prüfpläne sind auf Lieferungen mit kleinen Ausschußhäufigkeiten p zugeschnitten. Zur Berechnung der Annahmekennlinie verwendet man dann häufig statt des Binomialausdrucks (10.2) die POISSONsche Näherung

$$\tilde{w}^*(p) = \sum_{v=0}^{c} \frac{(n p)^v}{v!} e^{-n p} , \tag{10.6}$$

d. h. genau den exakten Ausdruck für $\lim_{\tau \to 0} w(\lambda)$, wenn man nur $n p$ durch λT ersetzt. Das ergibt aber für die Auswahl des geeigneten Prüfplanes folgende

Praktische Regel:

Hat man einen einfachen Prüfplan für die *statistische Qualitätskontrolle* mit dem Stichprobenumfang n und der Annahmezahl c sowie mit der Annahmekennlinie $\tilde{w}^*(p)$ (nach (10.6)), so kann man diesen Prüfplan *für die statistische Zuverlässigkeitskontrolle* benutzen, indem man die zu beurteilende Anlage die noch anzugebende Zeit T prüft und bei höchstens c Ausfällen annimmt (und sonst ablehnt). Die Annahmekennlinie $w(\lambda)$ erhält man aus $\tilde{w}^*(p)$, indem man statt p die Größe λ nach der Gleichung

$$\lambda = \frac{n}{T} p \tag{10.7}$$

auf der Abszisse aufträgt. Die Prüfzeit T wählt man so, daß man gerade den gewünschten Abszissenmaßstab bekommt: Wenn λ_0, λ_1, α und β vorgegeben sind, so sucht man einen Prüfplan mit den Parametern p_0, p_1, α, β heraus, für den

$$\frac{p_0}{p_1} = \frac{\lambda_0}{\lambda_1} \tag{10.8}$$

gilt, und bestimmt die Prüfzeit T durch

$$T = \frac{n p_0}{\lambda_0} \left(= \frac{n p_1}{\lambda_1} \right). \tag{10.9}$$

10.3.2.2. *Mehrfachprüfpläne*

Bei Mehrfachprüfplänen verfährt man ganz analog. Hat man einen geeigneten Prüfplan, für den (10.8) erfüllt ist, herausgesucht mit den Stichprobenumfängen $n_1, n_2, \ldots, n_k$ in den einzelnen Stufen (k Anzahl der Stufen), so bestimmt man die Prüfzeiten $T_1, T_2, \ldots, T_k$ in den einzelnen Stufen durch

$$T_i = \frac{n_i p_0}{\lambda_0} \left(= \frac{n_i p_1}{\lambda_1} \right), \qquad i = 1, \ldots, k. \tag{10.10}$$

10.3.2.3. *Folgetestverfahren*

Beim Waldschen Folgetestverfahren (vgl. 1.4.3.) trägt man in ein kartesisches Koordinatensystem zwei Geraden, die „Annahmegerade“

$$y_1 = -h_1 + u\,x$$

und die „Ablehnungsgerade“

$$y_2 = h_2 + u\,x$$

ein. Bei der fortlaufenden Prüfung wird ein Streckenzug gezeichnet. Er beginnt im Punkt $x = 0$, $y = 0$. Bei jeder Prüfung eines Teiles wird eine Strecke der Länge 1 nach rechts abgetragen, dazu bei jedem fehlerhaften Teil eine Strecke der Länge 1 nach oben. Sobald dieser Streckenzug die Annahmegerade berührt, wird die Prüfung beendet und die Lieferung angenommen. Entsprechend bei Berührung der Ablehnungsgeraden. Für u, h_1 und h_2 gelten die bekannten Formeln:

$$u = \frac{\ln \dfrac{1-p_0}{1-p_1}}{\ln \dfrac{p_1}{p_0} + \ln \dfrac{1-p_0}{1-p_1}}, \tag{10.11}$$

$$h_1 = \frac{\ln \dfrac{1-\alpha}{\beta}}{\ln \dfrac{p_1}{p_0} + \ln \dfrac{1-p_0}{1-p_1}}, \tag{10.12}$$

$$h_2 = \frac{\ln \dfrac{1-\beta}{\alpha}}{\ln \dfrac{p_1}{p_0} + \ln \dfrac{1-p_0}{1-p_1}}. \tag{10.13}$$

Auch hier kann man den Übergang von einer schrittweise durchgeführten Prüfung (Beobachtung, ob innerhalb eines Zeitintervalles mindestens ein Fehler auftritt) zu einer kontinuierlichen Registrierung durchführen.

Dazu setzen wir

$$p_0 = 1 - e^{-\lambda_0 \tau}, \quad p_1 = 1 - e^{-\lambda_1 \tau}. \tag{10.14}$$

Wir betrachten die Gleichung der Annahmegeraden jetzt als Funktion der Zeit $T = x\,\tau$ und erhalten

$$y_1(T, \tau) = -h_1 + u\, T/\tau$$

oder mit (10.11) bis (10.14)

$$y_1(T, \tau) = -\frac{\ln \frac{1-\alpha}{\beta}}{\ln \frac{1 - e^{-\lambda_1 \tau}}{1 - e^{-\lambda_0 \tau}} + (\lambda_1 - \lambda_0)\,\tau} + \frac{(\lambda_1 - \lambda_0)\,\tau}{\ln \frac{1 - e^{-\lambda_1 \tau}}{1 - e^{-\lambda_0 \tau}} + (\lambda_1 - \lambda_0)} \frac{T}{\tau}. \tag{10.15}$$

Mit $\tau \to 0$ wird daraus die Gleichung der *Annahmegeraden*

$$y_1(T) = \lim_{\tau \to 0} y_1(T, \tau) = -\frac{\ln \frac{1-\alpha}{\beta}}{\ln \frac{\lambda_1}{\lambda_0}} + \frac{\lambda_1 - \lambda_0}{\ln \frac{\lambda_1}{\lambda_0}}\, T. \tag{10.16}$$

Für die *Ablehnungsgerade* erhält man entsprechend

$$y_2(T) = \frac{\ln \frac{1-\beta}{\alpha}}{\ln \frac{\lambda_1}{\lambda_0}} + \frac{\lambda_1 - \lambda_0}{\ln \frac{\lambda_1}{\lambda_0}}\, T. \tag{10.17}$$

Die Prüfvorschrift für das Folgetestverfahren bekommt daher jetzt folgende Form: In einem kartesischen Koordinatensystem wird auf der Abszisse die Zeit T abgetragen. In diesem System werden die Annahmegerade (10.16) und die Ablehnungsgerade (10.17) eingezeichnet. Der Prüf-Streckenzug besteht aus einer Treppenkurve, die bei $T = 0$ beginnt und bei jedem Ausfallzeitpunkt um eine Einheit nach oben springt. Die Prüfung wird mit Annahme (Ablehnung) beendet, sobald dieser Streckenzug die Annahmegerade (Ablehnungsgerade) berührt.

Für die *Annahmekennlinie* bekommt man durch entsprechenden Grenzübergang die Parameterdarstellung

$$w(\lambda) = \frac{\left(\frac{1-\beta}{\alpha}\right)^h - 1}{\left(\frac{1-\beta}{\alpha}\right)^h - \left(\frac{\beta}{1-\alpha}\right)^h}, \tag{10.18}$$

$$\lambda = \frac{h\,(\lambda_1 - \lambda_0)}{\left(\frac{\lambda_1}{\lambda_0}\right)^h - 1}. \tag{10.19}$$

Für die mittlere Zeit $\overline{T}$ bis zur Entscheidung bekommt man den Ausdruck

$$\overline{T} = \frac{w(\lambda) \ln \frac{\beta}{1-\alpha} + [1 - w(\lambda)] \ln \frac{1-\beta}{\alpha}}{\ln \frac{\lambda_1}{\lambda_0} - \lambda_1 + \lambda_0}. \tag{10.20}$$

Diese von λ abhängige mittlere Zeit $\overline{T}$ bis zur Entscheidung erreicht ihr Maximum im allgemeinen, wenn λ ungefähr den Wert

$$\frac{\lambda_1 - \lambda_0}{\ln \frac{\lambda_1}{\lambda_0}}$$

der Steigung der Annahme- und Ablehnungsgeraden hat. Für diese maximale mittlere Zeit gilt die Formel

$$\max(\overline{T}) = \frac{\ln \frac{1-\alpha}{\beta} \ln \frac{1-\beta}{\alpha}}{(\lambda_1 - \lambda_0) \ln \frac{\lambda_1}{\lambda_0}}. \tag{10.21}$$

10.3.3. Anmerkung

Der Übergang zu einer kontinuierlichen Prüfung ist nicht zwingend. Will man aus technischen Gründen dabei bleiben, in jedem der aufeinander folgenden Intervalle der vorgegebenen Dauer τ (also z. B. jeden Tag) festzustellen, ob mindestens ein Ausfall eingetreten ist, so gehe man folgendermaßen vor:

Man berechne

$$p_0 = 1 - e^{-\lambda_0 \tau} \quad \text{und} \quad p_1 = 1 - e^{-\lambda_1 \tau}$$

und bestimme zu den Parametern α, β, p_0 (untere Grenze für die Ausschußhäufigkeit) und p_1 (obere Grenze für die Ausschußhäufigkeit) mit den üblichen Hilfsmitteln einen geeigneten Prüfplan.

Dieses kann ein einfacher, mehrfacher oder Folgetestplan sein. Ist die zugehörige Annahmekennlinie (Annahmewahrscheinlichkeit) $w(p)$ vorhanden, so bekommt man $w(\lambda)$ daraus leicht, indem man auf der Abszisse statt der Größen p die Werte von λ nach (10.1) aufträgt, also

$$\lambda = \frac{1}{\tau} \ln \frac{1}{1 - p}. \qquad (10.22)$$

10.3.4. Prüfzeit

Die Prüfzeit und damit ein wesentlicher Teil des Prüfaufwandes hängt von den Parametern α, β, λ_0 und λ_1 ab. Bei vorgegebener Annahmekennlinie $w(\lambda)$ ist sie bei einem einfachen Prüfplan am größten. Man kann deshalb zur Abschätzung der notwendigen Prüfzeit die bei einem einfachen Prüfplan erforderliche Zeit nehmen (und weiß dann, daß sich durch mehrfache Prüfpläne oder Folgetestverfahren noch Einsparungen erzielen lassen).

In Bild 10.1 ist für $\alpha = \beta = 0{,}05$ der Zusammenhang zwischen der Prüfzeit T und den Parametern λ_0 und λ_1 dargestellt. Außerdem ist die zugehörige Annahmezahl c eingetragen. Man gewinnt bei vorgegebenen Werten von T und c die Größen λ_0 und λ_1 aus den Bedingungsgleichungen:

$$\sum_{m=0}^{c} \frac{(\lambda_0 T)^m}{m!} e^{-\lambda_0 T} = 1 - \alpha = 0{,}95$$

und

$$\sum_{m=0}^{c} \frac{(\lambda_1 T)^m}{m!} e^{-\lambda_1 T} = \beta = 0{,}05$$

z. B. mit Hilfe einer Tafel der kritischen Werte der χ^2-Verteilung.

Beispiel. Für $\lambda_0 = 10^{-3}$/h und $\lambda_1 = 3 \cdot 10^{-3}$/h liest man $T \approx 5000$ h und $c \approx 8$ ab. (Man sieht, daß sich für $T = 5000$ h und $c = 8$ die genaueren Werte $\lambda_0 = 0{,}9 \cdot 10^{-3}$/h und $\lambda_1 = 2{,}8 \cdot 10^{-3}$/h ergeben.)

Für konstantes c liegen die zu verschiedenen T-Werten gehörigen Paare λ_0, λ_1 in der doppellogarithmischen Darstellung von Bild 10.1 auf Geraden mit 45° Anstieg.

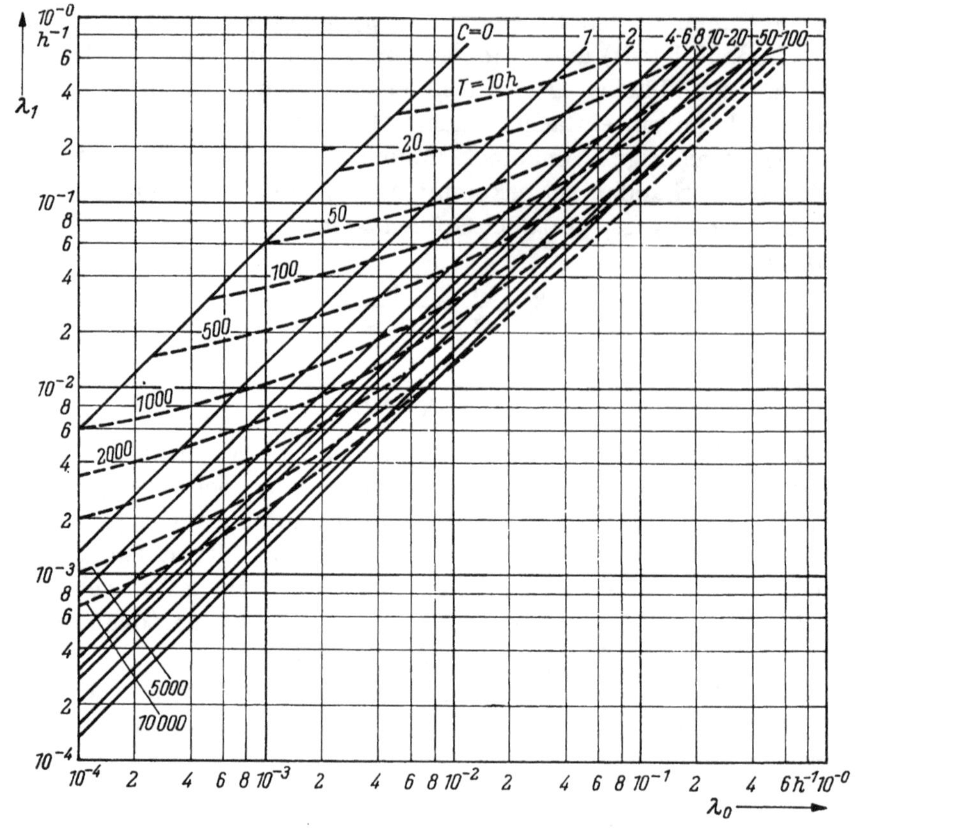

Bild 10.1. Prüfzeit T und Annahmezahl c in Abhängigkeit von λ_0 und λ_1 für $\alpha = \beta = 0{,}05$.

10.4. Beispiel

Vorgegeben sei das Erzeugerrisiko $\alpha = 0{,}05$ (5%) und das Abnehmerrisiko $\beta = 0{,}05$ (5%). Für die untere Grenze λ_0 und die obere Grenze λ_1 der Ausfallrate gelte $\lambda_1/\lambda_0 = 2{,}5$.

Wir brauchen zunächst einen Prüfplan mit $\alpha = \beta = 0{,}05$ und $p_1/p_0 = 2{,}5$. In [FREEMAN u. a.] sind z. B. drei solche Prüfpläne angegeben, die, wie ihre Annahmekennlinien zeigen, die geforderten Bedingungen näherungsweise erfüllen mit $p_0 = 0{,}04$ und $p_1 = 0{,}10$. Es handelt sich um einen einfachen, einen zweifachen und einen achtfachen („Sequential") Prüfplan. Die Prüfvorschrift beim einfachen Prüfplan lautet: „Man prüfe $n = 225$ Stücke; sind höchstens $c = 14$ fehlerhaft, dann nehme man die Lieferung an, sonst lehne man ab." Beim zweifachen Prüfplan heißt es: „Man prüfe zuerst $n_1 = 150$ Stück; bei höchstens $c_1 = 9$ fehlerhaften nehme man an, bei mindestens $b_1 = 24$ fehlerhaften lehne man ab; sind mehr als 9, aber weniger als 24 fehlerhaft, so prüfe man weitere $n_2 = 300$ Stück und nehme an, wenn von den insgesamt 450 Stück höchstens 23 fehlerhaft sind, andernfalls lehne man ab." Entsprechend ist der achtfache Prüfplan zu interpretieren.

Die drei Prüfpläne sind in der folgenden Tabelle [Freeman u. a.] wiedergegeben.

Tabelle 10.1

Prüfpläne			
Prüfplan-typ	Prüfanweisungen		
	Stichproben-umfang	Annahme-zahl	Ablehnungs-zahl
Einfach	225	14	15
Zweifach	150	9	24
	450	23	24
Achtfach	50	1	6
	100	3	9
	150	7	13
	200	10	16
	250	13	19
	300	16	22
	350	19	25
	400	24	25

Diese Prüfpläne sollen jetzt also als Grundlage für die *Zuverlässigkeitskontrolle* einer Anlage oder eines Systems dienen.

Es sei etwa $\lambda_0 = 0{,}004\,\text{h}^{-1}$ (ein Ausfall in 250 Stunden), $\lambda_1 = 0{,}01\,\text{h}^{-1}$ (ein Ausfall in 100 Stunden). Nach (10.9) gilt dann beim einfachen Prüfplan

$$T = \frac{225 \cdot 0{,}04}{0{,}004}\,\mathrm{h} = 2250\,\mathrm{h} \approx 94\ \text{Tage}\,.$$

Die Prüfvorschrift für den einfachen Prüfplan heißt also: „Das System wird 94 Tage beobachtet; bei höchstens 14 Ausfällen in dieser Zeit wird es angenommen, sonst abgelehnt.“ Für den zweifachen Prüfplan ergibt sich analog: „Man prüfe zunächst 1500 h ≈ 63 Tage; bei höchstens 9 Ausfällen wird angenommen, bei mindestens 24 Ausfällen abgelehnt. Bei mehr als 9, aber weniger als 24 Ausfällen, prüfe man weitere 3000 h = 125 Tage; treten insgesamt höchstens 23 Ausfälle auf, wird angenommen, sonst abgelehnt.“ Statt der Tabelle 10.1 bekommt man also folgende Tabelle:

Tabelle 10.2

Prüfpläne			
Prüfplantyp	Prüfanweisungen		
	Prüfzeit (in Tagen)	Annahmezahl	Ablehnungszahl
Einfach	94	14	15
Zweifach	63	9	24
	188	23	24
Achtfach	21	1	6
	42	3	9
	63	7	13
	83	10	16
	104	13	19
	125	16	22
	146	19	25
	167	24	25

Die Prüfzeiten sind dabei umgekehrt proportional zu λ_0 (bei konstantem Verhältnis $\lambda_1/\lambda_0 = 2{,}5$). Will man also z. B. $\lambda_0 = 0{,}002\,\mathrm{h}^{-1}$ statt $\lambda_0 = 0{,}004\,\mathrm{h}^{-1}$ vorgeben, so hat man alle Zeiten in Tabelle 10.2 zu verdoppeln.

Für das Folgetestverfahren erhält man bei $\alpha = \beta = 0{,}05$, $\lambda_1/\lambda_0 = 2{,}5$ für die Annahmegerade nach Gl. (10.16)

$$y_1(T) = -3{,}21 + 1{,}64\,\lambda_0\,T$$

und für die Ablehnungsgerade nach Gl. (10.17)

$$y_2(T) = 3{,}21 + 1{,}64\,\lambda_0\,T\,.$$

Für $\lambda_0 = 0{,}004\ \mathrm{h}^{-1}$ zeigt Bild 10.2 die beiden Geraden $y_1(T)$ und $y_2(T)$. Die maximale mittlere Prüfzeit liegt nach (10.21) bei etwa 66 Tagen. Zum Vergleich sind noch die Annahme- und Ablehnungszahlen des achtfachen Prüfplanes eingezeichnet.

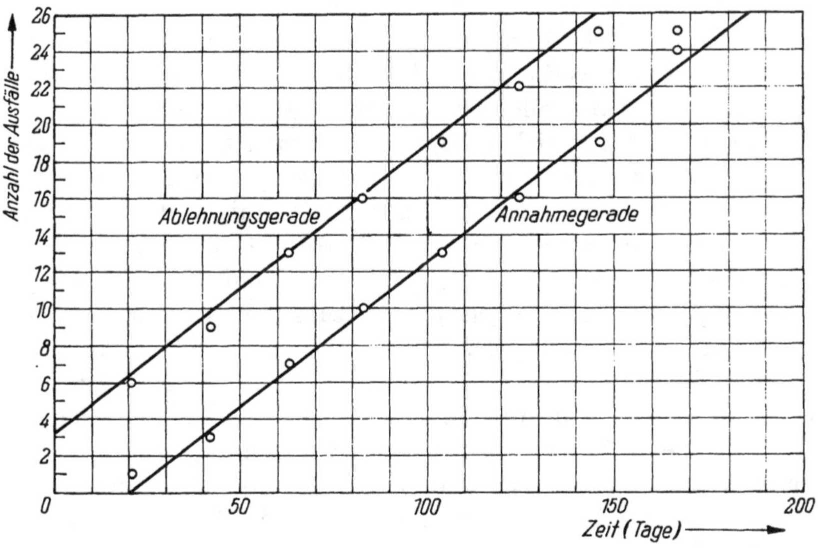

Bild 10.2. Annahme- und Ablehnungsgerade für einen Folgetestplan mit $\lambda_0 = 0{,}004\ \mathrm{h}^{-1}$, $\tau_1 = 0{,}01\ \mathrm{h}^{-1}$, $\alpha = \beta = 0{,}05$.

Zur Bestimmung eines passenden einfachen Prüfplanes (unter Berücksichtigung der Prüfzeit) ist Bild 10.1 geeignet. Will man einen mehrfachen Prüfplan anwenden, so kann man z. B. versuchen, aus einer Sammlung von Prüfplänen [Freeman u. a.] einen passenden auszuwählen (nämlich einen solchen, bei dem der zugehörige einfache Prüfplan die gleiche Annahmekennlinie hat).

10.5. Vergleich der Ausfallrate zweier Systeme

Die Entscheidung darüber, welches von zwei Systemen als das zuverlässigere anzusehen ist, kann man, wenn aus der Zuverlässigkeit der Bauteile keine Schlüsse gezogen werden können, ebenfalls nur mit Hilfe von Stichproben (Zählung von Ausfällen) treffen. Im folgenden wird gezeigt, wie man diese Stichprobenmessungen planen und auswerten muß, wenn der gefällten Entscheidung eine geforderte Vertrauenswürdigkeit zukommen soll.

10.5.1. Test für den Unterschied zweier Ausfallraten

Es seien zwei Systeme A_1 und A_2 gegeben, die gleich teuer und leistungsfähig seien. Man will sich auf Grund einer Stichprobenprüfung für das zuverlässigere, d. h. das mit der geringeren mittleren Anzahl von Ausfällen pro Zeiteinheit, entscheiden.

Man kann sich beispielsweise, nachdem man beide Systeme eine gewisse Zeit beobachtet hat, für dasjenige System als das bessere entscheiden, bei dem die wenigsten Ausfälle aufgetreten sind (falls nicht bei beiden Systemen gleich viel Ausfälle aufgetreten sind). Dabei kann es aber geschehen, daß durch Zufall bei dem weniger zuverlässigen System die geringere Anzahl von Ausfällen auftritt, so daß die Beobachtung zu einer falschen Entscheidung führt. Treten z. B. bei dem System A_1 im Mittel fünf, bei dem System A_2 im Mittel sieben Ausfälle pro Monat auf, so hat, wie man zeigen kann, die Wahrscheinlichkeit, daß bei einer Beobachtung während eines Monats trotzdem bei dem System A_1 mehr Ausfälle auftreten als bei dem System A_2, den Wert 0,234, d. h. die Entscheidung, die Anlage mit der geringeren Ausfallanzahl sei die bessere, ist mit 23,4% Wahrscheinlichkeit falsch.

Offenbar reicht das im Beispiel angeführte Verfahren nicht aus, um mit hinreichender Wahrscheinlichkeit die richtige Entscheidung zu treffen, obgleich die Ausfallhäufigkeit des einen Systems um 40% über der des anderen liegt.

Diese Wahrscheinlichkeit für eine richtige Entscheidung soll nun genauer definiert werden.

Gefordert wird, daß die Entscheidung mit der vorgegebenen Wahrscheinlichkeit (statistische Sicherheit) S für das System mit der kleineren Ausfallrate α_ν ausfällt, falls α_1 und α_2 merklich voneinander abweichen. Als „merklich" soll eine Abweichung dann bezeichnet werden, wenn der Quotient $\alpha_1/(\alpha_1 + \alpha_2)$ nicht der Bedingung

$$\frac{1}{2} - \varepsilon_0 < \frac{\alpha_1}{\alpha_1 + \alpha_2} < \frac{1}{2} + \varepsilon_0 \qquad (10.23)$$

mit vorgegebenem $\varepsilon_0 > 0$ genügt. Dasselbe gilt dann offenbar von dem Quotienten

$$\frac{\alpha_2}{\alpha_1 + \alpha_2}.$$

Aus (10.23) folgt durch einfache Umrechnung auch

$$\left.\begin{aligned} &\frac{1}{1+\varepsilon_1} < \frac{\alpha_1}{\alpha_2} < 1 + \varepsilon_1 \quad \text{und} \quad \frac{1}{1+\varepsilon_1} < \frac{\alpha_2}{\alpha_1} < 1 + \varepsilon_1 \\ &\text{mit} \\ &\varepsilon_1 = \frac{4\,\varepsilon_0}{1 - 2\,\varepsilon_0} \qquad \left(\varepsilon_0 = \frac{\varepsilon_1}{2\,(2+\varepsilon_1)}\right) \end{aligned}\right\} \qquad (10.23')$$

und umgekehrt.

Wir nehmen wieder an, daß die Ausfälle beider Systeme POISSON-Prozesse bilden. Dann gilt:

Die Wahrscheinlichkeit, daß von einem willkürlich gewählten Zeitpunkt an der nächste Ausfall ein Ausfall des Systems A_1 ist, beträgt

$$w(1) = \frac{\alpha_1}{\alpha_1 + \alpha_2}, \qquad (10.24)$$

und zwar unabhängig von der Art (Herkunft) der vorangegangenen Ausfälle.

Beweis. Aus den Eigenschaften der Poissonprozesse (vgl. 2.1.6.) folgt:

$$w(1) = \int_0^\infty \alpha_1\, e^{-\alpha_1 t} \cdot e^{-\alpha_2 t}\, dt = \frac{\alpha_1}{\alpha_1 + \alpha_2} \int_0^\infty (\alpha_1 + \alpha_2)\, e^{-(\alpha_1+\alpha_2)t}\, dt = \frac{\alpha_1}{\alpha_1 + \alpha_2}.$$

Und die Wahrscheinlichkeit dafür, daß als nächster Ausfall einer des Systems A_2 eintritt, ist entsprechend

$$w(2) = 1 - w(1) = \frac{\alpha_2}{\alpha_1 + \alpha_2}. \qquad (10.25)$$

Damit sind aber die gleichen Verhältnisse gegeben wie beim Prüfen der Ausschußhäufigkeit in einer Lieferung, mit dem einzigen Unterschied, daß man die Ausfälle abwarten muß, während man bei einer Lieferung ein Teil nach dem anderen auf Fehler prüfen kann.

Man wird also hier (falls nicht bereits eine Fehlerstatistik über beide Systeme vorliegt — siehe 10.5.2) das WALDsche Folgetestverfahren (vgl. 1.4.3.) anwenden. Für den vorliegenden Fall heißt das:

Ist $n(1)$ die Anzahl der Ausfälle von A_1 und $n(2)$ die Anzahl der Ausfälle von A_2, so wartet man so lange, bis erstmalig

$$|n(1) - n(2)| \geqq \delta(S, \varepsilon_1) \tag{10.26}$$

$$\text{mit} \quad \delta(S, \varepsilon_1) = \frac{\log \frac{S}{1 - S}}{\log (1 + \varepsilon_1)} \tag{10.27}$$

eingetreten ist. Solange (10.26) noch nicht eingetreten ist, werden weitere Ausfälle abgewartet.

Ist (10.26) eingetreten, so entscheidet man sich, falls $n(1) < n(2)$, für System A_1 als das bessere System, sonst für das System A_2.

Mit diesem Test wird folgendes erreicht:

Sind die Ausfallraten α_1 und α_2 merklich verschieden, d. h. ist

$$\left|\frac{\alpha_1}{\alpha_1 + \alpha_2} - \frac{1}{2}\right| \geqq \varepsilon_0$$

bei vorgegebenem ε_0, so wird mit einer Wahrscheinlichkeit $\geqq S$ (S vorgegeben, z. B. 0,95) für das bessere System (mit der geringeren Ausfallrate) entschieden.

Gilt dagegen (10.23) so ist die Entscheidung nicht von großer Bedeutung (beide Anlagen sind „ungefähr gleich gut“). In diesen Fällen hängt die Richtigkeit der Entscheidung vom Verhältnis α_1/α_2 ab. Bei $\alpha_1 = \alpha_2$ wird z. B. mit der Wahrscheinlichkeit 1/2 für das eine und mit der gleichen Wahrscheinlichkeit 1/2 für das andere System entschieden.

Auf etwas anderem Weg kommt M. SOBEL zu den gleichen Formeln [SOBEL].

10.5.2. Auswertung von bereits vorliegendem Beobachtungsmaterial

Die beiden Systeme seien früher bereits über eine gewisse Zeit beobachtet worden. Die Anzahl der Ausfälle von A_1 sei $N(1)$, die Anzahl der Ausfälle von A_2 sei $N(2)$. Weiter sei $N = N(1) + N(2)$. Dann gilt unter den gleichen Bedingungen wie in 10.5.1.:

Bei festem N sei $w_1(n)$ die Wahrscheinlichkeit dafür, daß $N(1) = n$ ist ($n = 0, \dots, N$). Dann ist

$$w_1(n) = \binom{N}{n} \alpha^n (1-\alpha)^{N-n} \quad \text{mit} \quad \alpha = \frac{\alpha_1}{\alpha_1 + \alpha_2}. \tag{10.28}$$

Beweis. Die Wahrscheinlichkeit, daß in der Beobachtungszeit t genau i Ausfälle von A_1 und j Ausfälle von A_2 auftreten, ist

$$p(i,j) = \frac{(\alpha_1 t)^i}{i!} e^{-\alpha_1 t} \frac{(\alpha_2 t)^j}{j!} e^{-\alpha_2 t}.$$

Für die bedingte Wahrscheinlichkeit $w_1(n)$ folgt daraus

$$w_1(n) = \frac{p(n, N-n)}{\sum_{i=0}^{N} p(i, N-i)} = \frac{\dfrac{\alpha_1^n}{n!} \dfrac{\alpha_2^{N-n}}{(N-n)!}}{\sum_{i=0}^{N} \dfrac{\alpha_1^i \alpha_2^{N-i}}{i!\,(N-i)!}}$$

$$= \frac{\dfrac{\alpha_1^n}{n!} \dfrac{\alpha_2^{N-n}}{(N-n)!}}{\dfrac{(\alpha_1+\alpha_2)^N}{N!}} = \binom{N}{n} \alpha^n (1-\alpha)^{N-n}.$$

Die Anzahl $N(1)$ genügt also bei festem $N = N(1) + N(2)$ einer Binomialverteilung. Damit ist unser Problem auf das in 1.4.1. behandelte Problem zurückgeführt, aufgrund der in der Stichprobe aufgetretenen relativen Häufigkeit N_1/N ein Vertrauensintervall für den unbekannten Parameter $\alpha = \alpha_1/(\alpha_1 + \alpha_2)$ zur statistischen Sicherheit S zu konstruieren. Dieses Vertrauensintervall überdeckt dann mit einer statistischen Sicherheit $> S$ den wirklichen Wert von α.

Eine mit der Wahrscheinlichkeit S im Sinne des vorigen Abschnittes „richtige" Entscheidung läßt sich hier nicht fällen, da $N(1)$ und $N(2)$ vorgegebene Zahlen sind.

Zur numerischen Auswertung gibt es Tabellen [Hald, Owen].

10.5.3. Unterschiedliche Beobachtungsdauern bei beiden Systemen

Wird das System A_1 mit der Ausfallrate α_1 die Zeit t_1 beobachtet, das System A_2 mit der Ausfallrate α_2 die Zeit t_2, so gilt:

Die bedingte Wahrscheinlichkeit, daß bei insgesamt N Ausfällen n Ausfälle von A_1 auftreten, ist

$$w_1(n) = \binom{N}{n} \alpha^n (1-\alpha)^{N-n} \quad \text{mit} \quad \alpha = \alpha(\alpha_1, \alpha_2, t_1, t_2) = \frac{\alpha_1 t_1}{\alpha_1 t_1 + \alpha_2 t_2}. \tag{10.29}$$

Beweis. Die Wahrscheinlichkeit, daß in der Zeit t_1 genau i Ausfälle von A_1 und in der Zeit t_2 genau j Ausfälle von A_2 auftreten, ist

$$p(i,j) = \frac{(\alpha_1 t_1)^i}{i!} e^{-\alpha_1 t_1} \frac{(\alpha_2 t_2)^j}{j!} e^{-\alpha_2 t_2}.$$

Für die bedingte Wahrscheinlichkeit $w_1(n)$ folgt daraus:

$$w_1(n) = \frac{p(n, N-n)}{\sum\limits_{i=0}^{N} p(i, N-i)} = \frac{\dfrac{(\alpha_1 t_1)^n}{n!} \dfrac{(\alpha_2 t_2)^{N-n}}{(N-n)!}}{\sum\limits_{i=0}^{N} \dfrac{(\alpha_1 t_1)^i}{i!} \dfrac{(\alpha_2 t_2)^{N-i}}{(N-i)!}}$$

$$= \frac{\dfrac{(\alpha_1 t_1)^n}{n!} \dfrac{(\alpha_2 t_2)^{N-n}}{(N-n)!}}{\dfrac{(\alpha_1 t_1 + \alpha_2 t_2)^N}{N!}} = \binom{N}{n} \alpha^n (1-\alpha)^{N-n}.$$

Die Größe α in (10.29) hängt offenbar nur von $\alpha_1 t_1/(\alpha_2 t_2)$ ab. Für $t_1 = t_2$ bekommt man wieder Formel (10.28).

Die Anzahl der A_1-Ausfälle genügt also bei fester Gesamtanzahl N von Ausfällen wieder einer Binomialverteilung. Wie in 10.5.2. kann man wieder ein Vertrauensintervall für α konstruieren, aus dem man dann durch einfache Umrechnung ein Vertrauensintervall für α_1/α_2 oder für $\alpha_1/(\alpha_1 + \alpha_2)$ erhält.

Will man nur feststellen, ob das Stichprobenergebnis mit der Hypothese $\alpha_1 \leqq \alpha_2$ verträglich ist, so bestimmt man zur Binomialverteilung (10.29) mit $\alpha_1 = \alpha_2$, also $\alpha = t_1/(t_1 + t_2)$ die obere Sicherheitsgrenze zur Wahrscheinlichkeit S, d. h. das kleinste n mit der Eigenschaft

$$\sum_{i=0}^{n} \binom{N}{i} \alpha^i (1-\alpha)^{N-i} \geqq S.$$

Liegt das gefundene N_1 oberhalb dieser Grenze, so wird die Hypothese $\alpha_1 \leqq \alpha_2$ abgelehnt und von dem System A_1 mit der größeren beobachteten Anzahl der Ausfälle pro Zeiteinheit angenommen, daß es das schlechtere ist. Dieses Verfahren läßt sich natürlich auch im Fall $t_1 = t_2$ von 10.5.2. anwenden.

10.5.4. Beispiele

a) Zwei Systeme sollen durch eine Prüfung hinsichtlich ihrer Zuverlässigkeit verglichen werden. Falls die Ausfallhäufigkeit (Anzahl der Ausfälle pro Zeiteinheit) des schlechteren Systems um 20% oder mehr über derjenigen des besseren Systems liegt, soll die Prüfung mit mindestens 95% statistischer Sicherheit zu einem richtigen Urteil führen, d. h. das schlechtere System als solches erkennen lassen.

Aus den vorgegebenen Daten folgt:

$$\varepsilon_1 = 0{,}2$$

und

$$(S, \varepsilon_1) = \frac{\log \dfrac{0{,}95}{0{,}05}}{\log 1{,}2} = 16{,}15\,.$$

Beide Systeme sind gleichzeitig in Betrieb zu nehmen. Sobald (10.26) erfüllt ist, d. h. sobald die Ausfallanzahl eines Systems die des anderen um mehr als 16 übersteigt, wird der Versuch abgebrochen und entschieden, daß das System mit der größeren Ausfallanzahl das schlechtere von beiden ist.

Die Anzahl der Ausfälle, die man im Mittel abwarten muß, richtet sich nach der Differenz der wirklichen vorliegenden Ausfallhäufigkeiten und nach den vorgegebenen Werten von S und ε_0 bzw. ε_1. Sie ist jedoch im Mittel immer kleiner als die Anzahl der Ausfälle, die man verlangen müßte, wenn man die Entscheidung — bei gleicher Schärfe der Aussage — auf Grund einer festen Anzahl von Ausfällen treffen wollte.

b) Zwei Systeme seien während einer bestimmten Beobachtungszeit, z. B. ein Jahr lang beobachtet worden. Bei System A_1 seien 17, bei System A_2 dagegen 35 Ausfälle aufgetreten. Nach der Tabelle

[HALD] ergibt sich für

$$\frac{\alpha_1}{\alpha_1 + \alpha_2} \text{ bei } S = 0{,}95 \text{ ein Vertrauensbereich}$$

$$0{,}203 \leqq \frac{\alpha_1}{\alpha_1 + \alpha_2} \leqq 0{,}471\,.$$

Insbesondere kann also auch die Annahme

$$\alpha_1 < \alpha_2\,, \qquad \text{d. h.} \qquad \frac{\alpha_1}{\alpha_1 + \alpha_2} < 0{,}5$$

als gesichert betrachtet werden.

11. LEBENSDAUERVORAUSSAGEN MIT HILFE VON KURZZEITVERSUCHEN UNTER ERHÖHTER BELASTUNG

Die Lebensdauer eines Bauelementes hängt bekanntlich mehr oder weniger von den Bedingungen ab, unter denen es zu arbeiten hat. Höhere Belastung (z. B. Temperatur, Spannung, Leistung) kann zu einer Verkürzung der Lebensdauer führen.

Für die Wahrscheinlichkeitsverteilung der Lebensdauern gilt das entsprechende: Bei erhöhter Belastung kann sich eine andere Verteilung mit kleinerem Mittelwert als bei niedriger Belastung ergeben.

Diesen Umstand nutzt man seit langem aus, um aus Kurzzeitversuchen bei erhöhter Belastung Lebensdauervoraussagen für Bauelemente unter normaler Belastung zu gewinnen.

Solche Voraussagen sind natürlich nur dann vertrauenswürdig, wenn man weiß, wie die Lebensdauer-Verteilungsgesetze bei erhöhter und bei normaler Belastung zusammenhängen. Falls sich aus physikalischen Überlegungen oder durch Erfahrung (großes Meßmaterial) eine Gesetzmäßigkeit herleiten läßt, die den Einfluß der Belastung auf die Wahrscheinlichkeitsverteilung der Lebensdauern wiedergibt, dann kann man sich Verfahren ausdenken, mit denen man in relativ kurzer Zeit die Lebensdauerverteilung für Bauelemente unter normaler Belastung näherungsweise vorausbestimmen kann.

Im folgenden wird untersucht, welche Aussagen man unter dieser Voraussetzung über die Lebensdauerverteilung unter normaler Belastung aus Kurzzeitversuchen (bei erhöhter Belastung) mit den Mitteln der mathematischen Statistik gewinnen kann.

Als Beispiel wird die Klasse von Bauelementen behandelt, deren Lebensdauern nach einer geeigneten Transformation (z. B. durch Logarithmieren) einer Normalverteilung genügen, deren Varianz von der Belastung unabhängig ist, während der Erwartungswert linear von der Belastung oder einer geeigneten Funktion der Belastung abhängt. Hier kann man aus den Meßergebnissen der Kurzzeitversuche bei erhöhten Belastungen direkt Schätzwerte für die interessierenden Größen (Mittelwert, Varianz, Garantiewerte von Lebensdauern) der Lebensdauerverteilung bei normaler Belastung berechnen. Darüber hinaus kann man für diese Größen Vertrauensbereiche angeben, die zeigen, welche Vertrauenswürdigkeit Voraussagen dieser Art höchstens (d. h. wenn die angenommene Gesetzmäßigkeit wirklich zutrifft) haben können.

11.1. Ein einfaches Modell für die Lebensdauerverteilung

In 3.1. haben wir gezeigt:

Die Lebensdauerverteilung einer Klasse von Bauelementen ist durch die Ausfallrate eindeutig bestimmt. Diese Ausfallrate $q(t)$ hat folgende Bedeutung: Für ein Bauelement, das bereits das Alter t erreicht hat, ist die Wahrscheinlichkeit, innerhalb der nächsten kurzen Zeit Δt auszufallen, annähernd gleich $q(t)\,\Delta t$. Für die Ausfallrate von Bauelementen führt der Ansatz

$$q(t) = a\,t^{\alpha-1} \tag{11.1}$$

mit zwei Konstanten $a > 0$ und $\alpha > 0$ zu der bekannten WEIBULL-Verteilung

$$F(t) = 1 - e^{-\left(\frac{t}{\tau}\right)^{\alpha}} \tag{11.2}$$

mit

$$\tau = \left(\frac{\alpha}{a}\right)^{1/\alpha}. \tag{11.3}$$

Dabei bedeutet $\alpha < 1$ abnehmende Ausfallrate (die Bauelemente werden mit wachsendem Alter weniger anfällig), $\alpha = 1$ konstante Ausfallrate (Anfälligkeit unabhängig vom Alter) und $\alpha > 1$ zunehmende Ausfallrate (Anfälligkeit nimmt mit wachsendem Alter zu). Nun hängt aber die Ausfallrate außer vom Alter eines Bauelementes noch von anderen Faktoren wie Temperatur, Spannung oder Strom ab. Wir wollen annehmen, daß $q(t)$ insbesondere von einer für den Betrieb des Bauelementes charakteristischen Größe abhängt, die wir die Belastung B nennen wollen. Wir schreiben statt der Konstante a also $a(B)$ und betrachten $a(B)$ als Funktion der Veränderlichen B. Statt (11.3) erhalten wir

$$\tau = \left(\frac{\alpha}{a(B)}\right)^{1/\alpha}. \qquad (11.4)$$

Damit haben wir bereits ein wichtiges Ergebnis bekommen:

Wenn man annimmt, daß die Ausfallrate proportional ist einer Potenz $t^{\alpha-1}$ des Alters und außerdem proportional einer beliebigen Funktion $a(B)$ der Belastung B, so genügt die Lebensdauer einer Weibullverteilung (11.2), deren Parameter α unabhängig von der Belastung ist.

Praktisch bedeutet dies:

Macht man Lebensdauerversuche bei verschiedenen Belastungen B und trägt für jedes B die Überlebenshäufigkeiten in ein Lebensdauernetz (vgl. 9.2.3) ein, so bekommt man näherungsweise parallele Geraden, aus denen man α (für alle B gleich) und τ (in Abhängigkeit von B) ermitteln kann. Aus α und τ kann man aber nach (11.4) umgekehrt $a(B)$ berechnen:

$$a(B) = \frac{\alpha}{\tau^{\alpha}}. \qquad (11.5)$$

11.2. Verteilung der Logarithmen der Lebensdauern

Bezeichnen wir die (willkürlich festlegbare) Zeiteinheit mit τ_0, so können wir den natürlichen Logarithmus des Verhältnisses der Lebensdauer T zu τ_0 bilden und nach der Verteilung dieser Größe fragen. Für die Überschreitungswahrscheinlichkeit dieser Größe bekommen wir nach (11.2)

$$P\left\{\ln\frac{T}{\tau_0} > x\right\} = P\{T > \tau_0\,\mathrm{e}^x\} = \mathrm{e}^{-(\tau_0 e^x/\tau)^\alpha} = \mathrm{e}^{-e^{\alpha(x-\beta)}} \qquad (11.6)$$

mit

$$\beta = \ln\frac{\tau}{\tau_0} = \frac{1}{\alpha}\left[\ln\alpha - \ln\left[a(B)\,\tau_0^\alpha\right]\right]. \qquad (11.7)$$

Die Größe $\ln(T/\tau_0)$ hat, wie man zeigen kann, den Erwartungswert

$$E\left(\ln\frac{T}{\tau_0}\right) = \frac{1}{\alpha}\left[\ln\alpha - C - \ln\left[a(B)\,\tau_0^\alpha\right]\right] \qquad (11.8)$$

(C: EULERsche Konstante: $C = 0{,}5772\ldots$)
und die Varianz

$$\mathrm{Var}\left(\ln\frac{T}{\tau_0}\right) = \frac{1}{\alpha^2}\frac{\pi^2}{6} = \frac{1}{\alpha^2}\cdot 1{,}6449\ldots. \qquad (11.9)$$

Weiter nimmt die Überschreitungswahrscheinlichkeit $P\left\{\ln\frac{T}{\tau_0} > t\right\}$ an der Stelle β (nach (11.7)) den Wert $e^{-1} = 0{,}3679\ldots$ an.

Die Größe $\ln\left(\frac{T}{\tau_0}\right)$, der Logarithmus der Lebensdauer, hat also eine Verteilung, deren Varianz konstant ist und deren Erwartungswert linear von der Funktion $\ln[a(B)\,\tau_0^\alpha]$ abhängt. Zwei Kurven vom Typ (11.6) mit verschiedener Belastung B gehen durch eine Parallelverschiebung ineinander über.

Das gleiche Phänomen kennen wir von Bauelementen, deren Lebensdauerverteilungen nicht mit der WEIBULL-Verteilung zusammenhängen. Von den Transistoren weiß man, daß die Logarithmen ihrer Lebensdauern einer Normalverteilung genügen, deren Varianz konstant ist und deren Erwartungswert vom Kehrwert der absoluten Temperatur linear abhängt. Die Logarithmen der Lebensdauern von Glühlampen genügen ebenfalls einer Normalverteilung mit konstanter Varianz und einem Erwartungswert $\ln\frac{t_n}{\tau_0} - 13\ln\frac{u}{u_n}$ (u: Spannung; t_n: mittlere Lebensdauer bei Nennspannung u_n).

Für den Fall der Normalverteilung, den wir jetzt weiter behandeln wollen, stellt die Theorie der einfachen linearen Regression, wie sie in der mathematischen Statistik entwickelt wurde, ein geeignetes Hilfsmittel dar, mit dem es gelingt, Prognosen für das Verhalten der Bauelemente-Lebensdauern unter normalen Bedingungen zu machen, wenn man Lebensdauern unter erhöhter Belastung gemessen hat.

11.3. Anwendung der einfachen linearen Regression

Nach den Überlegungen des vorigen Abschnittes wollen wir nun annehmen, daß sich die Abhängigkeit der Lebensdauerverteilung einer Sorte von Bauelementen von der Belastung durch das folgende Modell beschreiben läßt.

11.3.1. Modell einer von der Belastung abhängigen Lebensdauerverteilung

Es sei $T(B)$ die Lebensdauer eines Elementes unter der Belastung B. Dann möge es eine monoton zunehmende Funktion $\theta_1(x)$ und eine monoton abnehmende Funktion $\theta_2(x)$ der Art geben, daß

$$\Theta_1[T(B)] = a_0 + b\,\Theta_2(B) + Z \tag{11.10}$$

gilt. Darin seien a_0 und b unbekannte Konstanten und Z eine normalverteilte zufällige Größe mit dem Erwartungswert 0 und der unbekannten Varianz σ^2. Das bedeutet: Eine geeignete Transformierte von T ist normalverteilt mit einem Erwartungswert, der linear von einer Funktion $\theta_2(B)$ der Belastung B abhängt, und mit einer Varianz σ^2, die von der Belastung unabhängig ist. Für die Belastung B seien nun n feste Werte $B_1, \ldots, B_n$ vorgegeben, die nicht alle gleich sein mögen. Wir setzen $n \geqq 3$ voraus. In der Praxis werden dies erhöhte Belastungen sein, die zu kurzen Lebensdauern führen (Kurzzeitversuche).

Wenn wir noch die Abkürzungen

$$\theta_1[T(B_\nu)] = Y_\nu \quad \text{und} \quad \theta_2(B_\nu) = x_\nu\,; \qquad \nu = 1, \ldots, n$$

einführen, so können wir statt (11.10)

$$Y_\nu = a_0 + b\,x_\nu + Z_\nu \tag{11.11}$$

schreiben. Darin sind die Y_ν unabhängig voneinander normalverteilt mit dem Erwartungswert $a_0 + b\,x_\nu$ und der Varianz σ^2.

Wären die Parameter a_0, b und σ^2 bekannt, so könnte man die Verteilungsfunktion von $\theta_1[T(B)]$ und damit die Verteilungsfunktion der Lebensdauer $T(B)$ bei beliebiger vorgegebener Belastung B angeben. Unsere Aufgabe ist es also, Schätzwerte und Vertrauensbereiche für diese Parameter zu finden. Es zeigt sich (im nächsten Abschnitt), daß es zweckmäßig ist, statt der x_ν die Abweichungen von ihrem arithmetischen Mittel

$$\bar{x} = \frac{1}{n} \sum_{\nu=1}^{n} x_\nu$$

einzuführen. Wir schreiben daher statt (11.11)

$$Y_\nu = a_1 + b\,z_\nu + Z_\nu \tag{11.12}$$

mit

$$a_1 = a_0 + b\,\overline{x}\,, \qquad z_\nu = x_\nu - \overline{x}\,; \qquad \nu = 1\,\ldots, n\,. \tag{11.13}$$

Gesucht sind dann zunächst die Schätzwerte für a_1, b und σ^2.

11.2.1.1. *Schätzwerte für a_1, b und σ^2*

Zu gegebenen z_ν und Y_ν (Stichprobenwerte) wird man die Schätzwerte a_1' und b' für a_1 und b so bestimmen, daß die Y_ν möglichst wenig von der Geraden

$$y = \Delta a_1' + b'\,z, \quad z = x - \overline{x}$$

abweichen. Die Forderung, die Summe der Quadrate der Abweichungen

$$\sum_{\nu=1}^{n} (Y_\nu - a_1' - b'\,z_\nu)^2$$

zu minimieren, führt dann [HEINHOLD/GAEDE] zu den Schätzwerten

$$a_1' = \frac{1}{n} \sum_{\nu=1}^{n} Y_\nu \tag{11.14}$$

und

$$b' = \frac{\sum\limits_{\nu=1}^{n} z_\nu\,Y_\nu}{\sum\limits_{\nu=1}^{n} z_\nu^2}\,. \tag{11.15}$$

Als Schätzwert für die Varianz benutzt man die Größe

$$s^2 = \frac{1}{n-2} \sum_{\nu=1}^{n} (Y_\nu - a_1' - b'\,z_\nu)^2\,, \tag{11.16}$$

die ja im wesentlichen die mittlere quadratische Abweichung der Y_ν von der Geraden (11.13) darstellt. Den Faktor $\frac{1}{n-2}$ benutzt man, weil damit der Erwartungswert von s^2 gleich σ^2 wird. Der Schätzwert s^2 ist dann also ein erwartungstreuer Schätzwert für σ^2. Außer den Schätzwerten für a_1, b und σ^2 brauchen wir Vertrauensbereiche für diese Parameter. Diese ergeben sich aber leicht aus den Verteilungen von a_1', b' und s^2, die wir im folgenden Abschnitt betrachten.

11.2.1.2. *Die Verteilungen der Schätzwerte*

Aus den Definitionsgleichungen (11.14), (11.15) und (11.16) für die Schätzwerte a_1', b' und s^2 folgen durch Einsetzen von Y_ν nach (11.12) unter Berücksichtigung von

$$\sum_{\nu=1}^{n} z_\nu = \sum_{\nu=1}^{n} (x_\nu - \bar{x}) = n\,\bar{x} - n\,\bar{x} = 0$$

die Gleichungen

$$\frac{\sqrt{n}}{\sigma}(a_1' - a_1) = \frac{1}{\sqrt{n}} \sum_{\nu=1}^{n} \frac{Z_\nu}{\sigma}, \tag{11.17}$$

$$\frac{\sqrt{\sum_{\nu=1}^{n} z_\nu^2}}{\sigma}(b' - b) = \frac{\sum_{\nu=1}^{n} z_\nu \frac{Z_\nu}{\sigma}}{\sqrt{\sum_{\nu=1}^{n} z_\nu^2}}, \tag{11.18}$$

$$\frac{(n-2)\,s^2}{\sigma^2} = \sum_{\nu=1}^{n} \left(\frac{Z_\nu}{\sigma}\right)^2 - \left[\frac{\sqrt{n}}{\sigma}(a_1' - a)\right]^2 - \left[\frac{\sum_{\nu=1}^{n} z_\nu^2}{\sigma}(b' - b)\right]^2. \tag{11.19}$$

Da die zufälligen Größen $\frac{Z_1}{\sigma}, \ldots, \frac{Z_n}{\sigma}$ unabhängig voneinander standard-normalverteilt sind, folgt, wie wir zeigen werden, aus 1.2.6., Satz 4, daß die drei Größen

$$\frac{\sqrt{n}}{\sigma}(a_1' - a_1), \qquad \frac{\sum_{\nu=1}^{n} z_\nu^2}{\sigma}(b' - b) \qquad \text{und} \qquad \frac{(n-2)\,s^2}{\sigma^2}$$

voneinander unabhängige zufällige Größen sind und daß

$$\frac{\sqrt{n}}{\sigma}(a_1' - a_1) \qquad \text{und} \qquad \frac{\sum_{\nu=1}^{n} z_\nu^2}{\sigma}(b' - b)$$

standard-normalverteilt sind, während

$$\frac{(n-2)\,s^2}{\sigma^2}$$

einer χ^2-Verteilung (vgl. 1.3.2.2.) mit $n - 2$ Freiheitsgraden genügt.

Beweis. Die Koeffizienten

$$\left.\begin{aligned} a_{1i} &= \frac{1}{\sqrt{n}}, & i &= 1, \ldots, n; \\ a_{2i} &= \frac{z_i}{\sqrt{\sum_{\nu=1}^{n} z_\nu^2}}, & i &= 1, \ldots, n \end{aligned}\right\} \tag{11.20}$$

lassen sich wegen

$$\sum_{i=1}^{n} a_{1i}^2 = \sum_{i=1}^{n} a_{2i}^2 = 1, \qquad \sum_{i=1}^{n} a_{1i} a_{2i} = 0$$

zu einer orthogonalen n-reihigen Matrix

$$(a_{ik}); \qquad i, k = 1, \ldots, n$$

ergänzen. Nach 1.2.6., Satz 4 sind dann die n zufälligen Größen

$$X_1 = \frac{\sqrt{n}}{\sigma}(a_1' - a) = \sum_{\nu=1}^{n} a_{1\nu} \frac{Z_\nu}{\sigma}, \tag{11.21}$$

$$X_2 = \frac{\sqrt{\sum_{\nu=1}^{n} z_\nu^2}}{\sigma}(b' - b) = \sum_{\nu=1}^{n} a_{2\nu} \frac{Z_\nu}{\sigma}, \tag{11.22}$$

$$X_i = \sum_{\nu=1}^{n} a_{i\nu} \frac{Z_\nu}{\sigma}, \qquad i = 3, \ldots, n \tag{11.23}$$

voneinander unabhängige standard-normalverteilte zufällige Größen. Daraus folgt, daß auch X_1, X_2 und $V = \sum_{\nu=3}^{n} X_\nu^2$ voneinander unabhängig sind und daß V nach 1.4.5.2., Satz 6 einer χ^2-Verteilung mit $n - 2$ Freiheitsgraden (vgl. 1.3.2.2.) genügt. Aus der Orthogonalität der Transformation folgt

$$\sum_{\nu=1}^{n} X_\nu^2 = \sum_{\nu=1}^{n} \left(\frac{Z_\nu}{\sigma}\right)^2$$

und hieraus mit (11.19), (11.21) und (11.22)

$$\frac{(n-2)\, s^2}{\sigma^2} = \sum_{\nu=3}^{n} X_\nu^2,$$

also genügt $(n - 2)\, s^2/\sigma^2$, wie behauptet, unabhängig von X_1 und X_2 einer χ^2-Verteilung mit $n - 2$ Freiheitsgraden.

Nach 1.4.5.4., Satz 8 genügen die Größen

$$\frac{\sqrt{n}}{s}(a_1' - a_1) \qquad \text{und} \qquad \frac{\sum_{\nu=1}^{n} z_\nu^2}{s}(b' - b)$$

dann beide einer t-Verteilung (vgl. 1.3.2.3.) mit $n - 2$ Freiheitsgraden.

11.2.1.3. *Vertrauensintervalle für die Parameter a_1, b und σ^2*

Mit den Ergebnissen von 11.2.1.2. können wir nun für die Parameter a_1, b und σ sofort Vertrauensintervalle angeben, also Intervalle, die den gesuchten Parameter jeweils mit vorgegebener Wahrscheinlichkeit S (statistische Sicherheit) überdecken. Wir verfahren dabei genau so, wie es in 1.4.5. ausführlich beschrieben wurde, und erhalten für a_1 das Vertrauensintervall (vgl. 1.4.5.4.)

$$a_1' - \frac{s\,t_{n-2}(1-\beta)}{\sqrt{n}} \leqq a_1 \leqq a_1' + \frac{s\,t_{n-2}(1-\alpha)}{\sqrt{n}} \tag{11.24}$$

mit

$$1 - \alpha - \beta = S\,.$$

Die Größe $t_f(p)$ ist wieder definiert als Quantil der t-Verteilung mit f Freiheitsgraden zur Wahrscheinlichkeit p, d. h. als die Stelle, an der die Verteilungsfunktion der t-Verteilung mit f Freiheitsgraden den Wert p annimmt.

Die Wahl von α und β ist innerhalb der Bedingung (11.25) zunächst willkürlich. Üblich ist, entweder $\alpha = \beta = (1 - S)/2$ zu setzen, so daß man ein symmetrisches zweiseitiges Vertrauensintervall bekommt, oder eine der beiden Größen α, β gleich null zu setzen: $\beta = 0$, $\alpha = 1 - S$ liefert das einseitige Vertrauensintervall

$$a_1 \leqq a_1' + \frac{s\,t_{n-2}(S)}{\sqrt{n}}\,. \tag{11.24'}$$

Die rechte Seite von (11.24′) bezeichnen wir als obere Vertrauensgrenze zur statistischen Sicherheit S.

Mit $\alpha = 0$, $\beta = 1 - S$ bekommen wir die entsprechende untere Vertrauensgrenze

$$a_1' - \frac{s\,t_{n-2}(S)}{\sqrt{n}} \leqq a_1\,. \tag{11.24''}$$

Für den Parameter b bekommen wir auf die gleiche Weise das Vertrauensintervall

$$b' - \frac{s\, t_{n-2}(1-\beta)}{\sqrt{\sum_{\nu=1}^{n} z_\nu^2}} \leqq b \leqq b' + \frac{s\, t_{n-2}(1-\alpha)}{\sqrt{\sum_{\nu=1}^{n} z_\nu^2}}\,. \tag{11.25}$$

Das Vertrauensintervall für σ^2 erhalten wir mit der χ^2-Verteilung (vgl. 1.4.5.2.):

$$\frac{(n-2)\, s^2}{\chi^2_{n-2}(1-\beta)} \leqq \sigma^2 \leqq \frac{(n-2)\, s^2}{\chi^2_{n-2}(\alpha)} \tag{11.26}$$

mit den Quantilen $\chi^2_{n-2}(\alpha)$ und $X^2_{n-2}\,(1-\beta)$ der χ^2-Verteilung mit $n-2$ Freiheitsgraden.

Mit den Ergebnissen (11.24), (11.25) und (11.26) haben wir folgendes erreicht:

Wir wissen jetzt, daß die Parameter a_1 und b der „Regressionsgeraden" (11.12) mit der Wahrscheinlichkeit S von den entsprechenden Vertrauensintervallen überdeckt werden. Und die Regressionsgerade liefert ja für vorgegebene Belastung B den Erwartungswert der normalverteilten Größe $\theta_1[T(B)]$. Deren Streuung σ^2 wiederum wird durch das Vertrauensintervall (11.26) eingegrenzt.

Suchen wir nun den Erwartungswert von $\Theta_1[T(B)]$ für eine bestimmte Belastung B_0 (z. B. für eine Normalbelastung, für die keine hinreichenden Meßergebnisse zur Verfügung stehen), so läuft dies darauf hinaus, daß wir für den Funktionswert $a_1 + b\,(x_0 - \overline{x})$ der Regressionsgeraden ein Vertrauensintervall zu konstruieren haben, wobei $x_0 = \Theta_2(B_0)$ einzusetzen ist.

11.2.1.4. *Schätzwert und Vertrauensgrenzen für $a_1 + b\,(x_0 - x)$*

Es sei jetzt also B_0 eine fest vorgesehene Belastung, z. B. die normale Betriebsbelastung, die für die Bauelemente vorgesehen ist, während die $B_1, \ldots, B_n$ erhöhte Versuchsbelastungen waren. Dann ist $T(B_0)$ die Lebensdauer unter der Belastung B_0, und $\Theta_1[T(B_0)]$ genügt einer Normalverteilung mit der Varianz σ^2 und dem Erwartungswert

$$\mu_0 = a_1 + b\,(x_0 - \overline{x}) \tag{11.27}$$

mit

$$x_0 = \theta_2(B_0) \quad \text{und} \quad \overline{x} = \frac{1}{n}\sum_{\nu=1}^{n} x_\nu = \frac{1}{n}\sum_{\nu=1}^{n} \theta_2(B_\nu)\,.$$

Wir haben also, wenn wir uns für ein spezielles x_0 bzw. B_0 interessieren, noch einen Schätzwert für $a_1 + b\,(x_0 - \bar{x})$ und die Verteilung dieses Schätzwertes zu bestimmen. Als Schätzwert benutzen wir

$$\mu_0' = a_1' + b'\,(x_0 - \bar{x})\,. \tag{11.28}$$

Dann ist

$$\mu_0' - \mu_0 = a_1' - a_1 + (b' - b)\,(x_0 - \bar{x})\,.$$

Nach 11.2.1.2. sind $a_1' - a_1$ und $b' - b$ unabhängige normalverteilte Größen mit Erwartungswert 0, und $a_1' - a_1$ hat die Varianz $\frac{\sigma^2}{n}$, während $b' - b$ die Varianz $\frac{\sigma^2}{\sum_{\nu=1}^{n} z_\nu^2}$ hat.

Daraus folgt: $\mu_0' - \mu_0$ ist ebenfalls normalverteilt mit dem Erwartungswert 0 und der Varianz

$$\frac{\sigma^2}{n} + (x_0 - \bar{x})^2 \frac{\sigma^2}{\sum_{\nu=1}^{n} z_\nu^2}\,.$$

Also ist die Größe

$$\frac{\mu_0 - \mu_0'}{K\,\sigma}$$

mit

$$K = \sqrt{\frac{1}{n} + \frac{(x_0 - \bar{x})^2}{\sum_{\nu=1}^{n} z_\nu^2}} \tag{11.29}$$

standard-normalverteilt. Da

$$\frac{(n-2)\,s^2}{\sigma^2}$$

unabhängig davon einer χ^2-Verteilung mit $n - 2$ Freiheitsgraden genügt, ist also

$$\frac{\mu_0 - \mu_0'}{K\,s}$$

t-verteilt mit $n - 2$ Freiheitsgraden, und wir bekommen für μ_0 das Vertrauensintervall

$$\mu_0' - K\,s\,t_{n-2}\,(1 - \beta) \leqq \mu_0 \leqq \mu_0' + K\,s\,t_{n-2}\,(1 - \alpha)\,. \tag{11.30}$$

Schließlich wollen wir noch für ein beliebiges Quantil der Verteilung von $\theta_1[T(B_0)]$ ein Vertrauensintervall herleiten.

11.2.1.5. *Schätzwert und Vertrauensgrenzen für ein beliebiges Quantil der Verteilung von $\theta_1[T(B_0)]$*

Wir bezeichnen mit $\theta_{10,P}$ das Quantil der Verteilung von $\theta_1[T(B_0)]$ zur Wahrscheinlichkeit P, also die Größe, für die

$$P\,\{\theta_1[T(B_0)] \leqq \theta_{10,P}\} = P \qquad (11.31)$$

gilt. Für $P = 0{,}5$ ist dies z. B. der Erwartungswert μ_0 von $\theta_1[T(B_0)]$. Für $P = 0{,}1$ ist es der Wert, der von $\theta_1[T(B_0)]$ mit 90% Wahrscheinlichkeit überschritten wird. Wegen der Monotonie von $\theta_1(x)$ kann man daraus einen „Garantiewert" für $T(B_0)$ berechnen, der mit 90% Wahrscheinlichkeit erreicht wird.

Da $\theta_1[T(B_0)]$ normalverteilt ist mit Erwartungswert μ_0 und Varianz σ^2, gilt

$$P\left\{\frac{\Theta_1[T(B_0)] - \mu_0}{\sigma} \leqq u(P)\right\} = P$$

($u(P)$ Quantil der Standard-Normalverteilung zur Wahrscheinlichkeit P)
oder

$$P\,\{\theta_1[T(B_0)] \leqq \mu_0 + \sigma\, u(P)\} = P\,. \qquad (11.32)$$

Aus dem Vergleich von (11.31) und (11.32) folgt

$$\theta_{10,P} = \mu_0 + \sigma\, u(P)\,. \qquad (11.33)$$

Als Schätzwert wählen wir

$$\theta'_{10,P} = \mu'_0 + s\, u\,(P)\,. \qquad (11.34)$$

Zur Herleitung eines Vertrauensintervalles bilden wir

$$\frac{\theta_{10,P} - \mu'_0}{K\,\sigma} = \frac{\mu_0 - \mu'_0}{K\,\sigma} + \frac{u(P)}{K}\,.$$

Da $\frac{\mu_0 - \mu'_0}{K\,\sigma}$ standard-normalverteilt ist und $\frac{(n-2)\,s^2}{\sigma^2}$ unabhängig davon einer χ^2-Verteilung mit $n - 2$ Freiheitsgraden genügt, ist dann nach 1.4.4.5., Satz 9

$$\frac{\theta_{10,P} - \mu'_0}{K\,s} = \frac{\dfrac{\mu_0 - \mu'_0}{K\,\sigma} + \dfrac{u(P)}{K}}{s/\sigma}$$

nach einer nichtzentralen t-Verteilung mit $n - 2$ Freiheitsgraden und der Konstanten $u(P)/K$ verteilt. Bezeichnen wir die noch von $u(P)/K$ abhängigen Quantile dieser Verteilung zur Wahrscheinlichkeit x mit $t_{n-2}(x|u(P)/K)$, so gilt also

$$P\left\{t_{n-2}(\beta|u(P)/K) \leqq \frac{\theta_{10,P} - \mu_0'}{K\,s} \leqq t_{n-2}(1 - \alpha|u(P)/K)\right\}$$
$$= 1 - \alpha - \beta = S\,,$$

d. h., wir erhalten als Vertrauensintervall für $\theta_{10,P}$ zur statistischen Sicherheit $S = 1 - \alpha - \beta$

$$\mu_0' + K\,s\,t_{n-2}(\beta|u(P)/K) \leqq \theta_{10,P} \leqq \mu_0 + K\,s\,t_{n-2}(1 - \alpha|u(P)/K)\,. \tag{11.35}$$

11.2.1.6. *Verteilungsvoraussagen*

Im letzten Abschnitt haben wir Vertrauensintervalle für die Quantile der Verteilung von $\theta_1[T(B_0)]$ konstruiert. In manchen Fällen möchte man auf Grund eines Stichprobenergebnisses eine Voraussage für eine einzelne Lebensdauer (bzw. die Transformierte dieser Lebensdauer) machen. Diesen Fall betrachten wir jetzt. Wir wollen etwas allgemeiner annehmen, daß wir eine Aussage über die Verteilung des arithmetischen Mittelwertes von m zufälligen Variablen $Y_1^{(0)}, \ldots, Y_m^{(0)}$ machen wollen, die unabhängig voneinander einer Normalverteilung mit dem Erwartungswert $\mu_0 = a_1 + b\,(x_0 - \bar{x})$ und der Varianz σ^2 genügen (also genauso verteilt sind wie $\Theta_1[T(B_0)]$).

Dazu bemerken wir, daß die zufällige Größe

$$\overline{Y_m^{(0)}} = \frac{1}{m}\sum_{\nu=1}^{m} Y_\nu^{(0)} \tag{11.36}$$

normalverteilt ist mit dem Erwartungswert μ_0 und der Varianz σ^2/m. Weiter ist nach 11.2.1.4. die zufällige Größe μ_0' (der Schätzwert für μ_0) von $\overline{Y_m^{(0)}}$ unabhängig und normalverteilt mit dem Erwartungswert μ_0 und der Varianz $K^2\,\sigma^2$ (K nach (11.29)). Dann ist aber

$$\frac{\overline{Y_m^{(0)}} - \mu_0'}{\sigma\sqrt{\frac{1}{m} + K^2}} = \frac{\overline{Y_m^{(0)}} - \mu_0'}{\sigma\,K_{m,n}}$$

mit

$$K_{m,n} = \sqrt{\frac{1}{m} + \frac{1}{n} + \frac{(x_0 - \bar{x})^2}{\sum\limits_{\nu=1}^{n} z_\nu^2}} \tag{11.37}$$

standard-normalverteilt. Schließlich ist $(n - 2)\, s^2/\sigma^2$ unabhängig von dieser Größe χ^2-verteilt mit $n - 2$ Freiheitsgraden, woraus nach 1.4.5.4., Satz 8 folgt, daß

$$\frac{\overline{Y_m^{(0)}} - \mu_0'}{K_{m,n}\, s}$$

einer t-Verteilung mit $n - 2$ Freiheitsgraden genügt. Hieraus gewinnen wir sofort für $\overline{Y_m^{(0)}}$ die Wahrscheinlichkeitsaussage

$$P\,\{\mu_0' - K_{m,n}\, s\, t_{n-2}\,(1 - \beta) \leqq \overline{Y_m^{(0)}} \leqq \mu_0' + K_{m,n}\, s\, t_{n-2}\,(1 - \alpha)\} \\ = 1 - \alpha - \beta = S\,. \tag{11.38}$$

Da $\overline{Y_m^{(0)}}$ eine zufällige Größe ist, über deren Verhalten wir eine Voraussage zu machen wünschen (und kein unbekannter, aber fester Parameter, für den ein Vertrauensintervall gesucht wird), wollen wir das in (11.38) definierte Intervall ein Voraussageintervall nennen.

11.4. Lognormale Lebensdauerverteilung

Bei den Bell Telephone Laboratories wurde durch Versuche festgestellt, daß man für Transistoren die logarithmisch-normale Lebensdauerverteilung annehmen kann. Das heißt: Der Logarithmus der Lebensdauer, bezogen auf eine feste Zeiteinheit T_0, genügt einer Normalverteilung. Darüber hinaus stellte man fest, daß die Varianz σ^2 dieser Normalverteilung von der Belastung, in diesem Fall von der absoluten Temperatur θ, unabhängig ist, während der Erwartungswert eine lineare Funktion von $1/\theta$ ist.

Wir setzen also

B (Belastung) $= \theta$ (absolute Temperatur) ,

$$\theta_1[T(\theta)] = \ln \frac{T}{T_0}$$

(das θ lassen wir der Einfachheit halber weg),

$$\theta_2(B) = \theta_2(\theta) = 1/\theta\,.$$

Die x_ν $(\nu = 1, \ldots, n)$ sind jetzt vorgegebene Werte θ_ν^{-1} von Temperaturkehrwerten. Wir erhalten

$$\bar{x} = \frac{1}{n} \sum_{\nu=1}^{n} \theta_\nu^{-1} = \overline{\theta^{-1}}\,,$$

$$z_\nu = \theta_\nu^{-1} - \overline{\theta^{-1}}\,.$$

Sind bei den vorgegebenen Temperaturen $\theta_1, \ldots, \theta_n$ die Lebensdauern $T_1, \ldots, T_n$ gemessen worden, so ist

$$Y_\nu = \ln \frac{T_\nu}{T_0}, \qquad \nu = 1, \ldots, n$$

(T_0: feste Bezugsgröße, T_ν und T_0 in gleicher Zeiteinheit gemessen).

Für die Parameter a_1, b, σ^2 bekommen wir nach (11.14), (11.15) und (11.16) die Schätzwerte

$$a_1' = \frac{1}{n} \sum_{\nu=1}^{n} \ln \frac{T_\nu}{T_0}$$

$$b' = \frac{\sum_{\nu=1}^{n} (\theta_\nu^{-1} - \overline{\theta^{-1}}) \ln \frac{T_\nu}{T_0}}{\sum_{\nu=1}^{n} (\theta_\nu^{-1} - \overline{\theta^{-1}})^2}$$

$$s^2 = \frac{1}{n-2} \sum_{\nu=1}^{n} \left(\ln \frac{T_\nu}{T_0} - a_1' - b' (\theta_\nu^{-1} - \overline{\theta^{-1}})\right)^2.$$

Mit diesen Werten erhalten wir dann nach (11.24), (11.25), (11.26) Vertrauensintervalle für die Parameter a_1, b und σ^2.

Jetzt interessiert speziell die Verteilung der Lebensdauern für eine Temperatur θ_0, bei der keine Messungen gemacht werden konnten. In der Praxis wird das eine normale Umgebungstemperatur sein, während die Temperaturen bei den Messungen stark erhöhte Temperaturen sind. Mit $x_0 = \theta_0^{-1}$ können wir dann nach (11.28) sofort einen Schätzwert μ_0' für den Erwartungswert μ_0 der Verteilung von $\ln (T/T_0)$ bei der Temperatur θ_0 berechnen, und Gl. (11.30) liefert das Vertrauensintervall für μ_0. Für die temperaturunabhängige Varianz bleibt das Vertrauensintervall (11.26) gültig.

11.4.1. Beispiel

Der Erwartungswert μ_0 und die (temperaturunabhängige) Varianz σ^2 für die Verteilung der Logarithmen der Lebensdauern von Transistoren bei einer Temperatur von 60 °C sollen aus Versuchen bei Temperaturen zwischen 150 °C und 200 °C ermittelt werden. Aus (11.30) folgt mit (11.29), daß man ein günstiges Vertrauensintervall für μ_0 bekommt, wenn

$$\sum_{\nu=1}^{n} (x_\nu - \bar{x})^2$$

möglichst groß wird, d. h. wenn man die Temperaturen der einzelnen Versuche so vorgibt, daß die Streuung ihrer Kehrwerte möglichst groß wird. Man wird die Versuche also am besten mit den beiden extremen Temperaturen 150 °C und 200 °C durchführen. Insgesamt mögen $n = 200$ Transistoren zur Verfügung stehen. Davon werden $n/2 = 100$ bei 200 °C und die restlichen 100 bei 150 °C auf ihre Lebensdauer geprüft. Wir messen die Lebensdauer in einer Einheit T_0, die Temperaturen als absolute Temperaturen in °K und verwenden den dekadischen Logarithmus.

Wir haben also

$$n = 200$$

$$x_0 = 1/(273 + 60)\ (°\mathrm{K})^{-1} = 0{,}003003\ (°\mathrm{K})^{-1}$$

$$x_1 = x_2 = \cdots = x_{100} = 1/(273 + 200)\ (°\mathrm{K})^{-1} = 0{,}002114\ (°\mathrm{K})^{-1} = X_1$$

$$x_{101} = \cdots = x_{200} = 1/(273 + 150)\ (°\mathrm{K})^{-1} = 0{,}002364\ (°\mathrm{K})^{-1} = X_2\,.$$

Es sei nun $\bar{y}_1$ der arithmetische Mittelwert der Logarithmen der 100 bei 200 °C gemessenen Lebensdauern, $\bar{y}_2$ der entsprechende Mittelwert für die Messungen bei 150 °C:

$$\bar{y}_1 = \frac{1}{100} \sum_{\nu=1}^{100} Y_\nu\,, \qquad \bar{y}_2 = \frac{1}{100} \sum_{\nu=101}^{200} Y_\nu\,.$$

Dann bekommen wir nach (11.14), (11.15) und (11.16)

$$a_1' = \frac{1}{2} (\bar{y}_1 + \bar{y}_2)\,,$$

$$b' = \frac{\bar{y}_2 - \bar{y}_1}{X_2 - X_1}\,,$$

$$s^2 = \frac{1}{198} \left[\sum_{\nu=1}^{100} (Y_\nu - \bar{y}_1)^2 + \sum_{\nu=101}^{200} (Y_\nu - \nu_2)^2 \right].$$

Für K ergibt sich

$$K = \frac{1}{\sqrt{200}} \sqrt{1 + \left(\frac{2\,x_0 - X_1 - X_2}{X_2 - X_1}\right)^2}\,.$$

Für die Logarithmen der Lebensdauern bei 200 °C habe sich der Mittelwert

$$\bar{y}_1 = -\,0{,}743\,,$$

für die Logarithmen der Lebensdauern bei 150 °C der Mittelwert

$$\bar{y}_2 = 0{,}886$$

ergeben. Das entspricht Zeiten von 0,181 T_0 bei 200 °C und 7,69 T_0 bei 150 °C.

Für den Schätzwert μ_0' ergibt sich dann nach (11.28) mit $x = (X_1 + X_2)/2$

$$\mu_0' = 5{,}050\,.$$

Für den Schätzwert s^2 möge sich weiter

$$s^2 = 0{,}4277$$

ergeben haben.

Die Quantile der t-Verteilung mit 198 Freiheitsgraden und der χ^2-Verteilung mit 198 Freiheitsgraden sind für $\alpha = \beta = 0{,}025$, $S = 0{,}95$ [OWEN]:

$$t_{198}\ (0{,}975) = 1{,}972$$

$$\chi^2_{198}(0{,}025) = 160{,}9$$

$$\chi^2_{198}(0{,}975) = 238{,}9\,.$$

Daraus ergeben sich für μ_0 und σ die Vertrauensintervalle

$$4{,}87 \leqq \mu_0 \leqq 5{,}22\,,$$

$$0{,}188 \leqq \sigma \leqq 0{,}230\,.$$

Für die Lebensdauern selbst bedeutet dies, daß ihr Zentralwert (der von 50% der Lebensdauern überschritten wird) bei 60 °C mit 95% Sicherheit zwischen $10^{4,87}\ T_0 \approx 74000\ T_0$ und $10^{5,22}\ T_0 \approx 166000\ T_0$ liegt. Weiter liegen 68 % der Lebensdauer zwischen dem $1/p$-fachen und dem p-fachen dieses Zentralwertes, wobei p mit 95% Sicherheit zwischen 1,54 und 1,70 liegt.

Dieses Ergebnis entspricht Versuchen, deren Dauer im Mittel unter 10 T_0 liegt. Die Größe der Vertrauensbereiche zeigt, daß es leichtsinnig gewesen wäre, sich lediglich mit Schätzwerten für den Mittelwert und die Varianz zu begnügen.

11.5. Prüfrezept für Bauelemente mit lognormaler Lebensdauerverteilung

Für Bauelemente, deren Lebensdauerverteilung dem in 11.4. dargestellten Gesetz genügen, fassen wir die Vorschrift, wie man die gewünschten Parameter aus Messungen gewinnt, im folgenden rezeptartig zusammen. Diese Anweisungen können auch als Grundlage für ein entsprechendes Digitalrechnerprogramm dienen.

11.5.1. Voraussetzung

Die Logarithmen der Lebensdauern genügen einer Normalverteilung mit temperaturunabhängiger Streuung σ^2. Der Erwartungswert μ nimmt linear mit dem Kehrwert der absoluten Temperatur zu.

11.5.2. Einheiten

Die Temperatur wird als absolute Temperatur in °K gemessen, die Lebensdauer in irgendeiner Einheit T_0. Als Logarithmen werden dekadische Logarithmen genommen.

11.5.3. Lebensdauermesswerte

Es werden n Lebensdauern gemessen. Die Meßwerte seien $T_1, \ldots, T_n$. Die zugehörigen, während der Versuche konstant gehaltenen Temperaturen seien $\theta_1, \ldots, \theta_n$. Man bilde

$$x_\nu = 1/\theta_\nu, \qquad \nu = 1, \ldots, n;$$

$$Y_\nu = \log \frac{T_\nu}{T_0}, \qquad \nu = 1, \ldots, n;$$

$$\bar{x} = \frac{1}{n} \sum_{\nu=1}^{n} x_\nu .$$

11.5.4. Die Regressionsgerade

Für den Erwartungswert μ der Logarithmen der Lebensdauer bei der Temperatur θ gilt

$$\mu = a_1 + b\left(\frac{1}{\theta} - \bar{x}\right).$$

Gesucht sind a_1, b und die Varianz σ^2 bzw. die Standardabweichung σ.

11.5.5. Schätzwerte für a_1, b und σ

$$a_1 \approx a_1' = \frac{1}{n} \sum_{\nu=1}^{n} Y_\nu ,$$

$$b \approx b' = \frac{\sum_{\nu=1}^{n} (x_\nu - \bar{x})\, y_\nu}{\sum_{\nu=1}^{n} (x_\nu - \bar{x})^2} ,$$

$$\sigma \approx s = \sqrt{\frac{1}{n-2} \sum_{\nu=1}^{n} (Y_\nu - y_\nu)^2}$$

mit

$$y_\nu = a_1' + b' (x_\nu - \bar{x}) .$$

Die x_ν dürfen nicht alle gleich sein. Die Versuchstemperaturen sind erstens möglichst hoch (kurze Versuchsdauer) und zweitens so zu wählen, daß

$$\sum_{\nu=1}^{n} (x_\nu - \bar{x})^2$$

möglichst groß wird.

Spezialfall:

Macht man zwei Versuchsreihen, jede mit $n/2$ Bauelementen, die eine bei der Temperatur $\Theta_1 = 1/X_1$, die andere bei $\Theta_2 = 1/X_2$, so gilt

$$x_1 = x_2 = \cdots = x_{n/2} = X_1 ,$$

$$x_{(n+2)/2} = x_{(n+4)/2} = \cdots = x_n = X_2 .$$

Die Mittelwerte der Logarithmen der Lebensdauern bei T_1 und T_2 bezeichnen wir mit $\bar{y}_1$ und $\bar{y}_2$:

$$\bar{y}_1 = \frac{2}{n} \sum_{\nu=1}^{n/2} Y_\nu , \qquad \bar{y}_2 = \frac{2}{n} \sum_{\nu=(n+2)/2}^{n} Y_\nu .$$

Dann gelten für a_1', b' und s die Formeln

$$a_1' = \frac{1}{2} (\bar{y}_1 + \bar{y}_2) ,$$

$$b' = \frac{\bar{y}_2 - \bar{y}_1}{X_2 - X_1}$$

$$s = \sqrt{\frac{1}{n-2} \left[\sum_{\nu=1}^{n/2} (Y_\nu - \bar{y}_1)^2 + \sum_{\nu=(n+2)/2}^{n} (Y_\nu - \bar{y}_2)^2 \right]} .$$

Für $\sum_{\nu=1}^{n} (x_\nu - \bar{x})^2$ (Abschnitt 11.5.8.) gilt dann

$$\sum_{\nu=1}^{n} (x_\nu - \bar{x})^2 = \frac{n}{4} (X_2 - X_1)^2 ,$$

für K (Abschnitt 11.5.8.)

$$K = \frac{1}{\sqrt{n}} \sqrt{1 + \left[\frac{\frac{2}{T_0} - X_1 - X_2}{X_2 - X_1}\right]^2} .$$

11.5.6. Weitere gesuchte Grössen

11.5.6.1.

Der Erwartungswert μ_0 bei vorgegebener, aber nicht im Versuch benutzter Temperatur T_0 (z. B. normale Betriebstemperatur):

$$\mu_0 = a_1 + b\left(\frac{1}{T_0} - \bar{x}\right).$$

11.5.6.2.

Der Wert z_0, der von den Logarithmen der Lebensdauern bei der Temperatur T_0 mit vorgegebener Wahrscheinlichkeit S^+ (z. B. $S^+ = 0{,}99$) überschritten wird, also das Quantil der Verteilungsfunktion der Logarithmen der Lebensdauern bei der Temperatur T_0 zur Wahrscheinlichkeit $1 - S^+$:

$$z_0 = \mu_0 - \sigma\, u(S^+) .$$

Darin ist $u(S^+)$ das Quantil der Standard-Normalverteilung zur Wahrscheinlichkeit S^+:

S^+	0,8	0,9	0,95	0,99	0,999
$u(S^+)$	0,832	1,282	1,645	2,326	3,090

11.5.7. Schätzwert für diese Grössen

$$\mu_0 \approx \mu_0' = a_1' + b'\left(\frac{1}{T_0} - \bar{x}\right),$$

$$z_0 \approx z_0' = \mu_0' - s\,u(S^+)\,.$$

11.5.8. Vertrauensintervalle für a_1, b, σ, μ_0, z_0

Die gesuchten Größen a_1, b, σ, μ_0 und z_0 werden mit der Wahrscheinlichkeit $S = 1 - \alpha - \beta$ von den folgenden Vertrauensintervallen überdeckt:

$$a_1' - \frac{s\,t_{n-2}(1-\beta)}{\sqrt{n}} \leqq a_1 \leqq a_1' + \frac{s\,t_{n-2}(1-\alpha)}{\sqrt{n}},$$

$$b' - \frac{s\,t_{n-2}(1-\beta)}{\sqrt{\sum\limits_{\nu=1}^{n}(x_\nu - \bar{x})^2}} \leqq b \leqq b' + \frac{s\,t_{n-2}(1-\alpha)}{\sqrt{\sum\limits_{\nu=1}^{n}(x_\nu - \bar{x})^2}},$$

$$s\sqrt{\frac{n-2}{\chi^2_{n-2}(1-\beta)}} \leqq \sigma \leqq s\sqrt{\frac{n-2}{\chi^2_{n-2}(\alpha)}},$$

$$\mu_0' - K\,s\,t_{n-2}(1-\beta) \leqq \mu_0 \leqq \mu_0' + K\,s\,t_{n-2}(1-\alpha)$$

mit

$$K = \sqrt{\frac{1}{n} + \frac{\left(\frac{1}{T_0} - \bar{x}\right)^2}{\sum\limits_{\nu=1}^{n}(x_\nu - \bar{x})^2}},$$

$$\mu_0' + s\,K\,t_{n-2}(\beta| - u(S^+)/K) \leqq z \leqq \mu_0' + s\,K\,t_{n-2}(1-\alpha| - u(S^+)/K)\,.$$

11.5.9. Tabellen

Für die Quantile der t-Verteilung und χ^2-Verteilung liegen zahlreiche Tabellen (z. B. [Owen]) vor. Da für die Berechnung der Vertrauensintervalle für a_1, b, und μ_0 die Größen $t_{n-2}(1-\alpha)$, $t_{n-2}(1-\beta)$, $t_{n-2}(1-\alpha)/\sqrt{n}$, $t_{n-2}(1-\beta)/\sqrt{n}$, $\sqrt{(n-2)/\chi^2_{n-2}(\alpha)}$ und $\sqrt{(n-2)/\chi^2_{n-2}(1-\beta)}$ gebraucht werden, geben wir hier eine kurze Tabelle dieser Größe für $\alpha = \beta = 0{,}025$, also $S = 0{,}95$:

Tabelle 11.1.

n	$t_{n-2}(0{,}975)$	$\frac{t_{n-2}(0{,}975)}{\sqrt{n}}$	$\sqrt{\frac{n-2}{\chi^2_{n-2}(0{,}975)}}$	$\sqrt{\frac{n-2}{\chi^2_{n-2}(0{,}025)}}$
5	3,182	1,423	0,5665	3,727
10	2,306	0,7293	0,6754	1,916
20	2,101	0,4696	0,7556	1,479
50	2,011	0,2844	0,8339	1,249
100	1,985	0,1985	0,8775	1,163
200	1,972	0 1395	0 9104	1,109
500	1,965	0,08788	0,9416	1,066
1000	1,962	0,06205	0,9863	1,014

Für die Quantile der nichtzentralen t-Verteilung gibt es Hilfstabellen [Owen], mit denen man die gewünschten Werte ohne allzu großen Rechenaufwand bestimmen kann.

12. STATISTISCHE TOLERIERUNG

Bisher haben wir bei allen Betrachtungen angenommen, daß man von jeder Baueinheit eindeutig feststellen kann, ob sie funktionsfähig oder ausgefallen ist. Ebenso sollte die Funktionsfähigkeit eines Systems immer eindeutig von der Funktionsfähigkeit der Baueinheiten abhängen. In diesem Kapitel wollen wir nun ein Zuverlässigkeitsproblem behandeln, bei dem es darum geht, den Einfluß der Abweichungen von Bauelementen bezüglich ihrer elektrischen oder mechanischen Daten auf die Funktionsfähigkeit eines Systems — es handelt sich hier meistens um elektrische Schaltungen, zuweilen aber auch um mechanische Anordnungen — abzuschätzen.

Ein weiteres Problem entsteht, wenn man berücksichtigt, daß die Toleranzabweichungen ein Driftverhalten zeigen, d. h. sich im Lauf der Zeit ändern (vgl. z. B. [Deixler]). Dieses Problem kann im Rahmen dieser Einführung nicht behandelt werden.

12.1. Tolerierung nach dem Eckenprinzip

Solche Systeme sollen ganz allgemein so dimensioniert sein, daß sie trotz der fertigungstechnisch bedingten möglichen Abweichungen der Einflußgrößen von ihren Sollwerten einwandfrei arbeiten. Ob ein Systementwurf dieser Forderung genügt, prüft man meistens dadurch, daß man für alle Einflußgrößen, die auf eine bestimmte Funktion dieses Systems einwirken, die (bezüglich dieser Funktion) ungünstigsten Werte innerhalb der zugelassenen Toleranzen einsetzt (sogenanntes „Eckenprinzip") und feststellt, ob die Funktion auch unter diesen ungünstigsten Bedingungen sichergestellt ist. Genügt das System dann bezüglich aller seiner Funktionen dieser Forderung, dann kann man sicher sein, daß es funktioniert. Dabei setzt man voraus, daß die Toleranzgrenzen mit Sicherheit eingehalten werden.

Betrachten wir ein ganz einfaches

Beispiel. An einen Widerstand der Größe R_0 wird eine Gleichspannung der Größe U_0 gelegt. Bei genauer Einhaltung der Sollwerte R_0 und U_0 fließt dann ein Strom $I_0 = U_0/R_0$. Können dagegen für Widerstand R und Spannung U nur bestimmte Bereiche um die Sollwerte herum garantiert werden, z. B.

$$\begin{aligned} R_0 - \Delta R \leqq R \leqq R_0 + \Delta R\,, \\ U_0 - \Delta U \leqq U \leqq U_0 + \Delta U\,, \end{aligned} \tag{12.1}$$

so liegt die Stromstärke I offenbar garantiert in den Grenzen

$$\frac{U_0 - \Delta U}{R_0 + \Delta R} \leqq I \leqq \frac{U_0 + \Delta U}{R_0 - \Delta R}\,. \tag{12.2}$$

Wenn ΔR klein gegen R_0 ist, so kann man statt (12.2) näherungsweise

$$\frac{U_0}{R_0}\left(1 - \frac{\Delta U}{U_0} - \frac{\Delta R}{R_0}\right) \leqq I \leqq \frac{U_0}{R_0}\left(1 + \frac{\Delta U}{U_0} + \frac{\Delta R}{R_0}\right) \tag{12.3}$$

schreiben.

Die Ungleichungen (12.2) bzw. (12.3) entsprechen der üblichen „Eckenrechnung". Man könnte sie als Garantie-Intervalle bezeichnen.

Die statistische Toleranzenrechnung dagegen betrachtet die Bauelemente-Daten als zufällige Größen, aus deren Verteilungen man die Verteilung einer Ausgangs-Zufallsgröße bestimmt. Statt eines Garantie-Intervalls kann man jetzt z. B. ein Sicherheitsintervall angeben, in dem die Ausgangsgröße mit vorgegebener Wahrscheinlichkeit liegt.

Läßt sich umgekehrt ein Intervall angeben, in dem die Ausgangsgröße liegen muß, damit das System funktioniert, so kann man jetzt die Wahrscheinlichkeit für die Funktionsfähigkeit des Systems berechnen. Dieses Modell soll jetzt genauer erläutert werden.

12.2. Das stochastische Modell

12.2.1. Beispiel

Alles Grundsätzliche läßt sich am eben benutzten Modell zeigen. Wir nehmen nun nicht mehr an, die Daten hätten die ungünstigsten Werte; wir betrachten sie vielmehr als zufällige Größen und nehmen z. B. an, sie seien innerhalb der durch (12.1) gegebenen Grenzwerte gleichverteilt (d. h. jedem Wert zwischen den Grenzwerten käme die gleiche Wahrscheinlichkeit zu).

Die wahrscheinlichkeitstheoretische Aufgabe besteht also darin, die Verteilungsfunktion des Quotienten $I = U/R$ zu berechnen, wenn die Größen U und R unabhängig voneinander Gleichverteilungen in den durch (12.1) gegebenen Intervallen haben.

Der Einfachheit halber nehmen wir an, es sei

$$\Delta = \frac{\Delta R}{R_0} = \frac{\Delta U}{U_0} = 0{,}1 \tag{12.4}$$

($\pm 10\%$ Toleranz bei U und R).

Setzen wir zur Abkürzung noch

$$\frac{U_0}{R_0} = I_0\,, \tag{12.5}$$

so können wir statt (12.2) schreiben

$$0{,}818 = \frac{1-\Delta}{1+\Delta} \leqq I/I_0 \leqq \frac{1+\Delta}{1-\Delta} = 1{,}222\,. \tag{12.6}$$

Für die Verteilungsfunktion $F(x)$ von I/I_0, also für die Wahrscheinlichkeit, daß I/I_0 den Wert x nicht überschreitet, ergibt die Rechnung

$$F(x) = \begin{cases} 0 \quad \text{für } x \leqq 9/11 \\ -4{,}5 + 5\,x + 10{,}125\,\dfrac{(1-x)^2}{x} \quad \text{für } 9/11 \leqq x \leqq 1 \\ 1 - \dfrac{(11-9\,x)^2}{8\,x} \quad \text{für } 1 \leqq x \leqq 11/9 \\ 1 \text{ für } \quad x \geqq 11/9\,. \end{cases} \tag{12.7}$$

Diese Funktion ist in Bild 12.1 dargestellt. Bild 12.2 zeigt die zugehörige Dichtefunktion $f(x) = F'(x)$. Für $f(x)$ gilt

$$f(x) = \begin{cases} 0 \quad \text{für} \quad x \leqq 9/11 \\ 15{,}125 - \dfrac{10{,}125}{x^2} \quad \text{für } 9/11 \leqq x \leqq 1 \\ \dfrac{15{,}125}{x^2} - 10{,}125 \quad \text{für } 1 \leqq x \leqq 11/9 \\ 0 \quad \text{für } x \geqq 11/9 \,. \end{cases} \tag{12.8}$$

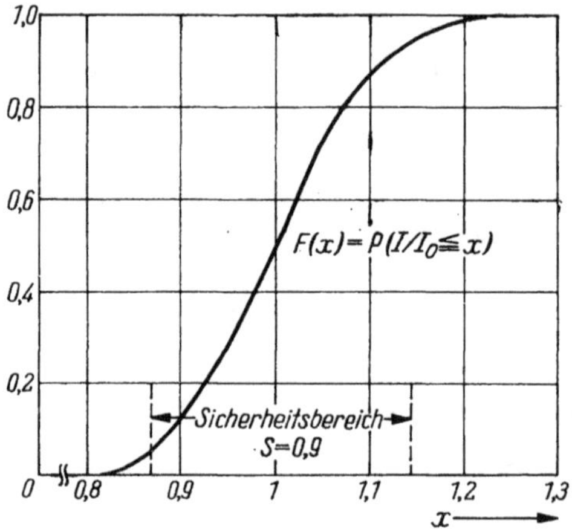

Bild 12.1. Verteilungsfunktion $F(x)$ nach (12.7).

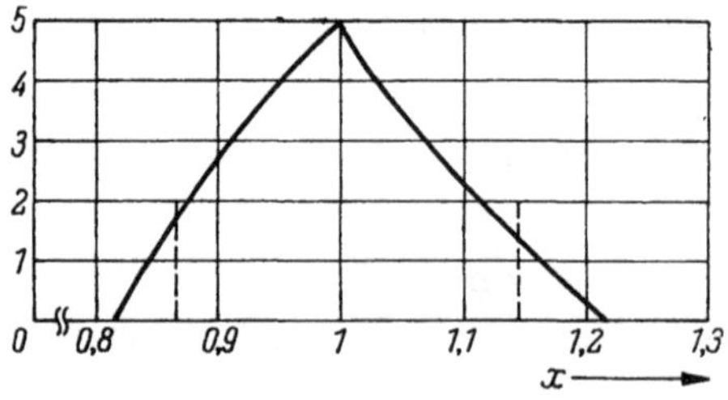

Bild 12.2. Dichte $f(x)$ nach (12.8).

Statt der festen Schranken für I kann man jetzt Sicherheitsschranken angeben, die von I mit vorgegebener Wahrscheinlichkeit S eingehalten werden. Sie sind z. B. bestimmt durch die Stellen, an denen $F(x)$ die Funktionswerte $(1 - S)/2$ und $(1 + S)/2$ annimmt, bei $S = 0{,}90$ also z. B. durch die Stellen, an denen $F(x)$

die Werte 0,05 und 0,95 annimmt. Statt zweiseitiger Schranken kann man natürlich auch eine einseitige Schranke (die mit 90% z. B. nicht *über*schritten wird) angeben. In Bild 12.1 und 12.2 sind zweiseitige Sicherheitsschranken für $S = 0{,}90$ eingezeichnet. Sie liegen bei 0,871 und 1,147.

Das Ergebnis dieser Überlegung und Rechnung können wir jetzt in Worten ausdrücken:

Können Spannung U und Widerstand R von ihren Sollwerten U_0 und R_0 um 10% nach oben oder unten abweichen, so liegt die Stromstärke I *garantiert* im Bereich zwischen 0,818 I_0 ($I_0 = U_0/R_0$) und 1,222 I_0 (Gl. (12.8)).

Mit der Wahrscheinlichkeit 90% liegt I zwischen 0,871 I_0 und 1,147 I_0 (Bild 12.1), wenn man annimmt, daß U und R *gleichverteilte* unabhängige Zufallsgrößen sind (mit maximal 10% Abweichung von den Sollwerten). Dieser „Sicherheitsbereich" ist um etwa 32% kleiner als der Toleranzbereich von I nach Gl. (12.6).

Mit 90% Wahrscheinlichkeit können wir bei der vorausgesetzten Verteilung für U und R also mit einem „besseren" I rechnen, als es das Eckenprinzip ergeben hätte. Umgekehrt könnte man evtl. jetzt für die gleichverteilten zufälligen Größen R und U größere Abweichungen ΔR und ΔU zulassen, so daß man nur noch mit 90% Wahrscheinlichkeit die Einhaltung des ursprünglichen Toleranzbereiches von I erwarten darf.

12.2.2. Allgemeines Modell

Eine Größe X sei durch n Einflußgrößen $X_1, \ldots, X_n$ eindeutig bestimmt:

$$X = G(X_1, \ldots, X_n) . \tag{12.9}$$

Liegen die Einflußgrößen $X_1, \ldots, X_n$ in einem bestimmten Bereich, so kann man den zugehörigen Bereich von X im allgemeinen berechnen und feststellen, ob bei den (in irgendeinem Sinne) ungünstigsten Werten die Größe X noch den gestellten Anforderungen genügt.

Nimmt man darüber hinaus an, die $X_1, \ldots, X_n$ seien zufällige Größen (z. B. unabhängig voneinander gleichverteilt), so kann man — wenigstens im Prinzip — die Verteilungsfunktion der Zufallsgröße X berechnen und Sicherheitsgrenzen für X angeben.

Dieser Weg wird wegen der komplizierten Rechnung praktisch meistens nicht gangbar sein. Schon das einfache Beispiel des vorigen Abschnittes führt zu umständlicher Rechnung. Wir wollen daher Näherungsmethoden diskutieren: erstens die lineare Annäherung der Lösung, zweitens die Bestimmung der Verteilung von X durch Simulation (Monte-Carlo-Verfahren).

12.2.2.1. *Lineare Näherung*

Mit ΔX_i bezeichnen wir die Abweichungen der Größen X_i von ihren Sollwerten X_{0i} ($i = 1, \ldots, n$), mit ΔX die Abweichung der gesuchten Größe $X = G(X_1, \ldots, X_n)$ von ihrem Sollwert $X_0 = G(X_{01}, \ldots, X_{0n})$. Weiter wollen wir die *relativen* Abweichungen mit δX ($\delta X = \Delta X/X_0$) und δX_i ($\delta X_i = \Delta X_i/X_{0i}$) bezeichnen.

Wir wollen jetzt annehmen, daß die Funktion $G(X_1, \ldots, X_n)$ in einer Umgebung von $X_1 = X_{01}, \ldots, X_n = X_{0n}$ zweimal stetig partiell differenzierbar sei. Zur Abkürzung setzen wir $G(X_1, \ldots, X_n) = G$. Dann gilt nach der Regel vom totalen Differential

$$\Delta X = \Delta X_1 \frac{\partial G}{\partial X_1}\Bigg|_{\substack{X_1 = X_{01}\\ \vdots \\ X_n = X_{0n}}} + \cdots + \Delta X_n \frac{\partial G}{\partial X_n}\Bigg|_{\substack{X_1 = X_{01}\\ \vdots \\ X_n = X_{0n}}} + r(X_{01}, \ldots, X_{0n};\ \Delta X_1, \ldots, \Delta X_n) \tag{12.10}$$

mit einem Restglied $r(X_{01}, \ldots, X_{0n};\ \Delta X_1, \ldots, \Delta X_n)$, das in den ΔX_i von quadratischer Ordnung ist.

Statt (12.10) können wir auch schreiben

$$\frac{\Delta X}{X_0} \approx \frac{\Delta X_1}{X_{01}} \cdot X_{01} \frac{1}{X_0} \frac{\partial G}{\partial X_1}\Bigg|_{\substack{X_1 = X_{01}\\ \vdots \\ X_n = X_{0n}}} + \cdots + \frac{\Delta X_n}{X_{0n}} \cdot X_{0n} \frac{1}{X_0} \frac{\partial G}{\partial X_n}\Bigg|_{\substack{X_1 = X_{01}\\ \vdots \\ X_n = X_{0n}}} \tag{12.11}$$

Wegen

$$\frac{1}{X_0} \frac{\partial G}{\partial X_i}\Bigg|_{\substack{X_1 = X_{01}\\ \vdots \\ X_n = X_{0n}}} = \frac{\partial \ln G}{\partial X_i}\Bigg|_{\substack{X_1 = X_{01}\\ \vdots \\ X_n = X_{0n}}} \tag{12.12}$$

bekommen wir daraus (bei kleinen δX_i) die folgende Beziehung für die relative Abweichung:

$$\delta X \approx b_1\,\delta X_1 + \cdots + b_n\,\delta X_n \tag{12.13}$$

mit

$$b_i = X_{0i}\frac{\partial \ln G}{\partial X_i}\Bigg|_{\substack{X_1=X_{01}\\ \vdots \\ X_n=X_{0n}}} = \frac{X_{0i}}{X_0}\frac{\partial G}{\partial X_i}\Bigg|_{\substack{X_1=X_{01}\\ \vdots \\ X_n=X_{0n}}}, \tag{12.14}$$

$i = 1, \ldots, n$.

12.2.2.2. *Die Verteilung von X*

Die Näherungsgleichung (12.13) besagt, daß wir die relative Abweichung der Größe X von ihrem Sollwert $X_0 = G(X_{01}, \ldots, X_{0n})$ näherungsweise als eine Art gewichtete Summe der relativen Abweichungen δX_i der Einflußgrößen betrachten können, wobei die Koeffizienten nach (12.14) zu berechnen sind. Betrachten wir jetzt die δX_i als unabhängige zufällige Größen, so sind auch die $b_i\,\delta X_i$ unabhängige zufällige Größen, deren Summe gerade gleich δX ist.

Bezeichnen wir die Erwartungswerte von δX_i mit μ_i (in vielen Fällen wird man $\mu_i = 0$ voraussetzen können) und die Varianzen von δX_i mit σ_2^i, so folgt aus (12.13) sofort für den Erwartungswert μ von δX und die Varianz σ^2 von δX:

$$E(\delta X) = \mu = \sum_{i=1}^{n} b_i\,\mu_i = \sum_{i=1}^{n} b_i\,E(\delta X_i)\,, \tag{12.15}$$

$$E\,[(\delta X - \mu)^2] = \sigma^2 = \sum_{i=1}^{n} b_i^2\,\sigma_i^2 = \sum_{i=1}^{n} b_i^2\,E\,[(\delta X_i - \mu_i)^2]\,. \tag{12.16}$$

Die Verteilungsfunktion von δX kann, falls die Verteilungsfunktionen der δX_i bekannt sind, näherungsweise ausgerechnet werden, wobei die praktische Durchführung der Faltungsoperationen unter Umständen recht schwierig werden kann.

12.2.2.3. *Normalverteilung der X_i*

Sehr einfach wird das Problem, wenn man annimmt, daß alle δX_i einer Normalverteilung genügen. Dann ist nämlich auch δX wieder näherungsweise normalverteilt mit dem Erwartungswert (12.15) und der Varianz (12.16). Dann ist die Größe

$$\frac{\delta X - \mu}{\sigma}$$

standard-normalverteilt und δX liegt mit der Wahrscheinlichkeit $S = 1 - \alpha - \beta$ in dem „Sicherheitsintervall"

$$\mu - \sigma u (1 - \beta) \leqq \delta X \leqq \mu + \sigma u (1 - \alpha) \tag{12.17}$$

mit den Quantilen $u (1 - \alpha)$ und $u (1 - \beta)$ der Standard-Normalverteilung zu den Wahrscheinlichkeiten $(1 - \alpha)$ und $(1 - \beta)$ (vgl. 1.4.5.1.).

Ganz einfach wird die Rechnung, wenn von jeder relativen Abweichung δX_i angenommen werden kann, daß sie normalverteilt ist mit dem Erwartungswert (Mittelwert) 0 und daß es eine Größe $\delta_i > 0$ gibt, so daß

$$P \{\delta X_i < - \delta_i\} = P \{\delta X_i > \delta_i\} = \alpha = \frac{1 - S}{2} \tag{12.18}$$

und damit

$$P \{- \delta_i \leqq \delta X_i \leqq \delta_i\} = S \tag{12.19}$$

gilt — mit anderen Worten: wenn δX_i mit der (kleinen) Wahrscheinlichkeit $(1 - S)/2$ nicht unter $- \delta_i$ und mit der gleichen Wahrscheinlichkeit nicht über δ_i liegt.

Dann ist nämlich

$$\mu_i = 0 \tag{12.20}$$

und

$$\delta_i = \sigma_i u (1 - \alpha) = \sigma_i u ((1 + S)/2) . \tag{12.21}$$

Statt (12.15) und (12.16) erhalten wir

$$\mu = 0 \tag{12.22}$$

und

$$\sigma^2 = \frac{1}{[u (1 - \alpha)]^2} \sum_{i=1}^{n} b_i^2 \delta_i^2$$

oder

$$\delta^2 = [\sigma u (1 - \alpha)]^2 = \sum_{i=1}^{n} b_i^2 \delta_i^2 . \tag{12.23}$$

Analog zu (12.18) und (12.19) gilt dann

$$P \{\delta X < - \delta\} = P \{\delta X > \delta\} = \alpha = \frac{1 - S}{2} \tag{12.24}$$

und

$$P \{- \delta \leqq \delta X \leqq \delta\} = S . \tag{12.25}$$

Wir haben das Ergebnis: Sind $\delta_i, \ldots, \delta_n$ symmetrische Sicherheitsschranken für die relativen Abweichungen δX_i um ihren

Mittelwert 0 zur Wahrscheinlichkeit S, so ist näherungsweise

$$\delta = \sqrt{\sum_{i=1}^{n} b_i^2 \delta_i^2} \quad (b_i \text{ nach } (12.14))$$

eine entsprechende Sicherheitsschranke für die relative Abweichung δX. Dabei wird für die δX_i Normalverteilung mit Erwartungswert 0 vorausgesetzt.

12.2.2.4. *Andere Verteilungen der X_i*

Nach dem Zentralen Grenzwertsatz ist die Größe δX nach (12.13) auch dann näherungsweise normalverteilt, wenn n hinreichend groß ist und die Verteilungen der Größen $b_i\,\delta X_i$ nicht allzu sehr voneinander abweichen. In diesem Fall gilt wiederum in erster Näherung das Sicherheitsintervall (12.17) (μ nach (12.15), σ nach (12.16)).

Beispiel. Ist δX_i im Bereich $(-h_i, h_i)$ gleichverteilt, so ist $\mu_i = 0$ und $\sigma_i = h_i/\sqrt{3}$, also

$$\mu = 0\,,$$

$$\sigma^2 = \frac{1}{3} \sum_{i=1}^{n} b_i^2 h_i^2\,. \tag{12.26}$$

Nimmt man außerdem noch an, alle h_i seien gleich h (gleichmäßige maximale relative Abweichung, z. B. $\pm 10\%$, d. h. $h = 0{,}1$), so gilt

$$\sigma^2 = \frac{h^2}{3} \sum_{i=1}^{n} b_i^2\,. \tag{12.27}$$

Kann man dagegen über die Verteilung der δX_i nichts voraussetzen, so wird man sich in manchen Fällen damit helfen können, daß man für die μ_i und σ_i empirisch durch Stichproben Schätzwerte bestimmt und diese Schätzwerte direkt zur Bestimmung der Sicherheitsgrenze verwendet. Schließlich ist noch zu berücksichtigen, ob sich Mittelwert und Streuung im Lauf der Zeit systematisch ändern werden (Alterung). Falls man diese Änderung vorhersehen kann, wird man eine gesonderte Toleranzenrechnung unter Verwendung der zu erwartenden Werte durchführen.

Für die Entscheidung, ob man das angegebene Verfahren verwenden darf, kann man keine verbindlichen Regeln angeben. Als hinreichende Kriterien (im Sinne von Faustregeln) kann man etwa anführen:

1. Nicht zu große Wahrscheinlichkeit S (etwa bis 0,95, höchstens 0 99).
2. Die Beträge der „Gewichte“ b_i haben etwa gleiche Größenordnung (wobei einzelne Abweichungen nach unten wenig kritisch sind).
3. Nicht zu große mögliche Abweichungen δX_i.
4. Die μ_i und σ_i müssen einigermaßen sicher zu bestimmen sein.
5. Hinreichend große Anzahl n von Einflußgrößen (etwa $n \geqq 4$).

12.3. Monte-Carlo-Methode

Die im vorigen Abschnitt beschriebene Methode setzt voraus, daß gewisse Bedingungen einigermaßen erfüllt sind. Dafür liefert sie verhältnismäßig einfache Rechenschemata.

Für grundsätzliche Untersuchungen bietet sich noch ein anderes Verfahren an, das bei hinreichendem Aufwand beliebig genaue Ergebnisse liefert: die Simulation der Schaltung und der Bezugsgrößen durch einen Digitalrechner.

Dabei werden die Größen X_i durch Pseudozufallszahlen (d. h. durch vom Rechner erzeugte Zufallszahlen) dargestellt. Der Wert $X = G(X_1, \ldots, X_n)$ wird für jedes erzeugte n-Tupel $X_1, \ldots, X_n$ berechnet. Nach hinreichend häufiger Wiederholung dieses Experimentes wird die empirische Verteilungsfunktion der Größe X ermittelt. Hieraus ermittelt man näherungsweise die Sicherheitsschranken von X. Wegen der Ausführung solcher Simulationsverfahren sei auf die Literatur (z. B. [BUSLENKO/SCHREIDER]) verwiesen.

LITERATUR

Applebaum, S. P., Steady-state reliability of systems of mutually independent subsystems. I.E.E.E. Transactions on Reliability (1965) 1, Vol. R-14, 23—29.

Balaban, H. S., Redundancy and switching failure. Electronic Design, September 13, 1962.

Barlow, R. E. and Proschan, F., Mathematical theory of reliability. New York, London, Sydney: Wiley 1965.

Bharucha-Reid, A. T., Elements of the theory of Markov processes and their applications. New York, Toronto, London: McGraw-Hill 1960.

Blackwell, D., A renewal theorem. Duke Math. J. **15** (1948), 145—150.

Bortfeld, O., Methoden zur Analyse von redundanten Schaltungen mit heißer Reserve. Technische Zuverlässigkeit (1965), Heft 5, 63—84.

Buslenko, N. P. und Schreider, J. A., Die Monte-Carlo-Methode und ihre Verwirklichung mit elektronischen Digitalrechnern (Übersetzung aus dem Russischen). Leipzig: Teubner 1964.

Cox, D. R., Renewal theory. London: Methuen 1962. (Deutsche Übersetzung:)

Cox, D. R., Erneuerungstheorie. München, Wien: Oldenbourg 1966.

Deixler, A.: Zählende und messende Methoden für Zuverlässigkeitsangaben. Technische Zuverlässigkeit (1967), Heft 9, 11—26.

Doob, J. L., Stochastic processes. New York: Wiley 1953.

Erdélyi, A., Asymptotic expansions. New York: Dover Publications 1960.

Feller, W., An introduction to probability theory and its applications, Vol. II. New York: Wiley 1966.

Franken, P., Approximation durch Poissonsche Prozesse. Math. Nachrichten **26** (1963), 101—114.

Freeman, H. A., Friedman, M., Mosteller, F. and Wallis, W. A., Sampling inspection. New York, London: McGraw-Hill 1948.

Gnedenko, B. W., Beljajew, I. K. und Solowjew, A. D., Mathematische Methoden der Zuverlässigkeitstheorie, zwei Bände. Berlin: Akademie-Verlag 1968.

Graf, U., Henning, H.-J. und Stange, K., Formeln und Tabellen der Mathematischen Statistik. Berlin, Heidelberg, New York: Springer 1966.

Gröbner, W. und Hofreiter, N., Integraltafel, zweiter Teil, Bestimmte Integrale. Wien: Springer 1950.

Hald, A., Statistical tables and formulas. New York, London: Wiley 1952.

Heinhold, J. und Gaede, K.-W., Ingenieur-Statistik, 2. Auflage. München, Wien: Oldenbourg 1968.

ISPHORDING, UTE, Methoden zur Berechnung von Zuverlässigkeitsgrößen redundanter komplexer Systeme. Arch. elektr. Übertragung **22** (1968), 337–342.

JAHNKE, E., EMDE, F. und LÖSCH, F., Tafeln höherer Funktionen. Stuttgart: Teubner 1960.

JOHNSON, N. L., A proof of Wald's theorem on cumulative sums. Ann. Math. Statist. **30** (1959), 1245–1247.

KOLMOGOROFF, A. N., Grundbegriffe der Wahrscheinlichkeitsrechnung. Berlin: Springer 1933.

LEVIN, B. R., Average working time of a system of elements the reliability of which follows the exponential law (Übersetzung aus dem Russischen). Elektrosvyaz **8** (1958), 30–35.

MINE, H., Reliability of physical systems. I.R.E. (1959). 138–151.

MOLINA, E. C., Poisson's exponential binomial limit. New York: van Nostrand 1947.

MORGENSTERN, D., Einführung in die Wahrscheinlichkeitsrechnung und Mathematische Statistik. Berlin, Göttingen, Heildelberg: Springer 1964.

OWEN, D. B., Handbook of statistical tables. Reading (Massachusetts), Palo Alto, London: Addison-Wesley 1962.

RICHTER, H., Wahrscheinlichkeitstheorie, 2. Auflage. Berlin, Heidelberg, New York: Springer 1966.

SCHMETTERER, L.:, Einführung in die Mathematische Statistik, 2. Auflage. Wien, New York: Springer 1966.

SOBEL, M., Statistical techniques for reducing the experiment time in reliability studies. Bell Syst. Techn. J. **35** (1956), 179–202.

STANGE, K., Zur Ermittlung der Abgangslinie für wirtschaftliche und technische Gesamtheiten. Mitteilungsblatt für mathematische Statistik **7** (1955), 113–151.

STÖRMER, H., Über einen statistischen Test zur Bestimmung der Parameter einer Lebensdauerverteilung. Metrika **4** (1961), 63–77.

STÖRMER, H., Über die Zuverlässigkeit von Anlagen mit Reservebauelementen bei exponentiell verteilten Bauelementelebensdauern. Arch. elektr. Übertragung **16** (1962), 317–327.

STÖRMER, H., Über die Zuverlässigkeit von Anlagen mit Reservebauelementen bei beliebiger Verteilung der Bauelementelebensdauern. Arch. elektr. Übertragung **16** (1962), 465–472.

STÖRMER, H., Die Zuverlässigkeit von Anlagen mit Reserveeinrichtungen, die zusätzliche Schalteinrichtungen erfordern. Arch. elektr. Übertragung **19** (1965), 483–491.

TAKACS, L., On certain sojourn time problems in the theory of stochastic processes. Acta Math. Acad. Sci. Hungar. 1957.

TAKACS, L., Introduction to the theory of queues. New York: Oxford University Press 1962.

UHLMANN, W., Statistische Qualitätskontrolle. Stuttgart: Teubner 1966.

VAN DER WAERDEN, B. L., Mathematische Statistik, 2. Auflage. Berlin, Heidelberg, New York: Springer 1965.

WALD, A., Sequential Analysis, 3. Auflage. New York: Wiley 1952.

SACHVERZEICHNIS

www.ingramcontent.com/pod-product-compliance
Lightning Source LLC
LaVergne TN
LVHW081330011026
849161LV00013BB/2883